安徽省高等学校一流教材

地球物理勘探教程

DIQIU WULI KANTAN JIAOCHENG

主　编　张平松　胡雄武
副主编　刘盛东　赵秋芳　吴海波

内容提要

本书对常用地球物理手段在水文、工程、环境勘探中的方法原理、技术工艺、资料解释与综合应用等方面作了系统阐述，以地震勘探、电法勘探为主，同时包括电磁法勘探、声波勘探、放射性探测、地温测量、地球物理测井等内容。

本书可供地质工程、资源勘查工程、地下水科学与工程、水文与水资源工程、环境工程、土木工程等相关专业学生使用，也可供地球物理学、勘查技术与工程专业学生辅助使用，以及作为研究生及专业工程技术人员的工具性参考书。

图书在版编目(CIP)数据

地球物理勘探教程/张平松，胡雄武主编. —武汉：中国地质大学出版社，2023.6
ISBN 978-7-5625-5618-3

Ⅰ.①地… Ⅱ.①张… ②胡… Ⅲ.①地球物理勘探-教材 Ⅳ.①P631

中国国家版本馆 CIP 数据核字(2023)第 100247 号

地球物理勘探教程	张平松　胡雄武　**主　编**
	刘盛东　赵秋芳　吴海波　**副主编**

责任编辑：周　豪	责任校对：徐蕾蕾
出版发行：中国地质大学出版社(武汉市洪山区鲁磨路388号)	邮政编码：430074
电　　话：(027)67883511　　传　　真：(027)67883580	E-mail:cbb@cug.edu.cn
经　　销：全国新华书店	http://cugp.cug.edu.cn
开本：787毫米×1092毫米 1/16	字数：580千字　印张：22.75
版次：2023年6月第1版	印次：2023年6月第1次印刷
印刷：湖北睿智印务有限公司	印数：1—1000册
ISBN 978-7-5625-5618-3	定价：68.00元

如有印装质量问题请与印刷厂联系调换

前 言

地球物理勘探技术在工程建设中发挥着越来越重要的作用，根据目前学科发展和实际教学的需要，在工科院校的非地球物理专业（如地质工程、资源勘查工程、地下水科学与工程、水文与水资源工程、环境工程、土木工程、矿业工程等工程学科），积极开展地球物理勘探课程教学尤为重要。而现在的课内教学一般都在 48 学时左右，如何合理安排学时是非常重要的。笔者认为在满足教学大纲的前提下，引导学生的自学兴趣尤为重要，课堂教学不可能把所有问题讲全讲透，按照各种方法的背景知识、原理方法、仪器设备、数据采集与处理、工程应用等几个方面进行讲授，重点放在地震勘探（16 学时左右）和电法勘探（14 学时左右）上，有条件可安排 4~8 个学时实验课程，其他物探方法可安排 10 个学时左右，而大量的物探技术应用与技巧主要靠学生自学。这就要求有一本合适的教材，既能满足课堂教学需要，又可以供学生自学，本教材初步反映了这一思想。与此同时，地球物理勘探课程的目的，是使学生通过课程学习和实验，系统地了解物探方法的基本原理、实质、应用条件和资料解释方法，并能充分运用物探技术手段，在水文地质、工程地质、环境地质、岩土勘察、矿山地质等工作中正确地处理物探同地质等工作关系，有效地服务生产和工程建设。

学生必须在具备了一定的数、理、化知识基础上学习本教材。全书侧重于地球物理方法原理及资料一般解释方法介绍。对于理论公式的推导、野外具体操作方法以及仪器装备介绍等内容尽量从简。教材内容以地震勘探、电法勘探两种方法为重点，也一并编入了其他方法，包括成熟的常规物探方法（如重力勘探、磁法勘探等）及某些新方法技术。为了培养学生分析各种物探资料的能力，笔者挑选了部分典型实例及物探曲线、图件供教学者讲述地球物理勘探应用时使用。

本教材编排的讲授内容不少于 50 学时，对于课程内容的取舍、讲课和实验的比例可根据专业的需要灵活分配。如工程地质类专业必修地震勘探、电法勘探及声波探测有关章节，水文类专业必修电法勘探和测井有关章节；其他章节可以作为选修内容、阅读参考材料，或单设选修课程、讲座等。

全书由张平松、胡雄武任主编，刘盛东、赵秋芳、吴海波任副主编，吴荣新、郭立全、刘向红、李圣林等参与编写。本教材是在安徽理工大学地球物理勘探讲义使用基础上编撰的，其中引用的大量实例、实测曲线等多是国内兄弟单位在水文、工程、环境、矿井物探实践中积累的宝贵资料，有的是引自国内外某些教材资料，在此无法一一列举，为此，特向引用资料作者表示衷心的感谢。安徽理工大学欧元超、孙斌杨、许时昂、刘畅、臧子婧、章静等研究生在书稿资料整理和图件绘制方面做了大量的工作,在此一并表示深深的谢意。

近年来,随着地球物理勘探技术的迅猛发展,特别是计算数学与电子技术的发展,新的设备与方法技术在不断更新换代,导致技术的总结滞后于工程实践。由于时间紧迫和水平有限,又由于本书编写是兼顾多个专业(或专业方向)的教材,书中疏漏不当,甚至错误之处在所难免,恳请广大读者批评指正。

编　者

2022 年 8 月于淮南

目 录

绪 论 ·· (1)
第一节 物探工作的地位和作用 ·· (1)
第二节 物探的任务、分类及在工程中的应用 ·· (2)
第三节 物探技术的发展前景 ·· (6)

第一篇 地震波勘探

第一章 概 述 ··· (9)
第一节 地震勘探方法简介 ··· (10)
第二节 地震勘探的历史 ·· (12)
第三节 勘探地震学文献 ·· (15)

第二章 地震勘探的理论基础 ·· (17)
第一节 岩石的弹性 ·· (18)
第二节 地震波的基本类型及其传播特征 ·· (23)

第三章 地震勘探的地质基础 ·· (45)
第一节 影响地震波在岩层中传播的地质因素 ·· (45)
第二节 地震介质的划分 ·· (49)
第三节 浅层地震地质条件 ··· (51)

第四章 地震波时距曲线 ·· (53)
第一节 反射波时距曲线 ·· (54)
第二节 绕射波时距曲线 ·· (68)
第三节 折射波时距曲线 ·· (69)
第四节 $\tau-P$ 域内各种波的运动学特征 ··· (72)

| 第五节 | 有效波和干扰波 | (74) |

第五章　浅层折射波法 (76)

第一节	概　述	(76)
第二节	测线设计与野外施工原则	(77)
第三节	折射波时距曲线及时距曲线方程	(90)
第四节	哈莱斯法和共轭点法	(93)
第五节	t_0法与时间场法	(97)
第六节	典型地质构造的时距曲线	(99)

第六章　浅层反射波法 (104)

第一节	野外观测系统	(104)
第二节	参数选择	(107)
第三节	数据处理	(111)
第四节	应用实例	(114)
第五节	SH波浅层反射波法的应用	(117)

第七章　地震资料的解释与应用 (121)

第一节	物探技术应用的特点及主要的地质问题	(121)
第二节	地震剖面反射特征的识别和构造解释	(126)
第三节	地震折射资料的解释	(133)

第二篇　直流电法勘探

第八章　引　言 (136)

| 第一节 | 电法概述 | (136) |
| 第二节 | 电法勘探的历史 | (138) |

第九章　直流电阻率法基础知识 (141)

第一节	电阻率及其影响因素	(141)
第二节	地下稳定电流场	(146)
第三节	视电阻率	(160)
第四节	地面电阻率法野外工作的几个问题	(165)
第五节	电测仪器	(168)
第六节	电阻率法分类及装置类型	(173)

第十章　高密度电阻率法 …………………………………………………… (190)

第一节　高密度电阻率法基本原理 ……………………………………………… (190)

第二节　高密度电阻率的测量方法 ……………………………………………… (192)

第十一章　高分辨地电阻率法 ………………………………………… (197)

第一节　高分辨地电阻率法探测方法的选择 …………………………………… (197)

第二节　高分辨地电阻率法原理及装置布置 …………………………………… (199)

第三节　资料处理方法 …………………………………………………………… (201)

第十二章　其他电法勘探 ………………………………………………… (204)

第一节　自然电场法 ……………………………………………………………… (204)

第二节　充电法 …………………………………………………………………… (208)

第三节　激发极化法 ……………………………………………………………… (210)

第三篇　电磁法勘探

第十三章　电磁法的理论基础 …………………………………………… (225)

第一节　岩、矿石的电磁学性质 ………………………………………………… (226)

第二节　交变电磁场的特性 ……………………………………………………… (227)

第三节　电磁波在地下的传播 …………………………………………………… (230)

第十四章　电磁测深法 …………………………………………………… (231)

第一节　频率测深法 ……………………………………………………………… (231)

第二节　瞬变测深法 ……………………………………………………………… (234)

第十五章　瞬变电磁法 …………………………………………………… (237)

第一节　瞬变电磁测深基本原理 ………………………………………………… (238)

第二节　野外工作方法 …………………………………………………………… (244)

第十六章　探地雷达 ……………………………………………………… (253)

第一节　脉冲时间域探地雷达的基本原理 ……………………………………… (253)

第二节　探地雷达的野外工作方式 ……………………………………………… (258)

第三节　探地雷达的数据处理与资料解释 ……………………………………… (267)

第四节　探地雷达的应用 ………………………………………………………… (273)

· V ·

第四篇　其他物探方法

第十七章　声波探测 ··· (280)
　　第一节　声波仪的基本原理 ·· (281)
　　第二节　声波探测的工作方法 ·· (282)
　　第三节　声波探测在工程地质中的应用 ·· (284)

第十八章　重力勘探 ··· (291)
　　第一节　重力勘探理论基础 ··· (291)
　　第二节　重力异常的测定和测定结果的整理 ·································· (295)
　　第三节　重力勘探的资料解释和应用 ·· (298)

第十九章　磁法勘探 ··· (304)
　　第一节　磁法勘探的理论基础 ·· (304)
　　第二节　磁异常的测定及其结果的整理 ·· (308)
　　第三节　磁法勘探的资料解释和应用 ·· (310)

第二十章　放射性探测 ·· (317)
　　第一节　放射性探测的基本知识 ·· (317)
　　第二节　放射性测量方法及其应用 ··· (321)

第二十一章　地温测量 ·· (326)
　　第一节　有关传热的基本知识 ·· (326)
　　第二节　地温测量 ··· (330)

第二十二章　地球物理测井 ··· (336)
　　第一节　电测井 ··· (336)
　　第二节　核测井 ··· (343)
　　第三节　声波测井 ·· (346)

主要参考文献 ··· (352)

绪 论

第一节 物探工作的地位和作用

为了加速经济建设,特别是基础建设,国家对各种矿产资源、水资源的需求量是巨大的,而且每年都在增长,同时人类活动对资源与环境的改造和破坏也是惊人的。查明地下资源、合理地开发利用资源和保护环境是当前紧迫而又繁重的任务。工业、国防、城市建设、矿井工程等对地质工作提出了更多更高的要求。国家的各种基础建设项目——铁路、公路、水坝、水电站、桥梁、港口、厂房及国防设施皆要求快速地、可靠地提供地质资料以及建设工程质量评价。因此,必须加速地质与环境工作的步伐,为促进国民经济的飞速发展当好侦察兵。实践证明,大胆地、合理地使用地球物理勘探方法,可以多、快、好、省地解决有关地质工程、环境工程、工程质量评价中的许多问题。

地球物理勘探(简称物探),传统的表述是用地球物理方法来勘探地壳浅层岩石的构造与寻找有用矿产的一门学科。它是根据地下岩层在物理性质上的差异,借助一定的装置和专门的物探仪器测量其物理场的分布状况,通过分析和研究物理场的变化规律,结合有关地质资料推断出地下一定深度范围内地质体的分布规律,为钻探工作提供重要依据。地球物理勘探正日益广泛地应用在各种地质工作中,并占有显著的地位。但是,决不应把地球物理勘探工作与其他方法完全割裂开来,它必须与地质学、水文地质学、工程地质学、地球化学、钻探、工程实际等密切配合,互相补充,互相验证,只有这样,才能获得更好的地质效果。

地球物理勘探目前相近的名称有应用地球物理、勘查地球物理、工程与环境物探、工程物探、物探等。物探可以表述为用地球物理方法来勘查资源与环境的一门技术性学科。

根据所研究的天然或人工物理场的不同,地球物理勘探领域又分为几个大类;根据需要和可能,其物理场的探测空间又是十分广阔的,包括遥感、航空、地面、地下、海洋物探等。常用的物探方法有:研究岩土弹性力学性质的地震勘探、声波、超声波探测技术,可统称为震波勘探;研究岩石电学性质及电场、电磁场变化规律的电法勘探;研究岩(矿)石磁性及地球磁场,局部磁异常变化规律的磁法勘探;研究地质体引力场特征的重力勘探;研究岩(矿)石的天然或人工放射性的放射性勘探;研究物质热辐射场特征的红外探测方法……

此外,随着科学技术的发展,许多新理论、新方法正在不断地被引入物探领域,如无线电探测技术、遥感技术、地质雷达、瞬变电磁、微重力、层析CT、超前探测技术等,为地球物理勘探方法的发展开辟了广阔的道路。

地球物理勘探方法的技术水平以及它在地质工作中应用的地质效果和经济效果,是衡量地质工作现代化水平的重要标志之一。

物探工作有透视性好、效率高、成本低等优点,但也有局限性和条件性,解释结果有时具有多解性的缺点。物探的定量解释理论是建立在一定规则形体物理模型场计算基础上的,有关地质体的深度、产状以及规模大小等数据的获得是依靠反演法求解的。因为实际地质情况是相当复杂的,地质体的物理性质和形状是多变的,目前的数学物理水平还不能对任意形状的复杂地质体的物理场进行正演计算,以及由于物理场测量总是带有误差,并受干扰影响,因此物探解释的结果只能是概略的。数字技术的发展为弥补物探解释的上述缺陷创造了条件。但就目前情况来说,不难看出物探工作绝不能完全代替其他地质勘探工作,它的作用是普查各种地质构造,配合进行地质填图以及进行水文地质参数和岩土工程力学参数的测量。它的突出优点在于减小山地工作和钻探的工作量,使勘探工程布置更加合理,从而加快勘探工作的速度。此外,某些物探方法还可以解决常规地质勘探方法难以解决的一些问题。

第二节 物探的任务、分类及在工程中的应用

与普查石油、天然气和煤田、金属矿床有关的地球物理勘探方法已发展到一个较高的水平,并积累了比较丰富的经验。水文地质、工程地质、矿井地质物探工作是近几十年发展起来的新技术,因此其能很好地吸取和利用石油物探和煤田、金属物探的技术成就与先进经验,结合自身的特点,迅速地发展起来。工程质量检测与评价和环境物探是随现代社会发展提出的,发展趋势非常迅猛。

现按所研究的物理场及方法特点介绍物探的分类和应用,使初学者对其内容的概貌有一个初步的了解。

一、电法勘探分类及应用

电法勘探分类及应用详见表 0-1。

二、地球物理测井方法分类及应用

地球物理测井方法分类及应用详见表 0-2。

三、震波法分类及应用

建立在岩石弹性力学性质基础上的物探方法有地震勘探法和声波探测法,详见表 0-3。

表 0-1 电法勘探分类及应用

类别	场的性质	方法名称			应用
直流电法	天然场	自然电场法		电位法	填绘石墨化、黄铁矿化，或渗透性地层界线；探测地下水流向及水与地表水的补给关系；查明河床、水库底渗漏点
				梯度法	
				"8"字形法	
	人工场	电阻率法	电剖面法	联合剖面法	填图、追溯断层破碎带，探查基底起伏，追溯各种高、低阻陡倾斜地电体及接触面；探查岩溶裂隙
				对称四极剖面法	
				复合四极剖面法	
				中间梯度法	
				偶极剖面法	
			电测深法	对称四极电测深法	划分近水平层位，确定含水层厚度、埋深；划分咸、淡水分界面；探查构造，探测基岩埋深、风化壳厚度等
				三极电测深法	
				环形电测深法	
				偶极测深法	
		激发极化法		各类剖面法	填绘石墨化、金属矿化、岩石界线；划分含泥质地层；探查溶洞、断层带
				激发极化测深法	
		充电法		电位法	追溯地下暗河、充水裂隙带；探测地下水流速、流向；查明坝基渗漏处；研究滑坡及测定下滑速度
				梯度法	
				追溯等位线法	
交流电法	天然场	大地电磁法		剖面法	探查区域构造
				测深法	
	人工场	低频电阻率法			应用同直流电法中的电阻率法。抗干扰性强，可在工业用电干扰情况下测量
		甚低频法（以长波电台为源）			进行导电率填图，探查构造破碎带，划分石墨化、矿化地层
		电磁法（地面及航空测量）			填图、找水
		频率电磁测深法			存在高阻屏蔽情况下探测地下构造，划分地层，在接地困难条件下进行测深
		变频法（交流激发极化法）			填图
		无线电波透视法（阴影法）			探查溶洞、暗河、断层
		地质雷达			浅层、超浅层高分辨率探测，如在路面、冻土等条件下

表 0 - 2　地球物理测井方法分类及应用

类别	方法名称		应用情况
电法测井	视电阻率法测井	普通视电阻率测井	划分钻井剖面,确定岩石电阻率参数
		微电极系测井	详细划分钻井剖面,确定渗透性地层
		井液电阻率测井	确定含水层位置(或井内出水位置),估计水文地质参数
	自然电位法测井		确定渗透层,划分咸、淡水分界面,估计地层水电阻率
	井中电磁波法测井		探查溶洞、破碎带
放射性测井（核测井）	自然伽马(γ)法测井		划分岩性剖面,确定含泥质地层,以及地层含泥量
	伽马-伽马(γ-γ)法测井		按密度差异划分剖面,确定岩层的密度、孔隙度
	中子法测井	中子-伽马法测井	按含氢量的不同划分剖面,确定含水层位置以及地层的孔隙度
		中子-中子法测井	
	放射性同位素测井		确定井内出水(进水)位置,估计水文地质参数
声波测井	声速测井		划分岩性,确定地层的孔隙度,划分裂隙含水带
	声幅测井		
	声波电视		区分岩性,查明裂隙、溶洞及套管壁状况,确定岩层产状及裂隙发育方向
热测井	温度测井		探查热水层,测定地温梯度;确定井内出水(漏水)位置
钻井技术情况检查	井径测量、井斜测量、井迹测量		为其他测井方法提供井径参数;了解岩性变化

表 0 - 3　地震勘探法和声波探测法分类及应用

类别	方法名称		应用情况
地震勘探	折射波法	初至折射法	划分近水平界面,确定覆盖层厚度,测定潜水面深度,追溯断层破碎带(低速带),测定岩土弹性力学参数
		对比折射法	
	反射波法		
	微震探测法		地热勘探
声波探测	主动工作方式	波速测定法	进行岩体工程地质分类、岩体弹性模量测定、应力松弛范围测定、混凝土强度检测
		振幅测定法	
		频谱测定法	
	被动工作方式	声发射技术	岩石破裂及矿柱安全监视,天然地震预报

四、重、磁法分类及应用

重力勘探和磁法勘探是分别研究地球天然重力场和磁场的勘探方法,也是最成熟、历史悠久的物探方法,是进行区域物探测量的主要手段,如进行地质填图、研究深部构造等,还可用于寻找具有密度或磁性差异的地质体。工作分类中包括地面磁测、航空磁测和地面重力测量、海洋重力测量等。

五、辐射场测量分类及应用

天然伽马(γ)法测量,包括地面、车载和航空放射性测量,用于填图、寻找基岩裂隙水。

红外探测,包括遥感、航空、地面红外测量,用于区域水文地质调查、地热勘探和监视地表水体污染等。

六、遥感技术分类

被动遥感方式:航空摄影、电视测量、多光谱扫描、红外扫描、卫星重力测量、卫星磁力测量。

主动遥感方式:微波探测、侧视雷达、激光测量等。

遥感技术是根据电磁辐射理论,应用现代技术,收集远离目标的电磁辐射信息的方法,如图0-1所示。

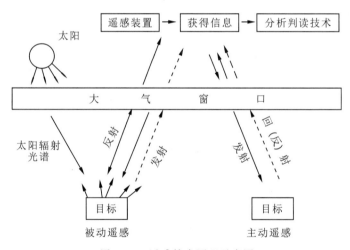

图0-1 遥感技术原理示意图

被动遥感是指被动地接收远距离目标物的辐射信息的方法。主动遥感,又叫遥测,是指主动地对远距离目标物发射脉冲,然后再接收目标物的反射(回射)信息的方法。

遥感技术主要用于地球资源调查、地质填图、区域构造研究、地热勘探、地表污染调查等。航天卫星相片和航空相片的地质解释结果可为各种地面物探方法提供区域背景资料。通过卫星研究地球的重力场和磁场及其动态变化对地球物理学的研究具有重要价值。

第三节　物探技术的发展前景

在讨论物探技术的发展前景时，首先要研究现有常规物探方法的发展方向，这是最基本的方面，其次讨论新的物理参数运用的可能性，最后讨论应用现代技术方法改革已有的物探工作方法和解释方法。

一、常规物探方法的发展方向

现有常规物探方法的进一步发展是物探发展的基点，主要应从探测深度、广度、分辨能力、解释水平等方面提高，因为在这几方面仍存在很大的发展潜力。

电法勘探在物探中占有重要的地位。目前勘探的水平仍不高，比如勘探深度、地电断面横向和垂向的分辨能力、压制干扰的能力及定量解释的精度都有待提高，至于电性参数的运用也比较局限。因此电法勘探的发展方向是研究电法勘探的新理论、新参数、新仪器及方法。应提高原有电法勘探的生产效率、测量精度，压制噪声水平，提高从野外数据中获取有用信息的能力。在电法勘探的资料解释中采用计算机进行数字解释，提高解释的精度并探索复杂地电体求解的途径。

地球物理测井方法是物探的重要组成部分，应向综合测井方向发展，提高测井技术水平，为实现水文地质钻探少取芯或不取芯的目标创造条件。加强水文地质参数测定的试验工作，研究含水层的孔隙度、渗透系数，研究各含水层的补给关系、补给量，测定地下水流向、流速，测定涌水量及研究地下水的水质，并且为地面物探提供所需的物性参数——电阻率、波速、密度、磁化率等。

地震勘探目前在水文地质调查中应用还不普遍。地震勘探精度比电法勘探高，解释比较单一，这是它的优点；但装备较笨重、成本较高是它的缺点。因此应研制适合于水文、工程、环境物探的多道轻便地震仪，使地震勘探工作由平原区推广到半山区，应用它来寻找储水构造、探测覆盖层厚度、追溯断层破碎带和古河道、探测潜水面埋深等。应用地震方法测定岩土弹性力学参数，目前在工程物探中主要应用初至折射法。为了提高对第四纪地层的分辨能力，迫切需要开展浅层反射波法（目前从技术到仪器仍存在不少问题）和高频地震法；为了提高地震勘探能力和精度，应尽快地在浅层地震勘探中采用数字技术。地震勘探方法同声波探测法应互相配合，测定岩体弹性力学参数。从宏观到微观，从静态到动态研究测定参数间的关系，对工程地质设计具有重要的意义。

其他物探方法如磁法勘探、重力勘探、放射性勘探等，在研究区域构造、解决有关填图问题等方面的作用尚未充分发挥。对属于被动式探测天然物理场的方法，重要的是提高仪器探测精度，这样对埋藏较深、物性差异不太大的地质体的分辨能力有望提高。在解释方法上，采用数字技术，将排除干扰，突出有用异常，提高探测的地质效果。上述轻便物探方法的广泛应用将加快水文地质、工程地质、环境地质、矿井地质等方面的勘探速度、效率和质量。

二、新物理参数的运用

岩石的含水性与介电常数有密切的关系，因此发展高频电探、微波技术、介电常数测井方法对找水有重要意义；激发极化法离子导体的激发极化机制问题需进一步弄清楚，研究反映时间特性的新参数；交流电法勘探的电性参数很多，但在水文地质调查中应用很少，应加强研究，广为利用；在地热勘探中加强对岩石热力学参数的研究和测量；在放射性勘探中进行伽马能谱测量、射气测量，各种参数的运用对寻找基岩裂隙水有一定作用；为发展遥感技术，必须大力研究岩石光谱辐射特性参数。总而言之，有必要加强基础理论研究和物性研究，发展新理论、新技术。

三、提高物探探测的速度和效率

大力发展航空物探、遥感技术，在地面物探中实现车载化、数字化，可大大提高物探探测的速度和效率。

航空物探目前主要方法有航磁（航空磁法）、航电（航空电法）、航放（航空放射性测量）、航空重力测量。航空电磁法目前在国外已有10多种分支方法，国内正在开展试验。国外也有人提出航空地震测量的设想，航空红外探测对水文地质调查具有特殊重要意义。

为满足大面积水文地质普查工作需要，逐步使部分地面物探方法车载化有现实的意义。目前地震车、综合测井车、电法车等专门设备已普遍使用。车载式磁力仪、伽马能谱仪和频率测深仪等也有应用。与车载化相配合的智能化记录系统、数据处理系统、自动成图系统等将大大提高资料记录整理和解释的自动化程度。

发展遥感技术方面，目前主要是要很好地利用已有的资源卫星遥感资料。它将为地面物探的设计提供区域性资料，这样可把地面物探工作部署在整个区域中最有利的地段。

通过空、天、地、井、地下等多领域多参多维数据信息综合采集，对大面积介质快速地球物理、微观高精度地球物理、特殊环境地球物理勘探技术开发，利用好人工智能、大数据、云平台等技术内容，可不断提升地球物理方法技术的现代化应用水平，为地质条件透明化提供支撑，少人、无人条件下智能地质地球物理机器人更是未来的发展趋势。

第一篇

地震波勘探

第一章　概　述

第二章　地震勘探的理论基础

第三章　地震勘探的地质基础

第四章　地震波时距曲线

第五章　浅层折射波法

第六章　浅层反射波法

第七章　地震资料的解释与应用

第一章　概　述

何谓地震？地震是由震源激发的机械振动在地下岩层中向四周传播的运动过程,这一过程形成一种机械波,习惯上称之为地震波(seismic wave)。

通过研究这种由地球内部的原因(如构造运动、火山爆发等)产生的天然地震波在地球内部传播的规律,可以了解地球内部的结构。而且,在近代的生产活动中,往往还用人工方法去激发能量较弱的地震波,通过研究它在地壳浅层传播的规律,可以勘测某些重要资源。通过研究用人工手段(如爆炸、锤击等)激发的地震波在地下岩层中传播的规律来查明地层深度、构造形态(即空间位置)及其性质的方法就叫做地震勘探方法(seismic method)。它是众多地球物理勘探方法中极其重要的一种。地震勘探方法利用人工方法激发的弹性波(elastic wave),来定位矿藏(包括油气、矿石、水、地热等资源)、确定考古位置、获得工程地质信息。地震勘探所获得的资料,与其他的地球物理资料、钻井资料及地质资料联合使用,并根据相应的物理与地质概念,能够得到有关构造及岩石类型分布的信息。一般情况下,地震勘探存在商业风险,因此人们总是关心其经济效益。仅靠地震方法并不能断定勘探是否获得成功,即便是有其他资料配合,做过专门的解释工作,情况也常是如此。由于有时使用别的方法,如钻井,能得到更深入的判断依据,所以在地震勘探方法中,结论从模糊到明确,常常需要利用所有可能利用的信息,花费很长的时间。在经济方面,地震方法一直与其他方法存在着竞争。

几乎所有的石油公司都依赖地震解释来确定勘探井位。由于地震勘探是一种间接的方法,大多数的地震勘探工作服务于探测地下的地质构造,而不能直接找到油气。实践证明,地震勘探的投资回报率很高。三维地震技术能提供丰富的细节信息,极大地发掘油藏工程的潜力。此外地震勘探在寻找地下水资源和建设民用工程中还发挥着重要作用,尤其是建造高楼、堤坝、公路及海港等大型建筑物时,利用工程地震勘探可以测量基岩深度,确定在开路时是否需要爆破,探测建筑物下是否有溶洞或者遗忘的矿井,以免形成潜在的危险;地震勘探还能推断隧道或矿体沉积物是否会碰到充水区,探测核电站周围是否存在断层。遗憾的是,因为地震勘探不能很好地区分多种类型岩石分布极其复杂情况时的界面,所以它很少直接用于矿物的勘探。然而,地震勘探方法能很有效地用于探测地下的河道,在这些河道中矿物有可能富集。

勘探地震学是天然地震学的产物,由天然地震学发展而来。产生天然地震时,地壳会产生断裂,裂缝两边的岩石发生相对移动,就是这种破裂产生了由断裂面向外传播的地震波。在不同地点用地震仪器记录下这些地震波后,地震学家就可以利用这些资料来推断地震波所穿过岩石的性质。

勘探地震学基本上包括了与天然地震学相同的各种测量方法。不同的是,地震勘探中所采用的震源可以控制、可以移动,震源到接收点的距离相对较小。多数地震勘探是采用连续覆盖(continuous coverage)方法,沿着地表连续采样。地震波是用炸药或其他类型的震源激发的,随后用检波器组合来接收大地对所激发地震波的响应信号。一般将接收的信号以数字形式记录到磁带上,这样就可以利用计算机处理来提高信噪比(singal-to-noise ratio, SNR),从噪声背景中将有效信号提取出来,并绘制成利于地质解释的图件。

地震勘探的基本过程是先激发地震波,然后测量出由源点传播到各个检波点所需的时间。检波器通常摆放在由源点出发的一条直线上。根据上述地震波到达各个检波器所需时间及地震波速度,可以重建地震波的传播路径。地下的构造信息就是由重建的路径得到的。一般有两类主要的路径:一是首波(head waves)路径或折射波(refracted wave)路径,主要沿不同地层的分界面传播,因而近似水平;二是反射波(reflected wave)路径,反射波起始向下传播,然后在某些界面上发生反射,传回地表,因而整体上近乎垂直。不管沿哪一种路径传播,波的旅行时间都与岩石的物理性质及地层的产状有关。地震勘探的目标就是根据波的到达时间及(一定限度上)利用振幅(amplitude)、频率(frequency)、波形(waveform)的变化来探测岩石信息,尤其是推断地层的构造形态。

地震勘探还是一门相当年轻的学科,诞生于1923年。目前,从投资费用和与之有关的地球物理学家数量来看,地震勘探是最重要的一种地球物理技术。地震勘探方法相对于其他地球物理方法的优势有很多方面,其中最重要的是该方法准确性好、分辨率高,具有很强的穿透性。

第一节 地震勘探方法简介

根据观测波的种类不同,地震勘探有两种基本方法,即反射波法(reflection wave methods)和折射波法(refraction wave methods)。

根据地震探测的深度不同,有中、深层地震勘探和浅层地震勘探之分。在石油、天然气、煤田的普查和勘探中,广泛使用中、深层地震勘探方法,勘探深度达几百米至几千米;而在水文地质及工程地质调查中,通常使用浅层地震勘探方法,探测深度由几米至几百米不等。无论中、深层还是浅层的地震勘探,其方法原理是相同的,只是具体装备、仪器和激发方式有所区别。

在水文地质及工程地质调查工作中,应用浅层地震勘探方法可以解决下列问题:①测定覆盖层厚度,确定基岩埋深起伏情况,如厂址、坝基、桥址的探测;②探测潜水位和确定含水层;③追溯断裂构造破碎带;④研究岩石的弹性性质。

一、反射波法

近几年来,地震技术发生了惊人的变化,出现了很多新的方法。下面所介绍的只是一些背景知识,而关于每一种技术实现步骤和各种变化将在后续章节里探讨。

假定陆上勘探队使用的是炸药震源。选定合适的炮点(shot point)后,第一步就是在该位置上垂直向下打一口浅井,井眼直径为10~12cm,井深通常为6~30m。炸药震源的药量(charge)为1~25kg,装入电雷管(electrical blasting cap),放到井底。电雷管上有两根引爆线接到地面的爆炸机(blaster)上,爆炸机通过引爆线将电脉冲发送到电雷管,电雷管爆炸后接着就引爆了炸药。在野外,这个过程称为放炮(shot)。

在炮点附近要以直线方式摆放两条2~4km长的大线(cables),每条大线内含有很多对传输线,每一对传输线的两端都有导线(electrical conductor)。另外,大线上有一系列抽头(takeout),抽头之间的间隔为25~100m。每一个大线抽头一般要连接多个检波器(geophones),这样传回记录仪器的信号就是一个检波器组合(a group of geophones)的整体输出。在一对传输线所连接的检波器组合内,由于各检波器间的间隔很小,因此可以将其等效为一个摆放在组合中心位置的检波器。通常要沿大线等间隔布置48个或更多检波器组合。炸药震源激发时,每一组检波器组合都会输出一个信号,这个信号依赖于检波器周围地面的振动。最终所得到的就是过炮点的直测线上一系列规则点位(即组合中心,group center)上产生的信号。这些信号记录了地面的振动信息。

来自各个检波器组的电信号被送至数目与之相同的放大器(amplifier)。这些放大器能增强整个信号的强度,并部分滤除(filter out)信号中的非期望成分。放大后的信号连同精确的计时信号一起记录到磁带上,同时也记录到专用的记录纸上,得到监视记录。这样,每一张记录纸都包含了很多道(trace)的数据,每一道都记录了相应检波器组合在震源激发后随时间的振动过程。

一般情况下还要做去噪处理,即衰减信号中的噪声能量,突出信号中的反射能量。之所以能够做这种处理,是因为这两种成分有很多不同的表现特征。去噪后的数据以便于解释的形式显示出来。

所谓同相轴(events),就是在各道之间规律变化的波至(arrival),它表现为记录上可以见到的反射波能量。不同的同相轴传至各个检波器所需的到达时(arrival times),即由激发时刻起,波由源点传至检波器组的时间间隔,亦称旅行时(travel time),都可以测定。根据到达时的信息就能够计算产生同相轴的地下界面的深度和产状。计算界面深度及产状时要用到地震波速度的信息。通常的做法是将所有的计算结果结合起来,编制成剖面图(profile)和等值线图。这两种图件能反映与同相轴相关的地下地质界面。地震资料上的反映模式还有可能体现地层特征或成为油气指示。不过,是否会存在油气或其他矿藏,通常可以根据构造信息来推断。

二、折射波法

折射波法与反射波法的主要差别在于:折射情况下,有一个盲区(blind zone),要观测到折射波所需要的炮检距(offset,源点到接收点的距离),很大程度上依赖于探测界面的深度,但这个距离要比反射波法中垂向的路径占优势。在临界角处,首波或折射波进入高速层,然后以同样的角度离开高速层。只有那些在速度上比上覆地层大出很多的地层才能够用折射波法来探测。这样一来，应用折射波法时受到的限制就比反射波法大。值得说明的是，折射波法应用于地震勘探有两方面不同的意义，一是用来指示速度变化使地震波射线路径发生的弯曲，二是关于目前对首波的讨论。虽然经典的探测高速度体（如盐丘）的方法不都是提及临界角，通常还是将其划为折射波法。

前面提到，折射波法勘探时，炮检距比反射波法要长，因此震源的强度要大些。由于纵向布置检波器会衰减首波，而首波中又含有能量可观的水平振动分量，所以一般的做法是将检波器扎在一起，或垂直于测线方向摆放检波器。如果不考虑这一点，完全可以使用与反射波法相同的仪器。

第二节 地震勘探的历史

一、初期事件

地球物理勘探最初从扭秤（torsion balance）开始，大约在 1888 年由 von Eotvos 发展起来（Vajk,1949）。在欧洲，仅有过少数用扭秤做重力观测来勘测地下地质构造的活动（约开始于 1900 年）。20 世纪 20 年代的美国和墨西哥，为寻找石油第一次做了广泛的勘探工作。1922 年 12 月，在对位于得克萨斯州著名的 Spindletop 盐丘的勘探中观测到了重力异常，不过，随后的勘探工作却连遭失败，直至 1924 年 Nash 穹隆发现。正是这一穹隆导致了 1926 年 1 月第一次用地球物理方法发现了油气。随后仅 1929 年就找到了 16 个盐丘，接着发现了很多的油气藏（Sweet,1978）。

地震波的理论需要追溯到 1678 年罗伯特·虎克提出虎克定律（Hooke's law）。不过，在 19 世纪以前，大部分的地震波弹性理论还没有发展起来。Cauchy 发表了关于波传播的论文，并因此而获得了 1818 年的法国学会大奖（Grand Prix of the French Institute）。大约在 1828 年，泊松在理论上指出了 P 波和 S 波的单独存在。Knott 于 1899 年发表一篇论文，讨论了地震波的传播及其反射和折射。Wiechert 和 Zoeppritz 于 1907 年也发表了他们对地震波的研究结果。Rayleigh(1885)、Love(1927) 及 Stoneley(1924) 则分别研究了以他们名字命名的面波理论。

1848—1851 年，Mallet 开始着手地震波的实验研究。他使用黑炸药作震源，并在碗中盛入水银以探测地表的扰动，以此来测量地震波的速度。Mallet 观测的地震波速度很小，可能的原因是灵敏度差，只能观测到瑞利波的迟后周期振动，但在当时还不清楚这一点。Abbot(1878) 用与 Mallet 基本相同的方法测得了 P 波的速度，但他所使用的震源很大。Milne 和 Gray(1885) 则使用下落的重物作震源（与炸药震源差不多），在一条直线上摆放两个检波器，作了一系列的地震波研究，这算得上是最早的地震排列。1900 年，Otto Hecker 在观测线上用 9 个机械式的水平检波器同时记录到了 P 波和 S 波。

利用地震仪器确定地下条件的可能性是 Milne 于 1898 年首次提出的（Shaw et al., 1931）:"当天然地震波在地层之间传播时，我们有可能根据其传播过程中的反射情况及速度的变化,发现一些深埋于地下的岩石构造。离开这些波我们将永远没有希望得到任何有关地下结构的信息……天然地震实际上是一种能告诉我们岩石所固有的弹性常数的大型实验,如果能够对其作出正确的解释,那么我们将会由此而为很多尚未弄清的现象找到合理的答案。"

Garret 曾在 1905 年建议利用地震折射波来寻找盐丘,遗憾的是当时还没有生产出配套的仪器(DeGolyer,1935)。

二、发展阶段

我国是世界上最早观测地震波和制造地震仪器(seismograph)的国家。早在公元 132 年,东汉时期杰出的自然科学家张衡就创造了世界上第一台观测地震的仪器——候风地动仪(seismoscope)。但漫长的封建社会历史条件妨碍了科学的进一步向前发展。19 世纪,随着西方国家的大工业和科学技术的向前发展,到 1927 年地震勘探才得以在工业上应用。20 世纪 50 年代以来,由于各国对油气需求量的增加,地震勘探发展的速度是惊人的。以记录仪器的发展为标志,地震勘探的发展可分为 3 个阶段。

第一阶段为"光点"记录阶段(1927 年至 1952 年),使用的仪器为光点地震仪。它采用电子管元件,把接收的地震波变成光点的摆动,记录在照相纸上,这样得到的地震记录质量差,资料全部需人工整理解释,效率低,精度差,还不便保存。

第二阶段为"模拟磁带"记录阶段(1953 年至 1963 年),把磁带录音技术用于地震勘探,采用了模拟磁带地震仪。它由晶体管元件组装而成,把接收的地震波录制在磁带上,在室内可以用模拟电子计算机(基地回收仪),对资料进行处理,得到地震时间剖面,使资料整理工作实现了半自动化,工作效率和精度也得到了提高,资料也便于保存。

第三阶段为"数字磁带"记录阶段(1964 年至现在),使用了数字地震仪。它采用电子集成电路技术,把地震波以数字的形式记录在磁带上,然后直接输入电子计算机进行各种处理,这样使资料的整理工作实现了自动化,工作效率和精度得到了空前提高。

新中国成立以来,我国的地震勘探工作也得到了很快的发展,于 1951 年成立了第一个地震队,紧接着在不到 10 年的时间内发展了近百个地震队,他们为找到大庆油田作出了重要的贡献。20 世纪 70 年代初,我国设计制造了第一台百万次电子计算机,并把它应用于地震资料的处理,使我国地震勘探的水平大大提高。近年来,随着我国科学技术的发展及引进国外先进技术,地震勘探正在进一步向高信噪比、高分辨率、高保真度、高清晰度、高精度的方向发展,现在我们不仅可以从接收的地震信号中提取构造信息,而且还可以提取与地层岩性、油气等有关的多种信息,使以往以找构造为主的构造地震向地层地震和岩性地震发展,进而可以对沉积盆地的发展演化、沉积环境、生储油条件等进行评价,有利于更准确地寻找构造和地层岩性油气藏。可以这么说,石油地质理论及有关的地质资料与地震勘探理论及地震资料的结合,是当今勘探油气田最主要的工作方法和必然趋势。

地震勘探也广泛地用于煤田勘探中,因为煤层与围岩存在着较大的弹性差异,这就决定可用地震勘探方法寻找埋藏较浅的煤田。目前国内外对煤田地震勘探的研究和应用已得到了很快的发展。

三、近期历史

共中心点、可控震源、数字处理方法发明后,一系列新技术的使用大大增加了从地震资料中所能提取的地质信息的种类和数量,使地震方法的应用出现了前所未有的局面。

20世纪70年代以前地震方法的情况是:噪声水平超出有效信号很多,从实用角度上看,从地震资料中仅能提取构造信息,因此,为得到更精确的到达时,有些过度强调噪声衰减。20世纪70年代初,人们认识到油气聚集有时会改变反射的强度,这一现象有可能用于油气的直接检测,这样振幅信息就被更精确地记录下来并在解释中得以应用。20世纪70年代中期,利用地震资料识别沉积模式进一步改变了以前的观念,人们认识到曾被当作噪声的地震信号实际上大部分携带着地质信息。20世纪70年代末,三维地震出现,减少了地震测线之间作地震解释产生的固有多解性,同时也大大提高了信噪比。三维地震方法能够显示出更多的构造信息及地层信息,因而在油藏工程中的应用发展很快。

人们很早就认识到,联合使用横波和纵波进行勘探比只使用纵波能提取出更多的地质信息。20世纪80年代初,发明横波震源并做了有意义的横波勘探实验,其主要目标在于油气探测和岩性识别。AVO(振幅随炮检距的变化)方法费用低,但能够得到许多与纵、横波勘探相似的信息,常用作横波研究中的约束资料。目前,横波方法(三分量记录)主要用于裂缝方位及分布密度的研究。

1917年Fessenden的专利曾提到过井中地震测量,20世纪20年代末开始使用井中检波器,通过井中地震波勘探盐丘侧翼(作为折射波法的补充),测量地震波速度。Gal'perin(1974)记述过苏联在20世纪60年代至70年代期间发展起来的垂直地震剖面(VSP)。井中地震在测量地震波速度以外的应用是在20世纪80年代初发展起来的。自20世纪80年代中期以来,井间地震成像及井中-地面方法发展迅速,不过现在仍处于试验阶段。

为提高工作效率,三维地震勘探中需要更多的地震道,由此带来很多的野外后勤问题。为解决这些问题,人们发明了用数字化采集站以及遥测设备来记录地震信息的方法。

随着技术的发展,海上地震数据采集的效率也越来越高,现在可以使用多个震源,由拖缆定位器拖住多条采集电缆,一次单程航行就能得到多条测线数据。无线电定位系统的改进提高了海上采集点定位的精度。海上地震勘探使美国海军卫星导航系统(Transit)得到了广泛应用,但目前使用最多的是全球卫星定位系统(GPS),这两种系统都是由美国海军建立起来的。GPS也用于陆上地震勘探定位。现在进行海上三维地震的勘探船配备有精巧的定位系统,在局部坐标系统中对勘探元素(每次激发时各条拖缆震源和水中检波器组的位置)的实时定位误差小于几米,建立共反射面元及进行数据校正时必须用到这些信息;此外,根据这些信息还能够在勘探过程中确定是否达到了覆盖次数一致性的要求。

20世纪80年代后期,计算机技术取得了巨大的发展。价格的降低及计算速度的提高使得在实际工作中能够为每个解释人员提供计算机(工作站),协助解释工作的进行。工作站解决了很多数据处理的问题,且大大节省了解释人员的工作时间,不仅能做交叉检查,还能以利于突出目标特征的方式显示资料,一般情况下会使解释更完全,结果更精确。

海上三维数据采集勘探船上装备的计算机具有强大的功能,勘探高度自动化。船载计算机能进行精细处理。利用工作站能够快速得到初步解释结果。

地震资料的主要用户,尤其是三维方法、VSP和其他地震方法的主要用户已由石油公司的勘探部门转向生产部门。三维地震勘探高精度和细节显示能力使之成为油田开发和生产的经济有效的工具。在勘探过程中,人们越来越明确地认识到,大部分的储层是非均质性的,而地震是提供探测储层水平变化的唯一手段。不仅陆地勘探中是这样,海上勘探中更是如此,这是由于海上勘探钻井及投资费用特别高,因此三维资料显得尤为重要。

第三节 勘探地震学文献

Eve 和 Keys(1928)在《应用地球物理》(*Applied Geophysics*)一书的前言中写道:"我们没有发现用英文写的、从理论和实践两个方面讨论现在地震勘探中众多有效方法的书。"Eve 和 Keys 还提到,"1928 年有 30 个或更多个地震队在进行勘探活动……每个队中一般有 3~5 个受过训练的人员,辅助人员也是这个数量。"由于那时保密很严格,因此 Eve 和 Keys 的著作仅对各种方法作了简要的描述。直到 20 世纪 50 年代初,一些"黑匣子"因素仍然存在着,也就是说,他们并没有公开实际做法的细节过程。

率先谈到地震勘探应用的是关于天然地震的文献。Jefrreys 的经典著作《地球》(*The Earth*)是 1924 年出版的(1952 年第三次做了修订)。Leet 的著作《实用地震学及地震勘探》(*Practical Seismology and Seismic Prospecting*)(1938)将天然地震学与勘探地震学联系起来。

地球物理文献以多种语言出版,但能够阅读英文的地震学家是尤其幸运的,因为当时所有的重要文献都是用英文写的。大部分用其他语言写的文章及书籍,要么与英文版差不多,要么就是英文版的翻译本。另外,大部分的技术性论文一般在两种杂志上发表:一种是《地球物理学》(*Geophysics*),由国际勘探地域物理学家学会(Society of Exploration Geophysicists,SEG)出版;另一种是《地球物理勘探》(*Geophysical Prospecting*),由欧洲勘探地球物理学家协会(European Association of Exploration Geophysicists,EAEG)出版。

1930 年,经济地球物理学家学会(Society of Economic Geophysicists)在美国休斯敦成立,同年更名为石油地球物理学家学会(Society of Petroleum Geophysicists),1937 年又更名为勘探地球物理学家学会(SEG),并于 1936 年开始出版《地球物理学》(*Geophysics*)。在此之前,论文是在《物理学》(*Physics*)上发表的。1947 年出版的《早期地球物理论文》(*Early Geophysical Papers*)再版了 1936 年以前的很多重要文章。欧洲勘探地球物理学家协会成立于 1951 年,1953 年开始出版《地球物理勘探》(*Geophysical Prospecting*)。

这两个协会还出版了另外两种杂志,即《前缘》(*The Leading Edge*)和《初至》(*First Break*),提供勘探文章、解释实例及有关新课题的信息。加拿大及澳大利亚勘探地球物理学家协会出版的杂志与《前缘》(*The Leading Edge*)和《初至》(*First Break*)的风格差不多,与《地球物理学》(*Geophysics*)和《地球物理勘探》(*Geophysical Prospecting*)的差别大一些。另外一些常有重要文章的杂志是由欧洲、印度及其他一些地方出版的。《美国石油地质学家协会会刊》(*AAPG Bulletin*)常刊登有关于地球物理解释应用的文章。有关基础地震学的地球物理文献中也常常会有勘探地球物理学家感兴趣的文章。此外,与地震勘探相关的杂志中,以俄文及中文出版的杂志是非英文杂志中最重要的两种。

一般每隔几年就会出版一本《地球物理学检索总汇》(*Cumulative Index of Geophysics*),这个目录会列出除 AAPG 外所有前面提到过的协会所出版的大部分文章。同时也用计算机磁盘发行,可以用主题词在磁盘上查找信息。在 25 号和 50 号年卷(过去 25 年内的经典文章,1985)上重印了 *Geophysics* 中最重要的论文,重要的地震勘探论文则重印在三卷《石油地质专题论文重印系列》(*Treatise of Petroleum Geology Reprint Series*)中。SEG 还出版了其他书目。

目前出版的书目众多,涉及地震勘探的方方面面。后续的章节里也参考了很多文献。现在的地震技术包含了大量的信号处理、计算机技术、地质等很多方面的内容,而不仅仅是地球物理。特别要引起重视的是地球物理承包商国际协会(The Institute International Association of Geophysical Contractors,IAGC)颁布的安全及环境准则,也要关注中国地球物理学会的相关文献及信息资料。

第二章　地震勘探的理论基础

地震勘探是以不同岩性的岩层具有不同弹性的事实为依据的。在地表附近某一点人工激发地震波，而在其他若干点上用地震检波器记录从震源直接传来的直达波，或从地下不同弹性的岩层分界面传来的反射波或折射波，分析地震记录上这些有用信息的特点（波的传播时间、波形及振幅等），求得弹性分界面的空间位置及其性质，从而完成地震勘探的主要地质任务。

下面以反射波法为例来简单说明地震勘探确定地下弹性界面空间位置的原理。在日常生活中，可观察到水波碰到堤岸就往回返的现象，这就是水波的反射。如果一个人站在山谷或大厅里的适当位置上叫喊一声，可以听到明显的回声，这就是声波的反射。如果我们测得从开始叫喊到回声刚到达的时间间隔 t_0，并且知道声波在空气中传播的速度 v，则这个人到反射物（山崖或墙壁）之间的回声距离 l 就可按公式：$l = \frac{1}{2}vt_0$ 算出。反射波法也是利用这个反射现象实现的。如图 2-1 所示，在地面测线上某点浅井中进行爆炸，激发的人工地震波向地下深处传播，遇到弹性不同的岩层分界面就返回地面，我们沿测线各接收点用地震检波器和地震仪把它们接收并记录下来，根据在地震记录上读出的反射波旅行时间，结合地震波传播速度资料就可以求得反射界面的深度，从而就可绘制出反射界面的剖面图。

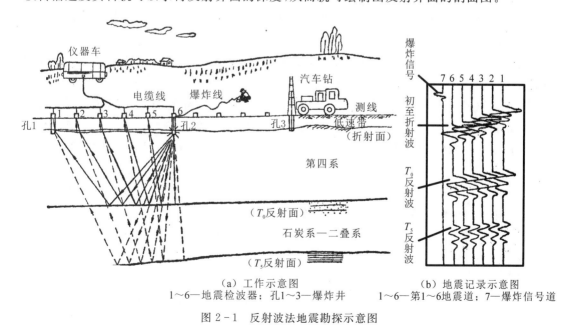

(a) 工作示意图　　　　　　　　　(b) 地震记录示意图
1～6—地震检波器；孔1～3—爆炸井　　1～6—第1～6地震道；7—爆炸信号道

图 2-1　反射波法地震勘探示意图

第一节 岩石的弹性

地震勘探是通过研究地震波在地下岩层中传播的规律来完成有关地质任务的方法,而地震波实质上就是一种机械波——机械振动在岩层中的传播过程。在普通物理学课程中,已介绍过机械波是弹性波还是非弹性波和传播机械振动的介质是否和弹性介质有关。因此,要研究地震波的传播规律,首先要弄清楚传播地震波的介质——地下岩层的性质。

一、弹性介质

如果作用于物体的力不足以改变介质(岩层)的内部结构,则在运动过程中,各分子总是作为整体连续地行动。一般物体的分子尺度约为 10^{-8}m,如截取长仅为 0.01mm 的一块岩石,其中仍包含着数以亿计的分子。考虑到在目前地震勘探中能利用的地震波的振动频率较低,波长一般大于 1m,是分子尺度 10^{-8}m 的几亿倍以上,在这样大的波长情况下,介质(岩层)的个别分子或原子的特性并不会影响地震波。因此在研究地震波的传播规律时,总是在宏观范围内进行讨论,不需考虑介质(岩层)的微观特性,而仅仅将介质抽象为由无限个质点组成的物体,这些质点一个挨着一个连续地排列着,每个质点的体积和质量都可近似为无限小。这是一种宏观的物质结构连续性观点,这种观点是经过许多实验检验过的正确观点。我们就在这种前提下来进一步讨论本篇。

任何物体在一定条件下都表现出一定的性质。例如,我们对一块橡皮施加一个外力,它内部质点之间的相对位置就要变化,结果使整个橡皮的体积或形状发生变化。这种体积大小或形状的变化,就称为形变。如果只受到一个胀缩力(张力或压力)的作用,这块橡皮就只改变其体积的大小,而仍保持原来的形状,这种形变叫体积形变(或体变)。若只受到一个旋转力或剪切力作用,它就几乎保持原来的体积大小,而只改变其形状,这种形变叫形状形变(或切变)。一般情况下,作用于物体的外力既可能有胀缩力的分量,又可能有旋转力或剪切力的分量,相应的物体形变就比较复杂,可以将其看成是体变与切变的复合。

在外力作用下物体就会产生形变,若去掉外力作用之后,已有形变的物体又立即恢复原来的体积和形状,则这种物体就被称作完全弹性体,它所产生的形变就称为弹性形变。弹性体产生形变时,在内部就同时出现反抗形变的内力 F,F 与其作用面积 A 的比值 P 称为应力(或弹力),即

$$P = F/A \tag{2-1}$$

物体能产生弹性形变的这种性质叫做弹性(elasticity)。

若在去掉外力之后,物体仍旧保持已发生的形变,这种物体就被称为塑性体,它所发生的形变就称为塑性形变(范性形变)。物体能产生塑性形变的这种性质叫做塑性(或范性)(plasticity)。

自然界中大部分的物体,在外力作用下,既可以显示出弹性,也可以显示出塑性。这取决于介质的物理性质以及外力的大小和作用持续时间的长短。在一般情况下,当作用力较

小且作用持续时间短时,大部分介质都可以近似地看作弹性介质。

在地震勘探中,人工震源的激发是脉冲式的,作用时间极短,且激发的能量对地下岩层和接收点处介质所产生的作用力较小,因此可以把它们近似地看作弹性介质,并用弹性理论来研究地震波的传播问题。在弹性理论的研究中,根据介质的不同特征,介质可分为各向同性(aeolotropy)和各向异性(anisotropy)两类。凡是弹性性质与空间方向无关的介质称为各向同性介质,反之则为各向异性介质。研究表明,大部分岩、土介质在地震勘探中都可看作各向同性介质,从而可以将一些基本弹性理论引用到地震波的研究中来。

二、应力、应变与弹性常数

为了描述介质的弹性性质,有必要介绍一些能表示介质弹性的参数和有关的概念,现简述如下。

(一)应力(stress)和应变(strain)

将一个各向同性的均匀介质圆柱体样品进行拉伸试验,借以说明应力与应变以及介质的弹性性质等基本概念。

如图 2-2(a)所示,圆柱体样品长度为 l,直径为 d,截面积为 S。该样品在一个不太大的外力 F 拉伸下发生形变,长度变为 $l'=l+\Delta l$,直径变为 $d'=d+\Delta d$(在拉伸变形时 Δd 本身为负值)。同时,样品内部分子之间会产生内聚力以维持平衡。显然,样品内每个横截面上的内聚力应和外力 F 相等,但方向相反。若增加拉力 F,则形变程度和样品内聚力会相应地增加。若将 F 逐渐减小到零,该样品也能逐渐恢复到原来的形状和体积。这样的形变称为弹性形变,组成该样品的物质称为弹性介质。

在弹性理论中,将单位长度所产生的形变 $\Delta l/l$ 称为应变;将单位横截面所产生的内聚力 F/S 称为应力。在上述样品的拉伸试验中,应力与应变的关系曲线见图 2-2(b)。曲线在第一象限的部分表示拉伸,在第三象限的部分表示挤压。曲线的这两部分一般并不完全对称。

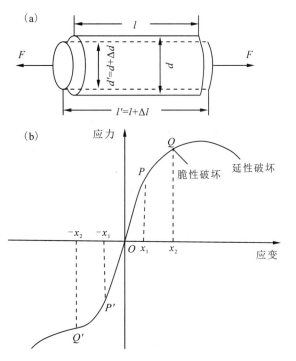

图 2-2 圆柱体样品拉伸试验模型(a)和应力与应变曲线(b)

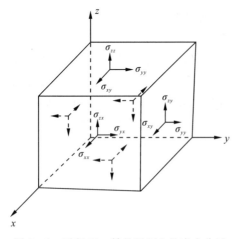

图 2-3 平行于 x 轴的平面上的应力分量

一般来说，岩体受力情况也很复杂。这时，虎克定律应该是什么形式呢？

弹性理论指出，任意形状的弹性体，当外力作用时，物体内部任意一点 $P(x,y,z)$ 处将产生 6 个独立的应力分量 σ_{xx}、σ_{yy}、σ_{zz}、σ_{xy}、σ_{xz}、σ_{yz}，如图 2-3 所示。此 6 个应力分量完全决定了通过 P 点的任意单元体面积上的应力，也就是说，它们完全决定了 P 点的应力状态。

与此同时，P 点处的应变状态可由 6 个独立的应变分量来表达，即 ε_{xx}、ε_{yy}、ε_{zz}、ε_{xy}、ε_{xz}、ε_{yz}。由试验可知，当外力加载荷在岩体内引起的应力不超过弹性极限，则测得的应变与应力成正比，说明在岩体中任意一点的 6 个应力分量中每一个都是 6 个应变分量的线性函数，这个试验定律的数学表达式为

$$\sigma_{xx} = C_{11}\varepsilon_{xx} + C_{12}\varepsilon_{yy} + C_{13}\varepsilon_{zz} + C_{14}\varepsilon_{yz} + C_{15}\varepsilon_{zx} + C_{16}\varepsilon_{xy}$$
$$\sigma_{yy} = C_{21}\varepsilon_{xx} + C_{22}\varepsilon_{yy} + C_{23}\varepsilon_{zz} + C_{24}\varepsilon_{yz} + C_{25}\varepsilon_{zx} + C_{26}\varepsilon_{xy} \quad (2-2)$$
$$\sigma_{zz} = C_{31}\varepsilon_{xx} + C_{32}\varepsilon_{yy} + C_{33}\varepsilon_{zz} + C_{34}\varepsilon_{yz} + C_{35}\varepsilon_{zx} + C_{36}\varepsilon_{xy}$$

上式中的系数 C_{mn} 称为物体的弹性系数，是一般情况下的虎克定律数学表达式。由于弹性能是应变的单值函数，可以证明，式(2-2)中各系数之间存在关系 $C_{rs} = C_{sr}$。这就是说式(2-2)中的 36 个弹性系数并不完全是独立的，而仅有 21 个是独立的。这 21 个弹性系数是完全弹性各向异性材料所具有的。实际上，如果材料的性质有着某种对称性，则弹性系数将减少。例如，对于正立方形的晶体而言，仅存在 3 个独立的弹性系数。

对于各向同性的物体，弹性系数的值应该与坐标轴的选择无关。应用这个条件，可以得

$$C_{12} = C_{13} = C_{21} = C_{23} = C_{31} = C_{32} = \lambda$$
$$C_{44} = C_{55} = C_{66} = \mu \quad (2-3)$$
$$C_{11} = C_{22} = C_{33} = \lambda + 2\mu$$

而其余的 24 个系数都等于零。这时虎克定律有如下形式：

$$\delta_{xx} = \lambda\Delta + 2\mu\varepsilon_{xx}, \delta_{yy} = \lambda\Delta + 2\mu\varepsilon_{yy}, \delta_{zz} = \lambda\Delta + 2\mu\varepsilon_{zz}$$
$$\delta_{yz} = \mu\varepsilon_{yz}, \delta_{zx} = \mu\varepsilon_{zx}, \delta_{xy} = \mu\varepsilon_{xy}$$

其中，$\Delta = \varepsilon_{xx} + \varepsilon_{yy} + \varepsilon_{zz}$。

上式中的两个弹性常数 λ 和 μ，称为拉梅(Lame)常数，它完全能确定各向同性体的弹性性质。然而，为了方便，通常应用 4 个弹性常数，即纵向杨氏模量 E、泊松比 σ、体积模量 K 以及与拉梅常数 μ 完全相同的剪切模量 μ。

（二）杨氏模量(E)(Young's modulus)和泊松比(σ)(Poisson's ratio)

在图 2-4(a)中的 $P'P$ 段近似为一段直线。这表明当外力不大、应变在 $-x_1 \sim x_1$ 区间之内时，应力与应变成正比关系，遵从虎克定律。该区间称为线弹性形变区或完全弹性形变区。

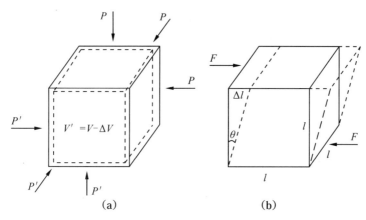

图 2-4 立方体单元受力后的形变

这时应力与应变的比值称为杨氏模量(拉伸模量),以符号 E 表示：

$$E = \frac{P}{\Delta l/l} \tag{2-4}$$

从图 2-4(b)可以看到,在拉伸形变中,样品的横截面会减小；反之,在轴向挤压时,横截面将增大。换句话说,在拉伸或压缩形变中,纵向增量 Δl 和横向增量 Δd 的符号总是相反的。

介质的横向应变与纵向应变的比值称为泊松比,以符号 σ 表示：

$$\sigma = -\frac{\Delta d/d}{\Delta l/l} \tag{2-5}$$

其中,式(2-5)右边加负号是为了使 σ 成为正值。

根据式(2-4),显然 E 是应变为 1 时(即 $\Delta l = l$)的应力,其量纲与应力的量纲相同;σ 和应变一样,都是无量纲的纯数。

在线性形变区以外,一般还有一个非线性形变区。这时,形变虽已不能用虎克定律描述,但在外力消失后,样品仍能恢复原来的体积和形状。Q 点是该介质的弹性极限(elastic limit)点。当外力很大以致应变超出相应的 $-x_1 \sim x_1$ 区间,就会发生永久性形变。对于脆性材料,一旦超过这个极限,将很快出现脆性破坏；对于塑性材料,则随着应变绝对值的增加,有一段不可复原的塑性形变过程,直到被拉断或压碎为止。

(三)体积模量(K)(Bulk modulus)和剪切模量(μ)(Shear modulus)

根据弹性力学的理论,任何复杂的形变均可分为体积形变与形状形变两种简单的形变类型。现以一个小立方体单元受力后的形变情况,说明这两类形变的特征。

图 2-4(a)表示一个体积为 V 的立方体样品,在静水柱压力 P 的挤压下所发生的体积形变。即每个正截面的压应力均为 P 时,体积缩小了 ΔV。体积模量表示为

$$K = \frac{P}{\Delta V/V} \tag{2-6}$$

图2-4(b)表示上、下两底面面积为 S 的立方体样品,由于受到平行于上、下两底面的剪切力 F 的作用而发生了形状形变(亦称剪切形变)。这时,样品的体积没有变化,但形状变了,前、后两侧面扭动了一个角度 θ。这个角度一般很小,且因切应变 $\Delta l/l = \tan\theta$,故可用 θ 近似地表示其剪切模量的数值,即

$$\mu = \frac{P}{\tan\theta} = \frac{P}{\Delta l/l} \tag{2-7}$$

(四)拉梅常数(Lame's constants)

在弹性力学中,总是用三维直角坐标系来描述受力物体的应变与应力情况。一般说来,受力物体内任意点所受的力可以沿坐标轴分为3个分力,每个分力都会引起纵向和横向的沿3个轴的应力与应变,因而每个点有9个应力分量和9个应变分量,其中各自有6个是独立的。按照虎克定律,应力与应变之间存在线性关系,可以写出一个线性方程组,于是应有36个弹性系数。但对于各向同性的均匀介质来说,这些系数大都对应相等,可归结为应力与应变方向一致和互相垂直时的两个常数 λ 和 μ,合称拉梅常数。其中,μ 就是剪切模量[或刚度模量(modulus of rigidity)、不可压缩性的度量(incompressibility)],其表达式如式(2-7)所示;λ 的表达式为

$$\lambda = K - \frac{2}{3}\mu \tag{2-8}$$

综上所述,决定各向同性均匀介质弹性性质的参数有 E、σ、K、μ、λ,理论上可证明,只要知道其中2个参数,就可以求出其余3个参数,这样就会有许多组关系表达式,例如

$$E = \frac{\mu(3\lambda + 2\mu)}{\lambda + \mu} \tag{2-9}$$

$$\sigma = \frac{\lambda}{2(\lambda + \mu)} \tag{2-10}$$

$$K = \lambda + \frac{2}{3}\mu \tag{2-11}$$

这些参数表示介质抗形变的能力,其数值越大,表示该介质越难产生形变。

弹性常数都定义为正值。按照泊松比的定义,它的变化范围在 $0\sim0.5$ 之间。对于非常坚硬、刚性很强的岩石,泊松比可达 0.05;随着岩石的刚度降低,泊松比增大;对于软的、胶结度差的岩石,泊松比可达 0.45。流体没有抵抗剪切应力的能力,剪切模量为0,因此泊松比为 0.5。对大多数岩石,杨氏模量 E、体积模量 K 和剪切模量 μ 的变化范围在 $20\sim120$GPa 之间。在这3个弹性模量之间,一般 E 最大,μ 最小。

上述大多数理论推导都假定介质是各向同性的。事实上,岩石大多是成层的,每一层都有不同的弹性,且弹性还常随方向而变化。但是,在讨论波的传播问题时,一般忽略各向异性,把沉积岩视作各向同性介质,这样处理可以得到一些很有用的结论。如果考虑各向异性,问题就会变得非常复杂。除了横向各向同性介质之外,所用的数学公式都非常复杂。横向各向同性是指介质在一个面上是各向同性的,即具有相同的弹性;而在垂直于该面的方向,弹性是变化的,自然界有很多岩石是横向各向同性的,如页岩。页岩是典型的层状介质,

尽管它的每一层都是各向同性的,但层与层之间的弹性是变化的,它的总体效应是横向各向同性的。

第二节 地震波的基本类型及其传播特征

一、地震波的基本类型

地震波可分为体波和面波两大类。体波在介质的整个体积内传播,根据其传播特征的不同,又可分为纵波和横波。面波则沿介质的自由表面或两种不同介质的分界面传播,根据其不同性质,又可分为瑞利波和勒夫波等。现将各种波的特征分别讨论如下。

（一）纵波和横波

在均匀各向同性介质中,有两种波动:一种是胀缩性的变化,另一种是一个或多个分量旋转性的变化。

第一种波常称膨胀波(dilatational)、纵波(longitudinal)、非剪切波(irrotational)、压缩波(compressional)或 P 波(P-wave),在天然地震记录上通常是最先(primary)到达的波。第二种波称为剪切波(shear)、横波(transverse)、旋转波(rotational)或 S 波(S-wave),在天然地震记录上通常是第二个(second)到达的波。

$$\text{纵波速度 } v_P = \left(\frac{\lambda + 2\mu}{\rho}\right)^{1/2} = \left(\frac{M}{\rho}\right)^{1/2} \tag{2-12}$$

$$\text{横波速度 } v_S = \left(\frac{\mu}{\rho}\right)^{1/2} \tag{2-13}$$

其中 M 是纵波模量(P-wave modulus)。因为弹性常数总是正值,所以纵波速度 v_P 总是大于横波速度 v_S。由式(2-10)可得

$$\frac{v_P}{v_S} = \left(\frac{\mu}{\lambda + 2\mu}\right)^{1/2} = \left(\frac{0.5-\sigma}{1-\sigma}\right)^{1/2} \tag{2-14}$$

当泊松比 σ 从 0.5 减小到 0,横、纵波速度比 v_S/v_P 从 0 增加到其最大值 $1/\sqrt{2}$。所以,横波速度的变化范围是纵波速度的 $0\sim 70\%$。

对于流体来说,$\mu = 0$,因而横波速度 $v_S = 0$。这也就是说,横波不能在流体中传播。根据式(2-11),可知在流体中 $\lambda = K$,所以有

$$v_P = \left(\frac{K}{\rho}\right)^{1/2} \tag{2-15}$$

在实际岩石中的地震波速度取决于多种因素,包括孔隙度、岩性、胶结度、深度、年代、孔隙中的流体成分等。水饱和沉积岩石中的地震波速度范围在 $1.5\sim 6.5\text{km/s}$ 之间。孔隙度降低,胶结变好,埋藏深和年代老,会使地震波速度增加。水中纵波速度大致为 1.5km/s。当岩石的孔隙内充满气体时,纵波在其中的速度远低于充满水的同类岩石。在潜水面之上的近地表区域是特别重要的,它形成了低速带(LVL,或称为风化层),地震波速度变化范围

在 0.4~0.8km/s 之间,甚至偶尔会低至 0.15km/s,也会高达 1.2km/s。

首先讨论纵、横波在介质中的运动特性。先考虑球面纵波。图 2-5 画出了几个波前面,其间隔为 1/4 波长。图中的箭头表示质点的运动方向。在波前 A 处的介质,经受了最大的压缩(即膨胀量最小);在波前 D 处的介质,经受了最小的压缩(即膨胀量最大);在这两个波前的所有点上,质点的位移为零。

如果在图 2-5 中,半径变得非常大,使得在波前面上任取一段,实际上相当于一个平面,此时,可以把它当成平面波。对于平面纵波来说,位移垂直于平面波前。介质的质点在平行于波的传播方向上来回振动,不存在能量发散和汇聚的问题。平面纵波的位移在纵方向上,这也就是 P 波称为纵波的原因。当纵波在介质中传播时,会形成间隔出现的压缩带和稀疏带,因此纵波又称压缩波。纵波在地震勘探中占主导地位,图 2-6(a) 显示了平面纵波的传播过程。

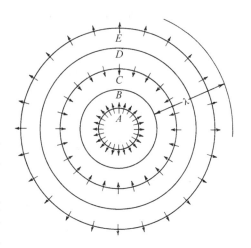

图 2-5 球面纵波的位移

横波在传播过程中,介质在传播方向上的横切变上产生位移,这也就是横波名字的来源。此外,在任意给定的时刻,旋转量在点与点之间是变化的,所以随着波的传播,介质所受剪切应力发生变化,这也就是横波有时也称剪切波的原因。横波的特点是质点的振动方向与波的传播方向相互垂直,如图 2-6(b) 所示。因此对任意一个传播方向,质点可以有无限多个振动方向,但在研究中,通常可以把横波看作是由两个方向的振动所组成:一个是质点振动在垂直平面内的横波分量,称为 SV 波;另一个是质点振动在水平平面内的横波分量,称为 SH 波(图 2-7)。

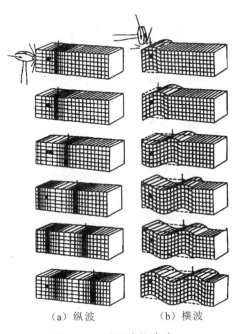

(a)纵波　　(b)横波

图 2-6 平面波的波动

在介质存在不均匀性和各向异性的情况下,有可能无法把波分解成单值的纵波或横波。然而,在大地中,介质的不均匀性和各向异性都比较小,纵、横波的假设一般会满足实际的需要。

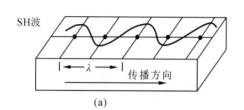 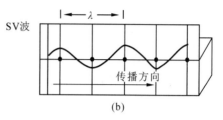

图 2-7 横波的传播特征

(二)面波

根据弹性力学理论,还有两种仅存在于弹性分界面附近的波动,即瑞利波(Rayleigh wave,R 波)与勒夫波(Love wave,L 波)。它们的特点是沿界面传播,沿垂直于界面的方向逐渐消失(沿深度方向振幅呈指数衰减)。

1. 瑞利波

在地震勘探中,最重要的面波是瑞利波,它沿固体介质的自由表面传播。尽管"自由"表面意味着真空,但空气的弹性系数和密度与固体岩石相比,低到了可以忽略的地步,所以地表面近似于一个自由表面。地滚波(ground roll)是近似的瑞利波。

给定地表一点,质点的运动轨迹是一个在 xz 平面上的椭圆,如图 2-8 所示。椭圆的水平轴长度大约是垂直轴的 2/3。随着波从左向右传播,质点 P 沿椭圆轨迹以逆时针方向运动(后滚式运动)。在均匀介质中,瑞利波在地表不发散。但实际介质并不是理想均匀的、各向同性介质,因此在实际观测中也发现瑞利波是发散的。瑞利波具有低速、低频特性,其频谱并不是一个尖峰,因而波长的变化范围很大。瑞利波的穿透能力随厚度增加呈指数衰减,对不同的频率成分来说,其穿透深度差别很大,大多数能量限定在 2 倍波长的厚度范围内。因为在近地表,弹性系数变化很大,尤其在低速带的底界,所以瑞利波的速度随波长而变化,而且瑞利波是发散的,波形随距离而变化。瑞利波能量随深度迅速衰减,一般只在离地面几十米的深度范围内能观测到。瑞利波在传播时,岩石质点振动轨迹为一个向震源逆进的椭圆,椭圆平面与波传播方向一致,长轴垂直于地面。瑞利波的传播速度 v_R 较小,只有同一介质中横波速度 v_S 的 90%,即

$$v_R = 0.9 v_S \tag{2-16}$$

2. 勒夫波

勒夫波是一种 SH 型的面波,它沿平行于界面的方向传播(图 2-9)。勒夫波产生的条件是有一个半无限的介质被一个有限厚度的在自由表面处终止的地层所覆盖,取下界面为 xy 平面,该自由表面为平行平面 $z=-h$;SH 波则沿 y 方向振动。这种波一般出现在覆盖层和下伏介质的分界面,其波速 v_L 介于上覆地层横波速度 v_{S1} 和下伏地层横波速度 v_{S2} 之间。由于这种面波对地震勘探影响不大,故研究较少。

R 波与 L 波的强度在一定条件时可以很大,甚至完全掩盖反射纵波,然而它们与地下岩

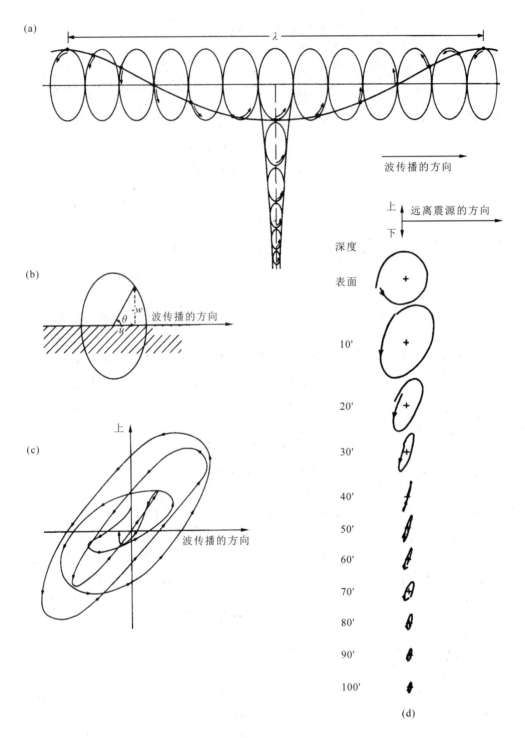

图 2-8 瑞利波的传播过程

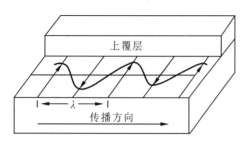

图 2-9 勒夫波的传播过程

层构造特点并不相关。因此,在反射波法地震勘探中,它们是一种干扰波;而反映地下岩层构造特点的反射波或折射波,被称为有效波。当然,这种概念是相对的,在煤矿井下采区中应用透射波法勘探煤层小构造时,在煤层内传播的面波将视为有效波加以利用。

上述 P 波、S 波与 L 波有个共同特点:它们在传播时,所有在同一传播方向的质点都沿直线振动,而且振动轨迹都在平行于传播方向的某一平面。凡具有这种特点的波均被称为线性极化波(即线偏振波或面偏振波)。

R 波或某些线性极化波的复合波在传播时,岩石质点振动位移的轨迹为一椭圆,具这样特点的波均称为椭圆极化波(或椭圆偏振波),质点振动轨迹所在平面称为极化平面。

二、地震波的形成与实质

要了解地震波的形成过程,不妨先回顾一个常见的生活中的实例。如果把一块石子投入平静水池,就会在水面上以落石点为中心形成圆环状波纹,并且逐渐向外传播出去,这种行进中的扰动就是水面波。如果细心地观察浮在水面上的一块小木块,就会发现,当波通过时,木块只是近似地上下浮动,并不随波前进,可见受到石子外力作用时,由于重力和液体表面张力的作用,落石处部分水滴首先开始振动,同时又使其相邻部分水滴相继振动,并依次将振动往外传播出去,这就是水面波形成的过程。水面波通过水介质传播,但水滴并不随扰动前进。

在目前的地震勘探中,激发波动的"石子"一般是炸药包,传播波动的介质是岩土。用炸药爆炸的方式激发地震波的机理(即确切的物理与物理化学过程)虽尚未完全被揭示,但已经可以将爆炸时形成地震波的物理过程作一个初步的说明。

当炸药爆炸时,产生大量高温高压气体,并迅速膨胀形成冲击波,以上万个大气压的巨大压力作用于周围岩石,这个作用力是个瞬间起作用的脉冲力。在其作用下,靠近震源附近的岩石因所受压力远超过抗压强度而被破坏,形成一个球形破坏圈。圈内岩石质点具很大的永久位移,常形成以震源为中心的空穴。爆炸产生的部分能量在压碎岩石和发热过程中消耗。随着离震源中心的距离 r 的增大,爆炸能量将传递给越来越多的岩石单元,因而冲击波能量密度随着波的传播而迅速衰减,以致岩石所受压力小于其抗压强度,但仍超过岩石弹性极限,使岩石质点仍产生一定的永久位移,从而形成塑性形变(辐射状及环状裂隙),这个区间叫塑性形变带,如图 2-10(a)所示。

在塑性形变带以外,随着传播距离 r 的继续增大,冲击波的能量密度继续明显衰减,使岩石所受压力降低到弹性极限之内,形变和应力很小,作用时间又很短促,岩石就具有完全弹性体的性质,其质点受激而产生弹性位移(形变),同时也发生与之对抗的应力,使质点产生反向位移,从而使质点在平衡位置附近形成弹性振动。在塑性形变带外面的区域就是所谓的弹性形变区。在本区内，由于岩石具连续结构，各质点之间存在弹性联系，弹性介质的作用好像是一种用弹簧连接起来的质点组成的阵列[图2-10(b)]，每个质点在各自平衡位置上作弹性振动，而且离震源(即图2-10及图2-11中的 O 点)不同距离的质点依次先后产生这种振动。

(a) 爆炸对岩石的影响　　　　　　(b) 弹性介质简图

图 2-10　弹性形变特征示意图

因为每个质点的振动延续一个短暂时间 Δt 才停止，所以在这个 Δt 时间内，岩石的一个球层范围内所有质点都处在扰动状态中(图2-11)。这个球层扰动带不断向远处传播的运动过程就形成了弹性地震波。这样一来，在弹性形变区内，由爆炸产生的冲击波就蜕变为弹性地震波。这就是地震波形成的过程。

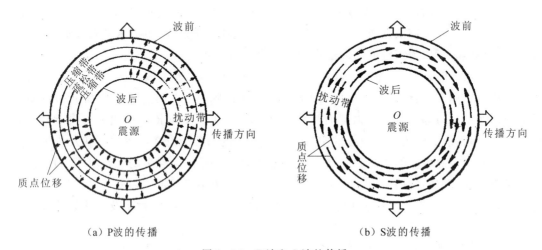

(a) P波的传播　　　　　　　　　　(b) S波的传播

图 2-11　P波和S波的传播

由此可见，地震波的实质就是在弹性形变区范围内行进的弹性扰动——岩石质点弹性位移(形变)不断向外传播的一种运动过程。

三、地震波的动力学特点

弹性波动力学问题主要是研究波动的能量问题,这实际上就需要对波动的形状、强度变化、周期大小与激发状态和介质条件的关系进行全面研究。因此,研究波的动力学问题就成为地震勘探中的一个基本问题。

(一)地震波的描述——波振动图和波剖面图

地震波的振动特征和传播过程可以通过数学物理的方法和图形的方法等来进行描述。由于数学物理方法需要做较多的数学推演,在实际工作中则常用一些比较直观、简便的图形方法来描述。现就几种常用的描述地震波的方法和有关概念介绍如下。

1. 波振动图

当地震波从爆炸点开始向各个方向传播,利用检波器和地震仪记录由地震波的到达而引起地面质点的振动情况,就得到地震记录,其中某一条曲线就是波到达某一检波点的振动图。因此,振动图又叫地震记录道。

如图 2-12(a)所示,假设在离震源距离为 r_1 的 A 点观测质点振动位移随时间的变化规律,用时间 t 为横坐标,质点位移 u 为纵坐标作图,可得到图 2-12(b)所示的图形。从图中可看出该点地震波振动的位移大小(称为振幅值变化)、振动周期(T)、延续时间(Δt)等特征。这种用 u-t 坐标系统表示的质点振动位移随时间变化的图形称为地震波的振动图。在实际地震记录中,每一道记录就是一个观测点的地震波振动图。

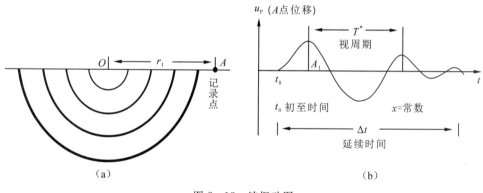

图 2-12 波振动图

地震勘探中,地震波从激发到地面接收到反射波,最长时间只有 6s 左右,波在传播中振幅也是可变的。这种延续时间短、振幅可变的振动区别于普通物理学中所讲的周期振动,称为非周期脉冲振动。非周期振动可用视振幅、视周期和视频率来描述。

视振幅(apparent amplitude):质点离开它平衡位置的最大位移,如图 2-12(b)中的 A_1。振幅大表示振动能量强,振幅小表示振动能量弱,因为根据波动理论,可以证明振动能量的强弱与振幅的平方成正比。

视周期(apparent cycle)：两个相邻极大点或极小点之间的时间间隔，用 T^* 表示，它表示质点完成一次振动所需要的时间。

视频率(apparent frequency)：表示质点每秒内振动的次数，用 f^* 表示。T^* 与 f^* 互为倒数，即 $f^* = 1/T^*$。

2. 波剖面图

波振动图只反映了地面某一质点的振动情况，而波剖面图则反映了波在传播过程中，在某一时刻整个介质振动分布的情况。如图 2-13 所示，假设在某一确定的时刻 t，在距离震源 O 的一定范围内的各不同距离的点上，同时观测它们质点振动的情况，并以观测点与震源 O 的距离 x 为横坐标，以质点离开平衡位置的位移 u 为纵坐标作图，所得图形如图 2-13(b)所示。从图中可以看出质点振动的波长 λ 和该时刻的起振点 x_2(波前)及停振点 x_1(波尾)等特征。这种描述某一时刻 t 质点振动位移 u 随距离 x 变化的图形称为波剖面图。

假设地下是均匀介质(即波速 v 为常数)，在 O 点爆炸后，地震波就从这一时刻向各方向传播。由某一时刻 t_K 所有刚开始振动的点连成的曲面叫做该时刻 t_K 的波前(wavefront)，而由 t_K 时刻所有逐渐停止振动的各点连成的曲面叫做该时刻 t_K 的波尾(或波后)，如图 2-13(a)所示。波前表示某一时刻地震波传播的最前位置。根据波前的形状，可以把波区分为球面波和平面波。

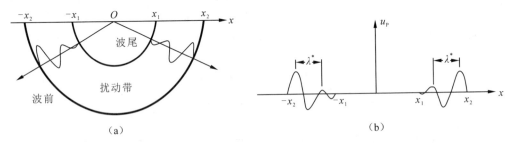

图 2-13　波剖面图

为了把在某一时刻 t_K 波在整个介质中的振动分布情况表示出来，用横坐标 x 表示通过震源 O 的直线上各个质点的平衡位置，纵坐标 u 表示在 t_K 时刻各个质点的位移。将各质点位移连成曲线，所得到的图形即为波剖面，如图 2-13(b)所示。

在波剖面图中，最大的正位移的点叫做波峰(wave crest)，最大的负位移的点叫做波谷(wave trough)。两个相邻波峰或波谷之间的距离叫做视波长(apparent wavelength)，以 λ^* 表示(即在一个周期内波前进的距离)。波长的倒数叫做视波数(apparent wave number)，以 k^* 表示。波前和波后以速度 v^* 向外扩大，在一个周期内，沿 x 方向传播的距离是一个波长，即

$$\lambda^* = v^* \cdot T^* = \frac{v^*}{f^*} \tag{2-17}$$

根据上述讨论，地震波的振动图和剖面图与震源及传播介质的性质密切相关，而当震源

和传播介质一定时,振动位移 u 是时间 t 和观测位置 x 的函数,即 $u=u(t,x)$。若固定一个变量来研究 u 随另一个变量的变化关系,所得图形则分别称为波振动图和波剖面图。这两者图形之间有密切的联系,只是从不同的角度来观察而已。在图 2-14 中以简谐振动为例表示出波剖面图和波振动图之间的关系。

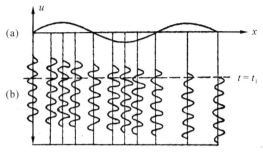

图 2-14 波剖面图和波振动图之间的对应关系

(二)地震波的频谱及其分析

前面谈到质点的振动,只经过一个短暂时间 Δt 振动之后就逐渐停止下来,这种现象表明,由爆炸所引起的质点振动是一种非周期性的瞬时振动,即脉冲振动。根据振动的数学理论(傅里叶变换理论)可证明:脉冲地震波这样一个复杂非周期性瞬时振动,可以看作是无限多个不同频率、不同相位、不同振幅的谐和振动的复合振动。其中任何一个振动可表示为

$$u(t)=A\sin(2\pi ft+\varphi) \qquad (2-18)$$

式中:$u(t)$ 为质点在任一时刻 t 的位移;A 为质点位移振幅(即最大位移值);f 为振动频率(即自然频率);φ 为决定 $t=0$ 时刻质点位移值的初相位。

如图 2-15 所示,3 个频率、相位与振幅都不同的谐和振动 a、b、c 相加就可组合为一个复杂的振动 d。

无限个谐和振动的 f 连续地变化,它们有各自的 A、φ 及 f。每一个这样的谐和振动叫做脉冲地震波的谐波分量。

将脉冲地震波分解为无限个上述谐和振动的过程,就是地震波的频谱分解。任一脉冲地震波都可以用数字电子计算机很快实现频谱分解,分解后自动描绘出各谐波分量之间的 A 与 f 以及 φ 与 f 的关系曲线,前者叫振幅谱,表示为 $A(f)$;后者叫相位谱,表示为 $\varphi(f)$,二者合称为地震波频谱图。一般主要关心振幅(能量)与 f 的关系,所以常常只用振幅谱来描述地震波的频谱特性,并且通常称之为频谱(spectrum)。

从图 2-16 可知,对于常见的地震波,对应的各个谐波分量能量(振幅)的分布是很不均匀的,频率接近 f_0 的分量具有最强的能量,f_0 称作地震波的主频。显然,地震波的能量较多地分配给主频附近的谐波分量。因此,主频 f_0 一般与脉冲地震波的视(可见)频率很接近,在实际中常对它们不加区分。如果在接收地震波时,地震仪主要把频率接近 f_0 的一些谐波分量接收下来,也就相当于已经把这个地震波主要能量接收了。这一特征可指导地震勘探野外施工、地震勘探仪器特性的设计与调节、原始资料再处理,从而对提高地震记录质量有重要意义。

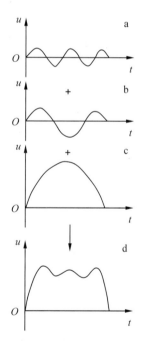

图 2-15 谐和波的叠加

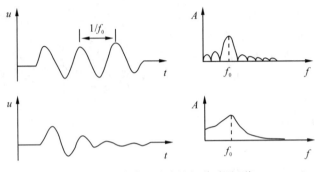

图 2-16 脉冲地震波的频谱(振幅谱)

图 2-17(a)是野外获得的各种不同类型地震波的能量主要分布频带范围。由图可知：反射波、折射波的能量(振幅 A)主要分布在 $40\sim80\text{Hz}$ 频率域内；面波的能量分布在 $10\sim30\text{Hz}$ 频率域内；交流电干扰的能量分布在 50Hz 左右的狭窄频率域内；微震干扰的能量分布的频域较宽；声波的能量则分布在 100Hz 以上的较高频率域部分。这样，我们就可以利用有效波(反射波、折射波)与干扰波(微震、声波、面波等)频率谱特性的差异，使地震仪各个部分都具有相应的频率滤波特性，主要去接收频率在 $40\sim80\text{Hz}$ 范围的反射波、折射波，而把主要能量分布在此频率域以外的干扰波滤掉。这样一来，在地震记录上突出了有效波(信号)能量，压制了许多干扰波(噪声)能量，提高了地震记录的信噪比，从而有利于清晰识别有效波和提高地震勘探资料解释的质量。

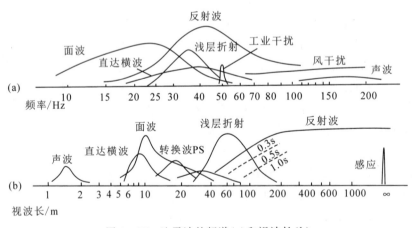

图 2-17 地震波的频谱(a)和视波长(b)

各种不同震源激发的地震波或来自不同传播路径的地震波，其波形往往是不同的，也就是说波的频率成分是不同的。地震波频谱特征的分析是地震勘探技术的一个重要方面，如根据有效波和干扰波的频段差异，可用来指导野外工作方法的选择，并给数字滤波和资料解释等工作提供依据。

地震波的频谱分析方法是以傅里叶变换为基础的。上述提到的地震波形函数 $A(t)$ 是把地震信号表示为振幅随时间变化的函数,是地震波在时间域的表示形式(其图像即波振动图,一般的地震记录都是这种形式)。为了研究地震波的频谱特征,可用傅里叶变换将波形函数 $A(t)$ 变换到频率域中,得到振幅随频率变化的函数 $a(f)$,这种变换过程称为频谱分析。

信号在频率域或在时间域的表示,两者是等价的。其对应关系可由傅里叶变换式来表示。它们的数学表达式为

$$A(t) = \int_{-\infty}^{\infty} a(t) e^{-i2\pi ft} dt \qquad (2-19)$$

$$a(f) = \int_{-\infty}^{\infty} A(f) e^{i2\pi ft} df \qquad (2-20)$$

式(2-19)称为傅里叶正变换,式(2-20)称为傅里叶反变换。

这一对公式非常相似,但积分变量不同,并且表示振动部分的指数符号相反。实际计算时,须将这对积分式离散化,并采用提高计算速度的快速傅里叶变换来完成。

另外,如果研究对象不是地震波振幅随时间变化的波振动图,而是振幅随距离 x 变化的波剖面图[以函数 $A(x)$ 表示],这时亦可用同样的傅里叶变换方法对 $A(x)$ 进行变换,得到的结果称为波数谱,其方法称为波数分析,这在资料处理和解释中也是常用的。

上述的波形图、波剖面图、频谱等反映了地震波能量(振幅)随时间与空间分布的特点。这些特点叫做地震波动力学特点。地震波在传播过程中,它的动力学特点受传播介质(岩层)的性质和结构的影响很大,因此它的变化规律就可以反映岩层的岩性、结构和厚度。充分研究和利用波的动力学特点,将能使地震勘探解决地质问题的能力进一步提高。关于定量应用动力学特点研究岩性的地层地震学,国内已取得了一定的进展。

(三)波的吸收(absorption)和散射(scattering)

波在介质中传播时,由于波前面的逐渐扩大,能量密度减小,振幅随距离增大而衰减,这种衰减称为几何衰减。但是,由于地质介质的非弹性性质,波在传播过程中的衰减比在弹性介质中大,由介质非弹性所引起的衰减现象称为吸收。因此,波的振幅值 A 可用下面的经验公式来表示:

$$A = A_0 \frac{e^{-ar}}{r} \qquad (2-21)$$

式中:A_0 为起始振幅;r 为波的传播距离(以震源为原点);α 为介质的吸收系数。

实际观测资料证明,波在致密岩石中吸收现象较弱,在地表疏松层中吸收作用表现很明显。吸收系数还与波的频率有关,一般介质对高频的吸收作用比低频强。由于各种岩石的吸收性质不一样,因此可根据吸收系数的测定结果来确定岩石的性质。

当介质中存在着与波长相比不大的不均匀体时,由于绕射的作用,会形成往各方向传播的波,这种现象称为散射。散射的结果是波的高频成分减少,这与吸收作用效果类似。

四、地震波的运动学特点

目前,在生产实践中主要利用地震波波前的空间位置与其传播时间之间的关系,从空间

几何形态方面去解决地质构造问题。地震波在传播过程中,波前的时空关系反映了质点振动位相(时间)随空间坐标及波速的分布特点,这种特点叫做地震波运动学特点。研究地震波运动学特点的理论叫做运动地震学。它的基本原理与几何光学很相似,所以又被称为几何地震学。

弹性波运动学在地震勘探中具有重大的实际意义,它是当前地震勘探资料解释中的主要依据。

弹性波运动学的基本原理是费马原理和惠更斯原理。利用它可以确定波的传播时间与波前所在空间位置的关系。

下面介绍弹性波运动学的几个基本概念。

(一) 时间场、等时面和射线

地震波在介质空间传播时,其中任意一点 $M(x,y,z)$ 都可以确定波前到达该点的时间值 t,因此波的传播时间可以看作坐标的函数,即

$$t = t(x,y,z,v) \tag{2-22}$$

也就是说,根据以上的函数,已知空间任意一点的坐标位置时,就可以确定波前到达该点的时间,所有这样的点就确定了波在介质中传播的标量场,称为时间场。它表征了波前传播时间与其空间位置的关系。确定时间场的函数 $t(x,y,z,v)$ 叫做时间场函数,这是定量地描述地震波运动学特点的工具。

与重力场、磁力场等概念相似,时间场是指这样一个空间,在这个空间任意位置处都有地震波在时间 t 内通过。

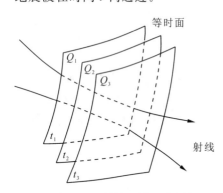

图 2-18 等时面簇和射线簇

在时间场中,波前到达时间相等的点所构成的面称为等时面。显然,波前面就是等时面。如果依次给出不同时间值 t_1、t_2、t_3…,根据给定的波速值,可由式(2-22)确定出等时面簇 Q_1、Q_2、Q_3…的空间位置,如图 2-18 所示。

地震波的传播,除了可用波前来描述外,也可用射线(ray)来直观地表示。所谓射线,就是波从一点到另一点传播的路径,它代表了波传播的方向。因此,射线应与各等时面的法线方向一致,即射线与各等时面正交。等时面方程为

$$f(x,y,z) = t_i \tag{2-23}$$

在已知时间场内,可以有许许多多射线,它们的集合就是射线簇。若已知空间射线簇位置和波沿其中任意一条射线传播的时间,就可以确定这个波的时间场。所以,时间场可以用等时面簇或射线簇两种概念来描述,二者呈正交关系,如图 2-18 所示。等时面和射线是时间场的两种表示方法,由于介质性质不同,波传播的时间场分布规律就不一样,因此研究等时面和射线的分布规律就可以了解波在介质中的传播情况。

根据场论可知,任何一种场的分布,都可以用等值面和力线来表示,时间场也不例外,等时面就是等值面,而波射线则相当于力线,波射线的方向就是时间场的梯度方向。如图 2-19 所示,假设地震波在某时刻 t_1 位于 Q_1 位置,经过 Δt 时间后于 t_2 时刻($t_2 = t_1 + \Delta t$)到达 Q_2 位置,之间垂直距离为 Δs,波传播速度为 v,按梯度定义可表示为

$$\text{grad } t = \frac{\mathrm{d}t}{\mathrm{d}s} = \frac{1}{v} \tag{2-24}$$

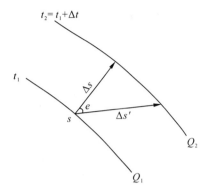

图 2-19 时间场的梯度方向

在三维直角坐标中,上式梯度可写成矢量表达式,即

$$\text{grad } t = \frac{\partial t}{\partial x}\vec{i} + \frac{\partial t}{\partial y}\vec{j} + \frac{\partial t}{\partial z}\vec{k} = \frac{1}{v(x,y,z)} \tag{2-25}$$

实际上,速度 $v(x,y,z)$ 函数是空间各点的绝对值,方向是未知的,因此将矢量表达式(2-25)平方后可写成其标量式,即

$$\left(\frac{\partial t}{\partial x}\right)^2 + \left(\frac{\partial t}{\partial y}\right)^2 + \left(\frac{\partial t}{\partial z}\right)^2 = \frac{1}{v^2(x,y,z)} \tag{2-26}$$

式(2-26)称为射线方程(ray path equation),是几何地震学中的基本方程式,它表示地震波在传播过程中所经过的空间与时间的关系。要求得此方程的解,必须知道地震波的传播速度,$t = t_0$ 时刻的初始条件和一定的边界条件。

例如,在均匀各向同性介质中,波的传播速度是常数,该方程的解为

$$t = \frac{1}{v}(x^2 + y^2 + z^2)^{\frac{1}{2}} \tag{2-27}$$

这是一个球面方程,说明在均匀各向同性介质中地震波的波前是一系列以震源为中心的球面。

(二)费马原理(Fermat's principle)(射线原理)

波沿射线传播的时间和其他任何路径传播的时间比起来是最小的,这就是费马的时间最小原理。用射线来描述波的传播,往往使讨论问题更为简便了。

在均匀介质中,因为波的传播速度各处都一样,其旅行时间正比于射线路径的长短,波从这一点传播到另一点,其最短的射线路径是直线,所用的时间比其他任何路径都要短。在地震勘探中,在均匀介质的假设条件下,射线为自震源发出的一簇辐射直线,如图 2-20 所示,射线恒与波前垂直。对于平面波,它的射线是垂直于波前的直线。

用射线和波前来研究波的传播,是一种用几何作图来反映物理过程的简单方法,它只说明波传播

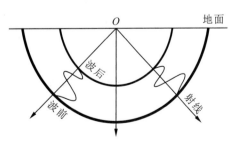

图 2-20 波前、波后和射线

中不同时刻的路径和空间几何位置,不能分析能量的分布问题,所以称为几何地震学,在地震勘探的基本原理、方法及资料解释中常用这种方法来分析地震波场的特征。

(三)惠更斯原理(波前原理)

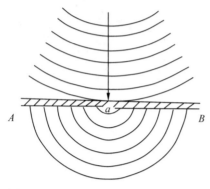

图 2-21 波通过桥涵洞时的运动过程

为了进一步了解波前的运动过程,举例说明下列常见的现象。如图 2-21 所示,AB 是一道长堤,中间有一桥涵洞 a,当一系列水面波自堤外向堤内传播时,被堤阻挡不能通过,但堤内仍然可以激起水面波,可以看到这些水面波好像是以桥涵洞 a 为波源发出的半圆形波,称它为元波前,它与原来波前的形状无关,这一现象称为波的绕射。所谓"波前原理"(也叫惠更斯原理),即介质中传播的波,其波前面上的每一个点,都可以看作是波向各个方向传播的波源(点震源)。

对于理解波的传播过程,惠更斯原理非常重要,并常用于绘制连续的波前。惠更斯原理的定义是,在波前面上任意一点都可以看成是一个新的震源。这隐含的物理意义是,在同一波前面上的每一个质点,都从它们的平衡状态开始,基本上以同一方式振动。因此,在其相邻质点上,弹性力会由该波前的振动产生变化,因而会迫使下一个波前的质点运动。这样,惠更斯原理能解释扰动是如何在介质中传播的。更具体地说,对于给定的某时刻波前的位置,把该波前的每一个质点都作为新的震源,可以确定将来某一时刻波前的位置。在图 2-22 中,AB 是在 t_0 时刻的波前。在时间间隔 Δt 内,波传播的距离为 $v\Delta t$,其中 v 是地震波的传播速度(它可以随空间变化)。在 t_0 时刻的波前上选一系列点 P_1、P_2、$P_3\cdots$,以这些点为圆心,以 $v\Delta t$ 为半径画弧,只要选择了足够的点数,这些弧的包络就形成新的波前。随着点数的增加,所绘制的波前也会达到任意精度,在该包络之外,波会产生相消干涉,使它们的效应相互抵消。当 AB 是一个平面,速度是一个常数时,只需要选两个点,画两个圆弧,作一条和两个圆弧相切的直线,就会得到新的波前位置。需要注意的是,惠更斯原理只给出相位信息,不能给出振幅的大小。

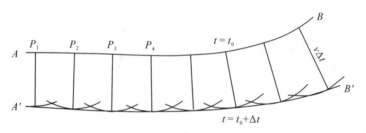

图 2-22 利用惠更斯原理确定新的波前面

（四）惠更斯-菲涅耳原理

在前面的讨论中，我们只研究了波前或射线的时空关系，未涉及波动的本性——波的干涉(interference)和衍射(diffraction)。从图 2-22 可以看出，t_0 时刻的波前 AB 上各点都是新震源，它们产生的子波向前传播，经过 Δt 时间间隔后形成 $t_0 + \Delta t$ 时刻的新波前 $A'B'$。同时，AB 波前上各震源产生的子波也在向后传播，经过 Δt 时间后，似乎在 t 时刻波前的后方也存在一个 $t_0 + \Delta t$ 时刻的新波前 $A''B''$。换言之，波在向前传播的同时，还存在一个向后传播的倒退波。然而，实际上这个倒退波是观测不到的。由此可见，前面介绍的理论并不完全符合客观实际，它还存在一些缺陷，需要进一步加以解决。

1814—1815 年，菲涅耳以波的干涉原理弥补了惠更斯原理的缺陷，将其发展为惠更斯-菲涅耳原理。它的基本思想是：波动在传播时，任意点 P 处质点的振动，相当于上一时刻波前面 S 上全部新震源产生的所有子波相互干涉（叠加）形成的合成波。这个合成波可以用积分进行计算。由对 P 点合成波进行的数学计算可以证明：波在传播时，t 时刻波前上各新震源产生的子波在前面任意新波前处，发生相长干涉，而出现较强的合成波，在后面的任意点处，发生相消干涉，合成波振幅为零，使倒退波实际不存在，因而使理论终于与实际完全一致了。

根据惠更斯-菲涅耳原理，不但可以研究波的运动学特点（波前或射线的时空关系），而且可以研究波的动力学特点（波的能量随时空的分布规律）。这样全面地研究地震波的全部物理学特点的理论叫做物理地震学。生产实践和理论证明，在复杂的多断层地区，应用物理地震学可以提高地震勘探工作的精度。

在地震波波长 λ 与弹性分界面的尺度 a（长度或宽度）及界面埋藏深度 h 相比不能近似为无限小的情况下（即在 $a/\lambda \gg 1$，$h/\lambda \gg 1$ 的条件不成立时），几何地震学的一些定律（如波沿直射线传播或波的能量沿射线传播等）就不是完全精确的。这时必须借助于惠更斯-菲涅耳原理，利用积分式(2-28)进行研究。

1883 年继菲涅耳之后，德国学者基尔霍夫推导出了计算 P 点合振动振幅公式。设 S 为包含有震源 O 的任意形状 t 时刻封闭的波前面，则在 S 面以外任意点 P 处，由 S 面子波震源激起的合成波振幅 A_P，可用下式求出：

$$A_P = \frac{1}{4\pi} \frac{\omega}{v} \iint_s a e^{-j\frac{\omega}{v}(r+r') + \frac{1}{2}\pi j} \cdot (\cos\theta + \cos\theta') \cdot \frac{ds}{rr'} \quad (2-28)$$

式中：a 为震源 O 处初振幅；v 为介质中波速；ω 为波动圆频率；r、r'、θ 及 θ' 为图 2-23 所示的距离及角度；$\vec{n}$ 为面积单元 ds 的法向量。

一般情况下，式(2-28)是一个相当复杂的积分，使用起来不是十分方便。需要指出的是，在大部分情况下，地震勘探的施工地区能近似满足 $a/\lambda \gg 1$ 和 $h/\lambda \gg 1$ 的条件，用几何地震学作为物理地震学的一种近似，精度相当高，可以满足生产上的需

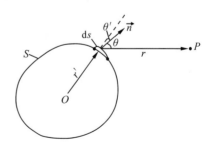

图 2-23　惠更斯-菲涅耳原理示意图

要,而且这种近似大大简化了地震勘探的理论与方法。为此,在下面的叙述中,均只讨论与几何地震学(即运动地震学)有关的内容。

(五)斯奈尔定律(Snell's law)

在几何光学中,当光线射到空气和水的分界面时,会发生反射和折射,并服从斯奈尔定律。由惠更斯原理和费马原理可以推导出波动的斯奈尔定律(反射-折射定律),其内容早已为读者熟悉。因为它们是几何地震学中最常用的基本定律,所以这里再作简要地介绍。

地震波在地下岩层中传播,遇到弹性分界面时也会发生反射、透射和折射,从而形成反射波、透射波和折射波。地震勘探中所说的透射波是指透过界面的波(相当于几何光学中的折射波),所说的折射波是一种在特殊条件下形成的波。

1. 反射波

如果地震波以 α 角入射到介质分界面,它的一部分能量经界面反射,以 α 角出射形成反射波,另一部分能量则透过界面,以 β 角"折射"至下一个岩层,形成透射波,称 α 为入射角(angle of incidence),α' 为反射角(angle of reflection),β 为透射角(angle of transmmission),如图 2-24 所示。

1)反射定律(law of reflection)

在几何光学中,用射线、平面波和惠更斯原理,证明入射波入射到界面射线的变化规律,即反射定律。它告诉我们入射角等于反射角;入射线、反射线位于反射界面法线

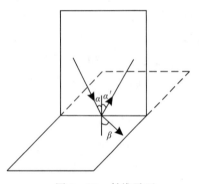

图 2-24 射线平面

(normal)的两侧,入射线、反射线和法线在同一个平面内,此平面叫做射线平面,它和弹性分界面垂直,如图 2-24 所示。在地震勘探中,当我们沿某一测线激发和接收地震波时,入射波和反射波都位于过测线并和反射界面相垂直的射线平面内。

反射定律只说明了入射波和反射波之间的关系,没有讨论在什么条件下弹性分界面才能产生反射。

2)反射波的形成

(1)反射系数(reflection coefficient)。设入射波的振幅为 A_i,反射波的振幅为 A_R,反射波和入射波振幅之比叫做反射界面的反射系数,用 R 表示,写为

$$R = \frac{A_R}{A_i} \qquad (2-29)$$

根据反射理论,可证明当波垂直入射到反射界面上时,如图 2-25 所示,反射系数为

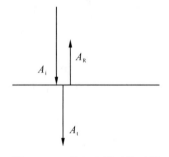

图 2-25 垂直入射时的反射

$$R = \frac{A_R}{A_i} = \frac{\rho_2 v_2 - \rho_1 v_1}{\rho_2 v_2 + \rho_1 v_1} = \frac{Z_2 - Z_1}{Z_2 + Z_1} \qquad (2-30)$$

式中：ρ_1、v_1、ρ_2、v_2 表示分界面上、下两种介质的密度和波在介质中传播的速度；$\rho_1 v_1 = Z_1$，$\rho_2 v_2 = Z_2$，表示上、下两种介质的波阻抗（wave impedance）。

反射系数写成一般式为

$$R = \frac{A_R}{A_i} = \frac{\rho_n v_n - \rho_{n-1} v_{n-1}}{\rho_n v_n + \rho_{n-1} v_{n-1}} = \frac{Z_n - Z_{n-1}}{Z_n + Z_{n-1}} \quad (n = 2、3\cdots) \qquad (2-31)$$

反射系数的物理意义是地震波垂直入射到反射界面上后被反射回去能量的多少，说明在界面上能量的分配问题。

（2）形成反射波的条件。当 $R = 0$，即 $Z_n = Z_{n-1}$ 时，不产生反射，这实际上是一种均匀介质，不存在弹性分界面，只有 $Z_n \neq Z_{n-1}$，即 $R \neq 0$ 时，才产生反射，所以形成反射波的条件是地下岩层中存在着波阻抗分界面。在实际的沉积岩层中，密度随深度变化的数量级远比速度变化要小，可假设它为常量，这时反射系数可简化为

$$R = \frac{v_n - v_{n-1}}{v_n + v_{n-1}} \qquad (2-32)$$

假设速度随深度增加，波传播的速度分别为 $v_1 = 2500\text{m/s}$，$v_2 = 3500\text{m/s}$，$v_3 = 4500\text{m/s}$ 的岩层，按上式计算 v_1 与 v_2 层之间界面的反射系数为 0.17，v_2 与 v_3 层之间界面的反射系数为 0.12，虽然速度随深度增大，按上式计算反射系数时，公式中分母随深度增大，而分子却不相应地增大（都为 1000m/s），就出现随深度增加，反射系数变小的现象，这是反射波振幅随深度增加而减小的原因之一。

（3）反射波强度（reflection strength）。从式（2-30）可知，反射系数与上、下岩层的波阻抗差成正比，差值越大，R 值越大，反射波越强；反之则越弱。如果在陆相碎屑沉积岩中出现含油气构造，构造部位的储集层为含油气砂岩，如图 2-26 所示，砂岩一旦含油气，反射波速度会明显降低，从而与围岩（泥岩）形成一个较强的波阻抗界面，出现较大的反射系数，在地震记录中会出现特强的反射波，说明反射系数的大小与地层的岩性及含油气直接有关，它是影响反射波振幅强弱的主要地质因素之一。

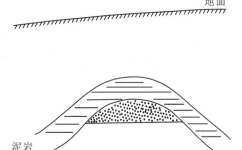

图 2-26 含油气的砂岩构造

（4）反射波的极性。R 有正负值的问题，当 $Z_n > Z_{n-1}$ 时，则 $R > 0$，反射波与入射波的相位相同，都为正极性，在地震记录上认为初至波是上跳的（同相）；反之，$R < 0$，为负值，反射波为负极性，入射波与反射波反相，相位相差 180°。

（5）R 的取值范围。R 值的定义域为 $-1 \leqslant R \leqslant 1$。在实际地层中，因沉积间断所形成的侵蚀面（不整合面）上，老地层直接与新地层接触，它们之间在密度和速度上往往存在着较大的差异，从而形成一个明显的波阻抗界面，产生较强的反射波。

2. 透射波

1）透射定律

当入射波透过反射界面形成透射波时，由于分界面两侧波传播的速度不同，透射波的射线要改变入射波射线的方向，而发生射线偏折现象，偏折程度的大小决定于透射定律(law of transmission)。它告诉我们入射线、透射线位于法线的两侧，入射线、透射线、法线在同一个射线平面内；入射角的正弦和透射角的正弦之比等于入射波和透射波速度之比，或者说入射角、反射角和透射角的正弦与它们各自相应的波速的比值等于一个常数值，该常数值称为射线参数，写成数学式为

$$\frac{\sin\alpha}{\sin\beta}=\frac{v_1}{v_2} \quad 或 \quad \frac{\sin\alpha}{v_1}=\frac{\sin\alpha'}{v_1}=\frac{\sin\beta}{v_2}=P \tag{2-33}$$

上式为斯奈尔定律的数学表达式，它说明入射角与反射角、入射角与透射角之间的关系，也是反射和折射定律的一个统一表达式，故斯奈尔定律也称为反射-折射定律。

从上式可知，当 $v_1>v_2$ 时，则 $\alpha>\beta$，透射波射线靠近法线偏折，这种现象就是几何光学中所讲的光从空气射到水中，射线发生折射的现象；当 $v_1<v_2$ 时，则 $\alpha<\beta$，透射波射线远离法线，而向界面靠拢，在实际的地层中，波的透射多属这种情况。

如果有三层或多于三层的介质，并假设速度是递增的，即 $v_3>v_2>v_1$，据斯奈尔定律可作出波从第一层传播到第三层时，射线是一条折射线，即在层状介质中波传播的射线为折射线。

2）透射波的形成

（1）透射系数(transmission coefficient)。设透射波的振幅为 A，可得透射系数 T 为

$$T=\frac{A_t}{A_i} \tag{2-34}$$

透射系数的物理意义是入射波的能量有多少转换成透射波的能量。

当波垂直入射时，据反射和透射系数公式，可得

$$T+R=1 \tag{2-35}$$

则透射系数又可以写为

$$T=1-R=\frac{2\rho_{n-1}v_{n-1}}{\rho_{n-1}v_{n-1}+\rho_n v_n}=\frac{2Z_{n-1}}{Z_{n-1}+Z_n} \tag{2-36}$$

（2）透射波的形成条件。从上式可知，当 $v_{n-1}\neq v_n$ 时，才能形成透射波，即形成透射波的条件是地下存在速度不同的分界面，简称为速度界面，而把波阻抗分界面简称为反射界面。对一般的沉积地层，反射系数一般为 0.2，甚至更小，这时 $T\neq 0$，总可以形成透射波。

（3）透射波的强度。当入射波振幅 A_i 一定时，T 越大（R 越小）透射波越强（反射波越弱）；反之，T 越小（R 越大），透射波越弱（反射波越强）。

（4）透射波极性。无论 $Z_n>Z_{n-1}$ 或 $Z_n<Z_{n-1}$，T 总为正值，透射波和入射波同相。

在上述讨论反射波、透射波时，只简单假设两个界面，但在实际的沉积地层中，往往有多个分界面，地震波从激发入射到第一个界面，一部分能量被反射，另一部分能量透过界面成为透射波。该透射波到第二个界面，又发生反射与透射。这样进行下去，到了深部，反射波

返回到地表，能量已变得很小，这样就出现了浅部界面的反射波能量较强，而深部由于反射界面的增多，而地震波的能量变得很小。

3. 折射波

1）折射定律

假设有一个 $v_2 > v_1$ 的水平速度界面，如图 2-27 所示，从震源发出的入射波以不同的入射角投射到界面上。据斯奈尔定律可知，随着入射角 α 的增大，透射角也增大，使透射波射线偏离法线向界面靠拢。当 α 增大到某一角度时，可使 $\beta = 90°$，这时透射波以 v_2 的速度沿界面滑行，形成滑行波，称使 $\beta = 90°$ 时的入射角为临界角 i（critical angle），写为

$$\sin i = \frac{v_1}{v_2}, \quad i = \arcsin\left(\frac{v_1}{v_2}\right) \tag{2-37}$$

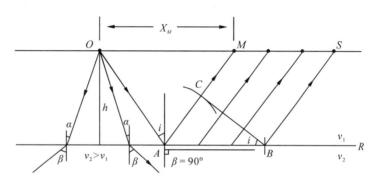

图 2-27 折射波的形成

如果已知 v_1、v_2，就可由式（2-37）求出临界角。

根据波前原理，高速滑行波所经过的界面上的任意一点，都可看作从该时刻振动的新点源，这样下伏介质中的质点就要发生振动。由于界面两侧的介质质点间存在着弹性联系，必然要引起上覆介质质点的振动，这样在上层介质中就形成了一种新的波动，在地震勘探中称它为折射波。它好比顺水航行的船，当船速大于水流速度时，在船头就会看到一种向岸边传播的水波，它就是折射波。

2）折射波的波前、射线和盲区

折射波的波前是界面上各点源向上覆介质中发出的半圆形子波的包络线。从图 2-27 可见，滑行波自 A 点以速度 v_2 滑行了一段时间 Δt 波前到达 B 点，则 $AB = v_2 \Delta t$，同时 A 点向上覆介质发出半圆形子波，其半径 $AC = v_1 \Delta t$，从 B 点作 A 点发出子波波前圆弧的切线 BC，就为该时刻的折射波的波前，可证明它与界面的夹角 $\angle ABC$ 为临界角 i，因为 $\triangle ABC$ 为直角三角形，可得

$$\sin \angle ABC = \frac{AC}{AB} = \frac{v_1 \Delta t}{v_2 \Delta t} = \frac{v_1}{v_2} = \sin i \tag{2-38}$$

所以，$\angle ABC = i$。

折射波的射线是垂直于波前 BC 的一簇平行直线，并与界面法线的夹角为临界角。

射线 AM 是折射波的第一条射线，在地面上从 M 点开始才能观测到折射波，所以称 M 点为折射波的始点。自震源到 M 点的范围内，在地面观测不到折射波（或说不存在折射波），称这个范围为折射波的盲区，表示为 X_M，其表达式为

$$X_M = 2h\tan i = 2h\frac{\sin i}{\cos i} = 2h\left[\left(\frac{v_2}{v_1}\right)^2 - 1\right]^{-\frac{1}{2}} \qquad (2-39)$$

从上式可知，X_M 随着 h 的减小和 v_2/v_1 值的增大而减小。在一般情况下，假设取 v_2/v_1 为 1.4 时，则 $X_M = 2h$，因此作为一条经验法则，折射波只有在炮检距大于 2 倍折射界面深度时才能观测到。

3）折射波形成条件

在上面的讨论中，简单地假设了只有一个界面的地层模型，这时要形成折射波，必须是下伏介质的波速大于上覆介质的波速。在实际的多层介质中，一般速度随深度递增，因而可形成多个折射界面，但是上、下地层速度倒转的现象在油气田、煤田等的地层中也是经常发生的，即在地层剖面中，中间可以出现速度相对较小的地层，在这些地层的顶面就不能形成折射波。用斯奈尔定律可以证明，在多层介质中，要在某一地层顶面形成折射波，必须是该层波速大于上覆各层介质的速度，与形成反射波的条件相比，在同一沉积的一套地层中，折射界面的数量总小于反射界面，因此形成折射波的条件比形成反射波的要苛刻。

4．转换波（converted wave）

当纵波斜入射到反射界面上，由于介质质点振动可分为垂直和平行界面的两个分量，弹性介质受到两种应力与应变，在上、下介质中可分别形成反射纵波 R_P、反射横波 R_S、透射纵波 T_P、透射横波 T_S，称与入射纵波波形相同的 R_P、T_P 为同类波，与入射纵波波形不同的 R_S、T_S 为转换波。据斯奈尔定律，各种波的传播方向与波速之间的关系为

$$\frac{\sin\alpha}{v_{P1}} = \frac{\sin\alpha'}{v_{P1}} = \frac{\sin\alpha''}{v_{S1}} = \frac{\sin\beta}{v_{P2}} = \frac{\sin\beta'}{v_{S2}} = P \qquad (2-40)$$

式中：α 为入射角；α'、α'' 分别为纵波和横波的反射角；β、β' 分别为纵波和横波的透射角；v_{P1}、v_{S1} 分别为反射纵波和横波的速度；v_{P2}、v_{S2} 分别为透射纵波和横波的速度。

在同一介质中，由于纵波的传播速度大于横波的速度，从式（2-40）可知，有 $\alpha' > \alpha''$ 和 $\beta > \beta'$ 的关系，据此可作出纵波斜入射到界面上波分裂和转换的示意图，如图 2-28 所示。从图中可看出，入射波在界面上被分裂为 4 个波的能量，从波动的理论可导出这些波的能量分配方程，不同波能量的大小主要与界面两侧介质的密度比、速度比和入射角大小有关。讨论这个问题从数学来讲，公式的推导等有一定的复杂性，从物理意义来理解还是比较简单的。假设密度比、速度比一定，纵波的入射角由小变大，介质质点振动的水平分量的增大和垂直分量的减小，使反射纵波的能量变弱，而反射横波的能

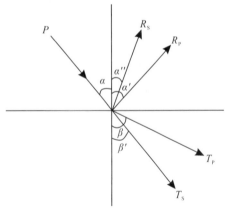

图 2-28 纵波斜入射时波的分裂和转换

量变强,这也是影响反射波能量的因素之一。随着入射角增大,纵波反射返回地表接收点(接收点安置检波器)的位置离开震源(炮点)的距离(称炮检距)也增大,炮检距越大(入射角越大),反射纵波振幅越弱,这在地震勘探中称为反射波振幅随炮检距的变化(amplitude versus offset,AVO)。当炮检距较小(入射角小)时,由于质点振动水平分量很弱,反射波振幅变化也很小。在实际的地震勘探中,炮检距相对深达数千米的反射界面来说,一般都是比较小的,这样从震源投射到界面再反射回地面的反射波是近法线反射的,所接收的主要是纵波反射信息。近法线反射(或称近法线入射)与小入射角、小炮检距的提法在物理意义上是等同的,它是地震勘探中的一个重要的物理模型,是地震勘探野外工作的依据,也是讨论有关一些基本概念的假设条件。

当地震波垂直入射时,不产生转换波,可以从能量方程中导出上面所提到的反射和透射系数公式。

(六)时距曲线(time-distance curve)

前文我们讨论了反射波和折射波的形成以及它们的波前、射线在空间上的分布特点。实际上,对这些特点的观测工作,一般都不能到地下去进行,而只能在地面(沿测线)进行。我们沿测线各观测点可测得某种地震波的波前(或射线)到达时间 t 与这些点的坐标 x 之间的时空关系 $t(x)$,$t(x)$ 在 t-x 直角坐标系中的图形称为时距曲线,如图 2-29 所示。它实际上反映了该种地震波时间场在测线上的分布规律。通过时距曲线资料的观测,可以分析波在地下介质中的传播规律,从而确定地震界面的深度及形态等特征并解决相关地质问题。

(七)视速度和视速度定理

地震波在介质中的传播速度(波速)都是指波前沿射线方向传播的速度,它被称为真速度,用 v 表示。沿其他任意方向观测波前的传播过程时,也可测出一速度值,这个速度叫做视速度,用 v^* 表示。

地面测线的方向与大部分地震波的射线方向是不一致的,所以在地面只能观测到波前沿测线方向传播的视速度 v^*。v^* 与 v 是表示同一种地震波的波前在不同方向传播快慢的,因此它们之间存在一定的关系,下面来推导这个关系。

如图 2-29 所示,设有一平面波入射到测线,在 t 时刻到达 S_1 点,波前位置为 S_1C(波前面与图纸面垂直,下同),波前与测线夹角为 α(即射线与测线法线夹角或射线到测线的入射角);在 $t+\Delta t$ 时刻,波前到达 S_2 点,其位置为 S_2E。在测线上的观测者看来,波前在时间 Δt 内走了 $S_1S_2=\Delta x$ 的距离,相应速度即为视

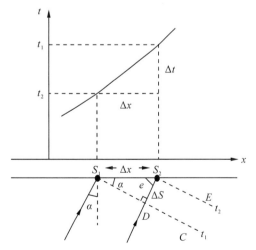

图 2-29 视速度与时距曲线的关系
(图中测线以下为射线平面)

速度,所以有

$$v^* = \frac{\Delta x}{\Delta t} \tag{2-41}$$

实际上,波在时间 Δt 内沿射线走了 $DS_2 = \Delta S$ 的距离,相应速度是真速度,故有

$$v = \frac{\Delta S}{\Delta t} \tag{2-42}$$

从直角三角形 S_1DS_2 可知 $\Delta x = \frac{\Delta S}{\sin\alpha}$,代入式(2-41)可得

$$v^* = \frac{v}{\sin\alpha} \tag{2-43}$$

如果采用射线与测线的夹角 e 代替入射角 α,则有

$$v^* = \frac{v}{\sin\alpha} = \frac{v}{\cos e} \tag{2-44}$$

式(2-44)直接给出了视速度与真速度及射线入射角的关系,称为视速度定理。从视速度定理可以得出以下视速度的变化特征。

(1)当 $\alpha = 90°$ 时,即波沿测线方向入射到观测点时,$v^* = v$,此时,波的传播方向就是测线方向,视速度等于真速度。

(2)当 $\alpha = 0°$ 时,即波垂直测线方向入射时,$v^* \to \infty$,此时波前同时到达地面各点,各点间没有时间差,好像波沿测线方向传播速度为无限大一样。

(3)当地震波的入射角 α 由 $0°$ 增大至 $90°$ 时,视速度 v^* 则由无限大变至真速度 v,因此在正常情况下有 $v^* \geqslant v$ 的关系。

(4)在均匀各向同性介质中,由于 v 不变,视速度 v^* 的变化反映了地震波入射角的变化。

第三章 地震勘探的地质基础

对于不同的地震勘探工作地区,其所处的地质构造、沉积地层、地表条件等的不同,对地震勘探的地质效果会产生很大的影响。地震勘探的地质效果受到两个条件的限制:一是地震勘探本身的技术装备等;二是客观存在的地表及地下地质构造复杂程度,当地表为沙漠、丘陵山地,并且地下构造又很破碎时,不仅地震野外施工很困难,而且资料的处理和解释也很复杂,此时要靠地震勘探来解决地下地质构造,难度会很大或者说地质效果很差。讨论地表、地下地质构造和地层岩性对地震勘探的影响,实质上就是一个地震勘探的地质基础问题。

第一节 影响地震波在岩层中传播的地质因素

一、影响地震波速度的因素及岩石的波速特性

这里只讨论纵波的传播速度。影响传播速度的地质因素有很多,主要与岩性、孔隙度、孔隙充填物、密度、地质年代、构造运动、岩层埋藏深度等因素有关。

(一)岩性

根据纵波传播速度公式可知,波速与岩石的弹性性质有关,不同的岩石由于弹性性质不同,波速也不一样。表3-1列出了几种主要类型岩石的波速,从表中可看出,变质岩和火成岩的波速大于沉积岩的波速;表3-2列出了几种沉积岩的波速,从表中可看出,灰岩的波速大于页岩的波速,页岩的波速又比砂岩的波速大。同一种沉积岩波速变化范围较大,这是因为沉积岩的结构比较复杂,而影响速度的因素又较多,不仅仅取决于岩性。

表3-1 各类岩石的波速

岩石	速度/(m·s^{-1})
沉积岩	1500~6000
花岗岩	4500~6500
玄武岩	4500~8000
变质岩	3500~6500

表3-2 几种沉积岩的波速

岩石	速度/(m·s^{-1})
黏土	1200~2500
泥质页岩	2700~4100
致密砂岩	2000~4000
灰岩	2500~6000

(二)孔隙度

一块岩石从结构上来说,基本上由两部分组成:一部分是矿物颗粒本身,称为岩石的骨架(基质);另一部分是由各种气体或液体充填的孔隙。岩石实际上是双相介质,地震波就在这种双相介质中传播。1956年威利等提出了一个较简便计算速度和孔隙度之间关系的公式,称为时间平均方程,即

$$\frac{1}{v} = \frac{(1-\varphi)}{v_m} + \frac{\varphi}{v_L} \tag{3-1}$$

式中:φ 为岩石的孔隙度;v 为岩石中波传播的速度;v_m 为岩石骨架中波传播的速度;v_L 为孔隙充填介质中波传播的速度。

这个方程说明波在岩石中传播的时间,是岩石骨架中和充填介质中波传播所用时间的总和。这个公式的适用条件是岩石孔隙中只有油、气或水一种流体,并且流体压力与岩石压力相等。根据该公式,可以作出某些岩石的理论关系曲线,如图3-1所示。统计研究表明,当孔隙度由3%增加到30%时,速度变化可达60%,随着孔隙度的增加,速度反比例减小;反之,孔隙度变小时,速度增大,可见孔隙度是影响速度的重要因素。

孔隙度的变化也意味着岩石密度的变化,岩石密度与孔隙度呈反比关系,孔隙度增大,岩石的密度相对变小,反之则变大,两者之间一般呈线性关系,有下列的经验公式:

$$\rho = \rho_L \varphi + (1-\varphi)\rho_m \tag{3-2}$$

式中:ρ_m、ρ_L 分别为骨架和孔隙中充填物的密度。

据式(3-2)可作出砂岩和灰岩的密度与孔隙度的理论关系曲线,如图3-2所示。

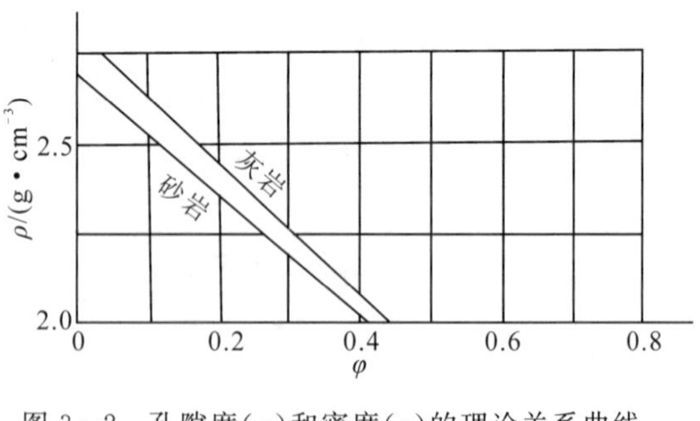

如果在某一地质年代的地层中,沉积了一套砂泥岩的地层,依据时间平均方程的思想,可以推导出一个计算速度与砂泥岩百分含量的公式:

$$\frac{1}{v} = \frac{(1-P_泥)}{v_砂} + \frac{P_泥}{v_泥}$$

或

$$\frac{1}{v} = \frac{P_砂}{v_砂} + \frac{P_泥}{v_泥}, \quad P_砂 + P_泥 = 1 \tag{3-3}$$

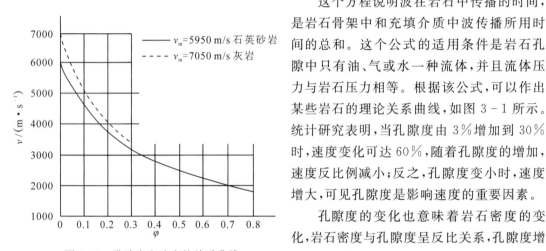

图3-1 孔隙度和速度的关系曲线

图3-2 孔隙度(φ)和密度(ρ)的理论关系曲线

式中：v 为波在砂泥岩中传播的速度；$v_砂$ 为波在砂岩中传播的速度；$v_泥$ 为波在泥岩中传播的速度；$P_砂$ 为砂泥岩中砂的百分含量；$P_泥$ 为砂泥岩中泥的百分含量。

根据地震资料所提供的 v、$v_砂$、$v_泥$，便可计算出任意深度砂泥岩的百分含量，它可以作为寻找油气储集层的重要资料。

（三）孔隙中充填物

岩石中孔隙的空间不是被水、油等液体所充填就是被气体或气态碳氢化合物所充填,当波在这些充填物中传播时,速度都会降低,其中气体中波传播的速度最低,油其次,水中波速相对较高。当砂岩孔隙中含油、气、水时,三者之间及它们与顶、底围岩之间形成良好的波阻抗界面,产生较强的反射波。假设围岩为页岩,计算含气和不含气砂岩与页岩的反射系数,结果见表 3-3。

表 3-3 不同孔隙度的砂岩与页岩的反射系数

岩性	孔隙度/%	密度/(g·cm^{-3})	速度/(m·s^{-1})	反射系数
页岩	—	2.25	4300	—
砂岩	—	2.65	5200	±0.13
含气砂岩	10	2.41	2500	±0.23
含气砂岩	20	2.07	1610	±0.49

从表中所得的数据可看出：①砂岩与页岩界面的反射系数为±0.13,它为一般沉积岩所具有的数值。对沉积岩来说,不同岩性界面的反射系数很小,多数在±0.1以下,个别强的反射界面的系数可达0.2左右。②当砂岩含气时,速度比不含气砂岩降低很多,由此而引起的含气砂岩与页岩构成的界面上的反射系数比砂岩与页岩界面的反射系数大得多。③当砂岩孔隙度增加10%(从10%增加到20%),速度值很快地降低,变为原来的64%,而反射系数增加1倍多(从±0.23增大到±0.49),说明反射系数对孔隙度的变化比速度对孔隙度的变化要灵敏得多,利用较灵敏的反射系数代替速度变化可以更好地预测岩石的孔隙度及油、气、水的分界面,直接寻找油气藏。

（四）密度

由纵波的速度公式可知,杨氏模量 E 越大,v_P 也越大,而且密度增大,速度也增大,一般高密度对应高速度,这从表面上看是与式(3-2)相矛盾的,但实际上随着密度增加,E 比 ρ 增加更快(以更高级次增加),从而使上述矛盾得到合理解释。

近年来,通过对大量岩石样品的测定,在数据分析的基础上总结出速度与密度关系的经验公式：

$$\rho = 0.31 v^{1/4} \tag{3-4}$$

式中：ρ 为密度(g/cm^3)；v 为速度(m/s)。

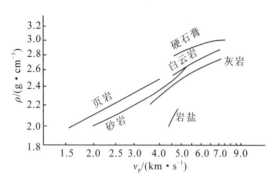

图 3-3 不同岩石密度与速度的关系曲线

图 3-3 表示了不同岩石的密度与速度的关系。

经验公式为参数换算提供了方便，如果已知 v 时，直接利用式（3-4）就可以得到密度参数。

（五）岩层的地质年代与构造历史

许多实际资料表明，深度和成分相似的岩石，当地质年代不同时，波速也不同，较为古老的岩石比新的岩石具有较大的速度。

速度的大小还与构造运动有关。在强烈褶皱地区，经常观测到速度增大；在构造隆起的顶部，则速度减小。一般认为波速随构造作用力的增强而增大。

（六）岩层埋藏深度

在岩石性质等相同的条件下，地震波的速度随岩石埋藏深度的增加而增大，因为岩石埋藏越深，一般它的年代越老，承受上覆地层压力的时间长和强度大（压实作用）。因此同样岩性的岩石，埋藏得深的、时代老的要比埋藏得浅的、时代新的岩石波速要大。当岩石的埋藏深度增加到一定数值后，速度随深度的增加就不明显了，这是因为岩石已被压缩得较致密，所以速度随深度增大的垂直梯度，浅部比深部要大。图 3-4 是以 φ 为参数的速度与深度的关系曲线图，从图中可以看出，孔隙度一定时，速度随深度的增加而增大，到一定深度之后就不明显了；从图中还可以看出，孔隙度大的岩层的速度随深度增大，比孔隙小的增大明显。

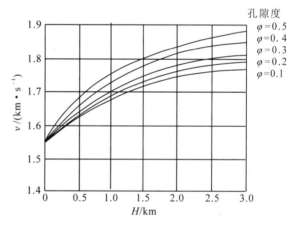

图 3-4 地震波速度（v）与埋藏深度（H）的关系曲线

二、岩土介质对地震波的吸收

除了地震波的传播速度外，吸收系数（absorption coefficient）也是反映岩土介质特征的一个重要参数。吸收系数的大小直接影响地震波传播中能量的衰减速度，使地震信号的形状和振幅发生变化。通常疏松和破碎的岩石的吸收系数要比固结致密的岩石大，风化层和断裂带的吸收系数往往很大，因此可以通过观测和分析地震波振幅和波形的衰减变化特征，来确定断层及破碎带等的存在。表 3-4 中列举了部分岩石的吸收系数值。

表 3-4 部分岩石吸收系数(α)的测定结果

岩石	深度	$\alpha/(10^{-3}\mathrm{m}^{-1})$	$K=\dfrac{\alpha}{f}/(10^{-3}\mathrm{m}^{-1}\cdot\mathrm{Hz}^{-1})$	测定方法
土壤	0	15~44	—	表面波
泥质风化层	0~45	4~7	0.08~0.13	测定井口时间
灰岩	3	60,140	0.18~0.4	折射波
灰岩	10~12	12,37	0.11~0.15	折射波
灰岩	100~300	0.3	0.02	折射波
湿砂	17	35	0.09	折射波
砂质黏土	20	10,31	0.08~0.12	折射波
黏土和砂	12~1550	37	0.08	井中测量

此外,由于实际的岩土介质并不是理想的弹性介质,地震波实际的衰减往往比理论计算的要大些。但这种衰减引起的振幅变化规律完全符合式(3-5)所表示的负指数关系。

$$A = A_0 \mathrm{e}^{-\alpha r} \tag{3-5}$$

式中:A 为地震波的振幅;A_0 为地震波的起始振幅;r 为传播距离;α 为吸收系数。

至于吸收衰减和地震波频率之间的关系,则较为复杂,按照胶结摩擦理论,吸收系数和频率的平方成正比,即 $\alpha = B_1 f^2$;但根据弹性理论,则吸收系数和频率是线性关系,即 $\alpha = B_2 f$(B_1 和 B_2 为与介质性质有关的系数)。致密坚固的岩石适合弹性理论关系,疏松介质则符合摩擦理论关系。研究吸收现象,测定岩石的吸收系数,对于了解岩石的性质和结构有一定的意义。因此,人们在野外和实验室对吸收系数 α 与岩石的性质,如密度、结构、孔隙度、成分及外界压力等的关系做了许多研究,以帮助地震资料的地质解释。

一些实验表明,纵波的吸收系数 α_P 和横波的吸收系数 α_S 两者是不等的。特别是在一些风化岩石和疏松层中,一般 $\alpha_S > \alpha_P$,也就是说横波的衰减比纵波要快。

在干旱沙漠地区或沼泽、草原等风化层较厚的地区,通常都有强烈的吸收衰减作用,使地震记录质量变差,这时必须采取一定的措施来改善记录条件,以提高地震记录的质量。

第二节 地震介质的划分

根据地震波在岩层中传播速度与深度的关系,把实际的岩层假设为均匀介质、均匀层状介质和连续介质。均匀介质是一种理想化的情况,实际的介质更接近连续介质。所以作这种假设,使我们对某些问题的研究,可以先从理想简单的情况入手,然后再去讨论实际的复杂的情况。这种由简单到复杂、由已知到未知、由理想到实际条件的研究问题的方法是科学研究中经常采用的。

一、均匀介质

在这种介质中,波传播的速度不随深度的变化而变化,波速与深度的关系在 $v\text{-}H$ 坐标中为一条平行于深度轴的直线,如图 3-5(a)所示,这是对实际介质的一种理想的假设,它极大地简化了研究讨论的问题。

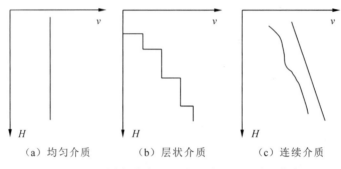

(a) 均匀介质　　(b) 层状介质　　(c) 连续介质

图 3-5　不同介质波速(v)与速度(H)的关系曲线

二、均匀层状介质

在这种介质中,速度随深度成层分布,在每一个层中,速度是不变的,在 $v\text{-}H$ 坐标中的图像是阶梯状的,最简单的层状介质如图 3-5(b)所示,称为水平层状介质。

层状介质模型是地震勘探中最常用的物理模型,因为在沉积岩地区岩层有很好的成层性,各岩层可由不同弹性性质的岩石组成,因此岩层的岩性分界面有时就为弹性分界面,把实际地层理想化成层状介质就具有很大的实际意义。

三、连续介质

在这种介质中,速度随岩层埋藏深度的增加而连续缓慢地增加,在 $v\text{-}H$ 坐标中的图像是一条平滑的曲线或一条斜的直线,如图 3-5(c)所示。在大部分沉积岩地区,通过大量的观测,可近似地认为速度随深度连续变化的规律可表示为

$$v(H)=v_0(1+\beta H)^{1/n} \tag{3-6}$$

式中:v_0 为 $H=0$ 时的初始速度;β 为速度随深度增加的系数;n 为等于或大于 1 的整数。当 $n=1$ 时,速度随深度呈线性增加的关系,这种介质称为线性连续介质,β 为一个常数值;当 $n>1$ 时,称非线性连续介质。线性连续介质比较接近地下岩层的实际情况,数学表达式也比较简单,便于一些问题的讨论,地震勘探常把连续介质简化为线性介质。

在沉积环境和构造等比较复杂的地区,速度随深度不一定都是连续增加的,在有的深度段,速度随深度相反是变小的,出现所谓"速度逆转"现象,此时速度的垂向变化就比较复杂,即速度随深度变化的曲线不能简单地用式(3-6)来表示。在这种情况下,一般有两种做法:一种是将速度曲线分段用线性关系拟合;另一种是把速度曲线看作一种高次曲线,用数学多项式来拟合。

第三节 浅层地震地质条件

地震勘探的效果在很大程度上取决于工作地区是否具有应用地震勘探的前提，也就是工区的地震地质条件。在浅层地震勘探中，地震地质条件主要是指浅部岩土介质的性质和地质特征以及地表的各种影响因素，可从以下几个方面来讨论。

一、疏松覆盖层

近地表的土层和岩石，由于长期受到风吹、日晒、雨淋、溶蚀等物理化学的风化作用而变得破碎疏松，当地震波在这种疏松层中传播时，其波速要比下部未经风化的完整岩石的波速小得多，故称之为"低速带"。这种"低速带"的存在，往往使地表覆盖层和下部基岩之间形成一个明显的速度界面（下部基岩波速大于其覆盖层波速），浅层地震折射波法就是利用这一速度界面来探测基岩面的埋深和起伏的。但是，当用地震反射波法探测下部较深处的地层时，"低速带"的存在，使反射波的走时产生"滞后"现象，这时往往需要对"低速带"的影响进行校正，才能对反射波做出正确的识别和处理。另外低速带下界面易产生多次反射波而使地震记录复杂化，也是一种不可忽视的干扰因素。

此外，疏松层对地震波有较强吸收作用，尤其对波的高频成分吸收作用更强，因此在疏松层较厚的地区很难激发出能量较强的或频率较高的有效波。

二、潜水面和含水层

当疏松的覆盖层或风化带饱含地下水时，其波速将会明显地增大。因此当潜水面位于疏松的"低速带"中时，则会形成明显的波速界面，从而改变了疏松"低速带"的性质，使浅层地震探测到的表层"低速带"是地下水面以上的疏松层，而不是地质岩性上的疏松层。对于一般地层中的含水层，由于其裂隙和孔隙中饱含地下水而波速有所增加，但影响不像疏松层那样明显。

此外，实践表明当激振点位于潜水面以下激发时，所产生的地震波频率成分比较丰富，能量也较强，易于获得较好的效果。因此潜水面离地表较近是浅层地震勘探的有利条件。

三、地质剖面的均匀性

浅层地质剖面的均匀性对地震勘探的效果有直接影响，因为不论是剖面纵向的还是横向的不均匀性和不稳定性都将影响地震波传播的方向与走时，给地震勘探工作带来困难，如断层、溶洞、尖灭层和人工堆积等的存在，都将增加地震勘探的难度。

四、地震界面和地质界面的差异

地震界面是指地震波传播时波速变化的界面或波阻抗不同的界面，而地质界面是岩性不同的界面。这两种界面，有时是一致的，但有时却不完全一致，如有些情况下，不同的地质岩层其波速很接近，或者有些很薄的地层，这时从地震波的信息很难识别出它们的存在。此外，有时一个地层中也可能出现不同的波速层，这些情况都将引起地震界面和地质界面的不一致，在解释工作中必须予以注意。

五、"地震标志层"的确定

如果在较大的范围内进行地震勘探工作或作长地震剖面时，为了连接全区的地层和查明构造形态的变化，需要在区内确定一个易于追踪的"地震标志层"，以此作为对比连接全区地层的标志。对"地震标志层"的基本要求是，必须在较大范围内分布稳定，且具有较明显的地震波运动学和动力学的特征。尤其当该"地震标志层"和地质层位一致时，其意义就更大。在有利的条件下，有时在一个地区可以找出几个"地震标志层"。对于浅层地震勘探，由于探测范围较小和浅部介质的变化较大，往往给确定"地震标志层"带来困难，但当第四纪疏松覆盖层下的基岩分布比较完整和稳定时，则可将其作为"地震标志层"。

第四章 地震波时距曲线

在地震勘探中,一般沿某条测线进行工作,在测线上某炮点激发地震波后,被等间隔安置在测线上的多个检波点所接收,得到一张地震记录,如图 4-1 所示。在记录上沿横向标有 0,1,2…的竖线,分别表示波旅行时间为 0ms,100ms,200ms…的计时线,地震波激发的一瞬间作为计时零点。记录头部的水平线相当于地表的检波点,共有 25 条水平线,即地表有 25 个检波点,水平线之间的间隔就是相邻检波点的距离,称为道间距。从记录上所得的初至可以看出,中间的接收点(接收道)时间短,两边道的时间长,并呈对称分布,可知波传播的时间由中间道向边道增加,炮点实际上位于接收点的中间。从炮点到各道的距离称为炮检距。记录中每一条波动曲线是一道地震记录,共有 25 条波动曲线,组成一张记录。

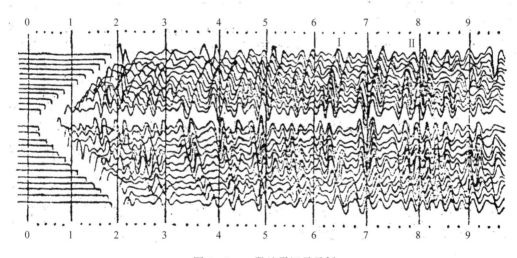

图 4-1 一段地震记录示例

记录中各条波动曲线上波峰的规则排列称为同相轴,如记录中同相轴 I,读取该同相轴上各道的时间 t 与其对应的炮检距 x,就可以在 $t-x$ 坐标中得到相应的图像,此图像就是时距曲线,它表示地震波传播时间与测线上接收点位置的函数关系,即 $t=t(x)$,这实际上是波运动学的问题。当炮点和检波器分布在一条直线上时称纵测线观测,相应有纵时距曲线;当炮点与检波器不在一条直线上称非纵测线观测,相应有非纵时距曲线。

不同种类的地震波,如直达波、反射波、折射波等,其时距曲线特点各不相同,它们与反射界面的埋藏深度、起伏形态等直接有关。换句话说,时距曲线的几何形态包含着地下地质构造的信息。因此,分析并掌握各种类型地震波时距曲线的特点,是地球物理勘探中基础理论的重要组成部分,它对指导地震勘探野外施工以及进行地震资料的处理与解释都很重要。

第一节 反射波时距曲线

本节采用类似几何光学的办法,讨论在已知地层产状要素及速度参数的条件下,在均匀介质、层状介质和连续介质中反射波的纵时距曲线。

一、均匀介质条件下的反射波时距曲线

（一）水平界面的反射波时距曲线与正常时差

1. 反射波时距曲线特点

最简单的二维问题就是如图 4-2 下半部分所示的水平地层,反射层 AB 离震源 S 距离为 h,S 点震源激发,沿方向 SC 传播,在界面上产生反射波,反射角与入射角相同。在 C 点反射角与入射角相等,根据这个特点可以确定反射路径 CR。更容易的方法是利用虚震源 I（镜像点, image point）,I 位于炮点 S 与反射面的垂线上,在反射层的另一面,与 S 点到反射界面的距离相等。将 I 与 C 点连接,并将直线延长到 R 点,CR 就是反射路径（由于 CD 平行于 SI,所有的角度都等于 α）。

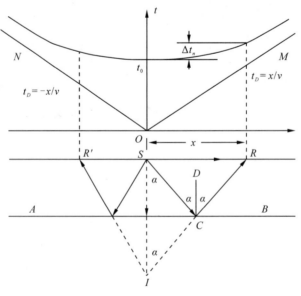

图 4-2 水平反射层的旅行时距曲线

设 v 是平均速度,反射波的到达时间 t 则为 $(SC+CR)/v$。由于 $SC=CI$,所以 IR 与波传播路径 SCR 的长度相等,因此,$t=IR/v$。如果变量 x 是炮检距,则有

$$t = \frac{SC+CR}{v} = \frac{2}{v}\sqrt{h^2+(x/2)^2} = \frac{1}{v}\sqrt{4h^2+x^2} \tag{4-1}$$

或

$$\frac{v^2t^2}{4h^2} - \frac{x^2}{4h^2} = 1 \tag{4-2}$$

所以,时距曲线是双曲线,如图 4-2 的上半部分所示。曲线顶点坐标为 $(2h/v, 0)$,渐近线的斜率为

$$\frac{2h/v}{2h} = \frac{1}{v} \tag{4-3}$$

这个斜率实际上就是直达波(direct wave)时距曲线的斜率,传播路径为 SR。由于 SR 总是小于 $SC+CR$,所以直达波总是先到。直达波的旅行时是 $t_P=x/v$,时距曲线是过原点的直线 OM 和 ON,斜率为 $\pm 1/v$。

当 x 变得很大时,SR 与 $SC+CR$ 之间的差别变小,反射波旅行时与直达波旅行时逐渐接近。

利用在炮点的检波器记录到的旅行时 t_0 可以确定反射层的深度。设式(4-1)中的 $x=0$,可得

$$h = \frac{1}{2}vt_0 \tag{4-4}$$

如果画出 t^2 和 x^2 的曲线(取代图 4-2 的 $t-x$ 曲线),可以得到直线的斜率 $1/v^2$ 和截距,这就是确定速度的著名的"x^2-t^2 方法"的基础。

2. 正常时差(normal moveout,NMO)

时距曲线在 t 轴上的截距,在地震勘探中叫做 t_0 时间,即

$$t_0 = \frac{2h}{v} \tag{4-5}$$

它表示波沿界面法线传播的双程旅行时间,有时也叫做回声时间,此时式(4-1)可以写成以下几种形式:

$$t = \frac{1}{v}\sqrt{x^2+4h^2} = \sqrt{\frac{x^2}{v^2}+\left(\frac{2h}{v}\right)^2} = \sqrt{\frac{x^2}{v^2}+t_0^2} = t_0\sqrt{1+\frac{x^2}{t_0^2v^2}} \tag{4-6}$$

可以从式(4-6)中由地震记录求出旅行时 t。通常 $2h>x$,则可以用下面形式的二项式展开:

$$t = \frac{2h}{v}\left[1+\left(\frac{x}{2h}\right)^2\right]^{1/2} = t_0\left[1+\left(\frac{x}{vt_0}\right)^2\right]^{1/2} = t_0\left[1+\frac{1}{2}\left(\frac{x}{vt_0}\right)^2 - \frac{1}{8}\left(\frac{x}{vt_0}\right)^4 + \cdots\right] \tag{4-7}$$

如果 t_1, t_2, x_1, x_2 是两个不同的旅行时和炮检距,则可以得到第一个估计值

$$\Delta t = t_2 - t_1 \approx \frac{(x_2^2-x_1^2)}{2v^2t_0} \tag{4-8}$$

在特殊情况下,当一个检波器在炮点时,Δt 是正常时差(NMO),用 Δt_{NMO} 来表示,即

$$\Delta t_{\text{NMO}} \approx \frac{x^2}{2v^2 t_0} \approx \frac{x^2}{4vh} \tag{4-9}$$

有时,也保留展开式的另一项,即

$$\Delta t^*_{\text{NMO}} \approx \frac{x^2}{2v^2 t_0} - \frac{x^4}{8v^2 t_0^3} = \left(\frac{x^2}{2v^2 t_0}\right)\left[1 - \left(\frac{x}{4h}\right)^2\right] \tag{4-10}$$

从式(4-9)中可以看出,正常时差随炮检距 x 的平方增加而线性增加,与速度的平方成反比,与炮点的旅行时成反比[也就是与反射层的深度成反比,见式(4-4)]。因此随着炮检距的增加,反射曲线的曲率快速增加,同时随着记录时间的增加,曲率的变化变小。

3. 正常时差校正与自激自收的物理模型

正常时差的概念非常重要,它是判断地震记录上观察到的同相轴是否是反射波的主要标准。如果在允许的误差范围内,正常时差与式(4-9)的计算结果差别很大,就不会将这个同相轴当作反射波。地震解释中最重要的一个参数就是由地层倾角引起到达时的变化量,为了求取这个参数,必须消除正常时差。在共中心点记录叠加前也必须消除正常时差。最后,利用式(4-9)由 x、t_0、Δt_{NMO} 可以算出 v,这就是利用 $t-\Delta t$ 法计算速度和速度分析的基础。Brown(1969)讨论了如何更精确地处理地层倾角和长炮检距的问题。

如果从各接收点的时间中减去相应的正常时差,则各点都变成了 t_0 时间,即

$$t_x - \Delta t_{\text{NMO}} = t_0 \tag{4-11}$$

这种时间上的校正叫做正常时差校正,它的物理意义是把在一点激发多道接收的反射波旅行时中,减去各接收点由于炮检距(x)不同而引起的反射波时差,使测线上各点都变成既是震源点又是接收点(自激自收点)。校正后,原来的双曲线拉直为与界面相平行的水平线。也就是说,此时自激自收的时距曲线的几何形态与反射界面的起伏有了较直接的联系。在构造比较简单的地区,它可以直观地反映地质构造的形态,而不是像校正前那样,双曲线反映了水平的界面,两者几何形态不一,所以说正常时差校正为地震资料的地质解释提供了一种既简单又直观的方法。

自激自收的物理模型,在讨论波的运动特点及在资料解释中是一种既简单又很实用的模型,在讨论波的动力学及其他特征时也经常被用到。

(二)倾斜平界面的反射波时距曲线与倾角时差(dip moveout)

当地层沿剖面方向倾斜时,可以得到如图 4-3 所示的结果,其中 ξ 是倾角,h 是地表与反射界面的垂直距离。为了画出检波器 R 接收到的反射波的传播路径,将 R 与其镜像点 I 用直线连接起来,与地层相交于 C 点。则传播路径就是 SCR,传播时间 $t=(SC+CR)/v$。由于 $SC+CR=IR$,对三角形 SIR 应用余弦定理,可得

$$v^2 t^2 = IR^2 = x^2 + 4h^2 - 4hx\cos\left(\frac{1}{2}\pi + \xi\right) = x^2 + 4h^2 + 4hx\sin\xi \tag{4-12}$$

由平方公式可得

$$\frac{v^2 t^2}{(2h\cos\xi)^2} - \frac{(x+2h\sin\xi)^2}{(2h\cos\xi)^2} = 1 \tag{4-13}$$

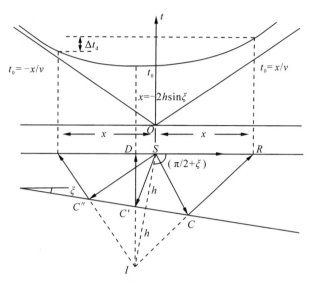

图 4-3 倾斜反射层的旅行时距曲线

由式(4-13)可以看出,时距曲线是双曲线,但对称轴是直线 $x=-2h\sin\xi$,而不是 t 轴。这就是说,在炮点两边对称放置的检波点的到达时间不同,这与倾角为零的情况不同。

设式(4-12)中的 $x=0$,在 h 点所得的结果与式(4-4)相同,但是要注意与前面的结果不同,h 不是铅直距离。图 4-3 中在点 C、C'、C''处入射角等于反射角,这些点称为反射点(reflecting points)[有时也称为深度点,但是地表震源与检波器之间的中点有时也称为深度,为了防止混淆,不使用深度点这个名称,而称之为中心点(midpoint)]。对倾斜反射,反射点相对中点向上倾方向偏移,这在偏移和共中心点方法中都是很重要的。以上讨论的是界面上倾方向与 x 轴反向时的反射波时距曲线。根据反射界面倾斜与 x 轴的相对位置关系可写出时距方程的一般式:

$$t = \frac{1}{v}\sqrt{x^2 + 4h^2 \pm 4hx\sin\xi} \qquad (4-14)$$

界面上倾方向与 x 轴正方向相同时,上式根号中第三项取"-"号,反之取"+"号。

在上面的讨论中,我们用了虚震源的概念。虚震源是均匀介质条件下建立时距方程和分析时距曲线特点所采用的一种简便方法,它是震源点的镜像点,位于界面的 2 倍法线深度处。一个反射界面对应有一个虚震源,多个反射界面有多个镜像点,它的主要作用是可以直接由虚震源作出波到达测线上各点的射线路径,相当于把波的入射与反射路径合为一条直线,这实际上是基于波在均匀介质中沿直线传播的原理。它无需再根据反射定律作入射与反射路径,尤其当界面倾角大或有起伏时,这种做法是很麻烦的。此外,从虚震源可作出多条到测线上各接收点的射线路径,比较其长短,可很快确定出时距曲线上时间极小点的位置。

1. 时距曲线的特点

我们可以用与数学中研究双曲线特点相类似的方法,来分析时距曲线各特征点的位置及曲线的弯曲等。

(1)极小点。从虚震源出发到地面有多条射线,其中有一条最短,这就是从虚震源到地面所作的垂线 ID,波沿此射线传播的时间最短,称为极小点,它的坐标为

$$x_m = \pm 2h\sin\xi, t_m = \frac{2h\cos\xi}{v} \qquad (4-15)$$

极小点的位置始终位于界面的上倾方向,随着 h 和 ξ 的增大,极小点往上倾方向偏移得越多。这时的时距曲线对称于通过极小点的纵轴。

(2)t_0 时间。t_0 时间点的坐标为

$$x = 0, t_0 = \frac{2h}{v} \qquad (4-16)$$

假设已知 t_0 及相应的 v 值,从上式就可以求取自震源到反射界面的法向深度,即

$$h = \frac{t_0 v}{2} \qquad (4-17)$$

当反射界面水平时,极小点就是 t_0 点。

(3)地面接收点间隔与地下反射点间隔的关系。如图 4-4 所示,界面水平,在 O 点放炮,在 OS 地段接收,设震源与接收点的距离为一个道间距 Δx,它与界面上 A 点与 B 点的距离有以下简单关系:

$$AB = \frac{1}{2}\Delta x \qquad (4-18)$$

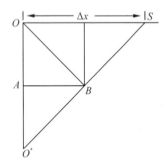

图 4-4 道距与反射界面长度的关系

从图 4-4 可看出,测线上有两个接收点,相应界面上也有两个反射点,两点可构成长度很短的一段界面。一般采用多道接收,则有多个反射点,可构成较长的界面。如果炮检距为 x,反射界面的长度就为炮检距的 1/2。采用多道接收界面上反射波的方法,就有可能长距离地追踪某一个界面的起伏形态,以达到查明地质构造的目的。

(4)时距曲线的弯曲情况——视速度定理。要讨论时距曲线的弯曲情况,可用导数的概念,即

$$f'(x) = \frac{dt}{dx} \qquad (4-19)$$

在坐标原点,$x = 0$,导数值为零,时距曲线的切线平行于 x 轴。随 x 值增加,导数值增大,曲线变得越来越弯曲。

在地震勘探中,可以用视速度 v^* 来讨论曲线的弯曲,它是地表两个点之间的距离(Δx)除以同一个同相轴到达这两个点的时差(Δt),用下式表示:

$$v^* = \frac{\Delta x}{\Delta t} = \frac{v_0}{\sin\alpha} \qquad (4-20a)$$

式中:α 为入射角,如图 4-5 所示,α 有时也称为视倾角(apparent dip)。用频率除式(4-20a),可得

$$\lambda_a = \lambda/\sin\alpha = 2\pi/\kappa_a \qquad (4-20b)$$

式中：λ_a 称为视波长；$\kappa_a/2\pi$ 称为视波数。

视速度的物理含义是把在地下用真速度沿射线传播的反射波看作视速度沿地面测线传播的波动。视速度总大于真速度。由于 $\sin\alpha$ 可以非常小，因此视速度 $v^*(\lambda_a)$ 可以很大，当能量垂直入射时，$v^* = \infty$。

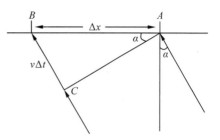

图 4-5 求波的入射角

用视速度定理可以讨论时距曲线的弯曲情况。对于某一反射界面的一条曲线来说，随着 x 的增大，α 角也增大（$\alpha_1 > \alpha$），使 v^* 变小，导数值（斜率）变大，曲线越来越弯曲。对于埋藏深度不同的反射界面的两条时距曲线来说，因为深层反射波返回地表的 α 角比浅层的要小（$\alpha_2 < \alpha_1$），v^* 相对变大，斜率变小，曲线变缓，则深层的时距曲线比浅层平缓，图 4-6 表明了这种情况。

用视速度的概念，我们可以区分反射波和面波。面波沿地面测线传播，$\alpha = 90°$，所以对面波来说，视速度和真速度相等，对瑞雷面波来说，就有关系 $v_R^* = v_R$；对纵波来说有关系 $v_P^* > v_P$。据 $v_P > v_R$ 的关系，就可得 $v_P^* > v_P > v_R(v_R^*)$ 的关系，即从视速度的角度出发，反射波和面波有更大的差异。

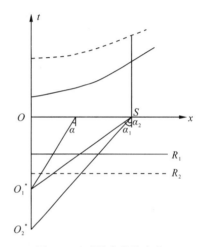

图 4-6 时距曲线的弯曲

在地震勘探中要定量讨论视速度随炮检距的变化，或者说计算各接收点的视速度，可根据时距方程推导出计算公式，如对水平界面，可对时距方程求导，得出计算视速度的公式，即

$$\frac{dt}{dx} = \frac{x}{v\sqrt{x^2 + 4h^2}}$$

$$\frac{dx}{dt} = v\sqrt{1 + \left(\frac{2h}{x}\right)^2} = v^* \qquad (4-21)$$

该式表明对特定的水平界面，视速度随 x 的增大而减小。

同理可推导出倾斜界面的视速度公式：

$$v^* = \frac{v\sqrt{x^2 \pm 4hx\sin\xi + 4h^2}}{x \pm 2h\sin\xi} \qquad (4-22)$$

2. 倾角时差

为了得到倾角 ξ，需要假设 $2h > x$，使用式（4-7）中的展开式，从式（4-12）中求出 t，即

$$t = \frac{2h}{v}\left(1 + \frac{x^2 + 4hx\sin\xi}{4h^2}\right)^{1/2} \approx t_0\left(1 + \frac{x^2 + 4hx\sin\xi}{8h^2}\right)^{1/2} \qquad (4-23)$$

展开式只使用第一项。求 ξ 最简单的方法是利用炮点两边距离相等的两个检波点之间

的时差。在图 4-3 中设下倾接收方向检波点与炮点之间的距离为 $+\Delta x$，上倾接收方向检波点与炮点之间的距离为 $-\Delta x$，与之对应的旅行时分别为 t_1 和 t_2，可以得到

$$t_1 \approx t_0 \left[1 + \frac{(\Delta x)^2 + 4h\Delta x \sin \xi}{4h^2}\right]$$

$$t_2 \approx t_0 \left[1 + \frac{(\Delta x)^2 - 4h\Delta x \sin \xi}{4h^2}\right]$$

$$\Delta t_d = t_1 - t_2 \approx t_0 \left(\frac{\Delta x \sin \xi}{h}\right) \approx \frac{2\Delta x}{v} \sin \xi$$

倾角 ξ 用下式求取：

$$\sin \xi \approx \frac{1}{2} v \left(\frac{\Delta t_d}{\Delta x}\right) \qquad (4-24)$$

比值 $\Delta t_d/\Delta x$ 称为倾角时差（dip moveout，DMO）（注意：倾角时差的单位是时间距离，而正常时差的单位是时间，而 DMO 或倾角时差校正都包含了这些不同的概念）。在倾角较小时，ξ 与 $\sin \xi$ 近似相等，倾角与 Δt_d 成正比。为了把倾角计算得尽可能准确，在资料质量允许时，使用 Δx 的最大值（即最大炮检距）；对于对称排列，用排列两端的检波组之间的距离来计算倾角时差。Δx 是排列长度（array length）的一半。

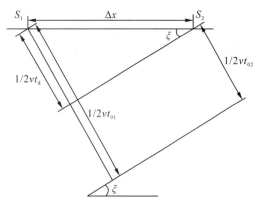

图 4-7 在两个炮点之间或记录剖面上计算倾角时差的示意图

此外，还可以利用不同炮点 t_0 之间的差值来计算倾角时差。如图 4-7 所示，$\Delta t_d = t_{01} - t_{02}$，且

$$\sin \xi = \frac{1}{2} v \left(\frac{t_{01} - t_{02}}{\Delta x}\right) \qquad (4-25)$$

Δx 是两个炮点之间的距离，如果利用记录剖面计算地层倾角，Δx 可以是任何两个比较合适的检波点之间的距离。应该注意的是，在式（4-24）的推导过程中，已经消除了正常时差的影响。在两式相减时，代表正常时差的 $(\Delta x)^2$ 项消失了。

图 4-8 说明了正常时差与倾角时差之间的关系。图 4-8(a) 是倾斜层的反射记录，波形呈曲线排列，关于炮点不对称。图 4-8(b) 是当反射层是水平层时的观测结果，波形以炮点为中心呈对称曲线排列，曲线排列只是由正常时差造成的。延迟时间为 0~13ms（1ms=10^{-3}s，是在地震工作中常用的单位），炮检距最大为 400m。图 4-8(b) 中的到达时间减去图 4-8(a) 中的到达时间就可得到图 4-8(c)，所得的结果只反映倾角的影响，到达时的形状是直线，直线两端有 10ms 的时差，即 Δt_d=10ms，Δx=400m，因此倾角为 1.8°[2500×(10×10^{-3}/800)=0.031rad]。

消除正常时差的方法可以用来说明正常时差与倾角时差之间的区别。如果只需要得到倾角时差 Δt_d，只需将测线两端检波点的到达时间[图 4-8(a)]相减即可。

一般情况下，没有对称排列，这时如果要得到倾角时差，就需要消除正常时差。如

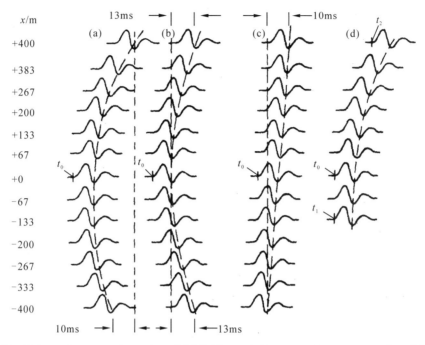

注:(a)、(b)、(c)中 $t_0=1.000s$,$\bar{v}=2500m/s$。对于曲线(d),$t_0=1.225s$,$t_1=1.223s$,$\bar{v}=2500m/s$,$\bar{v}$ 是平均速度。

图 4-8 正常时差与倾角时差之间的关系曲线

图 4-8(d)所示,画的是排列从 $x=-133m$ 到 $x=400m$ 观测到的反射波,$t_0=1.225s$,$t_1=1.223s$,$t_2=1.242s$,$v=2800m/s$。利用式(4-9)可以得到炮检距为 133m 和 400m 的 Δt_{NMO} 分别为 1ms 和 8ms(将值取整到 ms,这是地震记录的精度)。从相应点的到达时中减去这两个值,可得校正后的到达时间:$t_1=1.222s$,$t_2=1.234s$,因此,倾角时差为 12/(533/2)ms/m。相应的倾角 $\xi=2800\times(12\times10^{-3}/533)=0.063rad=3.6°$。

利用在 $x=-133m$ 和 $x=133m$ 处的到达时间,可以得到另外一种处理方法来求倾角时差。利用对称排列,就不必计算正常时差。然而用这种方法就会使可用排列的长度从 533m 减少到 266m,也就降低了相对精度($\Delta t_d/\Delta x$)。

二、水平多层介质的反射波时距曲线方程

在均匀介质条件下,波沿直射线传播,此时所建立的时距方程及相应的时距曲线是比较简单的。在层状介质中,波沿折射线传播,要建立它的时距方程就比较困难。为了使讨论问题比较简单,可假设某种速度的"等效层"来代替实际的层状介质,我们先讨论这种等效层的速度,进而建立时距方程,分析时距曲线的特点。

(一)射线平均速度

波沿实际射线传播的速度叫做射线速度(raypath velocity)。设有水平层状介质的地质模型,各层的速度是递增的,α_i 为波在每一层介质中的入射角,Δh_i 和 v_i 分别为各层的厚度

和速度,如图 4-9 所示。波斜入射到介质中,波沿射线传播的射线速度 v_r 满足

$$v_r = \frac{\dfrac{\Delta h_1}{\cos\alpha_1} + \dfrac{\Delta h_2}{\cos\alpha_2} + \cdots + \dfrac{\Delta h_n}{\cos\alpha_n}}{\dfrac{\Delta h_1}{\cos\alpha_1}{v_1} + \dfrac{\Delta h_2}{\cos\alpha_2}{v_2} + \cdots + \dfrac{\Delta h_n}{\cos\alpha_n}{v_n}}$$

(4-26)

上式中分子项为波入射的总路径长度,分母为波沿射线传播的时间。根据斯奈尔定律:

$$\frac{\sin\alpha_1}{v_1} = \frac{\sin\alpha_2}{v_2} = \cdots = \frac{\sin\alpha_n}{v_{n1}} = P$$

$$\sin\alpha_n = v_n P, \quad \cos\alpha_n = \sqrt{1 - v_n^2 P^2}$$

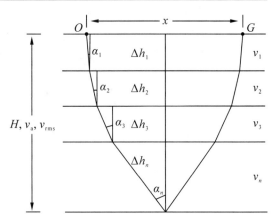

图 4-9 水平层状介质中波传播的模型

这时式(4-26)可写为

$$v_r = \sum_{i=1}^{n} \frac{\Delta h_i}{\sqrt{1 - v_i^2 P^2}} \bigg/ \sum_{i=1}^{n} \frac{\Delta h_i}{v_i \sqrt{1 - v_i^2 P^2}}$$

(4-27)

由式(4-27)可知,射线速度主要与射线参数有关,或者说与入射角有关,不同的炮检距有不同的射线路径,每一条射线的射线路径是不一样的。从式(4-26)可知 v_r 随 α 角的增大(炮检距增加)而增大。

射线速度比较真实地反映了波在层状介质中传播的规律,理论上是准确的,但由于 α_i 角很难确定,在实际工作中不能直接求取,只有知道了分层结构后,才可求取理论值。为了使讨论问题较简便,可以把某个界面以上的层状介质用某种速度的"等效层"来代替,把层状介质加以简化。

(二)均方根速度

由式(4-27)可知,波沿折射线入射到某界面并反射返回地表接收点的时间为

$$t = 2\sum_{i=1}^{n} \frac{\Delta h_i}{v_i(1-v_i^2 P^2)^{\frac{1}{2}}}$$

(4-28)

假设采用近法线入射的物理模型,即近震源接收波,α_i 角较小,有关系 $(\sin\alpha_i)^2 = v_i^2 P^2 \ll 1$,上式用二项式展开,略去高次项,并令 $t_i = \Delta h_i/v_i$,它表示波的单程旅行时间,可得

$$t = 2\sum_{i=1}^{n} \frac{\Delta h_i}{v_i}(1-v_i^2 P^2)^{-\frac{1}{2}} = 2\sum_{i=1}^{n} t_i\left(1 + \frac{1}{2}v_i^2 P^2 + \frac{3}{8}v_i^4 P^4 + \cdots\right) = t_0 + \sum_{i=1}^{n} t_i v_i^2 P^2$$

(4-29)

为解此方程,设法建立另一个带 P 的炮检距方程,然后联立求解。炮检距 x 的方程为

$$x = 2(\Delta h_1 \tan\alpha_1 + \Delta h_2 \tan\alpha_2 + \cdots + \Delta h_n \tan\alpha_n) =$$

第四章 地震波时距曲线

$$2\sum_{i=1}^{n}\Delta h_i \tan\alpha_i = 2\sum_{i=1}^{n}\Delta h_i \frac{\sin\alpha_i}{\cos\alpha_i} = 2\sum_{i=1}^{n}\frac{\Delta h_i v_i P}{\sqrt{1-v_i^2 P^2}} \quad (4-30)$$

上式用二项式展开,略去高次项,可得

$$x = 2\sum_{i=1}^{n}\Delta h_i v_i P \quad (4-31)$$

式(4-29)、式(4-31)组成一个带 P 的方程组

$$t = t_0 + \sum_{i=1}^{n} t_i v_i^2 P^2, \quad x = 2\sum_{i=1}^{n}\Delta h_i v_i P \quad (4-32)$$

平方方程组,略去高次项,得

$$t^2 = t_0^2 + 2t_0 P^2 \sum_{i=1}^{n} t_i v_i^2, \quad x^2 = 4P^2 \left(\sum_{i=1}^{n}\Delta h_i v_i\right)^2 \quad (4-33)$$

从上面方程组中的第二式,得

$$P^2 = \frac{x^2}{4\left(\sum_{i=1}^{n}\Delta h_i v_i\right)^2} \quad (4-34)$$

将上式代入方程组第一式,得

$$t^2 = t_0^2 + 2t_0 \frac{x^2}{4\left(\sum_{i=1}^{n}\Delta h_i v_i\right)^2} \cdot \sum_{i=1}^{n} t_i v_i^2 =$$

$$t_0^2 + t_0 \frac{x^2}{2\sum_{i=1}^{n} t_i v_i^2} = t_0^2 + \frac{x^2}{\sum_{i=1}^{n} t_i v_i^2 / \sum_{i=1}^{n} t_i} \quad (4-35)$$

令

$$v_{\text{rms}}^2 = \frac{\sum_{i=1}^{n} t_i v_i^2}{\sum_{i=1}^{n} t_i} \quad (4-36)$$

把 C 叫做均方根速度,这时在层状介质中的时距方程可写为

$$t^2 = t_0^2 + \frac{x^2}{v_{\text{rms}}^2} = C_1 + C_2 x^2 \quad (4-37)$$

式中,$C_1 = t_0^2$,$C_2 = 1/v_{\text{rms}}^2$。此时与均匀介质中一个水平界面的时距方程相比,形式上是完全相似的,而仅仅是用均方根速度代替了多层介质中的速度,这意味着在水平层状介质的情况下,当采用近法线入射的物理模型时,可以用某截面以上介质的均方根速度代替该界面以上的层状介质的速度值,把层状介质假想成具有均方根速度的均匀介质,把层状介质的速度模型作了简化。

如果远震源处(炮检距)接收反射波,上述的物理模型就不能成立,则在公式推导中就不能略去高次项,时距方程应为

$$t^2 = C_1 + C_2 x^2 + C_3 x^4 + \cdots \quad (4-38)$$

时距曲线为高次曲线,因此也可以给均方根速度下这样的定义:把水平层状介质的反射波时距曲线近似看作双曲线时,波传播的速度就是均方根速度。

均方根速度可以通过地震反射波资料和数字处理来求取,它主要作为正常时差校正中的速度参数。

(三)平均速度

在射线速度的公式中,当波沿法向入射时,有 $\alpha_1=\alpha_2=\cdots=\alpha_n=0$ 的关系,射线速度变为平均速度 v_a,即

$$v_a=\frac{\Delta h_1+\Delta h_2+\cdots+\Delta h_n}{\frac{\Delta h_1}{v_1}+\frac{\Delta h_2}{v_2}+\cdots+\frac{\Delta h_n}{v_n}}=\frac{\sum_{i=1}^{n}\Delta h_i}{\sum_{i=1}^{n}\frac{\Delta h_i}{v_i}}=\frac{\sum_{i=1}^{n}t_iV_i}{\sum_{i=1}^{n}t_i}=\frac{H}{t} \quad (4-39)$$

上式表示波垂直穿过地层的总厚度(H)与总传播时间(t)之比,定义为平均速度,或者说平均速度是按各分层的速度对垂直传播时间加权平均的结果,t_i 大的层,即低速的或厚度大的层影响大一些,在总时间中它的贡献较大。

层状介质用波速为平均速度,厚度为各分层之和的介质替换后,时距方程为

$$t^2=t_0^2+\frac{x^2}{v_a^2} \quad (4-40)$$

时距曲线为双曲线,波沿直射线传播。

平均速度也是对层状介质的一种简化,某一界面以上的平均速度实质上把该界面以上的层状介质简化为波用平均速度沿界面法向传播的均匀介质。

平均速度可利用井孔,采用地震测井等方法来求取,它的主要用途是时深转换中的速度参数。

(四)平均速度、均方根速度、射线速度三者之间的关系

为了能简便直观地说明三者之间的关系,我们假设了一个三层水平界面地质模型,第一、二层的厚度分别为 $h_1=500\text{m}, h_2=750\text{m}$,相应的波速分别为 $v_1=2000\text{m/s}, v_2=3000\text{m/s}$。

根据计算 v_a 及 v_{rms} 的公式,可分别求出 $v_a=2500\text{m/s}, v_{\text{rms}}=2549\text{m/s}$。从计算公式可知,这两个速度值与 x 值无关,不随炮检距而变化,对同一介质模型,它们为常数值,并且均方根速度大于平均速度。

根据计算射线速度的公式,假设不同的 α 角,可计算出相应的射线速度,它的用途之一可以作为衡量平均速度和均方根速度精度的一种标准。表 4-1 列出了 3 种速度值。

表 4-1 v_a、v_{rms}、v_r 的数值统计表

入射角 $\alpha/℃$	炮检距/m	$v_a/(m \cdot s^{-1})$	$v_{rms}/(m \cdot s^{-1})$	$v_r/(m \cdot s^{-1})$
0	0	2500	2549	
44	228	2500	2549	2501
12	705	2500	2549	2507
20	1260	2500	2549	2523
28	2020	2500	2549	2554
36	3529	2500	2549	2632
40	6292	2500	2549	2743

根据表 4-1 中的数据,可作出 3 种速度相比较的示意图(图 4-10)。从图中可以看出射线速度随 x 的变化。当 $x=0$ 时,射线速度等于平均速度,而小于均方根速度,可见此时平均速度为精确的速度。随着 x 值的增加,平均速度越小于射线速度,而均方根速度与射线速度相接近,也就是说平均速度误差越来越大,而均方根速度的精度有所提高。在 x 为某一个值时,必然会出现射线速度和均方根速度的交点,两者数值相等,在假设的地质模型中,当

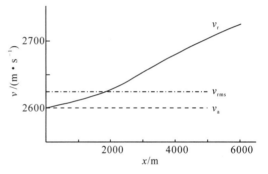

图 4-10 v_a、v_{rms}、v_r 与 x 的关系曲线

炮检距约为 2000m 时,就出现这种情况。可见在炮检距为某数值时,均方根速度又成了较准确的速度。x 值再增加,射线速度随之增大,并趋近于剖面中速度最大的层速度,而这时均方根速度的误差也随之增大。射线速度随炮检距变化的物理实质是费马原理,在层状介质中,波总是按斯奈尔定理所决定的折射线传播的,波沿实际折射线传播的时间,总是要比沿直线传播的时间短,即波传播要沿时间最短的路径,因此必然在高速层中多走一些路程。炮检距越大,这一特点越明显。

用上述 3 种速度,可示意作出它们的时距曲线,如图 4-11 所示,实线为射线速度的时距曲线,虚线和点划线分别为平均速度和均方根速度的时距曲线,射线速度及均方根速度的曲线必然出现交点。

用射线速度作出的时距曲线是层状介质实际的时距曲线,它也可以根据射线参数方程组与斯奈尔定律来作出。给出一个初始的入射角,算出一个相应的 P 值,代入式(4-41),得到一对 t 与 x 的值。依次给出不同的入射

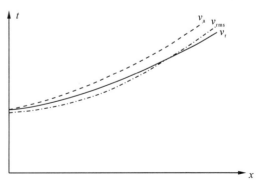

图 4-11 v_a、v_{rms}、v_r 的时距曲线

角,重复上述计算,得到多组值,可作出层状介质的时距曲线。

$$\begin{cases} t = 2\sum_{i=1}^{n} \dfrac{\Delta h_i}{v_i\sqrt{1-v_i^2 P^2}} = 2\sum_{i=1}^{n} \dfrac{t_i}{\sqrt{1-v_i^2 P^2}} \\ x = 2\sum_{i=1}^{n} \dfrac{\Delta h_i v_i P}{\sqrt{1-v_i^2 P^2}} = 2\sum_{i=1}^{n} \dfrac{t_i v_i^2 P}{\sqrt{1-v_i^2 P^2}} \end{cases} \quad (4-41)$$

层状介质模型是地震勘探中很重要的比较符合实际的地质模型,但它的时距曲线不能用只具有一个界面均匀介质的模型作出,可以将它简化为具有某种波速的均匀介质。

三、线性连续介质中地震波传播的规律

(一)曲射线及参数方程组

当层状介质中层数无限增加,各层的厚度无限减少并趋近于零,则层状介质就过渡为连续介质。假设相邻各层的波速很接近,波在各层中传播的折线段非常短,并且其斜率也很接近,这时波在层状介质传播的折射线将变为向上弯曲的光滑的曲线,称为曲射线。

在连续介质中地震波的时距方程类似于层状介质的情况,所不同的是把层状介质中求和形式的射线参数方程改写为积分,把 Δh_i 写为 $\mathrm{d}z$,即

$$\begin{cases} x = \int_0^z \dfrac{vP\mathrm{d}z}{\sqrt{1-v^2 P^2}} \\ t = \int_0^z \dfrac{\mathrm{d}z}{v\sqrt{1-v^2 P^2}} \end{cases} \quad (4-42)$$

将 $v(z) = v_0(1+\beta z)$ 代入式(4-42),得

$$\begin{cases} x = \int_0^z \dfrac{v_0(1+\beta z)P\mathrm{d}z}{\sqrt{1-P^2 v_0^2(1+\beta z)^2}} \\ t = \int_0^z \dfrac{\mathrm{d}z}{v_0(1+\beta z)\sqrt{1-P^2 v_0^2(1+\beta z)^2}} \end{cases} \quad (4-43)$$

在地震勘探中有实用意义的是根据上述参数方程组讨论地震波在线性连续介质中传播的射线和波前的数学式及其几何形状,它对地震资料的解释是很有用的。

(二)射线方程及其几何形状

对式(4-43)的第一式进行积分运算,可得

$$x = \int_0^z \dfrac{Pv_0(1+\beta z)\mathrm{d}z}{\sqrt{1-P^2 v_0^2(1+\beta z)^2}} = \dfrac{1}{Pv_0\beta}\int_0^z \dfrac{Pv_0(1+\beta z)\mathrm{d}[Pv_0(1+\beta z)]}{\sqrt{1-P^2 v_0^2(1+\beta z)^2}} =$$

$$\dfrac{1}{Pv_0\beta}\left[\sqrt{1-P^2 v_0^2} - \sqrt{1-P^2 v_0^2(1+\beta z)^2}\right] \quad (4-44)$$

式(4-44)就是连续介质中的地震波射线方程式,为了能清楚看出它的几何形状,可以进行适当的变换,使它变成标准形式的曲线方程。式中 Pv_0 可用 $\sin\alpha_0$ 取代,变换后的结果为

$$\left(x - \frac{1}{\beta\tan\alpha_0}\right)^2 + \left[z - \left(-\frac{1}{\beta}\right)\right]^2 = \left(\frac{1}{\beta\sin\alpha_0}\right)^2 \quad (4-45)$$

式(4-45)为一个圆的方程,其圆心坐标为

$$x = \frac{1}{\beta\tan\alpha_0}, z = -\frac{1}{\beta}, 半径 r = \frac{1}{\beta\sin\alpha_0}$$

实际上为了在 x-z 坐标中画出射线,可在 z 轴的负方向作一条与 x 轴平行,并相距为 $1/\beta$ 的直线 AB,在线上取任意一点 x_1 为圆心,以 $x_1O = r_1$ 为半径作一圆弧,就得到一条射线,用同样的方法,以 x_2、x_3 为圆心,可以作出一系列圆弧状的射线,即在线性连续介质中波的射线为过震源点向上弯曲的曲射线,见图 4-12。

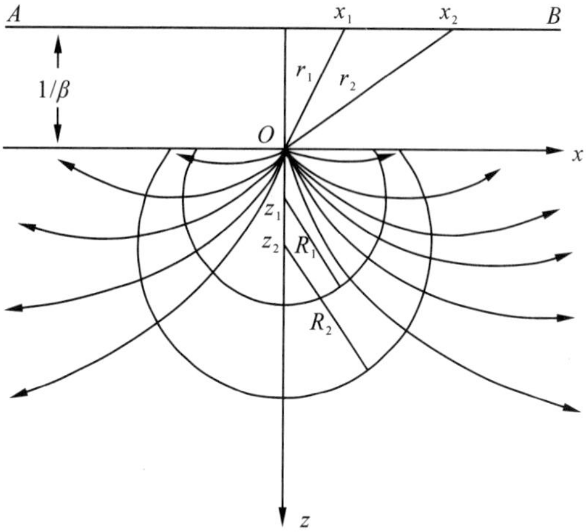

(三)等时线(波前)方程及其几何形状

根据波前与射线垂直的原理,可知波前是一簇不同心的圆簇。

图 4-12 线性连续介质中波的射线和等时线

对式(4-43)的第二式进行积分运算,可得

$$t = \int_0^z \frac{\mathrm{d}z}{v_0(1+\beta z)\sqrt{1-P^2v_0^2(1+\beta z)^2}} = \frac{1}{v_0\beta}\int_0^z \frac{\mathrm{d}[Pv_0(1+\beta z)]}{Pv_0(1+\beta z)\sqrt{1-P^2v_0^2(1+\beta z)^2}}$$

$$= \frac{1}{v_0\beta}\ln\frac{(1+\beta z)(1+\sqrt{1-P^2v_0^2})}{1+\sqrt{1-P^2v_0^2(1+\beta z)^2}} \quad (4-46)$$

上式就是波的等时线方程,为了能清楚看出等时线的几何形状,可设法把方程中的参数 P 消去,再把它变为标准形式的曲线方程,可得

$$x^2 + \left[z - \frac{\mathrm{ch}(v_0\beta t) - 1}{\beta}\right]^2 = \left[\frac{\mathrm{sh}(v_0\beta t)}{\beta}\right]^2 \quad (4-47)$$

式中,sh 和 ch 分别表示双曲正弦和余弦。

式(4-47)也是一个圆的方程,其圆心的坐标为

$$x = 0, z = \frac{\mathrm{ch}(v_0\beta t) - 1}{\beta}, 半径 r = \frac{\mathrm{sh}(v_0\beta t)}{\beta}$$

在 x-z 坐标里,对于不同的 t 值,其圆心沿 z 轴移动,如图 4-12 所示。可见连续介质中的波前面与均匀介质中以震源为圆心的同心圆簇不同,它是一簇不同心的圆簇。

第二节 绕射波时距曲线

一、产生绕射波的地质条件

地震波在地下岩层中传播,当遇到岩性突变点,如断棱、地层尖灭点和不整合面的起伏点等,这些点都会成为新的点震源,而产生一种新的波动,称这种波为绕射波(diffraction wave),新的点源称为绕射点。最常见的是断棱绕射波和不整合面上起伏点的绕射波。

二、断棱绕射波的时距曲线

如图 4-13 所示,设测线垂直断棱,绕射点 D 的埋藏深度为 h,D 在测线上的投影点为 M,$O_1M = d$。

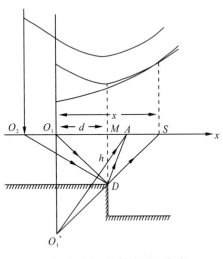

图 4-13 绕射波时距曲线

在震源激发的地震波入射到 D 点,然后以 D 点为新震源产生绕射波,传播到测线上各接收点,如 S 点,绕射波的传播时间 t_D 为

$$t_D = \frac{O_1D + DS}{v} = \frac{1}{v}(\sqrt{h^2 + d^2} + \sqrt{(x-d)^2 + h^2}) \tag{4-48}$$

由上式可知,方程中第一根式为常数,第二根式是 x 的函数,它的形式与水平界面的时距方程一样,时距曲线也为双曲线,它有以下 3 个特点。

(一)极小点的位置

极小点在绕射点的正上方,它的坐标:$x_m = d$,$t_m = \frac{1}{v}(\sqrt{d^2 + h^2} + h)$。

当激发点的位置沿测线移动时,只改变 d 值,而绕射波时距曲线的形状和极小点的位置不变。因此在测线上不同点激发时,所得的时距曲线互相平行。据极小点的位置可确定断点的位置,这是绕射波在地震资料解释中的重要作用之一。

(二)绕射波和反射波的关系

当 $x = 2d$ 时,绕射波和反射波有相同的传播路径,两波时距曲线相切,在切点两者有相同的斜率,因为绕射波和反射波有一样的出射角,两者视速度相同。

除切点外,绕射波的传播时间都比反射波大,例如在测线上任取一点 A,反射波的传播路径为 O_1^*A,绕射波的传播路径为 $O_1D + DA = O_1^*D + DA$,在三角形 O_1^*DA 中,显然有 $O_1^*A < O_1^*D + DA$ 的关系,表现为绕射波时距曲线在反射波时距曲线之上。

(三)绕射波时距曲线比具有相同 t_0 时间的反射波时距曲线要弯曲

如图 4-14 所示,震源点就设在绕射点在地表测线上的投影点上,反射波和绕射波具有相同的 t_0 时间。对于任意一个接收点来说,由于反射波的出射角 α_1 小于绕射波的出射角 α_2,所以反射波的视速度大,时距曲线的斜率小,而对绕射波正好相反。如果对它们进行正常时差校正,反射波时距曲线被拉平,而绕射波时距曲线仍然是向上弯曲,并且可以证明绕射波的正常时差为反射波正常时差的 2 倍。

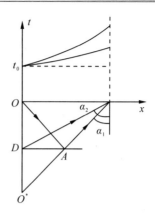

图 4-14　绕射波时距曲线比反射波时距曲线弯曲

第三节　折射波时距曲线

一、单一水平界面的折射波时距曲线

(一)时距曲线方程

设地下有水平折射层,其深度为 h,临界角为 i,据折射波的射线路径,如图 4-15 所示,可得时距曲线方程为

$$t = \frac{OM}{v_1} + \frac{MP}{v_2} + \frac{PS_3}{v_1} = \frac{MP}{v_2} + 2\frac{OM}{v_1} = \frac{x - 2h\tan i}{v_2} + \frac{2h}{v_1\cos i} = \frac{x}{v_2} + \frac{2h}{v_1\cos i}\left(1 - \frac{v_1}{v_2}\sin i\right)$$

$$= \frac{x}{v_2} + \frac{2h}{v_1\cos i} \cdot \cos^2 i = \frac{x}{v_2} + \frac{2h\cos i}{v_1} \tag{4-49}$$

令

$$t_{01} = \frac{2h\cos i}{v_1} = t_0 \cos i \tag{4-50}$$

则式(4-49)可写为

$$t = \frac{x}{v_2} + t_{01} \tag{4-51}$$

式(4-51)是一个水平折射界面的折射波时距曲线方程。

(二)时距曲线特点

式(4-51)表明折射波时距曲线是斜率为 $1/v_2$、截距为 t_{01} 的直线。t_{01} 是延长时距曲线与时间轴相交而得到的,也叫交叉时。

在观测折射波的同时也可观测到反射波和直达波。S_2 点为折射波的始点,折射波和反

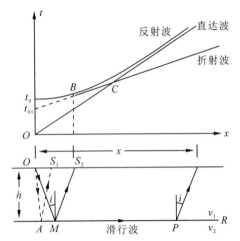

图 4-15 水平界面的折射波时距曲线

射波的时距曲线在 B 点处相切，在 B 点以外，折射波总先于反射波到达。从式（4-50）与图 4-15 可知，反射波的 t_0 时间总大于交叉时 t_{01}。直达波为反射波时距曲线的渐近线，它与折射波在 C 点处相交，在 C 点以内，直达波早于反射波和折射波到达，在 C 点以外折射波先于直达波到达，这是因为在 C 点以内 3 种波中直达波路径最短，但随传播距离的增加，折射波有一段路径以 v_2 速度传播，所以 C 点以外折射波最先到达。

二、单一倾斜界面的折射波时距曲线

（一）时距曲线方程

设界面的倾角为 ξ，在 O_1、O_2 点分别激发而在 O_1O_2 区间观测，h_u、h_d 分别为 O_1 与 O_2 点界面的法线深度，如图 4-16 所示。

在 O_1 点激发，O_1O_2 区间接收的折射波时距曲线方程为

$$t = \frac{O_1M + PO_2}{v_1} + \frac{MP}{v_2}$$

$$= \frac{h_u + h_d}{v_1 \cos i} + \frac{O_1Q - (h_u + h_d)\tan i}{v_2}$$

$$= \frac{x\cos\xi}{v_2} + \frac{(h_u + h_d)}{v_1}\cos i \tag{4-52}$$

式中，$O_1Q = x\cos\xi$，$v_2 = v_1/\sin i$。

在倾斜界面情况下，凡是炮点相对接收排列处在界面上倾方向时，称为上倾放炮下倾接收；反之，则称为下倾放炮上倾接收。

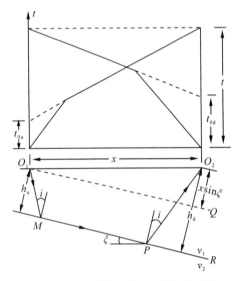

图 4-16 斜界面的折射波时距曲线

由于 $h_d = h_u + x\sin\xi$，代入式（4-52），可得在下倾接收的折射波时距曲线方程为

$$t_d = \frac{x\cos\xi}{v_2} + \frac{x\sin\xi\cos i}{v_1} + \frac{2h_u}{v_1}\cos i$$

$$= \frac{x}{v_1}(\cos\xi\sin i + \sin\xi\cos i) + \frac{2h_u}{v_1}\cos i = \frac{x}{v_1}\sin(i+\xi) + t_{0d} = \frac{x}{v_d^*} + t_{0d} \tag{4-53}$$

式中，$t_{0d} = \frac{2h_u}{v_1}\cos i$，$v_d^* = \frac{v_1}{\sin(i+\xi)}$。

同理可得上倾接收的时距曲线方程为

$$t_u = \frac{x}{v_1}\sin(i-\xi) + t_{0u} = \frac{x}{v_u^*} + t_{0u} \tag{4-54}$$

式中，$t_{0u} = \frac{2h_d}{v_1}\cos i$，$v_u^* = \frac{v_1}{\sin(i-\xi)}$。

（二）时距曲线

从所得的时距曲线方程可知相应的两支时距曲线都是直线，且互相交叉，称为相遇时距曲线。不管是上倾放炮下倾接收还是下倾放炮上倾接收，折射波的传播路径完全重合，旅行时 t 相等，称 t 为互换时间。由于 $v_d^* < v_u^*$，所以下倾接收的时距曲线比上倾接收的时距曲线要陡。

三、多个水平界面的折射波时距曲线

（一）时距曲线方程

如图 4-17 所示，假设有 3 层介质、2 个水平折射界面的地质模型，h_1、h_2 分别为第一层与第二层的厚度，在 R_2 界面上折射波的时距曲线方程为

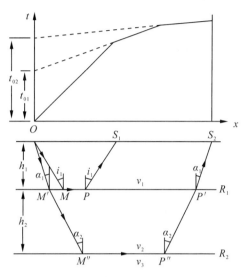

图 4-17　两个折射界面的折射波时距曲线

$$t = \frac{OM' + P'S_2}{v_1} + \frac{M'M'' + P''P'}{v_2} + \frac{M''P''}{v_3} = \frac{x}{v_3} + \frac{2h_2}{v_2}\cos\alpha_2 + \frac{2h_1}{v_1}\cos\alpha_1$$

$$= \frac{x}{v_3} + t_{02} \tag{4-55}$$

第 n 层水平折射界面的时距曲线方程为

$$t = \frac{x}{v_n} + \sum_{k=1}^{n}\frac{2h_k\cos\alpha_k}{v_k} = \frac{x}{v_n} + t_{0k} \tag{4-56}$$

式中，$t_{0k} = \sum_{k=1}^{n}\frac{2h_k\cos\alpha_k}{v_k}$。

（二）时距曲线

在多个水平界面的情况下，折射波时距曲线出现多条交叉时不同、斜率不同且互相交叉的直线。

（三）高速屏蔽层

形成折射波的条件必须是下伏介质的波速大于上覆所有层的波速，在多个水平界面的情况下，如果其中存在着一个波速大于其下任何层的地层，则其下的地层界面都不能再形成折射波。假设有 5 个速度层、4 个界面，在第四层形成折射波的条件为

$$\frac{\sin\alpha_1}{v_1} = \frac{\sin\alpha_2}{v_2} = \frac{\sin\alpha_3}{v_3} = \frac{\sin\alpha_4}{v_4} = \frac{1}{v_4} \tag{4-57}$$

如果第二层为高速层,则有 $v_2 > v_4$,这时要使第四层也形成折射波,需满足 $\alpha_4 = 90°$ 的条件,要使上式成立,则要求 $\sin\alpha_2 > 1$,这是不可能的,因为波穿过高速层后不能以临界角入射到下面界面上,在第四层不可能形成折射波。第二层的高速层称为高速屏蔽层。

四、弯曲界面的折射波时距曲线

如果折射界面是弯曲的,它的时距曲线也是弯曲的。如图 4-18(a)所示,随着炮检距的增大,折射波在地面的出射角由大变小,使视速度从小变大,斜率由大变小,因此时距曲线是下弯的。同理对于下弯的界面,时距曲线是上弯的,如图 4-18(b)所示。

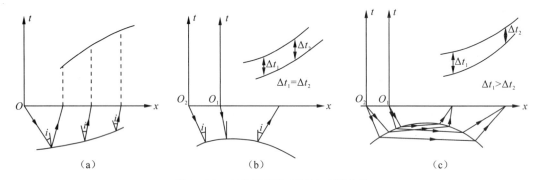

图 4-18　弯曲界面的折射波时距曲线

如果凸界面的曲率很大,又在离炮点较远的测线段上观测,将可能记录到经过该界面的二次透射波,发生波的穿透现象,得到与下弯界面折射波相似的时距曲线。为了识别穿透现象,可以在接收地段同侧的不同位置上再进行一次激发,在同一地段重复观测,得到两支互相平行($\Delta t_1 = \Delta t_2$)的折射波追逐时距曲线,如图 4-18(b)所示。对于透射波,由于远炮点产生的透射波射线与地面的夹角比近炮点小,时距曲线(上面的一条)比近炮点的时距曲线(下面的一条)要平缓,如图 4-18(c)所示,使 $\Delta t_1 > \Delta t_2$,曲线彼此不平行,而互相靠拢。

第四节　τ-P 域内各种波的运动学特征

上一节我们在 t-x 坐标内(t-x 域)讨论了各种波的时距曲线,归纳起来主要有两类:一类是直线,也称为线性波;另一类是双曲线。当它们同时出现在一个时距平面内,必然出现曲线间的交互重叠的干涉现象。假设在测线上同时接收到面波、直达波、反射波和折射波,定性作出它们的时距曲线,如图 4-19 所示,图上时距曲线之间斜交相切等复杂现象,给单独利用各种波的特点造成困难。例如面波是干扰,要压制它,但在压制它的同时,也损害了一部分反射波。于是有人设想,是否可以根据这些波 t_0 时间和斜率的不同,把它们分离开来,如面波斜率为常数,t_0 时间为零,把在 t-x 域的直线变到以截距时间 τ 和斜率 P 的坐标平面内,面波就变成了 P 轴上的一个点,如图 4-20 所示。这就出现了一种新的方法,叫

τ-P 变换。从数学上来说它相当于做了一次坐标变换,变换关系式如下:

$$t = \tau + Px \quad \text{或} \quad \tau = t - Px \tag{4-58}$$

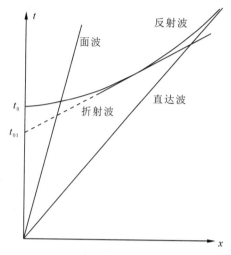

图 4-19 t-x 域内各种波的时距曲线

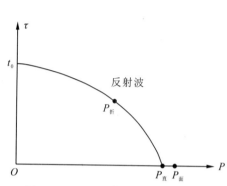

图 4-20 τ-P 域内各种波的分布

对于水平界面的反射波时距曲线,在 τ-P 域内是椭圆,因为

$$P = \frac{\mathrm{d}t}{\mathrm{d}x} = \frac{1}{v} \frac{x}{\sqrt{x^2 + 4h^2}} \tag{4-59}$$

$$x = \frac{2hPv}{\sqrt{1 - P^2 v^2}} \tag{4-60}$$

根据式(4-58)可得

$$\tau = t - Px = \frac{1}{v}\sqrt{x^2 + 4h^2} - P\frac{2hPv}{\sqrt{1-P^2 v^2}} \tag{4-61}$$

将式(4-60)代入上式,化简得

$$\tau^2 = t_0^2 (1 - P^2 v^2) \tag{4-62}$$

把上式变为标准的二次曲线方程,得

$$\frac{\tau^2}{t_0^2} + \frac{P^2}{(1/v)^2} = 1 \tag{4-63}$$

可见反射波在 τ-P 域内变为椭圆,其长半轴为 $1/v$、短长轴为 t_0,如图 4-20 所示。

对于 t-x 域里为直线型的直达波和面波,它们在 τ 轴上的时间为零($\tau=0$),因此在 τ-P 坐标内,必然是 P 轴上的两个点。因为直达波是反射波的渐近线,在无限远处同反射波相切,在切点处两波具有相同的斜率,所以直达波同反射波在 P 轴上共点。面波的波速比直达波小,时距曲线的斜率比直达波大,它的 P 值大于直达波,故位于椭圆以外。折射波的 τ 值比反射波小,它的截距小于反射波的 t_0 时间,在反射波与折射波相切处,有相同 P 值,故折射波"点"位于椭圆上。

经 $\tau-P$ 变换后,几种波得到了分离,这给我们有效地利用和压制各种类型的波创造了条件。例如要消除面波,则可在 $\tau-P$ 域消除反映面波的那个点,再经过反变换后便可在 $t-x$ 域内克服面波的干扰。

利用 $\tau-P$ 变换不但可以压制线性干扰波,还可以抑制多次波,分离纵、横波,求取层速度等,它是近几年内地震勘探中的一个新领域。

第五节 有效波和干扰波

一、有效波

地震勘探中,在地表接收的除反射波之外,有时还接收到折射波、面波、多次波等,按这些波所能提供的信息,分成有效波和干扰波两大类。在地震勘探中我们把能用来解决地质任务的波统称为有效波,而把对有效波起干扰和破坏作用的波叫做干扰波。但是有效波和干扰波是一种相对的概念:对反射纵波来说,它能提供地下地质构造、岩性等信息,是有效波,而其他类型的波就成为干扰波;对折射波法来说,折射波是有效波,而反射波成了干扰波;对横波勘探来说,反射纵波又成了干扰波。

二、干扰波

一般以往所说的干扰波都是相对反射波而言的,这种干扰波又分为规则和无规则干扰(或叫随机干扰):面波、多次波、工业电等在运动学和动力学等方面有其一定的特点,称为规则干扰,如面波具有强度大、低频、低速及延续时间长的特点;所谓无规则干扰,包括人走、车行、风吹草动等引起的微震,包括井中喷出物溅落等原因引起的震源附近记录道上的杂乱干扰,还包括在松散或坚硬地层中激发所产生的低频"花脸"和高频锯齿状的干扰。

在反射波法地震勘探中,危害最大的干扰波是多次反射波。什么是多次反射波呢?如图 4-21 所示,当地震波遇到良好的反射界面 R(如基岩面、不整合面、低速带底面)时,不仅能形成一次反射,而且能再次反射,形成所谓多次反射波。在生产中常见的多次反射波有全程多次反射波和非全程多次反射波。

多次反射波的存在给地震勘探工作造成一定的困难。如果把多次反射波误认为一次反射波进行解释,就会得出错误的地质结论,从而得出假构造等。多次反射波的存在又会引起对一次反射波的干扰,因此在工作中必须识别和压制多次反射波。

为了利用有效波来解决地质任务,就必须想办法来突出有效波,躲开、压制和消除干扰波,提高信噪比。所谓信噪比,在地震勘探中是指有效波与干扰波强度之比,如果用 s 表示有效波(有用信号)的强度,用 n 表示干扰波(噪声)强度,信噪比就为 s/n。在地震勘探野外施工的资料数字处理和解释的全过程中,提高信噪比都是需要考虑的问题。只有高信噪比的资料,才有可能较准确地解决地下地质构造的问题。

随着科学技术的发展,人们对什么是干扰波、如何来压制它等问题的认识是逐渐变化

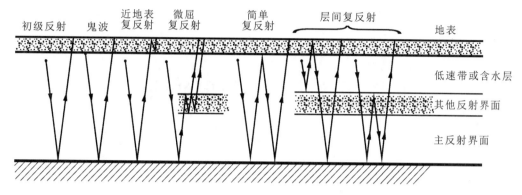

图 4-21 多次波的类型

的。以往人们认为面波是反射波的严重干扰,在激发和接收地震波时,就要躲开它、压制它,如在仪器中根据面波和反射波频谱的差异,设计滤波器,只让反射波进入仪器,拒面波于仪器之外。但我们知道反射波的低频成分与面波同处一个频段内,压制了面波,也损失了反射波的低频部分,这对我们有效地利用反射波是不利的。现在人们认为这种做法是不对的,而应该把反射波完整地接收下来,对于面波可以在处理中再采取其他办法(如 $\tau-P$ 变换等)压制它。对于纵、横波勘探来说,也不应该像往常一样,纵波勘探只接收纵波,不管横波,而应该开展多波勘探,把自震源激发在各种地质条件下产生的所有类型的波都接收下来,充分利用这些波所提供的构造、岩性、油气等丰富的信息,使地震勘探跨入一个新的时代。目前,国内外正在积极地推进这方面的研究。

第五章 浅层折射波法

第一节 概 述

折射波法是最早用来寻找石油的地震勘探技术。它在美国和墨西哥通过发现盐丘找油,在伊朗通过圈绘大型构造找石油都获得了极大的成功。但是,到了20世纪30年代,反射波法后来居上,成为应用最广泛的物探方法,这种情况一直延续到今天。

目前折射波法主要用来进行浅层调查,如工程勘察、找地下水和冲积矿床以及为反射波法做风化层校正,还用来进行深部的地壳研究。

我国从1957年就将地震勘探应用于工程地质,主要使用折射波法测定岩石的弹性波速度。从20世纪60年代开始,我国已能生产多道光点轻便地震仪,并从匈牙利、瑞典等国引进了部分轻便地震仪设备。工程地震在我国许多部门相继开展,在冶金、水电、水利、铁道、地矿等系统建立了专业工程地震队伍。当时使用的是爆炸震源光点示波记录,解析方法是在示波图上读取波的初至时间,手工作图进行资料解析。20世纪80年代使用了增强型工程地震仪,进一步促进了折射波法的发展,信号增强提高抗干扰能力,提高观测精度和分辨率。仪器轻便,方法灵活,工作成本低,扩大了折射波法应用范围。采集数据记录在磁带上,通过计算机进行处理,进一步提高资料解析精度。使用那些手工难以解释的哈莱斯法、时间场法,很容易实现自动成图,并且已经编制了折射资料多种方法解释程序。最近又将地震波初至自动检测技术和射线法正反演技术,成功地应用到浅层折射资料解释中,使工作效率和解释精度得到进一步提高。

与反射波法相比,折射波法有其独特的优点,其中除了具有用大震源快速覆盖长距离以便探测深部目标的特长以外,折射波法还具有勾画存在明显速度差的隆起构造的能力。这些处在具有明显速度差和强烈起伏构造之下的反射界面(如位于断层生物礁和沟槽之下的碳酸盐岩或蒸发岩之类)形成的反射界面,用常规方法很难绘制出它们的界面。为了求准速度,反射波法要求地震射线垂直穿过或近似垂直穿过地层,但是当上、下层速度有明显差别时,任何上层面的强烈起伏必然严重地影响地震波旅行时间,结果就使得反射时距曲线明显地偏离标准双曲线函数,这不仅使测量速度产生很大误差,而且共中心动校叠加也成问题。相比之下,折射波法在速度差别大的地方通常能发挥很好的作用。对于不规则地层,广义相遇法是最好的方法,用它来发现隐伏地层、各种速度中间层和各向异性等效果尤为突出。测量折射波速度时,水平射线并不穿进折射层很深,构造起伏影响很容易通过具有偏移机能的折射波速度分析技术加以克服,如 GRM。此外,从地下深部折射而来的显著倾斜的射线往往证明这些中部构造可能下冲。

因此,反射波法无能为力的地方,折射波法不失为很方便的替代方法。无论如何,联合使用折射波法和反射波法是非常可取的,从折射波法取得初步地层模型,把它应用到相应的反射资料特殊处理中去,而且在浅层勘探中,如确定风化层,折射波法是既方便又快速的方法。

浅层折射波法曾经在隧道、水坝选址等工程地质调查中发挥过重要作用,今后仍会继续发挥重要作用。本章将在介绍测线设计和野外施工的原则之后,详细介绍各种应用浅层折射波的解释方法。

然而,发展合适的接收方法,以便得到质量和数量满意的地震资料,只是折射波法发展的一个方向。同样重要的另一个方向是,尽量利用地震数学和反射资料处理技术的优越性,除了改进现有信息质量,如更精确测量其速度和深度以外,还需要从折射资料中提取更多的信息。

第二节 测线设计与野外施工原则

根据炮点与接收(检波)点相对位置的不同,测线分为纵测线和非纵测线两种,如图 5-1 所示。

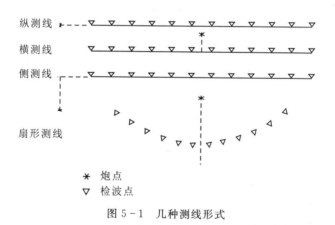

图 5-1 几种测线形式

横测线、侧测线及扇形测线统称为非纵测线。在浅层地震工作中主要使用纵测线。需要解决诸如探测洞穴、古墓及研究地质体衰减特性等特殊地质任务时,有时要采用非纵测线。

折射波法常用的观测系统有相遇时距曲线观测系统(在测线两端放炮观测折射波)和追逐时距曲线观测系统(在同一排列上接收同侧不同炮点激发的折射波)。利用相遇曲线的互换点和追逐曲线的平行性的特点,可识别同一界面的波组和对波组进行连续追踪。

测区确定之后,便应根据目的层和目的物的性质,结合测区地质构造、地震地质条件以及地形条件等进行测线设计。

一、测线设计

(一) 道间距

工作时检波器通常以一定的间距布置在测线上,相邻两道检波器的间距叫做道间距。调查目的不同,道间距亦不一样。一般说来,道间距小,测量精度高,但若兼顾施工效率,道间距不应小于目的层深度或新鲜基岩深度的 1/10。当目的层很深时,也不能按这个比例来确定道间距,因为如不掌握浅部情况,深部的解释也不可靠。所以,如对计划在山区地表下 300m 的隧道进行地质调查时,道间距就不能简单地用 $300 \times 1/10 = 30(m)$ 来定。目前在工程地质调查中,浅层折射波法的道间距主要采用 5m 或 10m。有时为了求准表层速度而加密震源附近的检波点,缩短这些检波点之间的道间距构成不等间距的排列。

(二) 震源选择、震源位置与间距

在测线两端及测线上,以适当的间距设置震源或布置炮点,用以激发弹性波,其位置和间距对调查结果有重要影响。

震源间距越小,测量精度越高,但通常是按每 6~12 个检波点(即间距为 40~120m)设一个震源点来进行设计的。

在信号增强型地震仪问世之前,浅层地震勘探的震源主要是放炮,现在则主要使用非炸药震源,如锤击、落锤、电火花、夯机、空气枪等震源。选择用于浅层折射波法地震勘探工作的震源应从成本、频谱特性、效率、能量、安全等方面综合考虑。

锤击是一种廉价的震源。这种震源由大锤、金属垫板、锤击开关和连接电缆组成,用来激发纵波。激发信号由锤击开关经电缆输入记录系统,多次激发应注意金属垫板与地面的耦合状况。

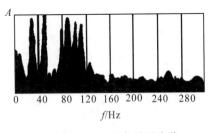

图 5-2 锤击震源波谱

图 5-2 是 24 磅大锤锤击地面进行 4 次增强的激发波谱,在 120Hz 以下有较强的能量。当土壤潮湿松软时,可用长约 50cm、截面积约 $100cm^2$ 的木桩代替金属垫板。在土质地基上,锤击震源的勘探深度一般在 100m 以内。当目的层深度较大,需要较大的能量时,可采用落锤,一般多将标准贯入试验用的 63.5kg 落锤从 2m 左右高处自由下落激发弹性波,其勘探深度可达 100m 以上。

雷管也是一种比较廉价的震源,一般雷管有时会产生 1~2ms 的延迟,这时需增设井口检波器记录起爆信号。国外有专用于地震勘探的雷管,起爆延迟时间很小。图 5-3 是在距震源约 10m 处记录的一个雷管激发的归一化振幅

谱,频带较宽,一直延伸到 200Hz 以上。如果一个雷管不能提供足够的能量,需要加用高速炸药,加用的炸药量愈大,能量愈大,但高频成分相应减少。

电火花震源是利用电容器进行高压储能,而后由浸在水中的电极间隙进行瞬时脉冲放电。它激发的波形重复性好,激发方式比较灵活,可在地面和井中激发纵波和横波,在江河湖海中激发纵波。能量可以调节,使用安全,操作亦比较方便。电火花震源激发的波谱如图 5-4 所示,震源的功率为 10 000J,进行了二次增强,能量分布范围与锤击相似。

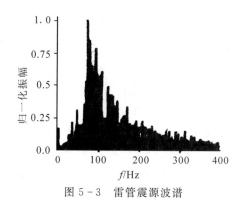
图 5-3　雷管震源波谱

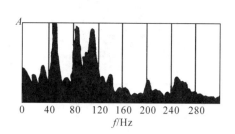
图 5-4　电火花震源激发的波谱

猎枪震源,频率可高达 10 000Hz,是一种在浅层反射波法工作中很有发展前景的高频震源。美国毕升(Bison)公司的猎枪震源是用一手摇麻花钻在地表打一深 40~50cm 的孔,插入一段粗细相当的自来水管,将经过改造的没有弹头的猎枪子弹置于自来水管中,并向孔中注水以增强耦合性能,用一带有锤击开关的钢钎与猎枪子弹尾部撞击引爆。这种震源最适合在软土和沼泽地上使用。

击板是一种主要用来激发 SH 波的横波震源。用作震源的木板长 2~3m,宽 35cm 左右,厚 10cm 左右。实际使用时,放置木板的地面要平整,木板上压一个 150kg 左右的重物,以使其与地面紧密耦合,有时直接将客货两用车的前轮置于木板上代替重物,这时需在木板一侧安装两个斜面,使汽车前轮好开到木板上去。另外,为防止木板不被敲裂,木板两端应各包上一圈宽约 2cm 的铁条。激发时在木板两端轮流敲击。这种震源在土质地基上所激发的 SH 波,其频率范围在 30~70Hz 之间。加大震源能量可在木板上增加压重和加大敲击力量,例如将落锤做成摆锤从侧面撞击震源板,或利用安装在汽车上的机械摆锤来撞击震源板。用落锤撞击震源板这种方式激发横波,移动不太方便,多用于震源位置固定不动的横波测井。

此外还有可控震源和米尼索西系统。可控震源的扫描频率范围和振动的延续长度都可以事先控制和改变。米尼索西系统的震源是夯机,通常是 2~3 台夯机协同作业,每台夯机上都安装有锤击开关和无线电通信设备,记录系统对这些随机信号进行实时自相关叠加处理。

上述震源中,电火花震源、可控震源和米尼索西系统设备投资较大,对于浅层地震勘探工作,一般仅在一些廉价震源不能解决问题时才采用它们。

当然，在允许使用炸药震源的地方，使用炸药震源也有有利的一面。为叙述方便，本节仍将震源点称作炮点，将激发弹性波称作放炮。

（三）检波器

检波器又称拾震器，是把地震波到达引起的地面微弱振动转换成电信号的换能装置。浅层折射波法通常使用的检波器有速度检波器和加速度检波器两种。

1. 速度检波器

目前常用的速度检波器主要由线圈、弹簧片和永久磁钢架及外壳组成。它实质上是一个机电转换装置。它的原理就是发电机发电的原理，其原理结构如图5-5所示。检波器主要由外壳、圆柱形磁钢、环形弹簧片和线圈等组成。磁钢被垂直地固定在外壳中央，线圈通过上、下两个弹簧片与外壳作软连接，使它置于磁钢和外壳之间的环形磁通间隙中能上下移。当地震波传播到地表观测点时，检波器外壳连同磁钢随之发生振动，线圈则由于惯性而滞后于磁钢形成二者之间的相对运动。在这样的运动中，线圈切割磁力线产生感应电动势输出和振动周期相对应的电流信号，通过专门的仪器可将这些信号放大并记录下来，从而实现了将地面机械振动变为电振动的机电转换，拾取到了地震波。这种检波

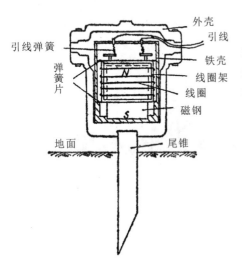

图5-5 地震检波器原理结构图

器被称为电磁式检波器。由于这类检波器输出的信号电压和其振动时的位移速度有关，因此又称速度检波器。

检波器输出电信号的极性和幅值与地面振动的方向和速度有关，而且只有与检波器线圈的轴线方向一致的机械振动才能产生较大的输出电压。因此，当地震纵波沿着与线圈轴垂直的方向传来时，检波器是不灵敏的。因为一般的折射波（纵波）是近似于沿垂直地面方向入射的，所以在野外施工时必须把检波器垂直安置在地面，使线圈轴正好也垂直于地面。在矿井中进行地震勘探时，由于地震波到达方向是多种多样的，检波器安置方向也必须随之而改变。

速度检波器的输出电压反映检波器外壳的位移随时间的变化率，即速度，其性能指标包括固有频率、灵敏度、线圈自流电阻、阻尼、谐波畸变和寄生共振。从实际上考虑还有耐用性、大小和形状。一般来说，对于检波器的大小和形状，用户没有多少选择的余地，通常选用灵敏度高（阻尼约为0.6）、谐波畸变小、寄生共振频率在记录频率之外并且耐用性好的检波器。对不同型号的检波器的寄生噪声比较发现，固有频率为100Hz的检波器不但可以消除低频噪声，相当于一个低切滤波器，而且可将频带展宽到650Hz左右。低频检波器的寄生噪声频率较低，如GSC-20D，固有频率为10Hz，其噪声低于200Hz，有可能位于高分辨率数据的通频带之内。

2. 加速度检波器

加速度检波器是利用晶体压电效应特性制成的晶体检波器，这类检波器固有频率高（可达 1000Hz），可用来测量物体振动的加速度。

典型的加速度检波器固有频率可高达 1000Hz，相应相当于一个高通滤波器，具有每个倍频程 6dB 的斜坡和 90°的相移。加速度检波器的波阻抗高，输出的信号电压小，需串接前置放大器来增强信号和降低阻抗。Lepper 的研究表明，加速度检波器和 100 周的检波器可以在 5～500Hz 的频段上很好地工作，并能衰减掉不需要的信号。对于高至 1000Hz 的频率范围，目前只有加速度检波器可以胜任。

此外，检波器与大地的耦合状况也是数据采集的重要环节。对于土质地基，最好用质量轻、插尖长的检波器；对于坚硬地面，应采用平底检波器，并用黏土和膏泥使检波器与地面紧密耦合；在潮湿的岩石坑道内，用石膏粉和水调成泥状作耦合材料较为理想，因为这种耦合材料即使在潮湿的环境中也能很快固化。

（四）浅层地震仪

记录数千米深的反射波与记录深度不超过 100m 的浅层反射波，它们所使用的设备和记录参数是不同的。正确选用合适的地震仪是能否记录到浅层高频地震反射波的重要一环。用于浅层地震勘探的地震仪俗称浅层地震仪。

目前在用的浅层地震仪大多具有信号增强功能并能将数据记录在数字磁带上，这正是浅层反射波法所要求的。因为浅层地震勘探多应用于城市或都市圈，不允许使用炸药，而使用手锤能量有限，有用信号往往淹没在噪声干扰之中。仪器有了信号增强功能，随着垂直叠加次数增加，有用信息得到增强，随机干扰遭到削弱，从而使信噪比大大提高。一般叠加 N 次，有用信号可增强 $\sqrt{N}$ 倍。

数字磁带记录与模拟磁带记录相比，至少具有两大优点：一是动态范围大，二是便于在计算机上进行数字处理。模拟磁带记录的动态范围为 40～50dB，而数字磁带记录的动态范围可以高达 100dB 以上。

浅层地震仪的重要指标有信号测量精度、噪声水平、动态范围以及频率响应等。信号的测量精度与 A/D 转换器的位数有关，它也影响仪器的动态范围。例如 8 位的 A/D 转换器，有一位是符号位，其余每一位与 6dB 相当，因此，它的动态范围不会超过 48dB。有人研究过人眼的动态范围，大约为 60dB，高于 48dB，因此，地震工作人员有可能标出这种仪器野外模拟记录上的任何反射。对于具有 12 位 A/D 转换器的地震仪，该系统可能具有 72dB 的动态范围，在它的野外模拟记录上就有可能存在肉眼难以分辨的反射相位，这时尤其需要借助于计算机。给地震仪配备具有某些处理功能的计算机，可以帮助地震工作者在现场控制资料质量，具有信号处理功能的浅层地震仪由此应运而生。目前常见的几种浅层地震仪主要性能指标见表 5-1。

表 5-1　目前常见的几种浅层地震仪主要性能指标

型号	MCSEIS-1500（日本 OYO 公司）	TERRALOC 地震仪（瑞典 ABEM 公司）	8012A/8024 信号处理式地震仪（美国 BISON 公司）	MNII-SOSIE（美国 I/O 公司）	FS-2420（美国 GEOMETRICS 公司）
采集道数	12/24	2~24	12/24	24	28 道，最大可扩展至 512 道
采样间隔	最小 50μs	最小 24μs	最小 50μs	最小 250μs	最小 250μs
字长	12 道—12 位 24 道—8 位 叠加均为 16 位	输入分辨率 8 位，增强字长 16 位	输入分辨率 8 位，增强字长 16 位	输入分辨率 12 位，叠加字长 20 位	字长 19 位（阶码 4 位＋符号＋14 位尾数）
硬件特点	Z80 微处理机、小型软盘、CRT 显示、单元箱体结构	微处理机，盒带记录、CMOS 存储器、CRT 显示	Z80 微处理机，大屏幕显示、数字盒式带	位片机、半英寸九轨磁带	Z80 微处理机、半导体大容量存储器、瞬时浮点放大器、半英寸九轨磁带
处理功能	快速傅里叶变换（FFT）、模拟滤波、叠加和混波、轨迹自动增益控制	叠加，平均，归一化	叠加 数字滤波（任选）	相关运算	带通数字滤波、垂直叠加混波、自相关、互相关、动静校正、共偏移距、抽道集、CDP 叠加等
质量	不大于 45kg（24 道）	20kg（不包括电池）	主机 24kg（12 道）	车载	采集控制单元 32kg
功耗		12V，3~4A	12V，5~6A（12 道）		12V 电瓶，20A（操作时），35A（记录时）

在各种数字地震仪中，最简单的是定点系统，其放大器的增益是预置的。系统的每道由前放、低切、陷波、高切以及主放大器组成，放大后的信号经多路调制开关顺序进入 A/D 转换器。理想动态范围是地震仪理论上可能记录的电压范围，以分贝（dB）表示。地震仪的噪声背景将淹没信号电平较小的输入信号，实际的动态范围定义在最大输出电压与仪器噪声水平之间。目前，噪声水平小于 $1\mu V$ 的地震仪属于性能较好的一类。

A/D 转换器是针对某个极大值电压而设计的，应设法将地震信号放大到接近这一极大值，以充分发挥仪器性能，提高信号的有效位数。但不能超过这一极大值，超过了就会产生饱和溢出，在 CRT 上可以观察到饱和或被限幅的信号波形呈削顶的方波形状。

地震信号是随时间而衰减的，为保持信号记录的有效位数，增益也应随之变化。有两种随时间变化的增益控制方式：一种是程序增益控制，增益按指定函数（通常为指数函数）随时间增加而提高增益，英文简称 PGC，这种增益控制可以通过数据处理恢复信号的真振幅；另一种是自动增益控制，它是按输入信号的平均值而自动改变仪器增益的，英文简称 AGC，由于其增益的变化不确定，故信号的真振幅无法得知。比较高级的放大器采用浮点系统，它既能按输入信号自动调整增益，又同时记录增益设置，二进制增益系统就是这种系统，它以

6dB 的增量进行放大。更高级的放大系统是瞬时浮点(IFP)系统,其增益增量为 12dB。

由于震源和环境噪声含有较强的低频成分以及大地的低通滤波特性,低切滤波器在浅层地震仪中占有重要地位,它使低频衰减到与高频可比的水平,从而相对加强了地震记录的高频成分,这种作用称为预增强作用。不过,在使用低切滤波器的同时,要注意适当提高放大倍数。

另外,地震仪的每个组成部分都可视为具有特定振幅和相位特性的滤波器,所有部件组合在一起的总响应应是高通的,以便平衡大地的低通滤波特性。

(五)时距曲线的组合

在确定震源的间距和位置时,要预先估计可能得到的时距曲线组合形式。

在测线两端放炮所得到的记录对了解深部基岩状况最为重要,以这些记录为基础绘出的时距曲线为最重要的时距曲线。这条测线两端的炮点称作主炮点,由主炮点得到的时距曲线称作主时距曲线。

测线上设置的其他炮点称作辅助炮点或副炮点,这些炮点主要是为查明浅部地质情况和提高解释精度而布置的。副炮点的位置和间距的确定除必须考虑主时距曲线外,还要考虑有什么样的副时距曲线才能完成用户所提出的地质任务。

浅层折射波法通常必须做相遇观测,以提高解释精度。所谓相遇观测就是在测线两端放炮,在全测线观测它所激发的弹性波。由相遇观测得到的两条时距曲线称作相遇时距曲线。

按上述思路设计,将获得一组时距曲线。图 5-6 为相遇观测系统示意图。图上副时距曲线(细虚线)也同主时距曲线(粗实线)取相遇时距曲线的形式。例如在图 5-6 上,炮点 B 和 D 及由它们得到的 BD 间的时距曲线,即是在 B 点放炮,在 BD 测线上观测,在 D 点放炮,在 DB 测线上观测这样一种相遇观测系统。此外,炮点 A 和 C,C 和 E 或 A 和 E 等组合也都一样。

(六)最大炮检距

炮点与检波点(接收点)的间距叫做炮检距,离主炮点最远的检波点与主炮点的距离叫做最大炮检距,最大炮检距与探测深度有密切关系,并受地形、地质及地层波速的影响。最大炮检距至少要为目的层深度或新鲜基岩深度的 7 倍以上。最大炮检距长度不够便不能掌握深部基岩状况,甚至导致错误的解释推断。

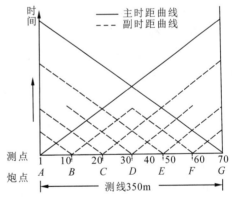

(道间距 5m;测点 70 个;炮间距 50～60m;
最大炮检距 350m;探测深度 50～60m;
A 和 G 为主炮点;B～F 为副炮点)

图 5-6 相遇观测系统

(七)远炮点观测

主时距曲线用来查明地下深部状况,然而主时距曲线上离炮点近的那部分时距曲线,因为是浅层来的弹性波旅行时,不包含深部信息。因此,为了准确求取测线两端的深部状况,往往在测线的延长线上,与第一个检波器相隔一定距离放炮,以弥补主时距曲线的不足,这就叫做远炮点观测。有时在测线两端附近没有适当的放炮地点时,也采用远炮点观测方法。

(八)炮孔

以工程地质调查为目的的浅层折射波法,测线短时,通常在地表下 0.5~1m 处埋置炸药进行土中放炮。一次放炮的药量如果超过 5kg,由于覆土的压力不足,易成空炮,效果不好,也比较危险。当放炮所需的炸药量较大,或有广泛基岩出露,或离民房等建筑物较近,或在农田之中,这时便有必要通过麻花钻或钻机打炮孔,进行井中放炮。激发深度最好选在潜水面下一定深度的黏土层或泥岩中。有条件时,采用水中放炮效果较好。所以,有些测线的主炮点往往选在山谷、河流、水塘和湿地等区域的水中。根据山西物探队的经验,在浅水中放炮必须保证水深大于 0.6m。将炸药包装成圆形,用沙袋压入水坑底激发。要避免在淤泥中放炮。水深时,则应正确选择炸药的沉放深度。

(九)炸药量

一次放炮的药量多少,由离开该炮点的最大炮检距来确定,一般与距离的二次方成比例增加。对于不同的激发方式,药量按井炮、水炮、土炮的顺序增加。在放土炮时,遇到砂质土或腐殖土,药量还要加大些。另外,在野外工作时,如风雨、流水、人为振动或空气中的声波等噪声水平较高时,药量也要适当加大。炸药量还随地质条件不同而异,如遇火山碎屑物、裂隙多的岩石等固结程度低的地层,药量要作适当增加。因此,不同工区药量多少合适,要通过试验来确定。

(十)测线的分段观测

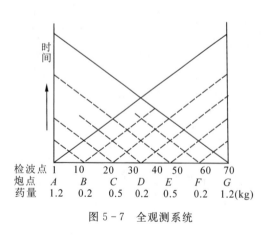

图 5-7 全观测系统

以图 5-6 所示的测线为例,70 个接收点,每个接收点埋置一个检波器,设它们全部能同时观测,A~G 各炮点各放炮一次,并进行记录,完成整个时距曲线。各次炸药量标在图 5-7 上。用这个方法放炮 7 次,得到 7 张地震记录,药量共 4kg。

这是一种理想的观测方法,现在一般在用的浅层地震仪,一次只能观测 12~24 个点,为此要将测线分成数段,进行多次分段观测。

我们对图 5-6 所示的测线,用 24 道地震仪观测为例试作详细说明。因为一次能观测 24 个点,3 个排列每 2 个排列的衔接处重复观测一次,正好能观测70个接收点。单个排列长115m(=5m×23)。首先在1～24号点接收,每点设一个检波器,称此为1个排列。除F点外,其他6个炮点各放一炮,获得6张记录,在时距曲线示意图(又称观测系统)上以粗的实线画出(图5-8)。接着将检波器移到24～47号点接收,A～G各炮点各放一炮,得到7张记录,如图5-9中粗的实线所示。同样,将检波器移到47～70号点进行观测,这次B点不放炮,得到6张记录,如图5-10所示。用这种分段观测的方式,共放19炮,总药量6.5kg,比图5-7所示的不分段观测方式使用的炸药量大。

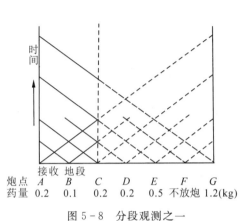

图5-8 分段观测之一

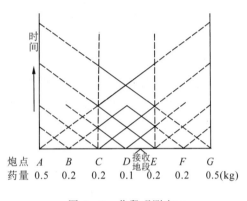

图5-9 分段观测之二

这种分段观测需要在同一炮点多次放炮,每放一炮,炮点的激发条件都会有所改变,第二炮以后的弹性波传播特性与第一炮相比便多少有一些差异,往往在时距曲线上出现若干误差,因此,通常使2个排列衔接处有若干点重叠。从这个意义上考虑,一次放炮让尽量多的检波点来接收较为有利。

上述分段观测方式,对于非爆炸震源也同样适用。

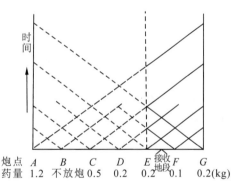

图5-10 分段观测之三

(十一)长测线观测

从炮点到接收点的距离如果达1000m以上,则在观测技术上难度加大,费用增高,所以只要探测深度无特别要求或不是找不到合适地点作主炮点,设计时最大接收距离控制在1000m以内为宜。

对于非常长的测线,由最大接收距离为500～1500m的相遇观测系统组合而成。在这种情况下,为控制深部构造,设计时要使单元测线的衔接处重复最大接收距离的1/4～1/3。图5-11即为长测线观测系统示

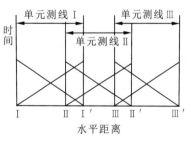

图5-11 长测线观测系统

意图。图中45°的斜实线为各个单元测线的主时距曲线。每个单元测线与图5-7相当,由2个主炮点和若干个辅助炮点构成。测量时,根据地震仪的道数,分排列(分段)观测。

(十二)测线布置

测线布置是设计的最重要事项。设计测线既要符合调查目的(地质任务),又要考虑工区的地表条件和地质条件。条件允许时,应尽量选择平坦地面(在山区则要求坡度变化小)施工,地形陡峻及凹凸不平的地方,不但影响探测精度,而且增加处理解释的困难。所以,测线布置应由有经验的技术人员到现场踏勘后确定。下面按调查对象,简要说明测线布置的一般原则。

(1)调查隧道路线是沿一定路线的地质调查,主测线应设在路线(图5-12中的虚线)上。在重要地质构造处、隧道口附近以及覆盖土层薄的地方,要根据需要布置与主测线交叉的副测线。在图5-12中,主测线 AF 由 AB、CD、EF 三条单元测线组成,kl、mn、pq 三条副测线分别布置在隧道口附近和推断断层上。

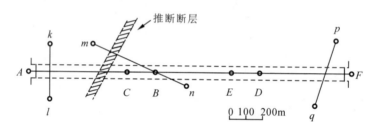

图5-12 调查隧道路线

(2)调查滑坡和边坡是在面上进行的,通常以主滑动方向为中心,布置互相垂直的网格状的测线,使测线方向与地层走向一致,对资料处理和解释推断有利。在倾斜方向的测线中,至少有一条测线延长到包括冠头的原地形上部,整个测线的布置应覆盖到滑坡体周围地区,以便解释对比。

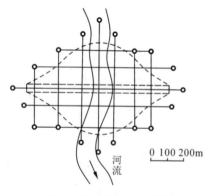

图5-13 调查重力坝坝址

(3)重力坝坝址的地质调查,通常以坝的轴线为中心,在坝体的范围内,以 20~50m 的间隔布置网格状测线。一组与水坝平行,一组与河流流向平行,从河床底部到预定满水位附近的两岸山坡。对于拱坝,因为需要详细调查两翼的地质情况,这时多在两翼部分加密测线。图5-13是坝址地质调查浅层折射波法测线布置示例。

(4)建筑物基础的地质调查与水坝、滑坡的测线布置相似,通常围绕基础中心布置网格状测线。

(5)追溯断层破碎带则希望使测线与推断的断层走向垂直相交。如测线与断层斜交,则容易把破碎带的宽度推断得比实际的宽;如测线与破碎带平行,有时测出的弹性波速度并不是破碎带的速度,而是与破碎带相邻的新鲜岩石的弹性波速度,此点应予注意。

二、野外工作

野外工作是浅层地震勘探工作的重要组成部分,高质量地采集原始数据资料是解决好工程地质以及其他地质问题的关键。合理地组织施工还能够提高工作效率,降低生产成本。所以对于野外工作要给予足够的重视。

野外工作的主要内容是激发和接收,但依据工作阶段,通常又分为试验和生产两个阶段。

(一)试验工作

试验工作是在现场进行的。由于各测区的地形、地震地质条件不尽相同,所以对每一新区都要通过试验合理选择激发、接收条件和仪器因素。

在做试验工作前,应充分收集测区已有资料,结合任务制订试验工作方案,按照从简单到复杂、保持单一因素变化的原则进行试验,其内容包括以下两个方面。

1. 激发条件的选择

采用炸药震源时,包括土炮、水炮、井炮的选择,药量的选择以及使用井炮时井深的选择,对比不同深度和不同介质的激发记录,确定激发深度或激发层位。在潜水面以下激发是确定激发深度的一般原则,同时要考虑安全问题。炸药包的安全深度与药量的立方根成正比,即炸药包深度$(m) = K \cdot \sqrt[3]{\text{药量(kg)}}$,系数 K 一般取 2~3。

药量选择跟炸药性质、传播介质的性质和接收距离有关,通过试验确定有效波突出的最小炸药量。

非炸药震源大都位于地表,主要试验激发能量和激发次数。

2. 接收条件和仪器因素选择

浅层折射波法的道间距通常为 5~10m,一般不做组合检波,而使用单个检波器接收。以下介绍根据要探测的深度确定测线长度的方法。如图 5-14 所示,水平二层构造的深度为 h,第一层速度为 v_1,第二层速度为 v_2,则测线长度为

$$L = AX_A + x \quad (5-1)$$

$$AX_A = 2h\sqrt{\frac{v_2 + v_1}{v_2 - v_1}} \quad (5-2)$$

利用测区已有资料,假设对一地质构造给出一定的速度值和界面深度,就可以按式(5-1)和式(5-2)初步算出测线长度。

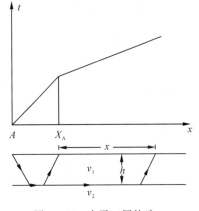

图 5-14 水平二层构造

对于实际经常碰到的三层、四层构造,可用下式简化为二层构造,如图 5-15 所示。

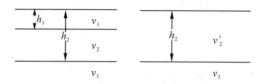

图 5-15 三层构造简化为二层构造

$$\frac{h_2}{v_2'} = \frac{h_1}{v_1} + \frac{h_2 - h_1}{v_2} \tag{5-3}$$

$$\frac{v_2'}{v_2} = \frac{1}{1 + \frac{h_1}{h_2}\left(\frac{1-K}{K}\right)} \tag{5-4}$$

式中，$K = v_1/v_2$。若 h_1、h_2、v_1、v_2 已知，即可求出 v_2'。此时若 v_3 也大致掌握，那么亦可根据式(5-1)和式(5-2)初步算出测线长度。

如采用相遇观测系统，测线长度 L 则为

$$L = AX_A + BX_B + x \tag{5-5}$$

AX_A 和 BX_B 分别为 A 点放炮时距曲线第一拐点的水平距离和 B 点放炮时距曲线第一拐点的水平距离(见图 5-14)，x 为观测第一界面折射波的范围。为求取界面速度，x 要有足够的长度。由图 5-16 可见，为确定折射界面的速度，至少要取得 3～4 个接收点记录的来自该界面的折射波旅行时。设炮点 A 及 B 和接收点中最近的接收点的距离为 $a/2$，则 AB 间距离为 $6a$，当道间距为 5m 时，最小炮间距为 30m；道间距为 10m 时，最小炮间距为 60m。前者 x 应不小于 20m，后者应不小于 40m。当测线长度根据探测深度确定之后，可据此合理选择道间距，以提高效率、降低成本。

为提高求取界面速度的精度，要求充分有效地利用来自该界面的折射波。图 5-17 中的 A、B 为炮点。对于 A 炮点，设由来自第一个界面的折射波时距曲线端点(第一拐点)的水平坐标为 X_{A1}，来自第二个界面的折射波时距曲线端点(第二拐点)的水平坐标为 X_{A2}。同样，对于 B 炮点，由第一个界面和第二个界面来的折射波时距曲线端点的水平坐标分别为 X_{B1} 和 X_{B2}。如图 5-17 所示，X_{A1} 和 X_{B2} 及 X_{A2} 和 X_{B1} 为同一点。显然在 $X_{A1}X_{A2}$ 和 $X_{B1}X_{B2}$ 成为同一区域时，能够最充分地利用来自第一个界面的折射波，最有效地求得该界面的速度。

由式(5-2)，有 $AX_{A1} = 2h_1\sqrt{\dfrac{v_2 + v_1}{v_2 - v_1}}$，$AX_{A2} = 2h_2\sqrt{\dfrac{v_3 + v_2'}{v_3 - v_2'}}$，于是可得

$$X_{A1}X_{A2} = AX_{A2} - AX_{A1} = 2h_2\sqrt{\frac{v_3 + v_2'}{v_3 - v_2'}} - 2h_1\sqrt{\frac{v_2 + v_1}{v_2 - v_1}} \tag{5-6}$$

$$AB = AX_{A2} + AX_{A1} = 2h_2\sqrt{\frac{v_3 + v_2'}{v_3 - v_2'}} + 2h_1\sqrt{\frac{v_2 + v_1}{v_2 - v_1}} \tag{5-7}$$

式中，v_2' 按式(5-4)求出。

设有三层构造，第一层层速度 $v_1 = 800\text{m/s}$，底界面深度 $h_1 = 10\text{m}$；第二层层速度 $v_2 = $

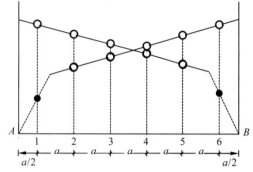
图5-16 确定折射界面速度的测线设置示意图

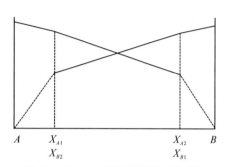
图5-17 改进后的测线设置示意图

2000m/s,底界面深度 $h_2=50$m;第三层层速度 $v_3=4500$m/s。故有 $AX_{A1}=30$m,$AX_{A2}=140$m。由式(5-7)得

$$AB=AX_{A1}+AX_{A2}=30+140=170(\text{m})$$

即炮间距为170m时,可以最充分最有效地确定第二层速度,这时有

$$X_{A1}X_{A2}=AX_{A2}-AX_{A1}=140-30=110(\text{m})$$

如道间距为10m,则可得11个来自第二层的折射波旅行时。

关于仪器因素的选择,主要是根据有效波的强弱合理选择各道的放大倍数,根据干扰波情况选择合适的滤波挡。

(二)生产工作

在进行生产时,要求按试验工作所确定的工作方法,严格按照选定的激发接收条件和仪器因素以及有关规范规程进行,取全、取准资料。关于这方面的内容,参考资料较多,本书从略。

(三)误差问题

1. 测量误差

炮间距、道间距、炮点和接收点的标高等项测量误差,陆地上多在1m以内。

2. 观测误差

雷管通常有1~2ms的延迟,爆炸机的电路也会产生时间差,要进行必要的校正。对精度要求高时,可采用给炸药包捆导线的办法,以导线被炸断为放炮起始时间。

使用晶体触发开关,时间误差较小,但要防止误触发。

按目前水平,浅层折射波法的仪器精度为1ms左右,由于记录、走纸速度、时标间距以及放大器滤波挡的不同,也要产生初至时间的误差。研究续至波时,滤波特性的影响更大些。

3. 解释误差

折射波法的适用条件:①深度增加速度增大;②同一速度层内各个方向速度相等;③速

度界面平坦等。如果这些条件不能全部满足,解释上便会出现不同程度的误差。

从记录上人工读取初至时间通常含有 2~5ms 的人为误差,所以一条测线最好由同一人读取初至,以减少这种人为误差。

为减少解释误差,在注意测线的设计、道间距、炮间距、观测技术、相位识别等环节的同时,还应参考地表踏勘记录、钻孔柱状图、地球物理测井等资料。另外,弹性波探测所推断的剖面图,不是地质剖面图那样的垂直剖面图,而是与基岩面垂直的剖面图,所以在与钻孔成果对比时应予以注意,特别是在山区工作时更应注意。

一般认为,由各种因素造成的地层厚度的计算误差最大为 10%~20%,速度误差为 $\pm(2\% \sim 5\%)$。

第三节 折射波时距曲线及时距曲线方程

第四章中已对折射波法的时距曲线的特点作了一些说明。本节以界面斜率不变的层状构造为例,介绍折射波时距曲线的特点、时距曲线的方程式及求解方法,在以下各节再讨论一般情况的各种解释方法。

一、水平二层构造

设有一水平二层构造,如图 5-18 所示,上层速度为 v_1,下层速度为 v_2,检波器沿 Ox 轴方向布置,在地表接收 A 点激发的弹性波。这些弹性波有沿地表传播过来的直达波,有从地下速度界面反射和折射回来的反射波和折射波。

图 5-18 中, i 为临界角, $\sin i = v_1/v_2$。t_{01} 为交叉时,是折射波时距曲线的延长线与时间轴的交点,实际观测不到,但在时距曲线图上可以求出,是一项重要参数。当检波器位于 $x < x'$ 区间时,接收不到折射波。x' 为临界距离,又称盲区半径。盲区范围为以 O 为圆心,以 x' 为半径的圆。在 x' 点观测,折射波与反射波同时到达,所以在时距曲线上,折射波时距曲线与反射波时距曲线相切,切线的水平坐标即为 x'。但由于是

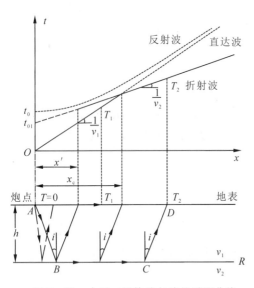

图 5-18 水平二层构造与波的时距曲线

在波的续至区内,波难以辨认。

在检波器位于 $x' < x < x_c$ 区间时,由于折射波迟于直达波到达,折射波的初至在记录上仍难以辨认。位于 x_c 的检波器,折射波与直达波同时到达。当检波器的位置离炮点的距离大于 x_c 时,折射波先于直达波到达,其初至清晰可辨,是观测折射波的有利地段。

设直达波的旅行时为 T_1,折射波的旅行时为 T_2,则

$$T_1 = \frac{x}{v_1} \tag{5-8}$$

$$T_2 = \frac{x}{v_2} + \frac{2h\cos i}{v_1} = \frac{x}{v_2} + \frac{2h\sqrt{1-(v_1/v_2)^2}}{v_1} \tag{5-9}$$

设 $x=0$，则有

$$t_{01} = \frac{2h\sqrt{1-(v_1/v_2)^2}}{v_1} \tag{5-10}$$

因为 v_1 和 v_2 可由时距曲线的斜率求出；t_{01} 为 T_2 的延长线与时间轴的交点，亦可求出。所以，由式(5-10)可求出界面深度 h，即

$$h = \frac{t_{01}}{2} \cdot \frac{v_1}{\sqrt{1-(v_1/v_2)^2}} \tag{5-11}$$

因为在 x_c 点直达波与折射波同时到达，所以有

$$\frac{x_c}{v_1} = \frac{x_c}{v_2} + \frac{2h\sqrt{1-(v_1/v_2)^2}}{v_1} \tag{5-12}$$

由上式整理得

$$h = \frac{x_c}{2} \cdot \sqrt{\frac{v_2 - v_1}{v_2 + v_1}} \tag{5-13}$$

式(5-13)表明，由折射波时距曲线的端点(拐点)的水平坐标亦可求出界面深度。

二、水平三层构造

水平三层构造如图 5-19 所示，设由第三层来的折射波旅行时为 T_3，则

$$T_3 = \frac{x}{v_3} + \frac{2h_1 \cos i_{13}}{v_1} + \frac{2h_1 \cos i_{23}}{v_2}$$

$$= \frac{x}{v_3} + \frac{2h_1\sqrt{1-(v_1/v_3)^2}}{v_1} + \frac{2h_2\sqrt{1-(v_2/v_3)^2}}{v_2} \tag{5-14}$$

设 T_3 的交叉时间为 t_{02}，当 $x=0$ 时，$T_3 = t_{02}$，由式(5-14)可得

$$t_{02} = \frac{2h_1\sqrt{1-(v_1/v_3)^2}}{v_1} + \frac{2h_2\sqrt{1-(v_2/v_3)^2}}{v_2} \tag{5-15}$$

则第二层的厚度为

$$h_2 = \frac{1}{2}\left(t_{02} - \frac{2h_1\sqrt{1-(v_1/v_3)^2}}{v_1}\right) \cdot \frac{v_2}{\sqrt{1-(v_2/v_3)^2}} \tag{5-16}$$

若第二拐点可靠，亦可由第二拐点的位置坐标 x_2 求 h_2，即

$$h_2 = \frac{x_2}{2}\sqrt{\frac{v_3 - v_2}{v_3 + v_2}} - \frac{v_2\sqrt{v_3^2 - v_1^2} - v_3\sqrt{v_2^2 - v_1^2}}{v_1\sqrt{v_3^2 - v_2^2}} \cdot h_1 \tag{5-17}$$

设第三层的顶面埋深为 d_3，则有

$$d_3 = h_1 + h_2 \tag{5-18}$$

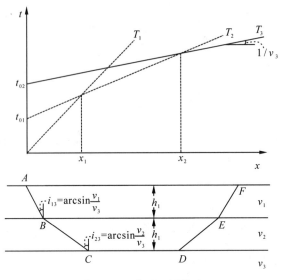

图 5-19 水平三层构造

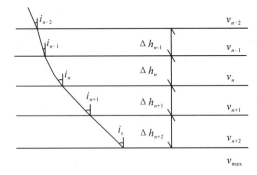

图 5-20 速度连续变化构造的薄层模型

三、速度连续变化的构造

速度连续变化的构造实例为风化花岗岩。为研究方便,将其分成许多速度为常数的薄层,如图 5-20 所示。设弹性波通过第 n 层的旅行时为 ΔT_n,则

$$\Delta T_n = \frac{\Delta h_n}{v_n \cos i_n} = \frac{\Delta h_n}{v_n \sqrt{1-\sin^2 i_n}} \tag{5-19}$$

式中,$\sin i_n = v_n/v_{\max}$,代入上式得

$$\Delta T_n = \frac{\Delta h_n}{v_n \sqrt{1-(v_n/v_{\max})^2}} \tag{5-20}$$

设弹性波通过第 n 层的水平距离为 Δx_n,有

$$\Delta x_n = \Delta h_n \tan i_n = \frac{\Delta h_n (v_n/v_{\max})}{\sqrt{1-(v_n/v_{\max})^2}} \tag{5-21}$$

波通过 n 层介质的旅行时 t 为

$$t = \sum_{i=1}^{n} \frac{\Delta h_n}{v_n \sqrt{1-(v_n/v_{\max})^2}} \tag{5-22}$$

波通过 n 层介质的水平距离 Δx_n 为

$$\Delta x_n = \sum_{i=1}^{n} \frac{\Delta h_n (v_n/v_{\max})}{\sqrt{1-(v_n/v_{\max})^2}} \tag{5-23}$$

由斯奈尔定律,得

$$\frac{\sin i_n}{\sin 90°} = \frac{v_n}{v_{\max}}, \text{即} \frac{1}{v_{\max}} = \frac{\sin i_n}{v_n} \qquad (5-24)$$

亦即

$$\frac{\sin i_n}{v_n} = \frac{\sin i_{n-1}}{v_{n-1}} = \cdots = \frac{\sin i_1}{v_1} = p \qquad (5-25)$$

p 是由第一层速度 v_1 和波向第二层的入射角 i_1 所确定的常数,它也是波到达最深层速度的倒数,即

$$p = \frac{1}{v_{\max}} \qquad (5-26)$$

p 称为射线参数。当各层层厚无限变薄时,有

$$t = \int_0^{h_{\max}} \frac{\mathrm{d}h}{v\sqrt{1-p^2v^2}} \qquad (5-27)$$

$$x = \int_0^{h_{\max}} \frac{pv\mathrm{d}h}{\sqrt{1-p^2v^2}} \qquad (5-28)$$

第四节 哈莱斯法和共轭点法

一、哈莱斯法

哈莱斯法是哈莱斯(Hales)于1958年首先提出来的。对于地表比较平坦,而基岩面起伏较大,基岩内有速度变化的情况,如某些滨海地区和岩溶发育地区,哈莱斯法能获得较好的效果和较高的解释精度。此法过去应用不多,主要是其几何作图比较复杂。近几年,由于计算机技术的发展,开发一些自动解析软件将哈莱斯法由二层构造解析方法推广到多层,展现出一定的应用前景。

(一)原理

如图 5-21 所示,O_1、O_2 为炮点,M、N 为地面接收点,上层的平均速度为 v_1,下层的界面速度为 v_2,P 为界面 R 上的一点,P 点处界面的倾角为 φ,O_1BPN 和 O_2BPM 为两组折射波路径,过 P 点作界面的垂线交地面于 D 点,过 M、N 点分别作 PO 垂线,交 PO 于 F 点,交 PO 的延长线于 E 点。因为 $\angle MPO = \angle NPO = i$,$i$ 是临界折射角,可以证明

$$\angle OMP = 90° - i - \varphi, \angle ONP = 90° - i + \varphi \qquad (5-29)$$

再以 MN 为底边,以 i 为底角作等腰三角形 MNQ。因为 $\angle QMN = \angle QNM = i$,所以 $\angle QMP = \angle QMN + \angle OMP = 90° - \varphi$,即

$$\angle QNP = \angle QNM + \angle ONP = 90° + \varphi \qquad (5-30)$$

于是 $\angle QMP + \angle QNP = 180°$,即四边形对角互补,为一圆内接四边形。因为 $QM = QN$,所以 $\angle QPM = \angle QPN$。即 QP 为角平分线,也就是说 Q 点一定在法线 PO 的延长线

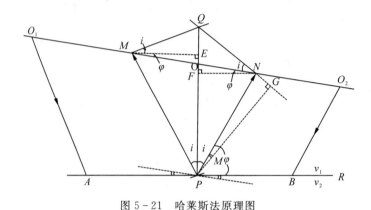

图 5-21 哈莱斯法原理图

上。以一系列的 Q 点为圆心,相应的以 PQ 为半径画弧,则这些圆弧的包络线即为所求界面。

现在的问题是如何从任意观测点求得与其对应的"鸳鸯点"N,并进而求出 Q 点和半径 PQ。由图 5-21 可知

$$\begin{cases} MN = d = MO + ON = ME/\cos\varphi + NE/\cos\varphi \\ ME = PM\sin i, NF = PN\sin i \\ d = (PM + PN)\sin i/\cos\varphi \end{cases} \tag{5-31}$$

过 P 点作 QN 的垂线交于 G 点,在直角三角形 PGN 中有 $PN = PG/\cos\varphi$。在直角三角形 PGQ 中:

$$\begin{cases} PG = PQ\cos(i+\varphi) \\ PN = PQ\cos(i+\varphi)/\cos\varphi \end{cases} \tag{5-32}$$

同理

$$\begin{cases} PM = PQ\cos(i-\varphi)/\cos\varphi \\ PM + PN = 2PQ\cos i \end{cases} \tag{5-33}$$

于是有

$$PQ = (PM + PN)/2\cos i = r \tag{5-34}$$

$PM + PN$ 可由相遇时距曲线求得:

$$t_1 + t_2 = T + (PM + PN)/v_1 \tag{5-35}$$

式中:t_1 为炮点至接收点的折射旅行时;t_2 为炮点至接收点的折射波旅行时;T 为互换时间。则

$$PM + PN = v_1(t_1 + t_2 - T) \tag{5-36}$$

令 $t_1 + t_2 - t = T_P$,则

$$PM + PN = v_1 T_P \tag{5-37}$$

将式(5-37)代入式(5-31)和式(5-34)式,则有

$$\frac{T_P}{d} = \frac{\cos\varphi}{v_1 \sin i} \tag{5-38}$$

$$r = \frac{v_1 T_P}{2\cos i} \tag{5-39}$$

当界面倾角不大时,$\cos\varphi \approx 1$,至于 $\sin i$ 可以先从测区内比较规则的时距曲线求出 v_1、v_2 后算出。

根据式(5-38)和式(5-39),"鸳鸯点"间距 d 和半径 r 可利用相遇时距曲线由作图求出。

图 5-22 为 O_1、O_2 放炮,在 O_1、O_2 间接收的相遇时距曲线。过任一接收点 M 作时间轴平行线与互换时间线相交于 M',与折射波时距曲线 T_2 相交于 D,$M'D = T - t_2$,取 $MA = M'D = T - t_2$,过 A 点作一条斜率为 $\cos\varphi/v_1\sin i$ 的直线,交折射波时距曲线 T_1 于 B 点,过 B 点作垂线交横坐标于 N 点,过 A 点作横轴平行线交 BN 于 C 点,很容易证明 $MN = AC = d$,$BC = T_P$。

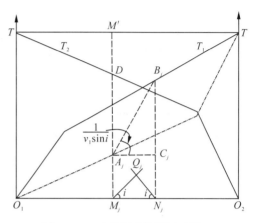

图 5-22 哈莱斯法作图原理图

(二)作图步骤

根据上述原理,作图步骤归纳如下:

(1)作两支相遇时距曲线中一支(T_2)的镜像曲线,如图 5-22 中的点划线,在这条曲线上各点的时间值为 $T - t_2$。

(2)在镜像曲线上,分若干点 A_1、A_2、A_3 等。

(3)利用测区内时距曲线有代表性地段,求出 v_1 和 v_2 的值,$\sin i = v_1/v_2$。

(4)从各 A_j 点作斜率为 $1/(v_1\sin i)$ 的直线,与另一支时距曲线(T_1)相交于 B_j 点。

(5)定出各点 A_j、B_j 的水平坐标,即地面各对 M_j、N_j 点的位置。

(6)把 A_j、B_j 各斜线的中点连接起来得出一条哈莱斯线,其斜率的倒数即基岩速度 v_2,用此 v_2 值修正临界角 i 的值。

(7)在地面上各对 M_j、N_j 点相对作与水平线成临界角 i 的直线并交于 Q_j 点。

(8)对于每一对 M_j、N_j 点,分别有一 T_{Pj} 值,据此求取基岩面深度半径 $r_j = v_1 T_P/2\cos i$。

(9)以 Q_j 为圆心,r_j 为半径画弧,各圆弧的包络线就是基岩面。

二、共轭点法

共轭点即哈莱斯法中所说的"鸳鸯点"。共轭点法所依据的折射波射线路径,与哈莱斯法完全相同,两者不同之处在于共轭点法不是从几何作图出发而是从数学推导出发,利用计算机作逻辑演绎并自动成图的一种方法。模型的正、反演计算表明,这种方法勾画出的界面轮廓更接近于模型构造形态。

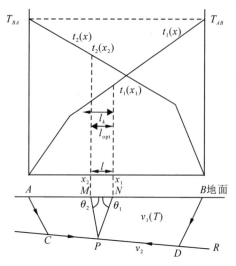

图 5-23 共轭点法原理图

（一）原 理

由图 5-23 可见，$t_1(x)$ 是 A 点放炮 AB 间接收的折射波时距曲线，$t_2(x)$ 是 B 点放炮 AB 间接收的折射波时距曲线，M 是 B 点放炮的折射波经界面上的一点 P 在地面的出射点，N 是 A 点放炮的折射波经界面上的同一点 P 在地面的出射点。T_{AB} 和 T_{BA} 为互换时间。

设弹性波由 P 点出射到 M 点和 N 点所需时间之和为 T_P，则

$$T_P = \frac{PM + PN}{\bar{v}_1(T)} \tag{5-40}$$

$$T_P \cdot \bar{v}_1(T) = PM + PN \tag{5-41}$$

其中，T_P 可由时距曲线求出，即

$$T_P = t_1(x_1) + t_2(x_2) - T_{AB} \tag{5-42}$$

由式（5-41），PM 与 PN 之和为一常数，因此，P 点必在以 M、N 两点为焦点，以 $T_P \cdot \bar{v}_1(T)$ 为长轴的椭圆弧上。

根据视速度定理，有

$$k_1(x_1) = \frac{dt_1(x)}{dx}\bigg|_{x=x_1} = \frac{\cos\theta_1}{\bar{v}_1(T)} \tag{5-43}$$

$$k_2(x_2) = \frac{dt_2(x)}{dx}\bigg|_{x=x_2} = \frac{\cos\theta_2}{\bar{v}_2(T)} \tag{5-44}$$

采用数值微分的方法求取 $k_1(x_1)$ 和 $k_2(x_2)$，即

$$k_1(x_1) \cong \frac{t_1(x_1+\Delta x) - t_1(x_1)}{\Delta x} \tag{5-45}$$

$$k_2(x_2) \cong \frac{t_2(x_2+\Delta x) - t_2(x_2)}{\Delta x} \tag{5-46}$$

由正弦定理，$PN = \dfrac{l\sin\theta_2}{\sin(\theta_1+\theta_2)}$，$PM = \dfrac{l\sin\theta_1}{\sin(\theta_1+\theta_2)}$

由式（5-41），有

$$T_P \cdot \bar{v}_1(T) = \frac{l(\sin\theta_1 + \sin\theta_2)}{\sin(\theta_1+\theta_2)} \tag{5-47}$$

（二）作图与步骤

具体作法可先在 x_1 点利用 $t_1(x)$ 曲线，由式（5-43）求出 θ_1，然后在 $t_2(x)$ 曲线上取不同的 x_{2k} 点进行扫描，得出相应的夹角 θ_{2k} 值和点距 l_k 值，代入式（5-47）进行检验，其中必有一最佳点距 l_{opt} 使判别式成立。

利用两条相遇折射波时距曲线，沿整条剖面逐点移动 x_1 点，求出每一 x_1 点的共轭点

x_2,以这些共轭点为焦点,以 $T_P \cdot \bar{v}_1(T)$ 为长轴作一系列椭圆弧,这些弧的包络线即为所求的折射界面。

第五节 t_0 法与时间场法

一、t_0 法

通常所说的 t_0 法实际包括两部分内容,即用 t_0 法绘制折射界面,用差数时距曲线求界面速度。

运用这种方法同样必须采用相遇观测系统获取相遇时距曲线。图 5-24(a) 的 T_{1A} 和 T_{1B} 为直达波时距曲线,T_{2A} 和 T_{2B} 是界面 R 的折射波时距曲线,图 5-24(b) 为相应的二层构造示意图。

互换时间 $T = T_{AMN} + t_{NQ} + t_{QPB}$。对于观测点 S,A 点放炮的旅行时 $T_{2A} = t_{AMNS}$;B 点放炮的旅行时 $T_{2B} = t_{BPQS}$。

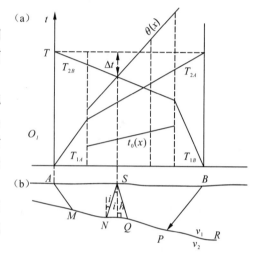

图 5-24 二层构造及其时距曲线

设折射界面的曲率半径比其埋深大得多,$\triangle SNQ$ 可近似看作等腰三角形,高 h(法线深度)可表示为

$$h = \frac{v_1 t_0}{2\cos i} = K t_0 \tag{5-48}$$

式中:

$$t_0 = T_{2A} + T_{2B} - T = T_{2A} - (T - T_{2B}) = T_{2A} - \Delta t \tag{5-49}$$

$$K = \frac{v_1}{2\cos i} = \frac{v_1 v_2}{2\sqrt{v_2^2 - v_1^2}} \tag{5-50}$$

解释时为方便起见,由式(5-49)作 $t_0(x)$ 曲线。具体作法是利用 T_{2A} 和 T_{2B} 在测点 x 量出 $T - T_{2B}(x) = \Delta t(x)$,然后从 $T_{2A}(x)$ 减去 $\Delta t(x)$,连接各 x 点的 $t_0(x)$ 即成 $t_0(x)$ 关系曲线,如图 5-24(a)所示。

v_1 可由直达波时距曲线 T_{1A}、T_{1B} 的斜率 $(1/v_1)$ 求出。为了求取 K 值,还必须求出 v_2,为此可类似求 $t_0(x)$ 的方法,作出差数时距曲线,令

$$\theta(x) = T_{2A} - T_{2B} + T = T_{2A} + \Delta t \tag{5-51}$$

利用 T_{2B} 量出 $T - T_{2B} = \Delta t(x)$,将 $\Delta t(x)$ 与 T_{2A} 相加即得 $\theta(x)$,连接这些点即为差数时距曲线 $\theta(x)$。当界面倾角不大时,$v_2 = 2\dfrac{\Delta x}{\Delta \theta}$,由 $\theta(x)$ 曲线即可求出 v_2。

求出界面速度 v_2 后,可根据式(5-50)求出 K 值,然后由 $t_0(x)$ 曲线和式(5-48)求出各点的法线深度 h。以接收点为圆心,各点的法线深度 h 为半径画弧,各弧的包络线即为所求的折射界面。

二、时间场法

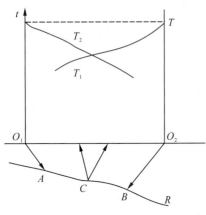

图 5-25 构造与时距曲线示意图

时间场法是一种比较精确的方法,对于均匀介质和非均匀介质都适用,只要预先知道覆盖层的平均速度 v_1 即可,在绘制剖面图的同时可顺便求出界面速度 v_2。

运用时间场法也必须有两条相遇时距曲线。如图 5-25 所示,T_1、T_2 是分别在 O_1、O_2 点放炮,在 O_1O_2 之间接收的折射波时距曲线。在界面上任意一点 C 有等式

$$t_{O_1AC} + t_{O_2BC} = t_{O_1ACBO_2} = T \quad (5-52)$$

式(5-52)表明,若在 C 点,两折射波的旅行时之和等于互换时间 T,则 C 点就在折射界面 R 上。所谓时间场法就是通过绘制波在介质中的时间场,然后根据式(5-52)获得折射界面。具体作法如下:

假设波在介质中的平均速度 v_1 已知,就可以依据两支相遇时距曲线 T_1、T_2 分别画出时间场。对时距曲线绘制 T_1,绘制某一时刻 t_K^1 的等时线,例如 t_6^1 的等时线,如图 5-26 所示,下角标表示折射波旅行时间。设 O_1 点放炮,t_6^1 时刻的等时线为 $x_1t_6^1$,它也是 t_6^1 时刻的波前。由图 5-26 可见,此波前到达 x_2 点所需时间为 Δt,到达 x_3 点所需时间为 $2\Delta t$,到达 x_6 所需时间为 $5\Delta t$。作图时则反过来,在 x_6 点,以 x_6 为圆心,$v_1 \cdot 5\Delta t$ 为半径画弧;在 x_5 点以 x_5 为圆心,$v_1 \cdot 4\Delta t$ 为半径画弧;在 x_2 点以 x_2 为圆心,$v_1 \cdot \Delta t$ 为半径画弧,这些圆弧的包络线便是 t_6^1 时刻的等时线,显然 x_1 也在该等时线上。然后以 t_6^1 等时线作为新的波源,依次作出 $t_6^1 \pm \Delta t$,$t_6^1 \pm 2\Delta t$,…一系列等时线,即得时距曲线 T_1 的时间场。同样可画出时距曲线 T_2 的时间场,如图 5-27 所示。

设互换时间 $T=11$,则 t_8^1 与 t_3^1 的交点 a,t_7^2 与 t_4^1 的交点 b,t_6^2 与 t_5^1 的交点 c 等,都应在折射界面 R 上,连接 a、b、c、d、e、f 各点即为所求的折射界面。

界面速度分别等于 $\dfrac{ab}{\Delta t}$,$\dfrac{bc}{\Delta t}$,…,如果波在折射界面 R 上速度不变,则 $\dfrac{ab}{\Delta t}=\dfrac{bc}{\Delta t}=\cdots=v_2$。

到此为止,我们介绍了折射波法资料处理解释的一般方法和几种具体方法,了解和熟悉这些方法有助于加深对折射波法原理的理解。在计算机技术普及的今天,哈莱斯法、时间场法和共轭点法实用意义更大一些。

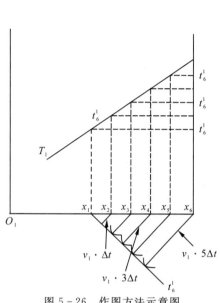

图 5-26 作图方法示意图

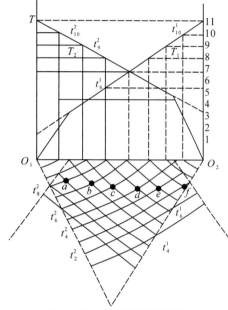

图 5-27 作图解释示意图

第六节 典型地质构造的时距曲线

时距曲线是测线下面地质构造的一种反映,典型的地质构造形成典型的时距曲线。本节将介绍若干典型地质构造模型及相应的折射波时距曲线。多熟悉一些这样的时距曲线,可以开阔解释人员的思路,在处理资料时确定合理的构造模型,选定正确的解释方法和处理程序。

一、水平界面构造

图 5-28 为一水平二层构造,T_1 为直达波时距曲线,T_2 为折射波时距曲线,t_0 为交叉时,x_c 为时距曲线拐点的水平距离。由式(5-8)和式(5-9)得

$$T_1 = \frac{x}{v_1}, T_2 = \frac{x}{v_2} + \frac{2h\cos i}{v_1} = \frac{x}{v_2} + \frac{2h\sqrt{1-(v_1/v_2)^2}}{v_1} \qquad (5-53)$$

式中,i 为临界角。当 $x=0$ 时,$T_2=t_0$,于是表层厚度 h 为

$$h = \frac{t_0}{2} \cdot \frac{v_1}{\cos i} = \frac{t_0}{2} \cdot \frac{v_1}{\sqrt{1-(v_1/v_2)^2}} \qquad (5-54)$$

式(5-54)与式(5-10)形式一样。由式(5-13),h 还可以用 x_c 来表示,即

$$h = \frac{x_c}{2}\sqrt{\frac{v_2-v_1}{v_2+v_1}} \qquad (5-55)$$

式中,v_1、v_2 分别由 T_1 和 T_2 的斜率求出。

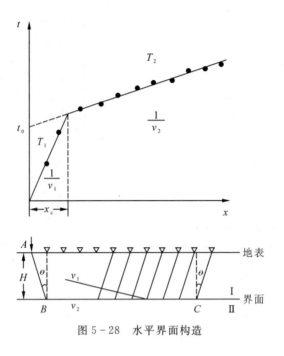

图 5-28 水平界面构造

二、倾斜界面构造

图 5-29 为倾斜界面构造及其时距曲线示意图。界面的倾角为 α，设在 A 点放炮，弹性波往上坡方向传播的视速度为 v_u；在 B 点放炮，弹性波往下坡方向传播的视速度为 v_d，则有

$$\frac{1}{v_u} = \frac{\sin(\theta + \alpha)}{v_2 \sin\theta} \qquad (5-56)$$

$$\frac{1}{v_d} = \frac{\sin(\theta - \alpha)}{v_2 \sin\theta} \qquad (5-57)$$

式中，θ 为临界角，当倾角 α 不大时，$\cos\alpha \approx 1$。根据式(5-56)和式(5-57)，有效速度 v_2 可由下式求出

$$\frac{1}{v_2} = \frac{1}{2}\left(\frac{1}{v_d} + \frac{1}{v_u}\right) \qquad (5-58)$$

式(5-58)右边的 $\frac{1}{v_u}$ 和 $\frac{1}{v_d}$ 可由图 5-29 的折射波时距曲线求出。设炮点 A 和炮点 B 下的界面深度分别为 d_A 和 d_B，则有

$$d_A = \frac{v_1 C_A}{2\cos\theta} \qquad (5-59)$$

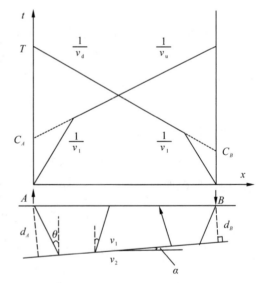

图 5-29 倾斜界面构造

$$d_B = \frac{v_1 C_B}{2\cos\theta} \tag{5-60}$$

式中，C_A、C_B 为交叉时，$\cos\theta = \sqrt{1-\sin^2\theta}$，$\sin\theta = v_1/v_2$，$v_2$ 由式(5-58)求出，v_1、C_A、C_B 均可从时距曲线图上求出。

三、阶梯构造

阶梯构造也称为垂直断层，这类构造在许多研究中都做过分析，这里仅指出其时距曲线的特点。由图 5-30 可见，左支时距曲线向上跳变，右支时距曲线向下跳变。界面高差 Δh 的计算公式为

$$\Delta h = h_2 - h_1 = \frac{v_1}{\cos\theta} \cdot \Delta T = \frac{v_1 v_2}{\sqrt{v_2^2 - v_1^2}} \cdot \Delta T \tag{5-61}$$

式中，v_1、v_2 和 ΔT 均可由时距曲线求出。

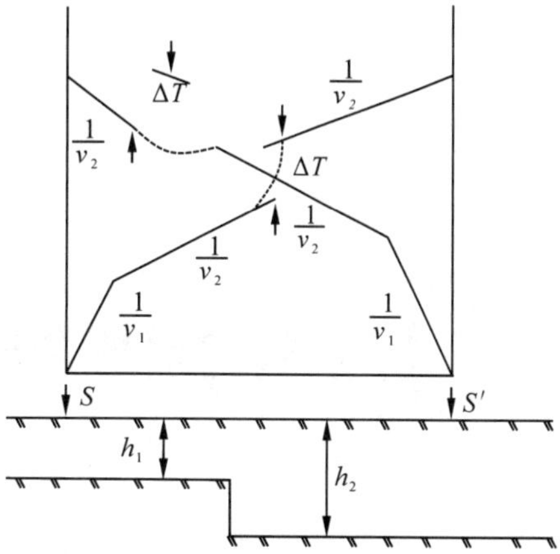

四、垂直构造

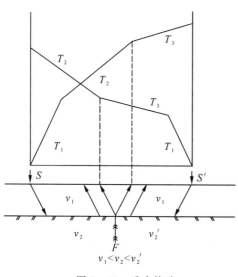

图 5-31 垂直构造

图 5-30 阶梯构造

图 5-31 中的 F 相当于古近纪—新近纪地层凝灰岩与砂岩或燧石的界面。在变质带，F 相当于蛇纹岩贯入结晶片岩的地质构造。对于这类构造无特别解释方法，重要的是在解释过程中如何觉察到这是一种垂直构造，并尽量准确地在平面图上标出不连续界面的位置。

从 S 点放炮的时距曲线看，T_1、T_2、T_3 的斜率 $1/v_1$、$1/v_2$、$1/v_2'$ 逐渐变小，反映层速度逐渐增大，像是一个速度分别为 v_1、v_2、v_2' 的三层构造。但是从 S' 点放炮的时距曲线看，则像是一个界面为上升阶梯的二层构造。同时满足上述时距曲线的地质构造，只能是如图 5-31 所示垂直方向存在不连续界面的地质构造，其界面两侧弹性波的传播速度不同。

在实际工作中，我们不能仅凭一、两条测线就作出是否为垂直构造的解释推断。但是，如果工区内有若干条测线的相遇时距曲线均呈图 5-31 所示形态，就要考虑到可能是垂直构造引起的。通过对各条测线资料的正确解释，可求出垂直不连续面在区内的分布。

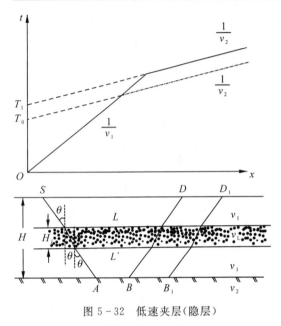

图 5-32 低速夹层（隐层）

五、低速夹层

如图 5-32 所示，在基岩上部的地层中有一低速夹层与地表平行，波路 SA 与波路 BD 在地下经过的介质、路程一样。设 t_L 是存在低速夹层时的覆盖层迟滞时间，t_0 是不存在低速夹层时的覆盖层迟滞时间，则存在低速夹层时的交叉时 $T_L = 2t_L$，不存在低速夹层时的交叉时 $T_0 = 2t_0$。

图 5-32 中用实线画出的时距曲线是存在低速夹层时的折射波时距曲线。反方向放炮，所得时距曲线形态相同。所以仅从时距曲线的形态上看不出是否存在这种类型的低速夹层，故称之为隐式低速夹层。这类低速夹层用折射波法一般探测不出来。实际解释是按图中实线所画的时距曲线作出的。下面来讨论一下这样解释所带来的深度误差。

视深度：
$$H_a = \frac{T_L}{2} \cdot \frac{v_1}{\cos\theta} \tag{5-62}$$

有效深度：
$$H = \frac{T_0}{2} \cdot \frac{v_1}{\cos\theta} \tag{5-63}$$

$$H_a - H = \frac{v_1 H_L}{\sqrt{v_2^2 - v_1^2}}\left(\sqrt{\frac{v_2^2 - v_L^2}{v_L^2}} - \sqrt{\frac{v_2^2 - v_1^2}{v_1^2}}\right) \tag{5-64}$$

相对误差：
$$E_R = \frac{H_a - H}{H} = \frac{H_L}{H}\left[\frac{(v_2^2 - v_L^2) v_1^2}{v_L^2 (v_2^2 - v_1^2)} - 1\right] \tag{5-65}$$

因为 $v_2 > v_1 > v_L$，所以 $v_1^2/v_L^2 > 1$，$\frac{v_2^2 - v_L^2}{v_2^2 - v_1^2} > 1$，故 $\frac{(v_2^2 - v_L^2) v_1^2}{v_L^2 (v_2^2 - v_1^2)} > 1$。因此，相对误差 $E_R > 0$，视深度 H_a 大于有效深度 H。

式(5-65)中的 H_L/H 称作覆盖层的低速化比，$\frac{(v_2^2 - v_L^2) v_1^2}{v_L^2 (v_2^2 - v_1^2)} - 1$ 为由速度 v_1、v_2、v_L 所确定的地基构造系数。

六、连续介质层

地层的弹性波传播速度随深度增加而连续增大的地层叫做连续介质层，这在抗风化能力弱的花岗岩分布区是常见的地球物理现象。设地表的速度为 v_0，速度随深度 d 的增加率

为 K,则对应于深度 d 的速度可用下式表示：
$$v = v_0 + Kd \tag{5-66}$$
弹性波在地层中的射线路径呈圆弧状,时距曲线则为上凸的曲线,如图 5-33 所示。

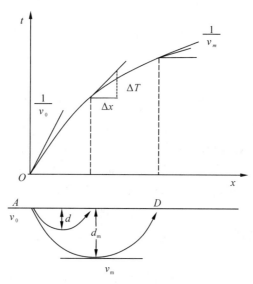

图 5-33 连续介质层

弹性波在地下沿着弧形射线路径,由地表附近的震源出发又回到地表,通常称这种波为回折波。在时距曲线上,通过与炮检距 x 相对应的点作切线,这条切线斜率的倒数 $\Delta x/\Delta t$ 就是到达炮检距为 x 的接收点的折射（回折）波,在通过地下最深点 d 处的速度值,这时折射波路径最深点深度 d 为

$$d = \frac{v_0}{K}\left\{\sqrt{1+\left(\frac{Kx}{2v_0}\right)^2}-1\right\} \tag{5-67}$$

式（5-67）中的 v_0 可由过炮点 A 的时距曲线的切线的斜率求出,速度增加率 K 为

$$K = \frac{2}{T}\cosh^{-1}\left(\frac{v}{v_0}\right) \tag{5-68}$$

式中,T 为回折波到达 x 点的初至时间。速度 v 由式（5-66）和式（5-67）确定,即

$$v = v_0 + Kd = v_0\sqrt{1+\left(\frac{Kx}{2v_0}\right)^2} \tag{5-69}$$

在连续介质层地区开展地震勘探工作,要特别注意回折波的问题。

第六章 浅层反射波法

如第五章所述,折射波法主要利用弹性波的首波初至时间绘制时距曲线,进而对地下构造进行推断解释。反射波法则主要用反射波相位的时空特性来推断解释地下构造。

反射波法不仅能较直观地反映地层界面的起伏变化,而且能探测地下隐伏断层、空洞以及异常物体。但是,反射波相位出现在续至区内,使反射波法的数据采集和数据处理都较折射波法复杂,对数据收录系统性能的要求也较折射波法高。特别是在从地表到地下 100m 左右的浅层,各种干扰波十分发育,就使浅层反射波法难度更大。

对于浅层反射波法的研究,虽然在信号增强型地震仪出现即已开始,但真正取得重大进展还是近几年的事。进入 20 世纪 80 年代,关于浅层反射波法的数据采集系统、参数选择和数据处理方法的应用研究十分活跃,本章将在介绍这些研究成果的基础上介绍一些应用实例。

第一节 野外观测系统

地震勘探在野外工作时,每一次激发只能在一定长度的地段上接收,这个有限的接收地段称为排列(spread)。排列实质是用来记录反射地震波的炮点与检波器组合中心的相对位置。它只是采集地下很短一段反射界面的地震信息,为了追踪目的层位,连续有效地获取地下构造信息来解释地下构造的整个形态,必须连续地、长距离追踪各界面的反射波。因此,需要沿测线在许多个激发点上分别激发,按照一定的规则布置激发点和接收排列,在对应的多个排列上连续多次观测。每一次观测,激发点和对应的接收点(或排列)必须按一定的关系(规律)来布置,这种激发点和接收点的相互位置关系称为观测系统。

为了能够连续追踪反射界面,便于资料分析及野外施工,一般同一条测线或同一工区所有测线上,相邻激发点距离、相邻接收点距离(即道间距)、排列长度、偏移距等应该相同。通常用综合平面图来表示观测系统、反射波法观测系统,目前可分为两大类型:一类为单次覆盖观测系统,一类为多次覆盖观测系统。

一、单次覆盖简单连续观测系统

图 6-1 是一张描述单次覆盖简单连续观测系

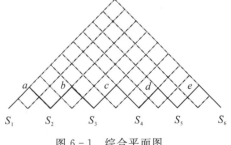

图 6-1 综合平面图

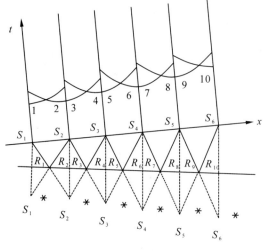

统的综合平面图，$S_1, S_2, \cdots, S_6$ 是激发点，从这些激发点出发，以与测线成 45°角的直线构成坐标网，如图 6-1 中虚线所示，将接收排列投影在坐标网上，用粗线或色线标出。图中，S_1a 表示在 S_1 点激发，在 S_1S_2 地段接收等，S_6e 表示在 S_6 点激发，在 S_5S_6 地段接收。图 6-2 是图 6-1 观测系统的时距平面图，横坐标上标明激发点和接收地段的位置，纵坐标为时间，$S_1, S_2, \cdots, S_6$ 为震源点，$R_1, R_2, \cdots, R_6$ 为反射界面段，$S_1^*, S_2^*, \cdots, S_6^*$ 为各震源点对于界面镜像对称的虚震源。图上带编号的时距曲线为相应界面的反射波时距曲线示意图。与综合平面图相比，时距平面图直观性好，但不便于描述复杂的观测系统，现在

图 6-2 时距平面图

已基本被综合平面图所替代。

简单连续观测系统的震源离排列近，便于施工且较少受折射波干扰，不利的是受声波和面波干扰大，于是产生单次覆盖间隔连续观测系统。

二、单次覆盖间隔连续观测系统

所谓间隔连续观测系统，就是将排列沿测线移动一定距离，远离激发点来接收，以避开激发点附近面波和声波的强干扰。离激发点最近的接收点到激发点的距离称为该排列的偏移距，所以这种观测系统又称偏移观测系统，如图 6-3 所示。这种系统通过互换点可连续追踪反射界面，图中粗线尖端向上的交点为互换尾点，尖端向下的交点为互换首点。

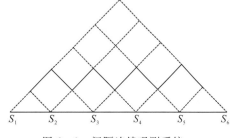

图 6-3 间隔连续观测系统

在通常的反射波法观测系统中，还有延长时距观测系统和弯线观测系统，它们是为测线遇有河流、水面、居民点等障碍而设计的观测系统。因浅层反射波法的测线较短，排列较小，实际工作中这类观测系统使用不多。

三、多次覆盖观测系统

（一）多次覆盖技术

多次覆盖是共反射点多次叠加的简称，是在不同接收点，接收不同激发点激发并由向一反射点反射回到地表的反射波，然后将这些共反射点的反射波经计算机处理后叠加，对压制干扰、提高信噪比有良好效果。图 6-4 上部是 R 界面反射波时距曲线，下部是共反射点激

发接收示意图。由图可见,要将这些反射波叠加,必须把它们排整齐,这就需要减去它们之间的正常时差,使之与中心点 O 垂直反射的回声时间 t_0 一致。上述反射波满足反射波时距曲线方程,即

$$t_i = \frac{1}{v}\sqrt{x_i^2 + 4h^2} \quad (6-1)$$

式中:i 为炮点(激发点)编号;x_i 为接收第 i 炮反射信号的接收点与炮点距离,简称炮检距;t_i 为与 x_i 对应的反射波旅行时;v 为界面 R 以上盖层的均方根速度。

当 $x_i = 0$ 时,有

$$t_0 = \frac{2h}{v} \quad (6-2)$$

当 $x_i \neq 0$ 时,反射波旅行时 t_i 与回声时间 t_0 的时差 Δt_i 为

$$\Delta t_i = t_i - t_0 = \frac{1}{v}\sqrt{x_i^2 + 4h^2} - t_0 \quad (6-3)$$

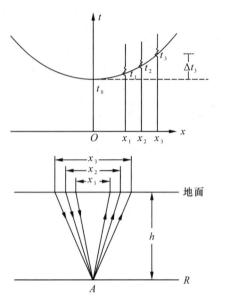

图 6-4 共反射点激发接收示意图
(上部为时距曲线)

Δt_i 称为正常时差,t_i 与 t_0 均可从地震记录上求取,各接收点的 Δt_i 可求。将同一反射点的各反射波减去正常时差就可以实现共反射点的多次叠加。

在测区的地下反射界面往往有多个,每个反射界面都有对应的 t_0 及 v(假想盖层的波速),t_0 与 v 一一对应的关系可以事先求出,而 x_i 是各观测点的炮检距,它由观测系统决定,也可以事先知道。因此,用式(6-3)就可以求出与 x_i 对应的正常时差 Δt_i,从而图 6-4 中各接收点的 Δt_i 值也可以事先知道,可以用 $t_0 = t_i - \Delta t_i$ 得出。

将各接收点的 t_i 校正为 t_0,使 4 个反射波相位相同,可以如愿以偿地进行同相位叠加。将 t_i 变为 t_0 的过程叫做动校正,校正前面要加一个"动"字是因为 Δt_i 随 x_i、t_0 变动。上述先动校正后叠加的过程可以在数字电子计算机中自动进行,而在条件差的地区,也可以用地震回放仪实现(误差稍大些)。

进行动校正叠加过程,一方面可以使反射波振幅增强;另一方面由于许多干扰波到达各接收点的旅行时与 x_i 的关系并不符合式(6-1)规律,按式(6-3)动校正后,干扰波是进行异相位叠加的,只要正确选择观测系统,总可以使许多干扰波在叠加后削弱。因此,共反射点多次叠加法可以比较有效地压制干扰波,增强反射波,明显地提高地震资料的信噪比,从而显著地提高反射波法地震勘探的质量。

炮检距与叠加次数、仪器道数、道间距等因素有关。设炮点移动的道数为 ν,叠加次数为 n,仪器道数为 N,则

$$\nu = \frac{NS}{2n} \quad (6-4)$$

式中，S 为与观测系统有关的常数，单边放炮为 1，双边放炮为 2。设炮点距为 M，道间距为 L，则

$$M = \nu \times L \quad (6-5)$$

（二）多次覆盖观测系统

浅层反射波法一般采用单边放炮来实施多次覆盖技术。设仪器道数为 12 道，试以 3 次覆盖观测系统进行说明。图 6-5 是排列展开示意图，为单边端点放炮工作方式，由式(6-4)，炮点移动道数为 2 道，图中 S_1，S_2，… 为炮点。CDP 点的 "CDP" 是 "Common Depth Point" 的缩写，一般称为共深度点或共反射点。

图 6-6 是图 6-5 所示观测系统的综合平面图。从第 3 炮开始，在与测线垂直的方向上，如隔 1/2 道间距，就有 3 道重叠。例如在第 3 号炮点有第 1 炮的第 9 道，第 2 炮的第 5 道和第 3 炮的第 1 道。在 j 点即图中的第 18 号 CDP 点，有第 3 炮的第 10 道，第 4 炮的第 6 道和第 5 炮的第 2 道，这在图 6-5 上看得更清楚。

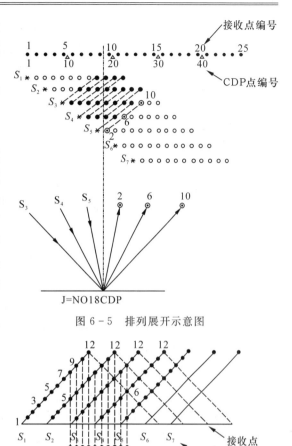

图 6-5 排列展开示意图

图 6-6 观测系统综合平面图

第二节 参数选择

能否在野外获得高质量的目的层反射波，选择合适的参数也是一项很重要的因素。在项目设计时应当考虑的野外施工参数有记录时间长度、采样率、最大与最小炮检距、排列类型等。这些参数可以在收集已有资料的基础上，用模型模拟计算，也可以通过野外试验来确定或二者结合起来进行。

一、模型模拟

模型要包括所有目的层反射波的时距曲线以及直达波、面波、声波和初至折射波的波至时间。用抛物线公式 $\Delta t_{\text{NMO}} = x^2/2t_0 v_{\text{NMO}}^2$ 来计算反射波的正常时差，其中 x 为炮检距，t_0 为回声时间（$x=0$ 时的双程时），v_{NMO} 为叠加速度。当反射层近于水平时，叠加速度可用均方根速度来计算。均方根速度 $v_{\text{RMS}} = \left(\sum v_i^2 t_i / \sum t_i \right)^{\frac{1}{2}}$，其中 v_i 为介质的层速度。图 6-7 是 Knapp 和 Steeples 就某个野外问题用计算机得出的模拟时距曲线图。目的层位于 520ms

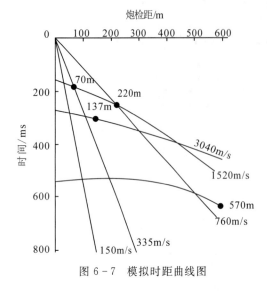

图 6-7 模拟时距曲线图

处，1ms 采样，记录长度 1s，取最小偏移距 $x_{\min}=60$m，最大偏移距 $x_{\max}=405$m。在此区间，相干噪声的干扰最小，且有利于进行速度分析。对于 24 道地震仪，道间距应为 15m，采用单边放炮排列。

（一）记录长度与采样率

记录长度必须能够记录到最低目的层来的反射波并留有一定的余量。一般说来，采样率越高，测量精度就越高，但它受到两个条件的限制：一是受仪器采样点数的限制，即采样率乘以采样点数必须大于或等于记录长度；二是采样间隔必须小到不使预期的最高频率假频化。这里的"假频化"是指由于时间采样率不足，原信号取样后出现假频的现象。因离散取样造成信号频谱的周期性也是一种假频，它与取样不足无关，可通过高切滤波滤除假频成分。

尼奎斯特（Nyquist）频率 f_N 是在给定采样间隔 Δt 的条件下可还原的最高频率，定义为 $f_N=500/\Delta t$，其中 Δt 以 ms 为单位，它表明采样间隔在理论上应满足 $\Delta t \leqslant 500/f_{\max}$，这里的 $f_{\max}$ 为预期可获得的最高频率。实际应用时多采用 $\Delta t \leqslant 250/f_{\max}$ 来选定采样率 Δt，这与我们通常所采用的关系式 $f_{采} \geqslant 4f_{高}$ 是一致的。

（二）最大和最小炮检距

炮检距又叫偏移距，最大和最小炮检距的选择在于使目的层反射波尽量不被噪声所掩盖。

最大炮检距 $x_{\max}$ 大一点对速度分析有利，但太大了会带来宽角反射的畸变影响，而目前还没有研究出校正这种畸变的方法。最大炮检距应控制在使多数重要反射波的波至不落在数据处理的切除范围之内。经验上取 $x_{\max}$ 与目的层的深度相近，一般最大炮检距的取值范围为深度的 0.7~1.5 倍。

最小炮检距应当尽量小一点，这样做有两点好处：一是便于控制速度与时间之间的关系，二是记录近震源的初至折射波信息作静校正。但在震源附近，各种噪声的振幅可以大到淹没一切反射信息。为此，近震源的接收道应置于噪声时距锥体之外，即检波器应布置在目的层反射先于地面噪声和滞后于临界折射信号到达的地段，这与选定最佳窗口的思路是一致的。

（三）最佳窗口技术

为了识别基岩反射波，亨特提出选择最佳地段接收的最佳窗口技术。图 6-8 是亨特给出的二层构造反射模型和各种弹性波的波至曲线。这个模型的覆盖层厚度为 90m，速度为

1600m/s,它覆盖在速度为5000m/s的基岩上，基岩反射波时距曲线与基岩的折射波时距曲线在始点 D 处相切。

图 6-9 和图 6-10 分别为图 6-8 所示模型的相对反射振幅曲线和反射相位曲线。图 6-9 是对于一个入射在基岩平面上的平面 P 波，从振幅方程的解计算出来的。亨特指出，在始点之前，反射波相对振幅的变化平稳，相位变化为零或不大，而过了始点以后，并逐渐远离时，相对振幅变化较大，相位变化也可由 $-180°$ 转到 $+180°$。在这个相对振幅和相位均变化无常的区域内，对识别反射波是非常不利的。所以亨特等将既避开面波干扰，反射波振幅和相位变化又相对平稳的接收地段叫做"最佳窗口"。

最佳窗口的选取主要是正确确定偏移距和道间距，具体做法可根据已知资料建立模型估算，如图 6-8 和图 6-7 所示，也可通过野外现场的噪声调查来确定。

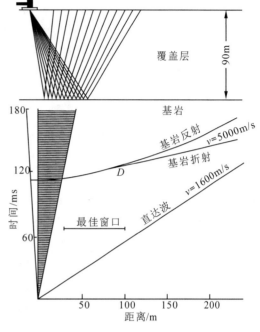

图 6-8 最佳窗口的选取

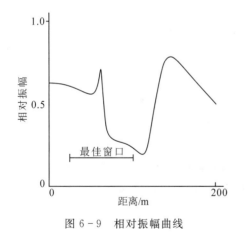

图 6-9 相对振幅曲线

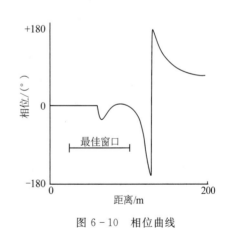

图 6-10 相位曲线

（四）最佳偏移距法

所谓最佳偏移距法，就是在最佳窗口内选择一个公共偏移距，然后如图 6-11 所示（点和圆圈分别表示炮点和接收点），移动震源，保持所选定的偏移距，用地震仪上的"存储冻结"功能将数据存储起来。每激发一次用一道接收，用 12 道地震

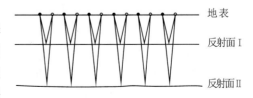

图 6-11 共偏移距记录野外施工示意图

仪在每个观测点激发接收,最后得到一张多道记录,各道具有相同的偏移距。另一种方法是采用计算机对共炮点记录进行自动选排,也可以获得各偏移距的共偏移距剖面。利用这种共偏移距地震剖面,容易正确识别同相轴,由于偏移距相同,不需作正常时差校正。在进行其他数据处理之前,该剖面常用来了解反射波同相轴的大致位置。

(五)道间距

道间距 Δx 取决于最大和最小炮检距、地震仪道数、空间采样率和空间分辨率。一般应遵循下述原则。

(1)选择 Δx 要有利于有效波的对比。Δx 的大小应满 $\Delta t < T/2$,其中 T 是有效波的视周期。根据视速度定义,$v^* = \Delta x/\Delta t$,故 Δx 应小于 $v^* T/2$,才有利于有效波的波形对比。

(2)选择 Δx 要考虑对反射面进行充分采样。研究表明,反射波的反射面与第一菲涅耳带有关,通常要求每个菲涅耳带内至少有 2 道,4 个 CDP 点。菲涅耳带是光学中的一个物理概念,指某一波前到达界面时,在其前面与其相距 1/4 波长的先期到达的另一波阵面在界面上形成的圆,其半径 $R \approx \sqrt{D\lambda/2}$,其中 D 为反射面深度,λ 为反射波波长。用速度 v、回声时间 t_0 和频率 f 表示,则为 $R \approx 0.5\sqrt{t_0/f}$。

设 $t_0 = 0.1\text{s}, f = 90\text{Hz}, v = 600\text{m/s}, R \approx 10\text{m}, 2R \approx 20\text{m}$。此时的第一菲涅耳带就是一个直径约为 20m 的圆。

(3)空间采样率不足,在某些条件下也会产生假频问题,所以确定 Δx 的另一个考虑因素是确保足够的空间采样率,以避免陡倾界面的假频化,这一点对数据的偏移处理十分重要。道间距 Δx 必须小于最小波长地面投影的一半,即

$$\Delta x < 0.5\lambda_{\min}/\sin\alpha = 0.5\bar{v}/f_{\max} \cdot \sin\alpha \tag{6-6}$$

式中,α 为反射面最大倾角或偏移处理的最大偏移角。

因此,综合起来考虑,实际使用的道间距远小于式(6-6)的计算值。

(六)排列类型

比较常用的排列类型有中间放炮排列和单边放炮排列。浅层反射波法采用共深度点多次叠加技术时,选择单边放炮排列比较方便,并且在界面倾斜时通常是下倾放炮、上倾接收。

二、现场噪声调查

现场噪声调查又称野外干扰试验,是在野外对反射波信息和干扰波信息进行实地观测。具体做法是,固定排列位置不动,移动炮点(震源),从而获得大量不同炮检距的地震记录。

噪声的现场测试可用来检验理论计算模型、正确选用滤波器、确定检波器是否需要组合以及评价组合效果。

对现场噪声测试记录的正式解释,最好在通过计算机分析处理之后进行,因为地震仪的动态范围大于人眼的动态范围,也大于监视记录的动态范围,如果不进行计算机处理,一些潜在的信息将难以被我们认识。

当选用滤波器时,为得到分辨率高的浅层反射波同相轴,应尽量采用低切滤波器;建议

对于浅层(如几十米至几米)使用300Hz的低切滤波器;对于较深的目的层,使用50～100Hz的低切滤波器。有些地区表层的弹性波透射特性变化很大,低切滤波器的选用应因地制宜。例如在近地表为细粒物质和含水的地方,弹性波透射性能好,300～400Hz的弹性波可透过相当大的深度,而在近地表物质为粗颗粒并且含水量低的地区,弹性波的透射特性差,这时应以牺牲分辨率为代价将低切滤波器的频率降到50Hz,以得到来自深层的反射波。

第三节 数据处理

浅层反射波法的数据处理主要是将中深层地震勘探中行之有效的数据处理方法移植到浅层来,目前使用较多的有下列一些数据处理方法。

一、CDP 选排

实际观测时,一次放炮得到12道或24道记录。为处理方便,将全部记录按CDP集合(共深度点反射波记录),重新编排,这一重新编排叫做CDP选排。如图6-6所示,$a,b,\cdots,j$都是CDP点,a点的CDP集合由第1炮的第9道,第2炮的第5道和第3炮的第1道地震记录组成,b点的CDP集合由第1炮的第10道,第2炮的第6道和第3炮的第2道地震记录组成等。

二、振幅平衡(AGC)

野外获得的地震记录,一般都是折射波,面波的振幅大,反射波的振幅小。为便于处理分析,通常要将这样一些振幅小的反射波放大到与初至波的振幅相近,称这一处理为 AGC。处理前必须给定有意义信号的振幅,选择有代表性的CDP集合进行试验,确定阈值。图6-12是振幅平衡处理的原理示意图,阈值取-10dB,经振幅平衡处理,放大了-6dB的波形,而对-14dB的波形没有进行放大。

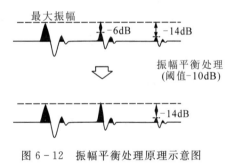

图6-12 振幅平衡处理原理示意图

三、频谱分析

将记录的随时间变化的地震信息,经过傅里叶变换处理,使它变成随频率变化的函数,这个函数就是该地震记录的频谱,而把从地震记录求取组成它的各个不同频率谐波的振幅和相位的过程称为频谱分析。通过频谱分析可以掌握地震波所包含的各种频率成分(干扰波的和有效波的),从而为压制干扰波提取有用信息、进行频率滤波提供参数选择依据。

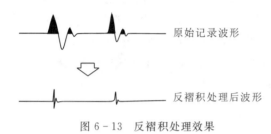

图 6-13 反褶积处理效果

四、反褶积

反褶积是将反射波压缩为脉冲波,抑制多次反射。由于反射波被处理成孤立的波,有可能使分辨率提高。反褶积的效果取决于时窗长度和滤波长度,这两个参数也由有代表性的 CDP 集合试验确定。图 6-13 是反褶积处理效果示意图。

五、共偏移距波形记录

上述处理是对包含全部反射波的续至波做了振幅平衡,使具有一定能量的波形得到不同程度的放大,又通过反褶积滤波使波形受到压缩变成孤立的波。这时为了解地下大致构造,需要提取共偏移距波形记录,选出炮检距相同的地震记录道,按水平坐标顺序排列,就得到与剖面测量方式相似的结果。由共偏移距波形记录可以看到连续性很好的反射相位。尽管不甚准确,但可给出一个概略的地下构造,使资料处理人员大致了解反射相位存在的位置,以水平坐标(桩号、CDP 编号)表示位置,以双程旅行时表示深度。

六、速度分析

速度谱和速度扫描是目前进行速度分析常用的方法。做速度谱方法简单,成本较低,在一般地震地质条件下能给出较理想的叠加速度。速度扫描运算量较大,成本较高,但能在地震地质条件复杂的情况下获取较为可靠的叠加速度。

速度分析一般通过有代表性的 CDP 集合来进行。设某一接收点的炮检距为 x,对应于第 i 个反射界面的反射波同相轴时间为 $T_i(x)$,共中心点处的反射时间为 $T_{0,i}$,按共反射点原理有

$$T_i(x) = \sqrt{(T_{0,i})^2 + (x/v_{\text{stack},i})^2} \tag{6-7}$$

式中:v_{stack} 为叠加速度;i 为反射界面的编号。当界面近水平时,此叠加速度接近均方根速度。

当试验速度恰好选择到等于叠加速度 v_{stack} 时,则满足式(6-7)的若干 $T_i(x)$ 所连成的曲线与实测反射波同相轴完全一致,故这些 $T_i(x)$ 处的振幅相加有最大值。如试验速度大于或小于叠加速度时,则按式(6-7)计算的 $T_i(x)$ 与实测反射同相轴不一致,这些反射时间处的振幅相加,必然都小于上述最大值。反过来通过这一方法可以确定对应于某一反射界面的叠加速度值,只要该界面反射波的叠加速度 v_{stack} 包含在试验速度范围之内,就可以通过寻找使叠加振幅最大的试验速度确定为叠加速度。图 6-14 是一个 CDP 集合反射相位示意图,模拟计算了 3 个反射界面。

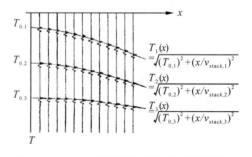

图 6-14 一个 CDP 集合反射相位示意图

七、动校正、切除、CDP 叠加

CDP 叠加的目的是将 CDP 集合的记录合成一条反映该 CDP 点的地下信息的波形记录。叠加前将全部 CDP 集合的记录变换成零偏移距的记录,这步处理叫做动校正,或正常时差校正(NMO);其次是去掉由动校正所造成的失真波形和初至附近的折射波形,这一处理叫做切除。将经过动校正、切除后的零偏移距波形进行叠加并进行振幅调整,这就是 CDP 叠加。图 6-15 是动校正、切除和 CDP 叠加的示意图。通过 CDP 叠加,突出了具有叠加速度的反射相位,相对抑制了与叠加速度不同的多次波、面波等干扰波相位的振幅。

八、偏移

偏移是将由界面倾斜和凹凸而产生的反射相位的形状(例如凹界面产生的回转波)恢复到本来构造形状的处理,又称波形归位。界面倾角不大时,可先叠加后偏移。但当倾角较大时,实

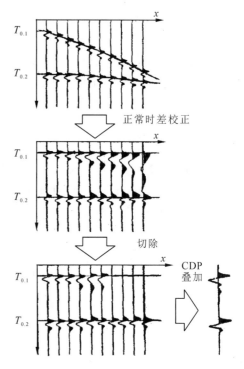

图 6-15 正常时差校正、切除和 CDP 叠加示意图

际上的共中心点(O 点)接收道(例如 x_1、x_2)已不能接收到反射点的记录。如图 6-16 所示,接收点 x_1、x_2 虽然以中心点 O 与震源 S_1、S_2 对称,但由于界面倾斜,反射点由水平界面时的一点变成 P_1、P_2 两点,界面倾角越大,两点偏离越远,这时就要先偏移后叠加。图 6-17 是偏移处理效果示意图。采用叠加偏移或偏移叠加处理,有助于反射波归位、干涉带启动分解、绕射波自动收敛,进一步改善资料的质量。

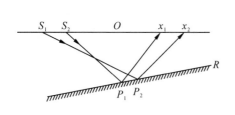

图 6-16 反射点分离示意图

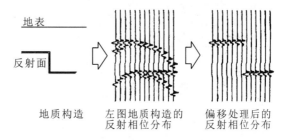

图 6-17 偏移处理效果示意图

九、组合

将相邻波形加权叠加,取代原来某 CDP 点的叠加波形,例如将 CDP NO=I-1,I,I+1 三条波形曲线按 1∶2∶1 加权叠加,使它成为新的 CDP NOI(第 I 个共深度点)的叠加波形曲线。通过组合处理,反射相位的连续性将变得更加清晰。

十、时深转换

输入准确的速度参数,将时间剖面转换为深度剖面,一般是将速度分析求出的叠加速度 v_{stack} 假定为均方根速度 v_{rms},使用迪克斯公式求取各反射界面之间的层速度 v_{int},再由 v_{int} 和 $T_{0,i}$ 计算各反射界面的深度。

第四节 应用实例

一、探测矩形涵洞

某城市下水道为宽 6.5m 的矩形涵洞,为探明其位置,布置了两条与涵洞走向接近垂直的测线,如图 6-18(a)所示。探测方法为简易浅层反射波法,测点间距 0.5m,偏移距 1m,使用锤击震源,单个检波器接收,垂直叠加 2 次,带通滤波器的频率范围为 100~200Hz,数字记录。B 测线的剖面测量结果如图 6-18(b)所示。图中实线的剖面时间为 37.5ms,从 14m 至 21m 呈水平反射面的构造,推断为矩形涵洞顶面的反射。虚线表示地层内部界面反射波,在 7m、25ms 处的反射波近似为双曲线形状,并且反复出现呈多次反射,可能系坚硬的碎石层所引起。矩形涵洞的位置后经验证钻证实,地质解释如图 6-18(c)所示。

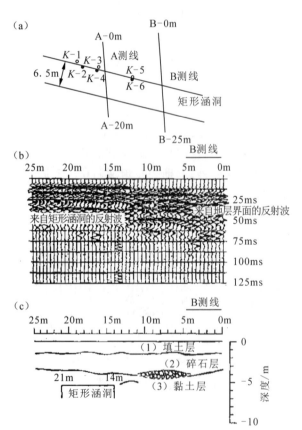

图 6-18 探测矩形涵洞

二、探测地下空洞

在灰岩层中存在一第四纪生成的空洞,影响地表建筑的安全。为调查空洞的埋深和展布,结合钻探,使用了简易浅层反射波法。测点间距为 2m,锤击震源,组合接收,每组 4 个检波器,垂直叠加 16 次,带通滤波的频率范围为 10~200Hz,偏移距为 2m。测量结果如图 6-19 所示,空洞的反映十分明显,水平位置从 32m 至 44m,有振动延续变长的长周期反射波形,而其他位置没有。由于布置了交叉测线,并利用钻孔放炮做了扇射法,从而探明了空洞的平面展布。

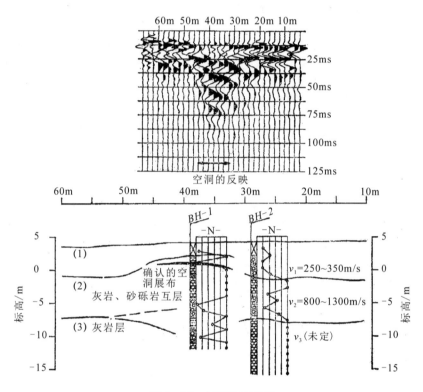

图 6-19 探测地下空洞

三、资源地震勘探

(1)煤田地震勘探。图 6-20 为某井田进行采区三维地震勘探所获得单炮地震记录,该区新地层厚度为 400m,采用 10m 深井中 2kg 炸药爆破为震源,336 道接收进行反射波法勘探,遥控接收,道间距为 10m,偏移距为 40m,频带范围为 40~200Hz。

(2)海洋资源勘探。图 6-21 为某海上油气资源勘探两条偏移叠加剖面。

(3)沙漠油气地震勘探。图 6-22 为沙漠戈壁三维地震勘探中 GPS 选线选点、炸山推路、采用车载钻机钻井、实现高速层中激发、可控震源利用等。

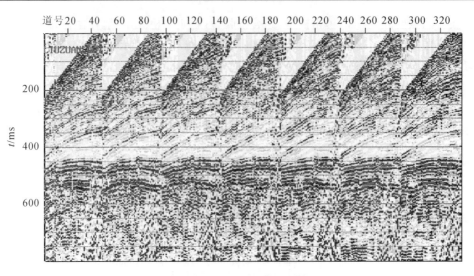

图 6-20 某井田获得的三维地震勘探记录

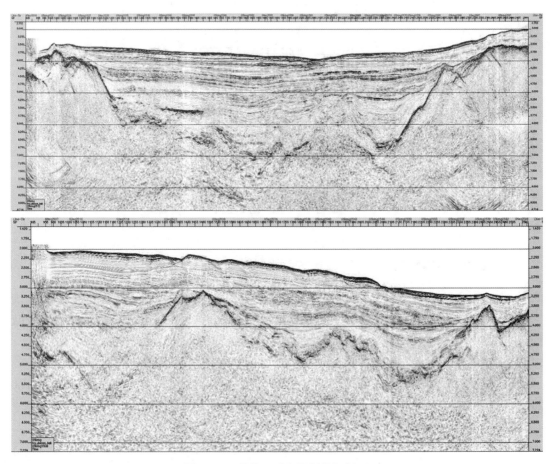

图 6-21 某海上油气资源勘探剖面

图 6-22 沙漠戈壁利用三维地震进行油气资源勘探

第五节　SH 波浅层反射波法的应用

一、地质概况与方法选择

测区为一港口,地表已铺设平整,其下为填土,填土下面为冲积层,再下面是第三纪地层,其顶板为建筑物支持层。根据以往 10 个钻孔的资料,测区第三系顶板埋深从 15m 至 50m 不等,起伏变化很大,仅依靠钻探难以全面掌握这层顶板的变化形态。拟用地震勘探解决这一地质任务。由于测区一面临海,场地狭小,且表层有高速层,不适合用折射波法。考虑到 SH 波在表面有高速层存在时面波不发育以及它对于土质地基有较高的分辨率,最后确定采用 SH 波浅层反射波法地震勘探。

二、观测系统和参数选择

共布置两条测线,A 测线长 350m,近东西向展布;B 测线长 570m,北东向展布,小号端与 A 测线的大号端相交。使用 24 道浅层地震仪,数字记录。检波器为 28 周常规速度检波器,水平固定在"L"形有铝的一翼上,作横波检波器用,另一翼打眼挂丝扣,使之可以装卸金属锥体,分别适用于黏土与坚硬路面。在坚硬路面上应卸去锥体,用黏土与地面紧密耦合,在潮湿多水的岩石坑道中设置检波器时,用石膏粉在现场和泥作耦合材料较为理想。本次调查采用 4 个检波器组合接收,组内距约 15cm,沿测线排列,检波器水平轴方向与震源木板长轴方向一致,即与测线垂直(异面不相交)。采用击板式震源,为便于移动,将木板绑在液

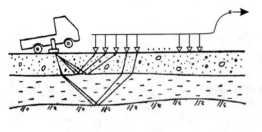

图 6-23 击板式震源

压起重汽车的支撑脚上,如图 6-23 所示,木板长轴方向与测线垂直。工作时汽车前轮离地,将本身的一部分重量压在木板上,以增加木板与地面的摩擦力。移动时,支撑脚连同震源木板一起上收离地,同时汽车前轮着地,前进一个炮检距,移动十分方便,这样作业,一个星期即可完成 440 炮 SH 波反射波法地震勘探。各项参数:道间距 2m,最大偏移距 48m,最小偏移距 2m,为单边端点放炮观测系统,12 次水平叠加,共深度点距 1m,垂直叠加 1~5 次,采样率 2ms,记录长度为每道 1024 个数据点,即 2s 多。

三、数据处理流程

图 6-24 是 SH 波浅层反射波法地震勘探资料的一种数据处理流程框图,与常规反射波法处理流程相似。

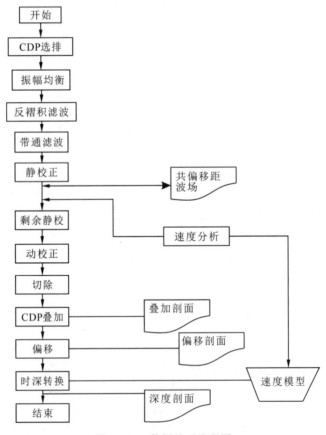

图 6-24 数据处理流程图

四、地质解释与误差讨论

图 6-25 是测线的时间剖面，从图上可以看到第三系层面从左向右倾斜，第四系不整合于第三系之上。当将时间剖面转换为深度剖面时，第三系顶板埋深普遍偏深 25%～60%。为讨论误差发生原因，大友秀夫等建立了一组 S 波速度模型，如图 6-26 所示。模型 Ⅱ 是基本模型，从上至下，160m/s、100m/s 的速度层层厚分别为 10m、5m，模型 Ⅰ 的表层设有一厚度为 50m，速度为 500m/s 的极软弱层，而模型 Ⅲ 的表层则有一层厚度为 50cm，速度为 500m/s 的高速层分布在 160m/s 的速度层之上。使偏移距由 2m 至 50m 变化，试算了从 100m/s 速度层底面来的反射波旅行时(T)，并将结果画在图 6-27 的 $T^2 - x^2$ 平方图上。

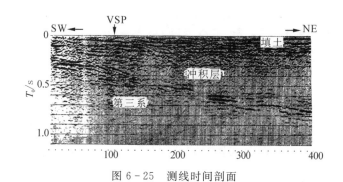

图 6-25　测线时间剖面

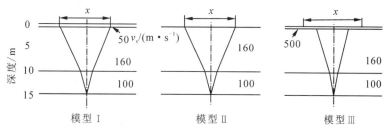

图 6-26　速度模型

如前所述，在反射波法中进行速度分析是以反射相位可以用双曲线形式表现于记录上为基础的。模型 Ⅰ、Ⅱ 的反射波旅行时在平方时距图上为直线，故它们的反射波均以满足双曲线公式的形式出现在记录上。图 6-27 上曲线的斜率($1/v^2$)评价的速度与均方根速度近似相等，而模型 Ⅲ 的反射波旅行时在平方图上不呈直线，表明反射波相位与双曲线公式的近似性不好。此时，由零偏移距的 T，作曲线的切线，再由该切线的斜率($1/v^2$)求出正确的均方根速度。在实际使用的偏移距范围内，若将均方根速度作为叠加

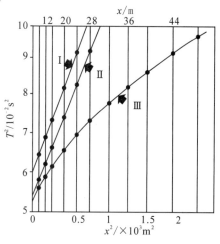

图 6-27　试算结果

速度 v_{stack} 将会产生对地层的 S 波速度作出过大的评价,进而造成对界面的解释深度偏深。

为避免发生这类问题,最好在测线上或测线附近打几口钻井,进行 PS 测井,直接评价地下的 S 波速度分布。如果对 PS 测井记录进一步做 VSP 处理,则将使地质解释更为可靠。关于 VSP 处理技术将在后面的章节里说明。

考虑到土质地基的 S 波速度比 P 波速度更易于变化,即使在地表无高速层存在时,为减少地质解释的误差,也应尽可能通过 PS 测井等手段获得测线下的 S 波速度分布。若没有 PS 测井资料,在假设地基的速度时,应注意使之与以往钻孔地质资料一致。

第七章 地震资料的解释与应用

利用地震资料研究地质构造和进行地层、岩性的解释主要依据两类信息：一类是反射信息，另一类是折射信息。当然还包括由各种地震技术所获得的综合物性参数信息。

地震波场是地下地质体的地震响应。反射波场是以水平叠加时间剖面或偏移剖面的形式显示，它们是地震资料解释的基础资料。在这些资料中蕴藏着可以用来解释地质问题的地震运动学信息和动力学信息。利用地震波的反射时间、同相性和速度等运动学信息可将地震时间剖面变为深度剖面，进行构造解释；利用同相轴的连续性和几何形态，可以进行岩层分界面的解释；利用地震波的频率、振幅、极性等动力学信息，并结合层速度、密度等资料，可以进行岩性解释。同时，在工程勘察以及矿井地质构造探测时，还可以利用纵横波联合勘探，对煤、岩（土）体性质进行判别。这里主要对地震反射波剖面特征进行说明。

第一节 物探技术应用的特点及主要的地质问题

一、物探技术应用的特点

地球物理勘探方法技术的利用，在与其他勘探手段相比较时，它具有自己的特点，因此使用过程中必须掌握其有利部分，克服不利因素，争取获得好的解释结果。

(1) 物探技术应用具有经济快速的特点。与钻探等勘探手段相比，物探技术勘探周期较短，成本相对较低。

(2) 物探所获得的数据信息量大，可以解释丰富的地质内容。与钻探相比，地震勘探的长测线甚至三维物探所获得的区域资料要比钻探的"一孔之见"效果显著，同时地震记录所包含的信息量大，可以进一步解释的内容丰富。

(3) 物探成果具有多解性。由于同一物性参数可以表征不同的介质内容，而同一介质在不同特征条件下可能会表现出同样的物性特征，这为地质解释工作带来了难度。因此要求在进行物探技术应用时，尽量与已知的地质资料、钻探成果或是不同物探方法资料相对比，取得较为合理准确的综合解释成果，减小结果误差。因此在进行地质解释之前，需要提示技术人员注意此类问题。

二、探测解决的典型构造

（一）断层

断层构造是在一定的地质条件下产生的,尽管不同矿区的地质背景不同,构造特征也不同,但它们在许多方面又具有共同的规律性。

含煤岩系是指一套含有煤层的沉积岩系,主要由砾岩、砂岩、粉砂岩、泥岩、灰岩和煤层组成,其中碎屑岩和泥质岩类是煤系地层的基本类型。

断裂构造是岩石发生脆性变形的产物,断层是岩石沿某个面的破裂和沿该面的位移。受煤系沉积物岩性、变形环境及构造应力的共同控制,断层有多种表现形式。按断层面力学性质可分为压性断层、剪性断层和张性断层;按两盘相对运动性质可分为正断层、逆断层和平移断层;按几何关系可分为走向断层、倾向断层、斜向断层和顺层断层。

煤岩层的组合形式,对构造变形具有明显的控制作用。在煤系地层中,如果主要是厚层坚硬岩层时,构造变形以脆性为主,形成断裂构造。对于煤层来说,如果顶、底板与坚硬岩层呈规则接触,则其内应力相对不易集中,断层较少,且以小断层为主;如果顶、底板岩性相反,或与煤层呈不规则面接触,则煤层变形复杂,断层增多。

地质构造中断层具有一系列典型特征:以脆性破裂为标志,走向上延伸呈波状,具有明显的破裂面;断层规模有大有小,断层带由破裂岩组成,充填物一般不发生动力变质或重结晶作用。受多种因素的影响,不同矿区构造形迹的展布具有不同的表现特征。一定构造环境下发生的各种构造并不是杂乱无章,而是具有某些共同的基本规律。同时各种不同构造类型之间又有密切的联系。因此认识并善于运用这些地质规律,对于利用地震资料进行小断层解释十分有益。

构造展布的基本规律可归纳为以下4个方面。

1. 方向性与成带性

方向性是指在相当大的范围内,同期构造作用产生的构造,无论是构造形迹本身,还是相互之间,都具有构造的方向性,它产生的原因是形成构造的应力,为一种具有方向性的矢量。成带性是指中小型断裂构造在某一构造部位沿某一特定方向密集成带延伸的性质。它是地壳中应力不均匀分布和应力呈带集中的结果,与构造运动发生时的边界条件和应力作用方式密切相关。

2. 对称性与递变性

对称性是指同级构造复杂程度大致呈镜像反映的性质。如褶皱轴部构造复杂带两侧对称出现构造简单带,褶皱翼部构造简单带两侧又同时出现复杂带。递变性是指构造复杂程度由简单到复杂或小断层由疏到密、构造规模由小到大逐渐过渡的性质。它是构造应力场中应力大小和方向逐渐递变的结果。

3. 等距性与分区性

等距性是指在相同构造变形环境中,相邻同级构造带或构造形迹之间表现出的等间距分布的性质。它是一种普遍存在的构造规律。分区性是指矿区内部不同地带由构造复杂程度、展布方式、组合形式共同体现出一定差异的性质，这种性质一方面表明矿区构造具有不均一性，另一方面这种不均一性又具有一定的随机性。

4. 组合规律

在不同时代的地层中，由许多构造以某种固定形式反复出现，形成具有共性的构造集合体，即"构造形式"。常见的有棋盘格构造、多字型构造、人字型构造、弧型构造等特征。

（二）陷落柱

陷落柱是煤系地层底板厚层灰岩中古溶洞裂隙的塌陷物，以及上覆地层塌陷物形成的塌陷体，统称陷落柱或塌陷柱。根据目前掌握的资料，我国华北各煤田岩溶陷落柱比较发育，主要是指石炭-二叠系煤系地层下部的奥陶系灰岩中古溶洞（裂隙）的塌陷形成的柱体。

1. 陷落柱的构造特征

在平面上，陷落柱多呈椭圆形，其次为圆形和不规则形。其直径大小不一，一般为几十米至几百米，最大可达千米。在垂直剖面上，陷落柱有4种形态，即上小下大的圆锥型、上下大小相近的筒型、斜塔型和不规则型。陷落柱的塌陷高度是指奥陶系灰岩顶面到柱体顶端的距离，一般为几十米至百余米，大多数在煤系或其上部终止塌陷，少数可塌陷至地表。

2. 陷落柱的内部结构

陷落柱内混杂堆积着破碎岩块，层序无法确定，岩块间由泥质物质充填，且被压缩得非常紧密坚硬。陷落柱内岩块的岩性主要取决于上部岩层。岩块棱角分明、排列紊乱、胶结程度不一。

（三）煤层结构及厚度变化

我国某些煤田中经常遇到煤层的分叉、合并、缺失现象，统称为煤层结构的变化。煤层结构的变化是由煤层沉积缺失和受古河道冲刷引起的。煤层结构及厚度的变化是煤矿井中常见的地质现象，对生产影响极大，是采区地震勘探中急需解决的地质构造问题。同时还有采空区、岩体松动、瓦斯等影响煤矿安全生产的地质因素存在，这些都必须进行专项的研究。

三、构造解释的地球物理基础

（一）煤层反射波

由于煤田具有独特的沉积环境与地质条件，所以煤层反射波也具有其特殊性。与围岩相比，煤层具有明显的低速、低密度特点，即煤层的顶、底板与围岩之间有较大的波阻抗差异。界面上的反射系数为

$$R = \frac{\rho_2 v_2 - \rho_1 v_1}{\rho_2 v_2 + \rho_1 v_1} \tag{7-1}$$

式中：ρ_1、ρ_2 为煤层与围岩的密度（g/cm^2）；v_1、v_2 为煤层与围岩的速度（m/s）。

煤层中 $\rho_1=1.3\text{g/cm}^3$、$v_2=1800\sim2000\text{m/s}$；而围岩一般以砂岩、泥岩和灰岩为主，$\rho_2=2.4\sim2.6\text{g/m}^3$，$v_2=4000\sim5000\text{m/s}$。经计算，煤层顶、底界面的反射系数约为 0.5，所以这是很好的反射界面，均能形成较强的煤层反射波。

由式(7-1)可知，地震波从致密介质入射到疏松介质，R 为负；反之，R 为正。因此煤层顶界面的 R 为负，底界面的 R 为正。如果上、下围岩的速度、密度相同，则 $R_1=-R_2$，煤层顶、底界面是两个极性相反的反射界面。

煤层的厚度通常在 $0\sim20\text{m}$ 之间变化，相对于地震波在煤层中传播的主波长 λ（一般为 $20\sim50\text{m}$）是比较小的。所以在地震勘探中，煤层属于薄层。对薄层的定量划分，长期以来没有统一的标准，不同的学者给薄层下过不同的定义。习惯上认为，层厚小于 $\lambda/4$ 的地层为薄层。严格地说，薄层的范围是动态的，它不仅与地层的实际厚度有关，还与勘探深度及入射波主频有关。

由于煤层的厚度小，偶极性反射界面及高反射系数决定了煤层反射波有以下特点：

(1)煤层反射波在煤层顶、底界面的双程旅行时间 $\tau(\tau=2H/v)$ 远小于地震波周期 T，即 $\tau \ll T$。因此煤层反射波是顶、底界面反射波相互叠加形成的复合波，在剖面上以近似于单波的复波出现。

(2)由于煤层顶、底界面是良好的反射界面，除了考虑顶、底界面的反射纵波外，也应考虑多次反射波、转换波及多次转换波。叠加作用使煤层反射波增强，但对煤层顶、底界面的分辨带来困难。实际上当煤层厚度 $H<\lambda/2$ 时，顶、底界面的反射波就无法分辨。

(二)断层的识别特征

断层使岩层的连续性受到破坏，导致断层面附近的岩石物性发生变化。因此断层不仅引起地震波运动学特征的变化，也引起地震波动力学特征的变化。

1. 断层在地震剖面上的运动学特征

(1)由于断层规模不同，表现为反射标准波同相轴的错断，甚至波组、波系的错断。对于小断层，由于断距较小，常常是标准波同相轴连续，稍有些扭曲，肉眼很难识别，即使同相轴错断，其两侧的波组关系稳定，波形特征清晰。

(2)反射波同相轴数目突然增加或减少，以至消失，反射波组时间间隔突然变化，这往往是基底大断裂的反映，而不是小断层的特征反映。

(3)在时间剖面上反射波中断处往往伴随出现一些异常波，如绕射波、断面反射波等，这是识别断层的重要标志。在较小断层处，这些异常波反映不明显。

(4)反射波同相轴发生分叉、合并、扭曲或相位转换，这通常是小断层的特征反映，但这类特征也可能是由地表条件或地层岩性变化引起的，波的干涉也能导致类似的效果。仅根据此类特征识别小断层，可能得到错误的解释结果。

(5)在断层处，上、下盘的时差将发生有规律的变化。

2. 断层在地震剖面上的动力学特征

(1)在断层处，由于地层破碎，高频成分很快被吸收，地震波频率会有所降低，频带宽度变窄。

(2)在断层处,由于地层的吸收作用,振幅强度会减小。

(3)由于断层的影响,相位与波形变得紊乱,地震记录上甚至会出现波形空白带。

(4)在断层处,地震波能量减弱。

对断层位置及落差的解释,是以反射波同相轴的连续性为主要依据。当断层规模较大时,同相轴错断比较明显,并在断点处伴有绕射波,根据反射波与绕射波的切点就可以确定断层的位置,落差则可以用断层两盘的反射波时差求取。当断层规模较小时,断层两盘的反射波同相轴近似为一条直线,并且很难观测到绕射波,所以小断层的解释相当困难。

(三)陷落柱的识别特征

根据陷落柱的形成机制及其形态特征,可以认为陷落柱是一种与围岩在电性、磁性、密度、地震波速度等方面都存在差异的地质异常体,这种差异的存在是应用地球物理手段对陷落柱进行探测的地质前提,同时差异的大小在一定程度上也决定了物探工作的地质效果。

由于陷落柱内部物质有一定的杂乱程度,其密度与其周围岩层存在差异,地震波在其中的传播必然不同于在连续地层中的传播。地震波速度发生变化,影响到地震波的运动学特征,即反射波波至时间的超前或滞后。物质密度与地震波速度的乘积为波阻抗,由于陷落柱内部物质的密度与速度均不同于其围岩,即存在着波阻抗差异,故地震波动力学特征也受到影响,主要表现为反射波能量减弱,甚至缺失;反射波波形与频率发生明显变化。

(四)煤层结构与厚度变化的识别特征

煤层反射波具有特殊性,相对于煤系地层中的地震波主波长,煤层厚度比较小,可视为薄层。与围岩相比,煤层具有明显的低速、低密度等特点,即存在较大的波阻抗差异。因此,煤层顶、底界面是两个极性相反的良好反射界面。煤层反射波是顶、底界面反射波相互叠加形成的复合波,这种复合波中含有大量的煤层信息。当煤层结构或厚度发生变化时,会引起地震波在传播时间、振幅、相位、频率、波形等方面的变化或异常。

对于小断层、陷落柱等矿井构造及煤层结构或厚度变化,地震波的运动学和动力学特征发生的客观变化,它们都被如实地记录在地震剖面上。然而,地震解释人员直接目测的分辨率不足以定量区分这些细微异常,必须利用计算机的高分辨能力才能在地震记录中识别这些小构造。

四、利用的地震特征参数

岩层地震波中含有大量地震信息,这是由于岩层的构造变化或岩性变化都会引起地震波的变化。煤岩层的构造或岩性变化主要反映在密度、速度及其他弹性参量的差异上,这些差异导致了地震波在传播时间、振幅、相位、频率等方面的变化或异常。当岩层产生大的构造变化时,在地震剖面上可看到地震波同相轴明显的走时变化及振幅、相位的变化,而有些信息(如频率等的变化)却难以直观地分析。对于煤层中的小构造异常,用常规的人工方法往往很难识别。如果首先仔细地研究小构造变化引起地震信息变化的特征,然后再提取这些特征,就可以作为小构造识别的依据。

在储层预测过程中，利用了反映油气的六大类地层信息及特征，即振幅、频率、时间、波形、速度和吸收衰减。在煤田勘探过程中，通常利用前四类参数特征，目前对吸收衰减特征的研究仍在不断地深入。同时利用小波、分形等数学技术对地震信号进行提取，可提高地震记录的信噪比和分辨率。

第二节　地震剖面反射特征的识别和构造解释

地震反射层位的地质解释主要是依据地震剖面的反射特征，选择特征明显的标准反射波，然后结合研究区地层层位关系确定反射波代表的地质层位。这种具有明显地震特征和明确地质意义的反射层通常称为反射标准层，反射标准层选取的正确与否直接影响到剖面对比工作和最终解释成果。但对于浅层地震勘探以及矿井地震勘探资料中，所要解决的地层较浅，或观测测线的特殊性，可能会没有标准的反射层，此时必须找到标准的反射波进行有效的对比与解释。

一、地震剖面与地质剖面的对应关系

前面章节已对地震剖面与地质剖面的关系进行了阐述。地震剖面是地质剖面的地震响应，在地震剖面中，蕴藏有大量的地质信息，地震反射所涉及的地质现象，在地震剖面中都应有所反映。然而，在地震剖面中除了地质现象的响应之外，还包含着与地质现象无关的噪声，它们不具有任何地质意义。因此，在地震剖面与地质剖面之间，反射界面与地质界面，反射波形态与地下构造，反射层与地层之间有紧密的联系，但又存在一定的区别。

由于地震反射界面是波阻抗有差异的物性界面，地质上可构成物性差异的界面有层面、不整合面、剥蚀面、断层面、侵入体接触面、流体分界面、采空区界面，以及任何不同岩性的分界面，均可构成地震反射面，对于此种情况，反射面与地质界面是一致的。在某些情况下，地震反射界面与地质界面是有差异的，不一定与地层或岩性界面具有对应关系。如相邻地层由于颜色和颗粒大小变化具有层面，但没有形成明显波阻抗差界面，不足以构成地震反射面；另外，同一岩性的地层，既无层面也无岩性界面，但由于岩层中所含流体成分的不同（例如水层与油层的分界面、水层与气层的分界面、油层与气层的分界面、煤层瓦斯气体含量差异界面），而形成明显的波阻抗差界面，足以构成地震反射面，该地震反射面不一定代表地质界面。在一般情况下，具有明显波阻抗差的地层层面是不整合面，不整合面具有明确的年代地层意义，因而相应地也赋予了地震反射界面明确的地层年代含义。确定地震反射界面的地质年代，是地震解释十分重要的基础性工作之一。

由地震垂向分辨率分析可知，在薄互层地区，地震记录上的一个反射波，并不是由单一界面产生的单波，而是几十米间隔内许多反射波叠加的结果。地震剖面上的反射界面不能严格地与某一确定的地质界面相对应，而是一组薄互层在地震剖面上的反映。特别是在陆相盆地中，主要为砂泥岩互层结构，垂向和横向变化大，非均一性十分明显，地震反射趋向于以一种微妙的波形变化"追踪"岩性——地层界面，随着地震分辨率的提高，地震反射的物性

界面特征越来越明显。李庆忠院士说过,"地震反射同相轴实质上是追踪着反射系数而不是追踪砂岩";在分辨率较低的情况下,这种薄互层的地震反射界面往往是穿时的。

在有些地区,尽管地质界面的物性差异较大,构造形态明显,但由于界面过短或界面过于粗糙,在地震剖面上也并无明显的反射界面。例如古地形风化剥蚀面、珊瑚礁、断层破碎带等地质界面,只能得到一些零星的杂乱反射。

一个地震反射界面代表相邻的两个地质单元,其中任一单元岩性的变化均能引起反射波波形特征的变化。因此,地震反射界面与地层界面并不具有一一对应的关系,在确定反射波所代表的地层层位和进行地震相分析和岩性预测时,常常不能直接利用地震反射剖面进行时间-地层单元划分,需结合地层、岩性、古生物和沉积旋回等地质信息进行综合分析才能较好地确定地震反射界面所代表的地层界面。这一点在进行矿井地震波勘探时特别重要,需要引起探测人员的足够重视,特别是进行薄煤层及夹矸厚度计算时可能会产生一定的误差。

二、时间剖面的对比

地震反射资料的地质解释是通过时间剖面的对比来实现的。结合标准层(标准层是指具有较强振幅、同相轴连续性好、分布面积大的目的反射层,它往往是主要岩性分界面)或是有效反射层确定,大量的基础性工作就是时间剖面对比。时间剖面对比包括:收集并掌握地质资料,选择对比相位,研究反射波与波组特征,展开相位对比和相位闭合,识别各种波的类型,分析波与波之间的关系,推断时间剖面所反映的地质现象。这里先讨论反射波对比的基本原则,再介绍时间剖面对比步骤。

(一)反射波对比的基本原则

时间剖面的对比实际上是反射标准层的对比,就是在地震记录上利用有效波的动力学和运动学特点来识别和追踪同一界面反射波的过程。由于时间剖面上存在干扰背景,识别和追踪同一反射标准层必须考虑下列标志,也就是对比的基本原则。

(1)相位相同:来自地下同一物性界面的反射波,在相邻共反射点上的时间相近,极性相同,相位一致。相邻地震道的波形为波峰套波峰,波谷套波谷,变面积的小梯形也首尾衔接为一串,为一条能延伸一定长度的平滑直线。地震记录上把波的这种相同相位(指波峰与波谷)的连线叫"同相轴"。这种相位的相似性称为同相性,是识别和追踪同一层反射波的基本标志。根据反射波的一些特征来识别和追踪同一界面反射波的工作,叫做波的对比。

(2)波形相似:同一反射波在相邻地震道间激发、接收条件相近,当传播路径和穿过地层的性质差别较小时,波形也基本相似。波形包括视周期、相位个数、包络线、各极值振幅比等。在时间剖面上表现为黑梯形形状、面积大小相似、相位数及时间间隔相等。反射波的波形有时也会产生一些与岩性、岩相有关的横向变化,如相位数的逐渐增减,振幅的强弱变化等。此外,断裂、干涉也会使反射波波形突变。

同相性和波形的相似性,两者合称为波的相干性。

(3)振幅增强:时间剖面上的反射波能量一般比干扰背景能量强。在时间剖面上表现为振幅峰值突出,黑色梯形面积较大,边线变陡。如果反射波能量比干扰波能量弱,则无法识别反射波,因此要求地震记录具有较高的信噪比。在时间剖面上的反射波振幅是比较敏感的,不仅是识别同一层反射波的重要标志,同时也是判断岩性、煤(矿)层、油气、结构与构造等的重要依据之一。引起振幅横向变化的原因很多,如岩性横向变化、结构变化、构造与断层、波的干涉等。

通常经过提高信噪比的处理后,有效反射波的振幅都大于干扰波的振幅。反射波能量的强弱与界面的波阻抗差异、界面的形状及波的传播路径等有关。振幅和波形是解释地震剖面、进行层位对比及岩(土)体特征解释的重要依据。振幅变化和波形变化相伴而生,几乎所有影响振幅的因素都影响波的频率,从而引起波形变化。

(4)连续性:连续性是作为衡量反射波可靠程度的重要标志。反射波在横向上的相位、波形和振幅保持一定的距离,并延续一定的长度,这种性质叫做波的连续性。当界面水平时,表现为变面积小梯形首尾相接;当界面倾斜时,各梯形的一腰会排列在同一直线上。反射波的连续性代表上下相邻两套地层的连续性,它是由这两套地层的岩性速度、密度、含流体性质等因素所决定的。

上述标志从不同的方面反映同一层反射波的特征。它们彼此不是孤立的,而是互相连续在一起的。一般情况下,这些标志不同程度地同时存在,对比时应综合考虑。某些波连续性较好,能量可能较弱;不整合面上的反射波能量一般很强,但波形通常不稳定;由于岩相和岩性的变化,波的特征必然也是逐步变化的。一般来说,与激发、接收等地表条件有关的影响,同相轴从浅至深会发生同样的畸变;而受地下地质条件变化有关的影响,往往是一个或几个同相轴发生畸变。在波的对比中,解释人员要善于识别各种波形特征,弄清同相轴变化的原因,严格区分是地质因素还是剖面形成过程中的人为因素,这是地震解释的主要工作和技巧之一。

(二)反射波相位的极性

当入射波在单一的地层界面上,反射波与入射波的波形相似时,反射波的振幅取决于上下介质波阻抗之差的绝对值。波阻抗之差越大,反射波的振幅则越大。反射波的极性由波阻抗变化的方向而定,当地震波从较疏介质(通常称为软介质)射向较密介质(通常称为硬的介质)时,反射系数大于零,反射波与入射波振幅的符号相同,或称极性相同。反之,当地震波由密介质射向疏介质时,反射系数小于零,这时反射波振幅与入射波振幅符号相反,即反射与入射极性相反。这对地质层位及构造解释至关重要,解释时必须弄清楚界面的极性关系,多层界面存在时更应引起重视。

地震反射波振幅不仅与波阻抗差有关,同时还与地震波的激发、传播和接收因素有关,如地震波的激发和接收条件,波前扩散、吸收、散射、中间界面的透射损失、微层多次反射、反射系数随入射角的变化、界面的聚焦和发散作用、岩相变化、波的干涉及各种噪声干扰等。与激发和接收条件有关的因素,如震源强度、检波器灵敏度、仪器增益等,对于一张记录或一道地震记录来说,其影响认为是相同的,可用一个常数因子来表示。对于像波前扩散、吸收、散射、微层多次反射及透射损失,可以通过数字处理进行补偿和消除。因此地震剖面波的对比主要是指由地下地质因素引起的振幅变化。

在地面三维勘探过程中，实际对比时一般从主测线开始，并重点对比标准层。主测线是指垂直构造走向、反射同相轴连续性好，最好经过钻探孔位的测线。

(三) 波组对比的具体方法

1. 收集掌握地质资料

在剖面对比工作开始之前，解释人员必须收集探测区、勘探区和邻区地质资料，包括区域地质和盆地内地层、构造及矿井地质条件等方面的资料，甚至现有的采区地质资料。在有条件的地区，解释人员在剖面解释前或解释过程中到盆地周缘地区或是井下现场考察实际露头剖面是十分必要的。解释人员在解释前要基本了解勘探区范围、勘探目的层、基底性质、表层性质、地层时代、地层结构与地层间接触关系、岩性组合特征及分布范围、周边地质条件等基础资料，并将这些资料始终贯穿在对比过程中。实质上地震剖面解释＝地质情况＋地震资料＋解释技巧，最终的解释成果要落实到解决地质问题上。

开始对比时，首先应按顺序把探测剖面浏览一遍，选出其中反射层次齐全、信噪比高、反射同相轴稳定且连续性好的一些剖面作为对比基干剖面。基干剖面一般要求在研究区范围均匀分布，能反映典型地质现象和控制区内主要构造-地层单元的剖面。

2. 相位对比

由于反射波是在干扰背景下被记录下来的，反射波的波前(初至)到达时间难以识别。在时间剖面上不能对比波的初至，只能对比波的相位，这种对比方法叫做相位对比。相位对比可分为强相位对比和多相位对比。

(1) 强相位对比：就是选择同一反射层位，波形变化稳定、能量强、特征明显的波进行对比和横向追踪。对于每一个反射标准层，都要选择振幅强、连续性好的相位进行单相位对比。强相位对比在地质条件简单的地区是可行的，但是由于地下地质条件变化或波的干涉，有时单相位对比较困难，这时可根据反射波相邻相位之间关系，进行多相位对比，又称为波组和波系对比。

(2) 波组和波系对比：波组是指比较靠近的两个以上的反射界面产生的反射波的组合，一般是由某一标准波及相邻的几个反射波组成，能连续追踪，具有较稳定的波形特征，各波出现次序和时间间隔都有一定的规律。波系是指由两个以上的波组所组成的反射波系列，表现为波组之间特征明显，时间间隔稳定，并具一定的规律性。

波组和波系往往产生于较为稳定的沉积地区，地层厚度和岩性横向变化相对稳定，反射波特征也较稳定。利用波组和波系进行对比，可以较全面地考虑层组间的关系，准确地识别和追踪反射波。

(3) 相位对比的分级与合理性检查：对比过程中应根据反射标准层同相轴的品质进行分级，一般分为可靠和不可靠两级。可靠同相轴振幅强，波形稳定，特征明显，连续性好，虽有错断但仍能识别清楚，着色时用实线表示；不可靠同相轴振幅变化大，波形不稳定，特征不明显，连续性差，着色时用虚线表示。

在对比过程中,要注意异常波和反射波特征变化,注意区别杂乱反射与空白反射。一般情况下,异常波的出现往往与断层和特殊地质体有关;如杂乱反射和空白反射可能是冲积扇体、滑塌岩体、火成岩体或泥底辟构造等的地震响应,应根据具体地质情况做出判断。

3. 闭合对比

根据时间剖面同一层反射波相同相位的时间在剖面交点上相等的原则,确定其相同的部位叫做相位闭合。相位闭合既可以统一解释层的作图相位,又可以检查标准层对比工作的质量。相位闭合不仅是剖面交点的闭合,而且是整个测线网的闭合。在剖面交点上,用相位闭合差来衡量相位是否闭合。相位闭合差是相交两条剖面同一层反射波时间差。在一般情况下,当闭合差小于或等于半个相位时,可认为两条相交剖面的相位闭合,否则为相位不闭合。

造成相位不闭合的原因很多,既有解释方面的原因,又有采集和处理等方面的原因。在解释过程中,由于标准层的对比串层串相位,断层两侧层位定错,相位关系的追踪不正确等都可以造成相位不闭合。在时间剖面上反射波分叉的现象是很普遍的,追踪对比时,必须对分叉的每一点都做出一致性的判断。这种波的分叉与合并现象,大多数情况是有地质意义的。如地层厚度变化、岩性横向变化和不整合面的截削与地层超覆等均能引起反射波的分叉。

(1)厚层分叉:变厚的地层,单个反射波常分叉为两个反射波,这种变化是均匀、缓慢的,地震剖面上没有任何不连续的迹象。在这种情况下,一般沿顶面光滑同相轴的那一支连续地延伸下去,这样有可能保持追踪同一层位或接近同一层位。

(2)薄层分叉:在由大套厚砂泥岩地层相变为薄砂泥岩互层,或上覆在稳定砂层上的页岩相变为一系列薄的砂泥岩互层,就会出现单一反射波逐渐变为一系列反射波。在这种情况下,一般沿底面光滑同相轴的那一支追踪下去。

4. 剖面间的对比

在勘探区范围不大、地下地质情况较稳定的地区,相邻平行测线上各时间剖面所反映的地层层位、构造形态、断层尖灭等地质现象都应基本相似,可利用相邻剖面相互参照对比。这一点往往相当重要,可以发现区域性的构造特征。

5. 对比次序

对比过程中要遵循先简单、后复杂的对比原则。先从地层厚度变化不大、层系发育全的稳定地区开始对比,然后逐渐对比到复杂地区。先对比垂直和平行构造走向的主干剖面和联络剖面,后对比斜交构造的剖面;先对比浅层反射波,由浅入深逐层向下展开对比;先对比反射波,后对比多次反射波和特殊波;先对比偏移剖面,后对比水平剖面。

总之,波的对比是一项十分重要的工作,它直接影响地震解释成果的可靠性,要求反复对比,并不断地进行检查、分析,确保追踪的反射层与地下地质界面一致。上述对比方法不仅要综合运用,更为重要的是通过较多实践积累经验,才能逐步提高对比技巧。

三、各种构造波场特征分析

地震波场是地下地质体总的地震响应,不同形状的地质体在时间剖面上会形成特有的波场。例如地质上的背斜会形成发散波,向斜形成回转波,断裂构造形成绕射波和断面波等。掌握了这些特殊波在地震剖面上的空间分布,就可以根据回声时间的大小、振幅的强弱、同相轴的连续性等对地震波场进行地质解释。

(一)背斜型界面的发散波

在水平叠加时间剖面上,背斜型界面如同凸面镜一样,对反射能量有发散作用,结果使反射波振幅减弱,如图 7-1(b)所示。它的反射波向上隆起的范围和幅度都比实际的背斜增加了,故称之为反射波。

(二)向斜型构造的回转波

当向斜的曲率半径小于其埋藏深度时,在水平叠加时间剖面上会形成反射点位置和接收点位置相互倒置的回转波场。回转波场呈"蝴蝶结"的几何形态,如图 7-2(a)所示。图 7-2(b)是偏移归位后的剖面,回转波已被归位,恢复了原来真实界面的形态。回转波的波场具有"背斜"形,其"背斜"的顶点应是凹型界面的底点。

如果凹型界面曲率较小,由于具有能量聚焦作用,凹型界面的上方反射波振幅增强,如图 7-1(a)所示。

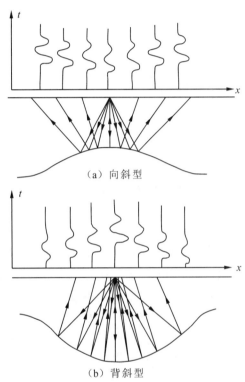

图 7-1 反射界面的聚焦和发散作用

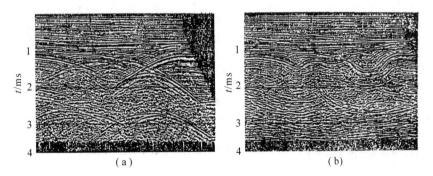

图 7-2 回转波水平叠加时间剖面(a)和偏移剖面(b)

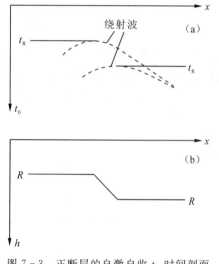

图 7-3　正断层的自激自收 t_0 时间剖面

（三）绕射波

在岩性的突变点，如断点、尖灭点、侵蚀面上的棱角点和封闭型溶洞等处，都会产生绕射波。绕射波在水平叠加时间剖面上的几何形态为"似背斜"的双曲线，"似背斜"的顶点对应绕射点的位置。若绕射波是由断点产生的，则绕射点就为断点。断点产生的绕射波与平界面的反射波在绕射点相切，如图 7-3(a)所示。

（四）断面波

当断层的断距较大，断层面两侧的岩层波阻抗有着明显的差异时，断层面就是一个反射界面，由此界面产生的波动叫做断面波。断面波常与下降盘的反射波斜交，与断棱点的绕射波相连，如图 7-3(b)所示。

（五）多次波

在水平叠加时间剖面上还常见到多次波。反射波法勘探一般要求排列的长度约等于勘探目的层的深度，覆盖次数也受到勘探效益和成本的制约，剖面上会残留多次波的能量，其标志是在速度谱上表现出低速的特点。多次波的 t_0 时间是一次波的整数倍，这是识别多次波的基本标志。图 7-4 为某海上地震记录的多次波效应。

当存在多层界面时，特别当上覆构造复杂时，会对下伏简单构造的波场产生一定的影响，因为速度横向不均匀，致使波传播的射线发生偏折，出现所谓与速度有关的假构造，又称速度陷阱。

根据以上对波场的分析可知，水平叠加时间剖面不是地质剖面简单的映像。当构造较简单时，反射同相轴可以比较直观地反映构造的几何形态；当构造复杂时，会出现所谓的偏移效应。因此有必要对水平叠加时间剖面进行偏移归位处理。

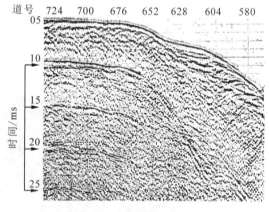

图 7-4　海上地震记录的多次波

四、时间剖面的地质解释

根据对各种构造波场特征的分析，可以对时间剖面作出地质解释，即将地层剖面变为地质剖面。首先要对反射层进行地质层位的标定，一般需借助于钻探、测井等资料确定标准层。层位确定之后，就要对时间剖面上的局部构造作出相应合理的解释。例如，在地面地震

剖面中,断层是最常见的地质构造,它有以下识别标志:

(1)标准反射同相轴发生错断,产状突变,反射零乱或出现空白带。这是由断层错动引起两侧地层产状突变,以及断层的屏蔽作用引起断面下反射波射线畸变等造成的。

(2)标准反射同相轴发生分叉、合并、扭曲、强相位转换等,这是小断层的反映。上升盘沉积地层少,反射同相轴少;下降盘沉积了较厚较全的地层,反射同相轴数会增加。因此,反射同相轴数目突然增减或消失,是大断层的反映。

(3)反射层错断处往往伴随出现断面波、绕射波等特殊波,这也是断层识别的标志。例如在灰岩地区找溶洞和岩溶塌陷柱,封闭型空洞处会有振动延续变长的长周期反射波形。

对时间剖面进行地质解释,需要将时间剖面转换为深度剖面。时深转换使用的速度应尽可能接近地层的速度,即由某一地质单元的层速度 v_i 乘以地震波在该地质单元的单程旅行时间 t_i,便得到该地质单元的厚度 h_i,然后对全部地质单元求和,即

$$h_n = \sum_{i=1}^{n} v_i t_i \tag{7-2}$$

式中,h_n 为第 n 层底界面的深度。

在实际解释工作中,有时使用平均速度 $(\bar{v}^*)^{2/3}$,对某一反射界面进行深度转换,最后根据转换结果绘制地质剖面。目前对于这类计算通过软件程序可自动完成,并绘制出地震剖面。

第三节 地震折射资料的解释

折射波法能从折射信息中提取下伏界面的界面速度。利用这个特点,将折射波法与岩性联系起来,可确定覆盖层下不同岩性的分界面。在工程勘查中,常用折射波法确定大坝、高层建筑、大型机场、高速公路、港口等工程建设中的基岩埋深及起伏,覆盖层的厚度及基岩的岩性变化等,也用于考古、文物发掘及保护工作。

对折射资料进行解释,首先要对折射波进行识别和对比,并根据折射时距曲线和速度资料,绘制反映折射界面的埋深、产状和构造形态的地震剖面图和构造图。

一、折射波的识别与对比

折射界面的折射波一般都有相应初至区,在初至区接收的折射波称为初至波。对初至波进行对比和追踪易于进行,但当折射界面埋藏较深时,要在初至区追踪非常困难,因此折射波也可以是续至波。需要对折射波进行对比的依据之一是同相性,即当相邻接收点的距离较小时,有效波的相同相位到达相邻道的时间差很小,因此折射波的同相轴应是平滑的直线段和曲线段(折射界面为曲面或界面速度有变化时),每一个有效波可以有几个彼此近似平行的同相轴。另一个对比依据是波形相似性。第三个对比依据是振幅标志,一般属于同一界面的有效波,沿测线的振幅衰减是缓慢的,而来自不同界面的有效波,振幅常有一定的强度差异。

二、绘制时距曲线

将经过对比后的折射记录在直角坐标系中绘制时距曲线，一般以震源为坐标原点，纵坐标表示时间，横坐标表示距离(炮检距)。通过计算时距曲线斜率的倒数，可以求取各层速度及有效速度，通过速度和交叉时，可求取折射界面的深度。

可以通过地震测井求地震界面上覆层中的层速度 v_i 和平均速度 $\bar{v}$；也可通过折射波时距曲线求层速度及有效速度。

目前对折射界面的绘制方法较多，具体可见前述内容。通过计算机程序可大大提高计算效率与成图效果。

第二篇 直流电法勘探

第八章　引　言

第九章　直流电阻率法基础知识

第十章　高密度电阻率法

第十一章　高分辨地电阻率法

第十二章　其他电法勘探

第八章 引 言

第一节 电法概述

电法勘探(electrical prospecting)是应用地球物理学(applied geophysics)的主要学科之一,是电学(电磁学 electromagnetics 和电化学 electrochemistry)领域中的一门应用科学。它被广泛应用于各种矿产普查勘探和水文地质、工程地质等方面,并取得了显著的地质效果。

地壳中的岩石、矿物具有某些电学性质的差异,电法勘探(简称电法)就是以研究地壳中各种岩石、矿石的电学性质之间的差异为基础,利用电场(electric field)或磁场(magnetic field)(人工的或天然的)在空间和时间上的分布规律,来解决地质构造或寻找有用矿产的一类物理勘探方法。

在电法勘探中,目前利用矿石和岩石的电学性质或物理参数主要有 4 种:导电性(用电阻率 ρ 表示)、介电性(用介电常数 ε 表示)、导磁性(用导磁率 μ)和极化特性(人工体极化率 η 和面极化系数 λ 与自然极化的电位跃变 $\Delta\varepsilon$)。不同的岩石、矿石在电学性质(一种或数种)上的差异,都可以引起电磁场(人工或天然)的空间分布状态和时间分布规律发生相应的变化。一般情况下,岩矿的电学参数值改变得越明显,岩矿内外或空间中电磁场的相应变化也越强烈。因此,人们便可以根据这种相应的规律在探测区域内(如地下坑道或井中、地面上、空间中)通过利用不同性能的仪器对电磁场的空间分布和时间分布状态的观测与分析研究,寻找矿产资源或查明地质目标在地壳中的存在状态(形状、大小、产状和埋藏深度)以及电学参数值的大小,从而实现电法勘探的地质目的。

实践表明:在自然界中,任何一种地质体都往往或强或弱地具有多种电学性质的表现。在探查地质构造或直接找矿中,可以单独利用其表现强烈的一种性质;由于物探解释的多解性,或为了更详尽地从不同方面了解探查对象的状态,亦可同时或分别利用其中 2~3 种或全部电学参数。选用哪几种参数或全部参数进行观测,决定于勘探目标的赋存状态、地电条件和地形地质条件,根据具体的条件选用不同的仪器设备和适当的观测方法。

一般而言,电法勘探较其他物探方法具有利用物性参数多,场源(field source)、装置(arrangement)形式多,观测内容或测量要素多,以及应用范围广等特点。按场源形式、观测要素、工作方式及地质目标等方面的不同,电法本身又派生出许多不同分支方法。所以,为实现不同探测目标,适应多种矿产地质条件,电法勘探在多年的生产实践中发展出许多分支或变种方法。目前,在实际工作中得到应用的已有20余种,处于研究阶段的也还有许多种。电法分支很多,但有些方法很类似,为了学习和研究方便,常将在某些方面从某种角度上具有一定相似性的分支方法归为一类。一般有以下6种分类方案。

一、按观测场所不同分类

此分类将所有电法分支方法分为航空电法、地面电法、海洋(或水上)电法、地下(包括矿井、坑道和钻孔中)电法。这种分类在考虑工作阶段(普查或勘探)和技术方法以及仪器设备等问题时,便于充分注意不同场所的特点。

二、按勘探地质分类

此分类将电法分为四大类:①金属与非金属矿电法;②石油电法;③煤田电法;④水文与工程电法。这种分类,便于实际工作者按照地质目标和矿产条件适当选择分支方法,以便更有成效地在方法、技术、仪器设备和资料解释中注重地质特点。

三、按场源性质分类

此分类将电法划分为两大类:①人工场法(或主动源法);②天然场法(或被动源法)。两种方法各有适用条件:人工场法的一般特点是,场源的形式和功率可以人为地控制或改变,因此比较灵活,适用于多种不同地质目标和矿产条件;天然场法则不同,但由于不需要人工场源,一般比较经济,而且效率高,更便于开展普查工作。

四、按产生异常电磁场的原因分类

此分类将电法划分为两大类:①传导类电法;②感应类电法。前者观测和利用大地中由传导作用产生的异常电流场(天然的或人工的,稳定的或似稳态的),目前我国应用广泛的是电阻率法(electrical resistivity method)、自然电位法(spherical potential method)、充电法(electrodes charging method)、激发极化法(induced polarization method);后者观测和利用地壳中由感应作用产生的涡旋电流场或其异常电磁场(天然的或人工的;瞬变的或谐变的),主要有脉冲瞬变场法、低频电磁法、甚低频法和无线电波法。

五、按观测内容分类

此分类将电法划为两大类:①纯异常场法;②总合场法。在纯异常法中,观测的内容不包含人工场源的作用,如时间域激发极化法和脉冲瞬变场法,都是在断开供电电流(人工场源)后观测纯异常场,又如用频率域激发极化法和电磁感应法时,供电期间观测的各种方位虚分量也属纯异常,还有各种天然场法;总合场法中则包含人工场的作用,如各种电阻率法及频率域法中倾角法和椭圆极化法以及振幅相位法等。

六、按电磁场时间特性分类

此分类通常将电法划分为三类,即直流电法(direct-current method)或时间域电法(观测或利用稳定电场)、交变电法或频率域电法(观测或利用似稳态电磁场和电磁波)和过渡过程法或脉冲瞬变场法(观测或利用电磁场的瞬态过程)。

直流电法到目前为止,尚无统一的分类方案,因为很难用一种标准化的分类方法把各种电法分支方法严格区分开来。

这里需要说明的是,各大类电法即各次级分支电法地质效果的好坏并不取决于分类,主要取决于方法原理、地质对象和矿产地质条件的复杂程度以及干扰水平等因素。而且,这必须是在正确、积极地发挥出人的主观能动性的前提下而言的。否则,理想的地质目标将难以实现。电法勘探的地质效能是由许多主、客观因素决定的,不是固定不变的。实践证明,在一定地质条件下,主观作用是关键因素。只有充分、合理地发挥了人的作用,才能体现出电法勘探本身的地质效能。例如,有的分支电法用于寻找金属矿时可能相当有效,但用以探查地质构造时,便往往得不到预期效果。然而,对另外一种分支电法而言,情况可能恰恰相反。因此,在实际工作中,根据各种具体条件,合理地选择方法、技术仍是与完成找矿任务紧密相关的一项重要措施。而这首先取决于合理发挥人的主观能动性,应予特别重视。

第二节 电法勘探的历史

一、初期事件

电法勘探是一门新兴学科,它的整个发展历程仅有约一个半世纪。据文献记载,早在19世纪初,P.佛克斯首先在硫化金属矿上观测到自然电流,并在1835年开始试图用电法寻找金属矿,这便是早期的自然电场法,它是电法勘探最先诞生的一种分支方法。但当时只是处于研究阶段,很不完善,未得到实际应用。约半个世纪后,卡尔巴努斯才在自然电场法中采用不极化电极。直到20世纪初,世界许多国家工业迅速发展,对矿产资源需求猛增,电法勘探才从研究领域走向应用阶段。后经不断完善发展,才较正规地投入生产找矿(施伦贝尔热,1912)。

利用人工场源的电阻率法勘探约在19世纪末被提出来。如费歇于1893年在美国一个矿床上测得了电阻率异常。但当时也是初步的,到20世纪初视电阻率的重要概念才被提出来(温纳和施伦贝尔热,1915),并确立了两种分支方法:四极等间距的温纳氏法(Wenner method)和中间梯度法(middle gradient method)。

激发极化法(induced polarization)于1920年被施伦贝尔热提出,达赫诺夫于1941年进行了深入的研究,赛格尔于1949年提出用激发极化法寻找浸染型硫化矿。此后形成的激发极化方法被用于金属矿勘探。

美国工程师康克宁在1917年提出了电磁感应法,并在1925年首次取得地质效果。此后各种分支电磁方法相继而生。

二、近期历史

回顾电法勘探的发展历史,在20世纪初电法基本理论和应用方案已初步形成。之后,在法国、苏联、瑞典、加拿大及美国、英国等国家,地质勘探中电法应用越来越普遍。目前,现代物理学、电子学,特别是计算机技术上的发展,大大促进了电阻率法勘探的新技术、新方法、新仪器的发展,尤其是野外信息的数字化和资料的计算机处理,使得电阻率法应用范围进一步扩大,地质效果更为明显。

在仪器方面:现在电法仪器都向小型化、轻便化、数字化、自动化、智能化和高效化等方向发展,使电法勘探应用范围进一步扩大,地质效果更明显。日本 OYO 公司、美国 GSSI 公司及 Zonge 公司、加拿大 Phoenix 公司等相继开发出电法 CT 仪及新一代多功能电测系统仪器以及电阻率成像系统,使得野外数据采集、结果成图一次性完成,大大提高了电法勘探的效率。

在技术方面:目前,电法勘探随着相邻学科的发展而必然相应得到发展,出现了一些新技术和新方法,主要有以下 9 种。

(1)高密度电阻率法。它采用了三电位电极系,包括温纳四极、偶极、微分三极装置。它结合计算机技术,可广泛应用于场地地质调查、坝基及桥墩选址等。

(2)高分辨地电阻率法。该方法起初用于探测军事方面的洞体,后应用到探测废矿巷道、岩溶等地下洞体。在探测地下洞体方面效果优于其他方法。

(3)激发极化法。它是应用最广和效果最好的一类电法勘探方法,在找水、找油方面取得了明显的效果。

(4)频谱激电法,又称复电阻率法。该方法在金属矿床和油气勘查方面取得了明显的找矿效果,但对激电效应和电磁效应的分离、激电异常的评价并未完全解决,仍要继续研究。

(5)瞬变电磁法。该方法是近年来发展起来的电法勘探分支方法,它除了具有电磁法穿透高阻层能力强及人工源方法随机干扰影响小等优点外,还明显具有断电后观测纯二次场,可以进行近区观测,减少旁侧影响,增强电性分辨能力;可用加大发射功率的方法增强二次场,提高信噪比,从而增加勘探深度;通过多次脉冲激发后场的重复测量和空间域拟地震的多次覆盖技术应用,提高信噪比和观测精度;可选择不同的时间窗口进行观测,有效压制地质噪声,获得不同勘探深度等一系列优点。其今后的发展方向可概括为 4 个方面:①理论方面,与实际地质构造接近的二维、三维问题正反演,电磁拟地震的偏移及成像技术,瞬变电磁法的激电效应特征、分离技术和解释方法等;②方法技术方面,类似于 CSAMT 的双极源瞬变电磁法,拟地震的工作方法技术,如时间域多次覆盖技术等;③仪器方面,主要是发展大功率、多功能、智能化电测系统,高温超导磁探头的研制及观测和解释方法研究;④应用方面,除了通常应用于金属矿及石油资源的勘查外,还应在地下水、地热、环境及工程勘察、井中瞬变电磁法及深部构造等方面拓宽应用及研究领域。

(6)可控源音频大地电磁法。它是 20 世纪 70—80 年代国际上新发展起来的一种电法勘探方法,由于该方法的探测深度较大(通常可达 2km),且兼具剖面和测深双重性质,因此颇受业内人士青睐。为了推动 CSAMT 法的进一步发展,应深入研究二维和三维条件下,由人工场源引起的各种复杂现象对双极源 CSAMT 观测结果的影响规律和校正方法,提高观测结果的解释水平。

(7)探地雷达。它采用宽频短脉冲和高采样率,探测的分辨率(resolution)高于所有其他地球物理手段。随着电子工艺的迅速发展探地雷达有了轻便的仪器,它的实际应用范围也迅速扩大。在理论研究方面,该方法目前仍相对集中于信号处理。另外,探地雷达图像的正确判读和解释,始终是探地雷达工作者的一项重要和艰巨的任务,今后仍作为重点研究。

(8)无线电波透视法。它是根据电磁波在地下岩层中传播时能量吸收关系,观测电磁场场强 H 信号的强弱,进行幅值能量反演,形成透视阴影异常,从而进行地质推断和解释的一种方法。坑透法在两巷道间进行,电磁波在煤层传播中遇到介质电性变化时,电磁波被吸收或屏蔽,接收信号显著减弱或收不到有效信号,如沿巷道多点观测,则形成所谓的透视异常。由于受到井下特殊地质条件所限,如金属支架、金属管道、铁轨及电缆等,井下巷道人工导体设施对电磁波传播起到较强的干扰作用。但由于现场观测与资料处理简单,该方法是目前煤矿常用的方法。

(9)岩性测深。该方法在大深度上显示出高分辨率和识别油、煤、水的能力,但由于其发明公司(美国 GI 公司)对其原理解释缺乏说服力,其应用争议颇大。

随着物探技术水平的提高和科学技术的进步,直流电法勘探技术发展的未来方向将更重视技术应用的要求,新一代的电法仪器设备将会在多通道并行采集,多频段、多参数采集,实时动态监测系统以及各种条件下的快速探测技术等方面取得新的更大发展。

第九章　直流电阻率法基础知识

电阻率法勘探是以地下岩石(或矿石)的导电性差异为物理基础,通过观测和研究人工建立的地下稳定电流场的分布规律从而达到找矿或解决某些地质问题的目的。它具有方法多样化的优点,而且由于仪器设备比较简单且工作效率较高,因此被广泛用于各种矿产的普查勘探和水文地质、工程地质、供水水源勘探等领域,并取得了良好的地质效果。

本章将首先介绍岩石、矿石的导电性和电阻率法的原理、各种装置类型,然后介绍电阻率剖面法和电阻率测深法的基本理论、视电阻率异常特征及其实际应用。

第一节　电阻率及其影响因素

一、岩石的电阻率

由均匀材料制成的具有一定横截面积的导体,其电阻 R 与长度 L 成正比,与横截面积 S 成反比,即

$$R = \rho \frac{L}{S} \tag{9-1}$$

式中,ρ 为比例系数,称为物体的电阻率。电阻率仅与导体材料的性质有关,它是衡量物质导电能力的物理量。显然,物质的电阻率越低,其导电性就越好;反之,若物质的电阻率越高,其导电性就越差。在电法勘探中,电阻率的单位采用欧姆·米来表示(或记作 $\Omega \cdot m$)。电阻率的倒数 $1/\rho$ 即为电导率(admittance),以 σ 表示,它直接表征了岩石的导电性能。不同岩(土)体的电阻率变化范围很大,常温下可从 $10^{-8}\Omega \cdot m$ 变化到 $10^{15}\Omega \cdot m$,与岩石的导电方式不同有关。岩石的导电方式大致可分为以下 4 种。

(1)石墨、无烟煤及大多数金属硫化物主要依靠所含的数量众多的自由电子来传导电流,这种传导电流的方式称为电子导电。由于石墨、无烟煤等含有大量的自由电子,故它们的导电性相当好,电阻率非常低,一般小于 $10^{-2}\Omega \cdot m$,是良导体。

(2)岩石孔隙中通常都充满水溶液,在外加电场的作用下,水溶液的阳离子(如 Na^+、K^+、Ca^{2+} 等)和阴离子(Cl^-、SO_4^{2-} 等)发生定向运动而传导电流,这种导电方式称为孔隙水溶液的离子导电。沉积岩的固体骨架一般由导电性极差的造岩矿物组成,所以沉积岩的电阻率主要取决于孔隙水溶液的离子导电,一切影响孔隙水溶液导电性的因素都会影响沉积

岩的电阻率,如岩石的孔隙度(porosity)、孔隙的结构、孔隙水溶液的性质和浓度以及地层温度等,都对沉积岩的电阻率产生不同程度的影响。

(3)绝大多数造岩矿物,如石英、长石、云母、方解石等,它们的导电是矿物晶体的离子导电。这种导电性是极其微弱的,所以绝大多数造岩矿物的电阻率都相当高(大于 $10^6\Omega \cdot m$)。致密坚硬的火成岩、白云岩、灰岩等,它们几乎不含水,而其矿物晶体的离子导电又十分微弱,故它们的电阻率很高,属于劣导电体。

(4)泥质一般是指粒度小于 $10\mu m$ 的颗粒,它们是细粉砂、黏土与水的混合物。泥质颗粒对阴离子具有选择吸附作用,从而在泥质颗粒表面形成不能自由移动的紧密吸附层,在此紧密吸附层以外是可以自由移动的阳离子层。在外电场作用下阳离子依次交换它们的位置,形成电流。这种以泥质颗粒表面的阳离子来传导电流的方式与水溶液的离子导电方式不同,称为泥质颗粒的离子导电,也称为泥质颗粒的附加导电。黏土或泥岩中泥质颗粒的离子导电占绝对优势,由于黏土颗粒或泥质颗粒表面的电荷量基本相同,所以黏土或泥岩的导电性能比较稳定,它们的电阻率低且变化范围小。在砂岩中,随着岩石颗粒的变细,附加导电所起的作用将越来越大。特别是细砂岩和粉砂岩,附加导电对岩石的电阻率影响很大。

由上述可知,矿物电阻率值是在一定范围内变化的,即同种矿物可有不同的电阻率,不同矿物也可有相同的电阻率。因此,岩土、矿石的电阻率也非为某一特定值。对几种常见岩石而言,其电阻率便是在一定范围内变化的(图 9-1)。由表 9-1 可见,火成岩与变质岩的电阻率较高,通常在 $10^2 \sim 10^5 \Omega \cdot m$ 范围内变化;沉积岩的电阻率一般较低,如黏土电阻率为 $0 \sim 10\Omega \cdot m$;砂岩的电阻率为 $10^2 \sim 10^3 \Omega \cdot m$,而灰岩的电阻率则较高些(表 9-2)。

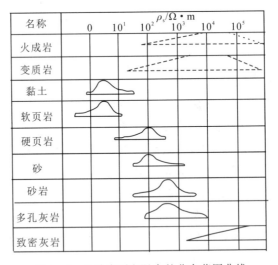

图 9-1 几种岩石电阻率的分布范围曲线

表 9-1　火成岩和变质岩的电阻率　　　　　　　　　　　　单位：$\Omega \cdot m$

岩石名称	电阻率	岩石名称	电阻率
花岗岩	$3 \times 10^2 \sim 10^6$	玄武岩	$10 \sim 1.3 \times 10^7$（干）
花岗斑岩	4.5×10^3（湿）$\sim 1.3 \times 10^6$（干）	橄榄苏长岩	$10^3 \sim 2 \times 10^4$（湿）
长石斑岩	4×10^3（湿）	橄榄岩	3×10^3（湿）$\sim 6.5 \times 10^3$（干）
钠长岩	3×10^2（湿）$\sim 3.3 \times 10^3$（干）	角页岩	8×10^2（湿）$\sim 6 \times 10^7$（干）
正长岩	$10^2 \sim 10^6$	片岩	$20 \sim 10^4$
闪长岩	$10^4 \sim 10^5$	凝灰岩	2×10^3（湿）$\sim 10^5$（干）
闪长斑岩	1.9×10^3（湿）$\sim 2.8 \times 10^4$（干）	石墨片岩	$10 \sim 10^2$
斑岩（各类）	$60 \sim 10^4$	板岩	$6 \times 10^2 \sim 4 \times 10^7$
英安岩	2×10^4（湿）	片麻岩	6.8×10^4（湿）$\sim 3 \times 10^6$（干）
辉绿斑岩	10^3（湿）$\sim 1.7 \times 10^5$（干）	大理岩	$10^2 \sim 2.5 \times 10^8$（干）
辉绿岩	$20 \sim 5 \times 10^7$	矽卡岩	2.5×10^2（湿）$\sim 2.5 \times 10^8$（干）
熔岩	$10^2 \sim 5 \times 10^4$	灰岩	$10 \sim 2 \times 10^8$
辉长岩	$10^3 \sim 10^6$		

表 9-2　沉积岩和冲积物的电阻率　　　　　　　　　　　　单位：$\Omega \cdot m$

岩石名称	电阻率	岩石名称	电阻率
固结页岩	$20 \sim 2 \times 10^3$	未硬结湿黏土	20
厚层泥岩	$10 \sim 8 \times 10^2$	泥灰岩	$3 \sim 70$
砾岩	$2 \times 10^3 \sim 10^4$	黏土	$1 \sim 100$
砂岩	$1 \sim 6.4 \times 10^8$	冲积层和砂	$10 \sim 800$
灰岩	$50 \sim 10^7$	油砂	$4 \sim 800$
白云岩	$3.5 \times 10^2 \sim 5 \times 10^3$		

以上 3 种岩石的电阻率固然与其矿物成分有关，但在很大程度上取决于它们的孔隙度或裂隙度以及其中所含水分的多少等。具体的影响岩土、矿石电阻率的因素将在下文详细讨论。

二、水的电阻率

自然状态下水的电阻率变化范围详见表 9-3。

表 9-3 不同水的电阻率   单位:Ω·m

水的类型	电阻率	水的类型	电阻率
雨水	>1000	海水	$n\times 10^{-1}\sim n\times 10$
河水	$n\times 10^{-1}\sim n\times 10^2$	矿井水	$n\times 10$
潜水	<100	深成盐渍水	$n\times 10^{-1}$

水的电阻率与它的矿化度和温度有密切的关系。表 9-4 是地下水中常见的各种盐溶液的电阻率。

表 9-4 不同矿化度水的电阻率

矿化度/(g·L^{-1})	地下水电阻率/Ω·m			
	NaCl	KCl	MgCl$_2$	CaCl$_2$
纯水	25×10^4	25×10^4	25×10^4	25×10^4
0.010	511	578	438	463
0.100	55.2	58.7	45.6	50.3
1.000	5.83	6.14	5.06	5.56
10.000	0.657	0.678	0.614	0.660
100.000	0.080 9	0.077 6	0.093 6	0.093 0

地下水的矿化度变化范围很大,淡水中的矿化度为 0.1g/L,咸水矿化度可高达 10g/L,地下水的电阻率亦随之有明显的变化。因此,在岩性条件变化不大情况下,有可能在地面或井中应用电阻率的差异来划分含淡水和含咸水的层位。

温度的变化会引起水溶液中离子活动性的变化,水溶液的电阻率随温度的升高而下降。在地下热水的勘探工作中,将利用这个特性,用电阻率法圈定地热异常区。

在冰冻条件下,地下岩石中的水溶液全处于冻结状态,离子无法迁移,冰的电阻率剧增至 10^5Ω·m 左右。此时岩石便呈现极高的电阻率,增加了电法施工的困难。

三、影响电阻率的因素

(一)岩石导电性与矿物成分的关系

岩石电阻率与组成岩石的矿物的电阻率、含量和分布有关。当岩石中含有良导电矿物时,矿物导电性能否对岩石电阻率的大小产生影响取决于良导电矿物的分布状态和含量。如果岩石中的良导电矿物颗粒彼此隔离地分布着,且良导电矿物的体积含量不大,那么岩石的电阻率基本上与所含良导电矿物无关,只有当良导电矿物的体积含量较大时(大于30%),岩石的电阻率才会随良导电矿物体积含量的增大而逐渐降低。但是,如果良导电矿物的电连通性较好,即使它们的体积含量并不大,岩石的电阻率也会随良导电矿物含量的增加而急剧减小。

(二)岩石电阻率与其含水性的关系

沉积岩主要依靠孔隙水溶液来传导电流,因此岩层中水的导电性质将直接影响沉积岩的电阻率。在其他条件相同的情况下,岩层电阻率与岩层中水的电阻率成正比。影响水的导电性的主要因素是水中离子的浓度和水的温度。煤田中常见的岩层水一般含低或中等浓度的离子,岩层中水的含盐浓度增大,离子数量随之增多,溶液导电性将变好。岩层中水的导电性还与温度有关,它的电阻率将随温度的升高而降低。

(三)岩石电阻率与其孔隙度和孔隙结构的关系

由于地下水只充填在岩石的孔隙空间之中,因而岩石电阻率不仅与岩石中水的电阻率有关,而且还与岩石的孔隙度和孔隙结构有关。岩石孔隙度的大小决定着岩石中水的含量,从而决定着岩石中离子的数量;岩石的孔隙结构(包括孔隙通道的截面积大小、弯曲程度以及连通程度等)则影响着离子的运动速度和参加运动的离子数量。

(四)岩石电阻率与层理的关系

层理构造是大多数沉积岩和变质岩的典型特征,如砂岩、泥岩、片岩、板岩以及煤层等,它们均由很多薄层相互交替组成。这种岩石的电阻率具有明显的方向性,即沿层理方向和垂直层理方向岩石的导电性不同,称为岩石电阻率的各向异性。岩石电阻率的各向异性可用各向异性系数 λ 来表示,定义为

$$\lambda = \sqrt{\frac{\rho_n}{\rho_t}} \tag{9-2}$$

式中:ρ_n 代表垂直层理方向上的平均电阻率,称为横向电阻率;ρ_t 代表沿层理方向的平均电阻率,称为纵向电阻率(图9-2)。由于岩层横向电阻率始终大于纵向电阻率,所以岩石的各向异性系数总大于1。特别地,当 $\lambda = 1$ 时,则为各向同性介质。表9-5列出了几种常见沉积岩的各向异性系数的变化范围。

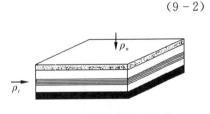

图9-2 层状结构岩石模型

表9-5 几种常见岩层的各向异性系数

岩石名称	λ	岩石名称	λ
层状黏土	1.02~1.05	泥质板岩	1.1~1.59
层状砂岩	1.1~1.6	泥质页岩	1.41~2.25
灰岩	1~1.3	无烟煤	1.5~2.5

(五)岩石电阻率与温度的关系

岩石电阻率随温度的变化遵循导电理论的有关定理。导电介质中离子的能动性随温度的升高而增大,其运动能量积累到一定值时,很容易脱离晶格,因此导电性增强。半导体的温度升高时,导电区的电子浓度增大,导电性也相应增大。如前所述,在低温条件下,含水岩石中水溶液的导电性随温度的升高而增大,这是温度升高导致水溶液浓度增大和黏滞度降低,水溶液中离子数量增多、活动性增强的缘故;当温度继续升高时,因水分蒸发,岩石电阻率略有增加,只有温度继续升高时,电阻率才开始减小。例如,对油页岩进行加温实验,温度升高到50~100℃时,试样的电阻率减小;温度升高至200℃时,试样电阻率增大;温度继续升高超过200℃时,试样电阻率急剧下降;当温度超过600℃后,试样电阻率又呈回升趋势。

(六)岩石电阻率与压力的关系

岩石原生结构破坏是压力作用下岩石性质变化的主要原因。根据压力特征,这种破坏可能是岩石的压实、孔隙收缩、颗粒接触面积增大、形成裂隙组或是个别区域之间黏结性减小等。

静水压力对岩石的压实作用最大,在静水压力作用下,岩石内出现残余变形,从而使孔隙度降低。此时压力对岩石电阻率的影响与岩石内液体和气体的含量有关,往往随压力的增大,干燥或者稍许含水岩石的电阻率减小,这是孔隙度降低、颗粒间接触良好的原因。除此之外,岩石中孤立的含水孔隙在压力作用下闭合形成连续的导电通路,也会使其电阻率减小。对于大多数岩石,当单轴压力由10MPa增大到60MPa时,可观测到岩石电阻率的剧烈变化。但是,某些黏土在压力作用下,由于孔隙中的水分被挤出,含水孔隙通道的截面缩小,从而使其电阻率增大。对于非常潮湿的煤,压力增大时,电阻率也增大。相反,在压力弱化作用下,岩石颗粒之间内部黏结性降低,致使岩石强度变小,岩石可碎性增强。当岩石内部裂隙发育但裂隙不充水时,岩石电阻率会增大,若裂隙充水,岩石电阻率会显著减小。

综上所述,电阻率是表征岩(土)体性质的重要物理参数,岩(土)体的电阻率不同程度地依赖于它们的成分、结构、所含水分等因素,随着影响因素的改变而在较大范围内变化。因此,在一定的地质、物性条件下,可以通过测定岩土的电阻率来解决地质问题。

第二节 地下稳定电流场

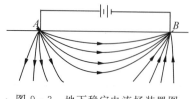

图9-3 地下稳定电流场装置图

如果将直流电源的两端通过埋设在地下的两个电极(electrode)A、B向大地供电,在地面以下的导电半空间建立起稳定电场(tranquilized electric fields)(图9-3)。该稳定电场的分布状态决定于地下不同电阻率的岩层(或矿体)的赋存状态。所以,从地面观察稳定电场的变化和分布,可以了解地下的地质情况,这就是电阻率法勘探的基本原理。

一、地中稳定电流场的基本性质

（一）地中电流密度（current density）与电场的正比性

在地中存在电流的任意一点上，电流密度矢量 j 与电场强度矢量 E 在数量上成正比，比例系数为该点岩石的电导率（admittance），即

$$j = \sigma E = \frac{E}{\rho} \tag{9-3}$$

这就是欧姆定律（Ohm's law）的微分形式。

式（9-3）既适用于均匀介质的情况，也适用于非均匀介质的情况，因为在介质不均匀的情况下，总能选取一个足够小的体积元，以致就这个体积元来说，电阻率仍然可以被视为是均匀的。

（二）地中电流的连续性

对于稳定电流场，包含电流强度（current intensity）为 I 的电流源的任意闭合面的通量表达式为

$$\oint j \cdot n \, dS = I \tag{9-4}$$

式中：S 为包围电流源的闭合曲面；n 为面元 dS 的单位法线矢量。上式即为电荷守恒定律（charge convesation law）表达式，它表明电荷既不能无中生有，也不能凭空消失。如果 S 面中不包含电流源，则上式为

$$\oint j \cdot n \, dS = 0 \tag{9-5}$$

它说明在稳定电流场中电流是连续的，即在任何一个闭合面内，无正电荷或负电荷的不断积累。其微分形式为

$$\text{div} j = 0 \tag{9-6}$$

即在稳定电流场中，源点除外的任何一点处电流密度的散度均等于零。

（三）稳定电流场的势场性

从上述性质可知，稳定电流场在空间上的分布是稳定的，即不随时间而改变，它与静电场一样均为势场。在稳定电流场中任意一点 M 处的点电位 U，等于将单位正电荷从 M 点移到无限远处，电场力所做的功。

$$U = \oint_M^\infty E \, dl \tag{9-7}$$

故电场强度与电位有关，即

$$E = -\text{grad} U \tag{9-8}$$

在直角坐标系中，式（9-8）也可以写成

$$\boldsymbol{E} = E_x \boldsymbol{i} + E_y \boldsymbol{j} + E_z \boldsymbol{k}$$

$$E_x = -\frac{\partial U}{\partial x}, E_y = -\frac{\partial U}{\partial y}, E_z = -\frac{\partial U}{\partial z} \tag{9-9}$$

从稳定电流场所满足的基本实验定律出发,将式(9-3)和式(9-8)代入式(9-6),便可以得到稳定电流场所满足的微分方程:

$$\mathrm{div}\left(\frac{1}{\rho}\mathrm{grad}U\right) = 0 \tag{9-10}$$

对于均匀或分区均匀的无源介质空间,由于 ρ 为常数,上述方程可写为

$$\mathrm{div\ grad}U = 0 \quad \text{或} \quad \nabla^2 U = 0 \tag{9-11}$$

式中,∇ 为 Laplace 算符,上式即为拉普拉斯(Laplace)方程式。在电法勘探中常用的 3 种坐标系中的 Laplace 方程表达式如下:

直角坐标系

$$\frac{\partial^2 U}{\partial x^2} + \frac{\partial^2 U}{\partial y^2} + \frac{\partial^2 U}{\partial z^2} = 0 \tag{9-12}$$

柱坐标系

$$\frac{\partial^2 U}{\partial r^2} + \frac{1}{r}\frac{\partial U}{\partial r} + \frac{1}{r^2}\frac{\partial^2 U}{\partial \varphi^2} + \frac{\partial^2 U}{\partial z^2} = 0 \tag{9-13}$$

球坐标系

$$\frac{\partial}{\partial r}\left(r^2 \frac{\partial U}{\partial r}\right) + \frac{1}{\sin\theta}\frac{\partial}{\partial \theta}\left(\sin\theta \frac{\partial U}{\partial \theta}\right) + \frac{1}{\sin^2\theta}\left(\frac{\partial^2 U}{\partial \varphi^2}\right) = 0 \tag{9-14}$$

对于均匀或分区均匀的有源介质空间,上述方程可归结为 Poisson 方程的形式,即

$$\nabla^2 U(P,A) = -I\rho\delta(P-A) \tag{9-15}$$

式中:P 为考察点;A 为供电点电源的位置。

上述方程概括了稳定电流场所满足的基本实验定律,反映了稳定电流场的内在规律性。解该方程实际上就是寻找一个和该方程所描述的物理过程诸因素有关的场函数。

势场是一种无旋场,在地中由导电岩石组成的任一闭合回路中,电流所做的功恒等于零,即

$$\oint_L \boldsymbol{E}\mathrm{d}l = 0 \tag{9-16}$$

上式的微分形式为

$$\mathrm{rot}\boldsymbol{E} = 0 \tag{9-17}$$

二、地中稳定电流场的边界条件

(一)第一类边界条件

(1) $r \to \infty$ 时,

$$U = 0 \tag{9-18}$$

(2) $r \to 0$ 时,

$$U = \frac{I\rho_1}{2\pi R} \tag{9-19}$$

（二）第二类边界条件

$$j_n = -\frac{1}{\rho_1}\frac{\partial U}{\partial n} = 0 \tag{9-20}$$

即在地面上（除 A 点外）电流密度法向分量等于零。

（三）第三类边界条件

当界面两侧介质电阻率为有限值时，在该界面上以下连续条件成立：

(1) $U_1 = U_2$；

(2) $j_{1n} = j_{2n}$ 或 $\frac{1}{\rho_1}\frac{\partial U_1}{\partial n} = \frac{1}{\rho_2}\frac{\partial U_2}{\partial n}$；

(3) $E_{1t} = E_{2t}$ 或 $j_{1t}\rho_1 = j_{2t}\rho_2$；

(4) $\frac{\rho_1}{\rho_2} = \frac{\tan\theta_2}{\tan\theta_1}$。

电流密度在分界面上的变化见图 9-4。

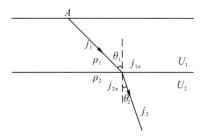

图 9-4　交界面处电流密度矢量分布图

三、点电源电场

当用电阻率法研究地下地质情况时，首先要在所研究地区的地下建立稳定电场。通常在地面上，供电装置采用单点电极或双异性点电极向地下发送电流，然后在离供电点电极一定距离的地方来观测场的分布。显然，由于电极大小相对于电极之间的距离来说一般很小，我们便可以把电极视为一个点，并称为点电源。若当观测范围仅限于一个电极附近，而将另一个电极置于"无穷远"时，就构成了一个点电源的电场；当观测范围必须同时考虑两个电极的影响时，便构成了两个点电源的电场。因此，研究点电源电场在地下均匀无限半空间的分布是有一定意义的。为了研究点电源电场的分布，首先要把大地和空气的分界面看作是一个无限大的水平面，分界面（地面）上部为空气，电阻率为无限大，界面之下由均匀各向同性且电阻率为 ρ 的大地组成。

（一）一个点电源的电场

如图 9-5 所示，当地面设置一个点电流源 A（另一个异性电极 B 置于无限远处），供电电流强度为 I，推导地下半空间介质 ρ 中任意一点 M 的电位、电流密度和电场强度的表达式。研究这种具有球对称性的电场问题，应采用球坐标系，如图 9-6 所示的 Laplace 方程式[式(9-14)]。由于场的对称性，所以任意一点的电位与方位角 φ 和极角

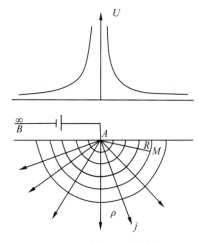

图 9-5　一个点电源的电场

θ 无关,方程式(9-14)可简化为

$$\frac{\partial}{\partial R}\left(R^2\frac{\partial U}{\partial R}\right)=0 \tag{9-21}$$

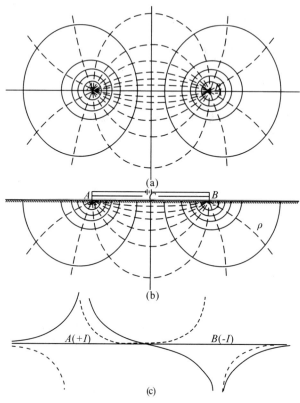

图 9-6 两个点电源在均匀半空间地面上的电场示意图
(a)平面图；(b)剖面图；(c)在通过 AB 的连线上地表电位、电场强度曲线图

对上式两次积分得

$$U=-\frac{C}{R}+D$$

式中,C、D 为积分常数。利用极限条件 $R\to\infty$ 时,$U=0$,得 $D=0$。所以,地下任意一点的电位表达式为

$$U=-\frac{C}{R} \tag{9-22}$$

当确定积分常数 C 时,首先需要求出以 A 点为中心,穿过半径为 R 的球面上的总电流 I,即

$$I=\int_s \boldsymbol{j}\,\mathrm{d}S=\frac{1}{\rho}\int_s \boldsymbol{E}\,\mathrm{d}S=-\frac{1}{\rho}\int_s\frac{\mathrm{d}U}{\mathrm{d}R}\mathrm{d}S$$

又由 $\dfrac{\mathrm{d}U}{\mathrm{d}R}=\dfrac{C}{R^2}$ 可求得通过该球面的总电流

$$I = -\frac{C}{\rho R^2}\int_s \mathrm{d}S = -\frac{2\pi C}{\rho}$$

应等于供电极 A 所发送的电流，故 $C = -\dfrac{I\rho}{2\pi}$，代入式(9-22)，得

$$U = \frac{I\rho}{2\pi R} \tag{9-23}$$

式(9-23)就是在均匀各向同性地下半空间介质中，点电源电场的电位分布公式。根据式(9-3)和式(9-8)，可以分别求出电场强度 E 和电流密度 j 的关系式为

$$E = \frac{I\rho}{2\pi R^2} \tag{9-24}$$

$$j = \frac{I}{2\pi R^2} \tag{9-25}$$

由此可见，地下点电源场的电位 U、电流密度 j 和电场强度 E 均与电流强度 I 成正比，电位 U 与 R 成反比，电场强度 E 和电流密度 j 与 R 的平方成反比。地下半空间的等位面是以点电源 A 为中心的同心球壳，电流线是以 A 为中心的辐射直线。

（二）两个异极性点电源电场

根据电场叠加原理，研究两异极性点电源时，可以用正电流源 A 场和负电流源 B 场的叠加。对地下任意一点 M 的电流密度 j_M^{AB}，应是矢量 j_M^A 和 j_M^B 的矢量和，即

$$j_M^{AB} = j_M^A + j_M^B$$

j_M^A 和 j_M^B 的量值可由式(9-25)计算，方向由作图法确定，用矢量加法（平行四边形法则）确定 M 点的总电流密度矢量 j_M^{AB}。地下逐点求得各点的电流密度大小和方向，便可得到地下半空间电流线的分布轨迹图。由于电场强度 E 也是矢量，故可用相同方法得到。当供电极 A、B 距离较大时，在 A、B 中点附近（$\dfrac{1}{3} \sim \dfrac{1}{2} AB$ 地段）电流线将平行地表分布，这个电流线平行场区称为电法勘探均匀场区。在该区，有利于电法勘探观测。

由于电位是标量，故可求得 A、B 两异极性点源在地下任意一点 M 处所产生的电位为

$$U_M^{AB} = U_M^A + U_M^B = \frac{I\rho}{2\pi}\left(\frac{1}{AM} - \frac{1}{BM}\right) \tag{9-26}$$

由式(9-26)和电流线分布轨迹图可以看出，在具有两个极性不同接地的情况下，接地附近等位面是两组半球面，在 A 和 B 接地的中部等位面是一组与 AB 连线垂直的平面。电流线是由电极 A 出发、终止于电极 B 的一簇复杂的曲线。

四、地下电流密度随深度的变化

实际工作中，了解电流向地下穿透的分布规律是十分重要的。这是由于地表附近的电流愈多，地下深部的电流就愈少，所能勘探到的深度就愈小，因此要增加勘探深度，就要研究电流随深度变化的规律。

接下来讨论在均匀各向同性介质的地面上一个点电源和两个点电源场电流密度随深度

变化的情况。

(一) 一个点电源

如图 9-7 所示,从电极 A 流入地下的电流 $+I$,在与 A 点相距 r 的地下某一点 M 处的电流密度是这样计算的:取以 A 点为原点的直角坐标系,M 点在地面的投影点为 P,距离 PM 等于埋深 h。AP 方向为 x 轴,z 轴指向地下。$AP=L$,L 称为极距(polar distance)。

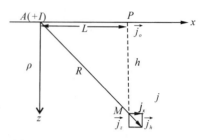

图 9-7 均匀各向同性介质地面上一个点电源的电流密度分布

根据式(9-3)和式(9-8)

$$j = \frac{E}{\rho} = -\frac{dU}{dr} \cdot \frac{1}{\rho} \cdot \frac{r}{R}$$

式中,$R = \sqrt{x^2+z^2}$,$\frac{r}{R}$ 为 j 的方向矢量。

将式(9-23)代入上式,分别求出电流密度的水平分量 j_x 和垂直分量 j_z 为

$$j_x = \frac{1}{\rho}\left(-\frac{\partial U}{\partial x}\right) = \frac{I}{2\pi} \cdot \frac{x}{R^3}, j_z = \frac{1}{\rho}\left(-\frac{\partial U}{\partial z}\right) = \frac{I}{2\pi} \cdot \frac{z}{R^3}$$

地面下,M 点处总的电流密度 j_h^A 为

$$j_h^A = \sqrt{j_x^2+j_z^2} = \frac{I}{2\pi R^2} \tag{9-27}$$

地面上,P 点处,$z=0$,其电流密度 j_P^A 为

$$j_P^A = \frac{I}{2\pi} \cdot \frac{1}{x^2} \tag{9-28}$$

由此可以说明地面 P 点电流密度只有水平分量,垂直分量等于零。令 $z=h, x=L=AP$,比较式(9-27)和式(9-28)得

$$\frac{j_h^A}{j_P^A} = \frac{1}{1+\left(\frac{h}{L}\right)^2} \tag{9-29}$$

电流密度变化详见表 9-6,电流密度随深度分布曲线见图 9-8。

表 9-6 电流密度变化

h/L	j_h^A/j_P^A	h/L	j_h^A/j_P^A
0	1	1.4	0.34
0.2	0.96	1.6	0.28
0.4	0.86	1.8	0.24
0.6	0.74	2.0	0.20
0.8	0.61	3.0	0.10
1.2	0.41	4.0	0.06

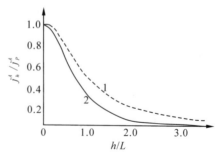

1——一个点电源;2——两个点电源。
图 9-8 电流密度随深度分布曲线

综上所述,一个点电源电流密度分布有如下特点:

(1)当 $r \to \infty$,$j=0$,即在距点电源无穷远点电流密度为零。

(2)当 $h=0$,即在地面上,比较式(9-27)和式(9-28)可知,地面上的电流密度最大,电流在地表附近分布最密集。

(3)电流密度随深度的变化,从表9-6可清楚地看出,当 $h=L$ 时,$j_h^A=0.5j_P^A$,即当埋深等于极距时,该处的电流密度只有地表 P 处电流密度的50%;当 $h=4L$ 时,$j_h^A=0.06j_P^A$,即当埋深等于4倍极距时,该处电流密度只有地表电流密度的6%。这说明当极距一定时,随着深度增加,电流密度急剧减小。

(4)在地面电阻率法工作中,通常地下深度为 h 处的电流密度只有达到一定的数值时(严格地说,电流密度比值 $\dfrac{j_h^A}{j_P^A}$ 要达到一定数值),才能影响地表电场的变化,这时,使用具有一定灵敏度的电测仪器才能探测出异常。因此,必须根据目标探测深度设计最合适的极距 L。增大极距才能增大探测的深度。

(二)两异极性点电源电流随深度的变化规律

如图9-9所示,现讨论 AB 中垂线上不同深度处电流的分布情况。当供电电流强度分别为 $+I$ 和 $-I$ 的两异极性点电源布置在地面时,可计算出 AB 中点的电流密度 j_o 和地下深度为 h 处 M 点的电流密度 j_h,其计算公式为

$$j_o^{AB}=j_o^A+j_o^B=2j_o^A, \quad j_h^{AB}=j_h^A+j_h^B$$

式中,j_o^A、j_o^B 和 j_h^A、j_h^B 分别为点电源 A 和 B 在地表 O 点和地下深度为 h 处的电流密度。根据式(9-25),点电源在 M 点处的电流密度为

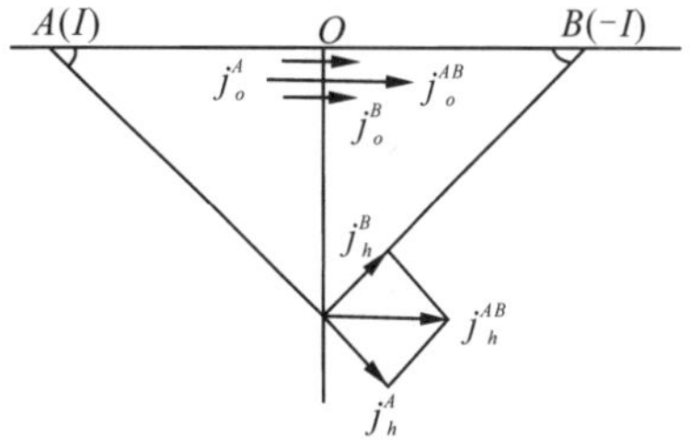

图9-9 电流密度随深度变化矢量图

$$j_h^A=j_h^B=\frac{I}{2\pi(r^2+h^2)} \tag{9-30}$$

利用平行四边形法则求出 j_h^{AB},即

$$j_h^{AB}=j_h^A\cos\alpha+j_h^B\cos\alpha=2j_h^A\cos\alpha \tag{9-31}$$

或

$$j_h^{AB}=\frac{I(AB/2)}{\pi[h^2+(AB/2)^2]^{3/2}} \tag{9-32}$$

式(9-32)表明,AB 中点的垂直深度上任一点的电流密度大小与供电电流、深度 h 和供电电极距($AB/2$)有关。

当 $h=0$ 时,在地表 O 点处的电流密度为 $j_h^{AB}=j_o^{AB}=\dfrac{I}{\pi(AB/2)^2}$。

然后将式(9-32)作如下变化:

$$\frac{j_h^{AB}}{j_o^{AB}} = \frac{\dfrac{I(AB/2)}{\pi[h^2+(AB/2)^2]^{3/2}}}{\dfrac{I}{\pi(AB/2)^2}} = \frac{1}{[1+(h/AB/2)^2]^{3/2}} \quad (9-33)$$

式(9-33)说明,在地下深度 h 处的电流密度 j_h^{AB} 与地表电流密度 j_o^{AB} 的比值与电极距 $AB/2$ 有直接关系。根据 j_h^{AB}/j_o^{AB} 与 $h/(AB/2)$ 的关系曲线(图9-10)可知,当 $h=AB/2$ 时,$j_h=0.33j_o$;$h=AB$ 时,$j_h=0.08j_o$;$h=3AB$ 时,$j_h \to 0$。

显然,电流随深度的分布情况决定于供电电极距 AB 的大小。因此,要想使电流穿透较深的部位,就必须使 AB 增大到相应的距离。但从图9-11可以看到,在电源功率不变的情况下,随着极距的加大,电流密度随之减小。因此,当考虑加大电极距的同时,也必须考虑加大电源功率。

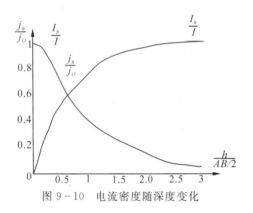

图9-10 电流密度随深度变化

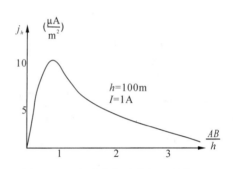

图9-11 电流密度随电极距变化

当研究深度 h 一定,$AB/2 \to 0$ 和 ∞ 时,j_h^{AB} 皆为零;当 $\dfrac{\partial j_h^{AB}}{\partial AB/2} = \dfrac{I\left[h^2-2\left(\dfrac{AB}{2}\right)^2\right]}{\pi\left[h^2+\left(\dfrac{AB}{2}\right)^2\right]^{5/2}} = 0$ 时,$AB=\sqrt{2}h$,即当 $AB=\sqrt{2}h$ 时,深度 h 处的电流密度最大,称此时的 AB 为最佳电极距。同样也可以证明,电流沿水平方向分布也是有限的,即分布于 A、B 两极连线附近。同时,把 $h \approx 0.71AB$ 这一深度称为最大的勘探深度。显然勘探深度的大小决定了电极距 AB 的长短。

电法勘探是借助于发现地下电性不均匀体来达到勘探目的的,而电性不均匀体的发现是依据它对已知电流场的影响程度,因此必须有足够强的电流通过不均匀体,我们才能借观测地面电场的变化,来发现不均匀体的存在。实践证明,即便是最理想的有利的地质条件下,在地面发现不均匀地质体的能力——勘探深度,都小于 $AB/2$。在电法勘探中把勘探深度"$AB/2$"的数值称为理想勘探深度。换言之,如果我们要勘探埋藏深度为 h 的地质体,那么采用的供电装置的 $AB/2$ 值应大于 h。

勘探深度与供电电极距 AB 成正比,这是很重要的结论。它告诉我们,AB 越大,勘探深度越大;要加大勘探深度范围只有加大供电电极距 AB 才能办到,这也是后文电测深法工作的理论依据。

由于电流在地下半空间的分布是有限的（指对我们有勘探意义的电流分布范围），且大都集中于 A、B 连线附近（深度和水平方向），在远离 A、B 连线的地方电流密度很小。在这个有效范围内，有地质体存在，电场会发生明显的变化，因而地质体会被我们发现；在这个有效范围之外，地下地质体的存在不能使地面电场发生可以被我们观测到的变化，因此就无法发现这些地质体。我们通常把这个有效范围称为勘探体积。

通常把宽、高等于 $AB/2$，长为 AB 的长方体（图 9-12）定为勘探体积(exploration bulk)，也就是说，在这个勘探体积范围内集中了供电电流的绝大部分，而在这个范围之外，则电流密度很小。显然，只有包括在这个范围之内的地质体才会被我们发现。因此，为了勘探更大范围内的地质体，必须增大勘探体积，即增大 A、B 间的距离。

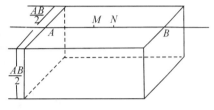

图 9-12　勘探体积示意图

勘探深度 $h=AB/2$ 的结论是在均匀无限导电半空间条件下得出的。当大地是非均匀时，问题变得复杂，但最佳电极距与地电断面类型有关。如果地电断面上部有高阻层存在时，由于高阻层的屏蔽作用，则勘探深度往往为理想情况的 1/5 或更小。

（三）电流密度和供电电源功率的关系

以上讨论了在均匀半空间中，地面上设置一个点电源和两个点电源的电场，电流密度随深度的变化情况。不难看出，大部分电流集中在地表附近，增大极距的结果将使分配到一定深度范围的电流密度百分数相对增大，但对电流密度的绝对值大小来说，显然在供电电源功率不变的情况下，随着电极距的增大，电流密度将减小。例如一个点电源的情况，极距为 L 的最大电流密度为

$$j_P^A = \frac{I}{2\pi L^2}$$

式中，电流强度 I 与电源电压 U、电源内阻 $R_内$、导线电阻 $R_线$ 和 A、B 电极的接地电阻 R_A、R_B 的关系为

$$I = \frac{U}{R_内 + R_线 + R_A + R_B} \tag{9-34}$$

式(9-34)的分母为供电回路的总电阻。在总电阻不变的情况下，要加大电流强度 I 就必须增加电源电压 U。

在野外工作中，如果电源电压一定，就不能无限制增大电极距来增加勘探深度，否则会导致电流密度太小，地电体的存在所能引起的电场变化太小，无法被仪器探测到，也就达不到勘探目的。有关接地电阻的概念将在后文介绍。

五、地下电阻率不均匀的影响

以上讨论了地下均匀各向同性半空间导电介质中的电场特点。对电法勘探来说，这种

情况就相当于勘探的正常背景——正常场。对实际地质工作有意义的是研究各种地下电阻率不均匀的地电体引起的异常场（anomaly）。

（一）电流在电阻率分界面上的折射

由于在电阻率分界面上，电流密度的法向分量连续，切向分量不连续，总的电流密度矢量在界面两侧要改变方向，如图 9-13 所示。

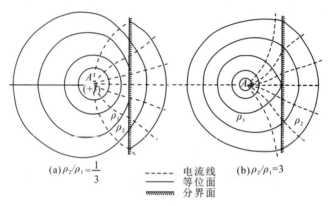

图 9-13 一个点电源在不同电阻率边界附近的电场特点示意图

设电流密度矢量与界面法线的夹角为 θ，因为 $\rho_1 > \rho_2$，如果电流密度矢量是从 ρ_1 介质进入 ρ_2 介质，θ_1 为入射角，θ_2 为折射角。类似于几何光学，光线在具有不同传播速度的界面上发生折射的情况。于是有 $\tan\theta_1 = \dfrac{j_{1t}}{j_{1n}}$，$\tan\theta_2 = \dfrac{j_{2t}}{j_{2n}}$。

根据电流密度法向分量连续的边界条件 $j_{1n} = j_{2n}$，并根据电场强度切线分量连续的边界条件 $E_{1t} = E_{2t}$，$j_{1t} \cdot \rho_1 = j_{2t} \cdot \rho_2$，得

$$\frac{\tan\theta_1}{\tan\theta_2} = \frac{j_{1t}}{j_{2t}} = \frac{\rho_2}{\rho_1} \tag{9-35}$$

可见，折射角 θ_2 的大小是由入射角 θ_1 的大小及比值 $\dfrac{\rho_2}{\rho_1}$ 的大小决定的。若 $\rho_1 < \rho_2$，$\theta_1 > \theta_2$；反之，$\rho_1 > \rho_2$，$\theta_1 < \theta_2$。

这是一个很重要的结论。也就是说，电流线若从高阻介质进入低阻介质，折射角变大（$\theta_2 > \theta_1$），折射方向偏离界面法线方向。若 ρ_2 很小，那么折射后电流线几乎与界面平行，而且方向向下。反之，若电流线从低阻介质进入高阻介质，这时折射角变小（因为 $\rho_1 < \rho_2$，$\theta_1 > \theta_2$），电流线接近界面法线方向。从表象看，好像高阻一侧介质排斥或推阻电流线。在专业术语中习惯上说，低阻体（良导体）吸引电流线，高阻体排斥电流线，这个概念起源于此。

综上所述，可以看出，当存在电阻率的不均匀体时，在其边界上，电场的电流密度矢量将产生折射，或者说电流线发生转折现象，结果使电场发生变化，在正常场的背景上产生异常场。归根结底，电流密度对于电阻率分界面的法向量是连续的，它对异常场的产生没有贡

献;电流密度对于电阻率分界面的切向分量是不连续的,故电流密度切线分量的变化量是引起异常场的根本原因。在电阻率大的一侧,电流密度切线分量变小;电阻率小的一侧,电流密度切线分量变大。

由此可以说明,人工电场电流线在地下电阻率界面上的转折和变化,既决定于客观因素——如地电不均匀体的几何形状、产状以及它和围岩的电阻率差异等,也受主观因素——采用装置不同,电流线相对界面的入射角(θ_1)不同所制约。在地面电阻率法中,将研究对于不同形状的地电体,采用何种电极排列装置形式,能使异常场最明显,探测效果最好。

(二)地电断面的概念

根据地下地质体电阻率差异而划分界线的地下断面,叫做地电断面(geoelectric section)。它可能同地物体、地质层位的界线吻合,也可能不一致。

前面已谈及,地下电阻率的不均匀体就叫地电体,有形状简单的,也有形状复杂的。有的称作二度体,有的称作三度体。所谓二度体,是在一个方向上无限延伸的地电体,例如沿走向无限延伸的岩脉、断层破碎带、地下暗河等,可以把它们归纳为这样的物理模型:直立或倾斜的脉状体、水平圆柱体等。所谓三度体就是 3 个坐标轴方向上分布的都是有限的地电体,如球体、椭球体、立方体以及某些形状不规则的地电体。

在研究各种形体的地电断面时,若垂直其二度体走向作断面,或通过三度体的中心作断面(铅垂面),便可以得到如图 9-14 所示的几种典型的地电断面模型。

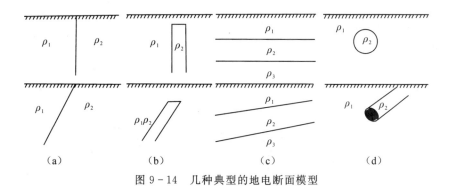

图 9-14 几种典型的地电断面模型

(三)不同地电断面的电场特点

在地面电阻率法中,常使用的人工电场可简化为两种典型的电场:一是点电源附近呈辐射状的电场,二是均匀场。后者是当两个供电电极 A、B 间距离足够大时,在靠近 A、B 连线中点附近的电场,前已提及,在该区域内离地面不深处的电流线分布是近似平行的,且电流线的疏密程度近似相等。在这个范围内的电场可称为均匀场。

如何用人工电场来揭示不同地电断面是电阻率法的研究课题。为帮助读者建立定性分析不同地电断面电场特点的概念,表 9-7 列举了几种典型地电断面分别在点电源场和均匀电场中电流密度的畸变示意图。

表 9-7 典型的地电断面电场特点(电流线畸变)

场类型	单点电源场	均匀电场
没有畸变均匀介质	$+J$, ρ_0	I, ρ_0
半无限介质 ρ_0 $\rho_{空气}=\infty$	$\rho_{空气}=\infty$, $+I$	$\rho_{空气}=\infty$, ρ_0
地下倾斜界面 ρ_1/ρ_2	$+I$；ρ_1, ρ_2，$\rho_1>\rho_2$ ｜ $+I$；ρ_1, ρ_2，$\rho_1<\rho_2$	ρ_1, ρ_2，$\rho_1>\rho_2$ ｜ ρ_1, ρ_2，$\rho_1<\rho_2$
地下直立薄脉	ρ_1, ρ_2 低阻脉$\rho_1>\rho_2$ ｜ ρ_1, ρ_2 高阻脉$\rho_1<\rho_2$	ρ_1, ρ_2 低阻脉$\rho_1>\rho_2$ ｜ ρ_1, ρ_2 高阻脉$\rho_1<\rho_2$
地下水平层	$+I$；ρ_1, ρ_2，$\rho_1>\rho_2$ ｜ $+I$；ρ_1, ρ_2，$\rho_1<\rho_2$	ρ_1, ρ_2 ｜ ρ_1, ρ_2
地下球体	ρ_1, ρ_2 低阻脉$\rho_1>\rho_2$ ｜ ρ_1, ρ_2 高阻脉$\rho_1<\rho_2$	ρ_1, ρ_2 低阻脉$\rho_1>\rho_2$ ｜ ρ_1, ρ_2 高阻脉$\rho_1<\rho_2$
地表不平	$+I$, ρ_0 ｜ $+I$, ρ_0	ρ_0 ｜ ρ_0

(地电断面类型)

它们具有以下 3 个方面的特点。

(1) 不同的场相对不同几何形状的界面,电流线有不同的入射角,若入射角等于 0°(垂直界面入射,入射电流线和界面法线夹角为 0°),电流密度切线分量为零,只有法向分量,且连续。若入射角为 90°(即入射电流线平行界面),则电流密度矢量在该入射点没有法向分量,只有切线分量。这是从入射角度来讨论的两种极端的情况。当入射角大小介于上述两种情况之间,即 $0°<\theta_1<90°$,电流密度矢量的切线分量和法向分量同时存在,其中切线分量变化越大,电场被歪曲得越厉害,也就是说电流线畸变越大。

(2) 若电流线由高阻介质进入低阻介质,电流线趋于发散;反之,由低阻介质进入高阻介质,电流线趋于集中。遇到电阻率趋于无穷大(如 $\rho_{空气} \to \infty$)的界面,电流线被高阻界面全部排斥,电流无法穿过界面。

(3) 地表起伏不平也会引起电流线的畸变。凹陷处相当于被空气(高阻介质)所充填,凸出部分好比增加了一块导电介质。

六、稳定电流场在地下建立的物理实质

稳定电流场的建立是从不稳定逐渐达到稳定的过程。电流向地下发送瞬间,电场不是稳定的,经过一定时间(称建场时间)后才趋于稳定。在通电过程中,任何具有电性差异的分界面(如电极表面、岩层分界面及地表面等)上均有积累电荷分布,当这种积累电荷趋于稳定值时,电场才开始稳定。

当供电电极位于 ρ_1 介质中(图 9-15),在供电回路刚接通的一瞬间(即 $t=0$ 时刻),ρ_1 和 ρ_2 分界面两侧无限靠近点的电场强度均相等,即 $E_{1n}=E_{2n}$(因 $E_1=E_2$)。由于 $\rho_1<\rho_2$,在同一电场作用下,其电流密度法向分量可写成 $j_{1n}=E_{1n}/\rho_1>j_{2n}=E_{2n}/\rho_2$

在刚建场时刻,从界面左侧流入的电流多于从右侧流出的电流,根据电荷守恒定律,必然在分界面上有积累电荷存在。由于 $\rho_1<\rho_2$,因此在分界面处有正电荷积累,此时电场是非稳定状态。

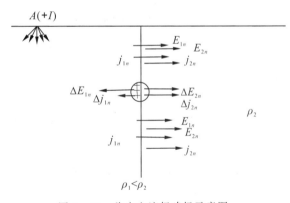

图 9-15 稳定电流场建场示意图

当 ρ_1 和 ρ_2 分界面上出现积累电荷后,积累电荷本身又形成新的电场 ΔE_{1n} 和 ΔE_{2n}。ΔE_{1n} 和 ΔE_{2n} 方向指向分界面两侧,即 ΔE_{1n} 和 E_{1n} 方向相反、ΔE_{2n} 和 E_{2n} 方向相同。新的积累电荷产生电流 Δj_{1n} 和 Δj_{2n},方向仍指向两侧,且新的电流源 Δj_{1n} 和 Δj_{2n} 改变了原电流的大小,即 $j_{1n}(总)=j_{1n}-\Delta j_{1n}$,$j_{2n}(总)=j_{2n}-\Delta j_{2n}$。

新电流可以是原来电流密度大的一侧减小,而使原来电流密度小的一侧增大。随着电荷积累的增加,ρ_1 和 ρ_2 分界面两侧的电流密度逐渐接近,直到两侧总电流相等,即 $j_{1n}(总)=j_{2n}(总)$,电荷停止积累,此时电场处于稳定状态。这就是稳定电流场的建立过程。

电流从高阻介质一侧流向低阻介质时,在界面上积累负电荷。由于在电性分界面上有正、负电荷积累,所以地下电流才产生排斥(正电荷在界面上积累)和吸引(负电荷在界面上积累)的作用。

第三节 视电阻率

一、均匀大地电阻率的测定

为测定均匀大地的电阻率,通常在大地表面布置对称四极装置,即两个供电电极 A、B,两个测量电极 M、N(图 9-16,图 9-17)。

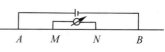

图 9-16 对称四极装置图

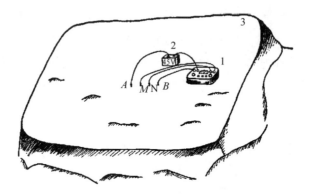

1—仪器(测量电流及电位差,必须用高输入阻抗仪器);
2—干电池;3—平坦的岩石露头;A、B—供电电极(小铜棒);
M、N—测量电极(小铜棒或小的不极化电极)。

图 9-17 岩石露头上电阻率的测量

当通过供电电极 A、B 向地下发送电流时,就在地下电阻率为 ρ 的均匀半空间建立起稳定的电场。在 M、N 处观测电位差 ΔU_{MN} 大小,由式(9-26)可写出 M、N 间的电位差为

$$\Delta U_{MN} = \frac{I\rho}{2\pi}\left(\frac{1}{AM} - \frac{1}{BM} - \frac{1}{AN} + \frac{1}{BN}\right) \tag{9-36}$$

式中:I 为电流强度;ρ 为均匀大地电阻率。由式(9-36)可导出均匀大地电阻率计算表达式为

$$\rho = \frac{2\pi}{\frac{1}{AM} - \frac{1}{BM} - \frac{1}{AN} + \frac{1}{BN}} \frac{\Delta U_{MN}}{I} = K\frac{\Delta U_{MN}}{I} \tag{9-37}$$

其中,$K = \dfrac{2\pi}{\dfrac{1}{AM} - \dfrac{1}{BM} - \dfrac{1}{AN} + \dfrac{1}{BN}}$,称为装置系数,其单位为 m。装置系数 K 的大小仅与

供电电极 A、B 及测量电极 M、N 的相互位置有关。当电极位置固定时，K 值即可确定。

在均匀各向同性的介质中，不论布极形式如何，根据测量结果，按式(9-37)计算出的电阻率始终等于介质的真电阻率 ρ。这是由于布极形式的改变，可使 K 值和 I 及 ΔU_{MN} 也作相应的改变，从而使 ρ 保持不变。

二、视电阻率的概念

以上讨论了测量地下均匀介质电阻率的方法，在实际工作中，这种情况是很少的，常遇到的地电断面一般是不均匀和比较复杂的。当仍用四极装置进行电法勘探时，将不均匀的地电断面以等效均匀断面来替代，故仍然套用式(9-37)计算地下介质的电阻率。这样得到的电阻率不等于某一岩层的真电阻率，而是该电场分布范围内，各种岩石电阻率综合影响的结果，称之为视电阻率，并用符号 ρ_s 表示。因此，视电阻率法中最基本的计算公式，即视电阻率的表达式为

$$\rho_s = K \frac{\Delta U_{MN}}{I} \tag{9-38}$$

式中：K 为装置系数(m)；ΔU_{MN} 为在 M、N 测量电极间的实际电位差(mV)；I 为 A、B 供电回路的电流强度(mA)。

电阻率法更确切地说应称作视电阻率法，它是根据所测视电阻率的变化特点和规律去发现和了解地下的电性不均匀体，揭示不同地电断面的情况，从而达到找矿或探查构造的目的。

由式(9-38)可见，影响视电阻率的因素有：①装置的类型和大小，K 改变，ρ_s 也发生变化；②装置相对不均匀地电体的位置；③地下介质的不均匀性。公式中比值 $\frac{\Delta U_{MN}}{I}$ 的变化，直接与②和③诸因素有密切关系。为更深入理解视电阻率的物理实质，分析视电阻率和电流密度的关系是很有意义的。

三、视电阻率和电流密度的关系

根据式(9-3)和式(9-8)，视电阻率的基本式(9-38)改换为下列形式。

当 MN 很小时，其间的电场可认为是均匀的。电场强度等于电位的负梯度（注：电位梯度的定义是单位距离内电位的增加量，电位梯度 $=\frac{U_N - U_M}{\overline{MN}}$）。

$$E_{MN} = -\frac{U_N - U_M}{\overline{MN}} = \frac{\Delta U_{MN}}{\overline{MN}} = j_{MN} \cdot \rho_{MN} \tag{9-39}$$

所以有

$$\Delta U_{MN} = j_{MN} \cdot \rho_{MN} \cdot \overline{MN} \tag{9-40}$$

式中：$\overline{MN}$ 为 M、N 电极间距离；j_{MN} 为 M、N 电极处实际电流密度；ρ_{MN} 为 M、N 电极处的真实电阻率。

将式(9-40)代入式(9-38)得

$$\rho_s = K\frac{\Delta U_{MN}}{I} = K\frac{j_{MN} \cdot \rho_{MN} \cdot \overline{MN}}{I} \tag{9-41}$$

当地下介质均匀时,把 j 和 ρ 的下角标换成"0"表示为

$$\rho_s = \rho_0 = K\frac{j_0 \cdot \rho_0 \cdot \overline{MN}}{I} \tag{9-42}$$

解得

$$\frac{1}{j_0} = \frac{K \cdot \overline{MN}}{I} \tag{9-43}$$

所以有

$$\rho_s = K\frac{\Delta U_{MN}}{I} = \frac{K \cdot \overline{MN}}{I} \cdot j_{MN} \cdot \rho_{MN} = \frac{j_{MN}}{j_0} \cdot \rho_{MN} \tag{9-44}$$

最后,得到视电阻率和电流密度的关系式为

$$\rho_s = \frac{j_{MN}}{j_0} \cdot \rho_{MN} \tag{9-45}$$

式中, j_0 为地下介质均匀时的电流密度值。

对 A 极供电, M、N 极测量的三极装置来说,若采用梯度测量方式,即 $MN \to 0$, MN 的中点为测量点,称为 O 点,即 $AO \gg MN$, $AM \approx AN \approx AO = r$,则

$$K = \frac{2\pi AM \cdot AN}{MN} \tag{9-46}$$

根据式(9-43)有

$$j_0 = \frac{I}{K \cdot MN} = \frac{I}{2\pi AM \cdot AN} = \frac{I}{2\pi r^2} \tag{9-47}$$

这与一个点电源在均匀半空间地面上电场(称为正常场)的电流密度公式[式(9-25)]是一致的。

式(9-45)清楚地表明,在均匀介质中,采用一定装置测量所得的视电阻率 ρ_s 与测量电极所在地段的介质真实电阻率(ρ_{MN})成正比,其比例系数是 $\frac{j_{MN}}{j_0}$,这是测量电极间的电流密度值与假设地下全部介质都是均匀时所具有的电流密度值之比。

现在再来分析表 9-10,不同地电断面电流线的畸变情况同均匀介质电流线未发生畸变的情况相比,可以发现,遇到低阻体,正常电流线被低阻体吸收,使地表 M、N 处的电流密度明显减小,故 $j_{MN} \ll j_0$,即 $\frac{j_{MN}}{j_0} \ll 1$;遇到高阻体,正常电流线被高阻体排斥,使地表 M、N 处的电流密度明显增大,故 $j_{MN} \gg j_0$,即 $\frac{j_{MN}}{j_0} \gg 1$。在 ρ_{MN} 变化不大的情况下,采用固定的极距排列,沿剖面线逐点测量其视电阻率值,分析 ρ_s 剖面曲线的变化,根据所发现的高阻异常(ρ_s 曲线出现极大值)或低阻异常(ρ_s 曲线出现极小值),可以定性地推断地下高阻体或低阻体的存在。如前所述,若电流密度畸变程度越大,所产生的 ρ_s 异常就越明显。

电流密度畸变程度的大小和不均匀体的电阻率差异以及边界条件有直接的关系。在不均匀地电体的边界上,根据式(9-35),只有当 ρ_2 与 ρ_1 差异很大,而且入射角 θ_1 是适当大小

的时候,造成 $j_{1t} \gg j_{2t}$,或 $j_{1t} \ll j_{2t}$,才能导致 $\dfrac{j_{MN}}{j_0}$ 或者远大于1,或者远小于1。

需要说明的是,所谓视电阻率曲线的高阻异常或低阻异常是相对围岩(正常背景)而言,是一个相对概念。

在讨论式(9-45)时,除了应十分重视 $\dfrac{j_{MN}}{j_0}$ 的因素外,亦不可忽略 ρ_{MN} 因素。测量电极 M、N 接地处的电阻率如果是均匀的,对 ρ_s 的影响不大;如果 ρ_{MN} 不均匀,例如地表遇到废石堆、潮湿凹地、沼泽地、河漫滩,或者地表有金属管道等,将会导致 ρ_{MN} 的变化(当然 $\dfrac{j_{MN}}{j_0}$ 亦受影响),将产生和地下勘探对象无关的干扰。

四、装置系数 K 的物理意义

式(9-38)可适用于任何装置类型。装置不同,极距的选择不同,K 值也不同。为了更好地理解 K 值的物理意义,从三极装置(AMN)K 值公式着手进行分析。且据式(9-46),当 $MN \ll AO$,令 $AO = r$,则有

$$K = \dfrac{2\pi r^2}{MN} \tag{9-48}$$

式(9-48)中的"$2\pi r^2$"是以 A 为球心、以 r 为半径的半球壳表面积。在介质均匀的情况下(ρ_0),它相当于过 M 点的等位面和过 N 点的等位面,厚度为 MN 的半球壳的平均面积,如图9-18所示。

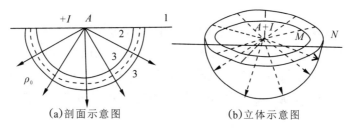

(a)剖面示意图　　　(b)立体示意图

1—地面;2—电流线或电力线;3—等位面。

图 9-18　均匀半空间三极装置的电场

式(9-38)中,令 $R_{MN} = \dfrac{\Delta U_{MN}}{I}$,则有

$$\rho_s = K R_{MN} = \dfrac{2\pi r^2}{MN} R_{MN} \tag{9-49}$$

将式(9-49)与细长导体的电阻率公式[式(9-1)]比较,它们之间存在以下的等效关系:K 值等效于 $\dfrac{S}{l}$;$2\pi r^2$(半球壳面积)等效于细长导体的截面积 S,MN 的距离等效于细长导体的长度。截面积 S 是垂直于电流方向的。即用三极装置在地下半空间均匀介质中测得的电阻率实质是厚度为 MN 的半球壳(以 A 为球心,AO 为半径)体积的介质的电阻率。

因此，装置系数 K 是与通过 M 及 N 点的两个等位面几何形状有关的物理参数。

同理，对于四极对称装置，由于 A、B 电极和 M、N 电极都对称于装置的中心点 O，所以 $AM=NB, AN-AM=BM-BN=MN$，则

$$K=\frac{\pi \cdot AM \cdot AN}{MN} \tag{9-50}$$

对于用四极对称装置所测得的电阻率相当于过 M 点和过 N 点两个等位面间所夹这部分体积的介质的电阻率。

以上讨论说明，电阻率法探测实质上是一种体积勘探。任何电阻率法装置无非是探测在电场影响范围内，介质的有限体积内的视电阻率。

测量电极 M、N 离供电电极 A、B 越远，电场影响所涉及的等位面越深，当然探测得也越深。在勘探体积内，非探测对象电阻率的不均匀性也将叠加进去，造成干扰。

当 A、B 固定，对称于装置中心 O 点，改变 M、N 间距离，若 $M_1N_1>M_2N_2$，则后者比前者勘探深度要大些。$\frac{MN}{AB}$ 的值越小，MN 等位面几乎和地表垂直，入地较深，故勘探深度较大。

五、勘探深度和视电阻率异常

为了探测一定的地电断面，设计一定的电极排列装置，在地面上测量视电阻率，有可能发现埋藏在一定深度的地电体的存在。人们很关心勘探深度这个问题。实际上，勘探深度是一个比较复杂的概念，不可能撇开具体的待探测的地电断面，用极距乘以某一系数，就这样简单地确定。

能产生可靠相对异常的最大深度，就是勘探深度，超过了勘探深度，就无法发现不均匀地电体的存在。在电阻率法勘探中，根据测量误差理论，测量视电阻率的误差，用均方相对误差来衡量。将野外实测的 ρ_s 值绘成各种曲线图，凡是能在平静的围岩背景上突出地下不均匀地电体存在的曲线，人们都笼统地称之为"异常"，异常的大小通常用相对异常值来表示，即

$$Y=\frac{\rho_s-\rho_0}{\rho_0}\times 100\% \tag{9-51}$$

式中：Y 为相对异常，用百分数表示；ρ_0 为围岩（正常场）电阻率。

相对异常值必须大于 3 倍测量均方相对误差，才认为是"可靠异常"。

地面电阻率法勘探中规定，视电阻率测量的均方相对误差不得超过 $\pm 5\%$，因此可靠的相对异常应大于 $\pm 15\%$。

根据式（9-45），当 $\rho_{MN}=\rho_0$ 时，该式变为

$$\rho_s=\frac{j_{MN}}{j_0}\rho_0 \tag{9-52}$$

将式（9-52）代入式（9-51）得

$$Y=\frac{j_{MN}}{j_0}-1 \tag{9-53}$$

可见,相对异常值取决于 $\dfrac{j_{MN}}{j_0}$ 值,而地表电流密度的相对变化值 $\dfrac{j_{MN}}{j_0}$ 起源于地下不均匀地电体对人工电场电流密度的影响。故相对异常的大小和下列因素有关:地电体的电阻率差异,地电体的规模和形状,地电体的埋藏深度,人工电场的类型、装置和极距大小,此外还与干扰水平有关。

六、供电电极和测量电极的互换原理

在解决电阻率法的许多理论和实际问题时,往往需要把供电电极换成测量电极,测量电极换成供电电极,但同时并不改变装置的位置和大小。而且可以证明,不管对于均匀各向同性介质还是不均匀介质,互换后测量的视电阻率大小并不改变。

现在试证明均匀各向同性介质的情况。

根据式(9-36):$\Delta U_{MN}=\dfrac{I\rho}{2\pi}\left(\dfrac{1}{r_{AM}}-\dfrac{1}{r_{AN}}-\dfrac{1}{r_{BM}}+\dfrac{1}{r_{BN}}\right)$

把电极互换之后:$\Delta U_{AB}=\dfrac{I\rho}{2\pi}\left(\dfrac{1}{r_{MA}}-\dfrac{1}{r_{NA}}-\dfrac{1}{r_{MB}}+\dfrac{1}{r_{NB}}\right)$

因为 $\qquad r_{AM}=r_{MA},r_{BM}=r_{MB},r_{AN}=r_{NA},r_{BN}=r_{NB}$

所以 $\qquad \Delta U_{MN}=\Delta U_{AB}$

也就是说,电极的调换并不影响电位差的测量结果,K 值和 I 也保持不变,因此用上述公式计算出的 ρ_s 值仍然一样。对于不均匀介质,互换原理仍然适用,此处证明从略。

第四节 地面电阻率法野外工作的几个问题

一、接地电阻

所有直流电法都必须用电极接地,以保证供电回路及测量回路的连通。接地是否良好,直接影响供电电流的大小。接地良好,接地电阻(grounding resistance)就小,反之,接地电阻就大。

一个电极的接地电阻可以理解为电流由电极流入地下受到的阻力。严格地说,一个电极的接地电阻是指从这个电极表面到无穷远处之间的大地电阻。

为了对这一问题深入理解,现解剖一下一个半球形电极的接地电阻。如图9-19所示,设有一半径为 a 的半球形供电电极 A,它的等位面为以 A 作球心的无穷多个半球壳,并设大地的电阻率为 ρ,A 极在测量电极 M、N 处产生的电位差 ΔU_{MN} 为

$$\Delta U_{MN}=\dfrac{I\rho}{2\pi}\left(\dfrac{1}{r_{AM}}-\dfrac{1}{r_{AN}}\right) \qquad (9-54)$$

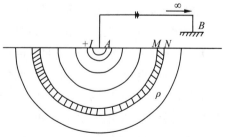

图9-19 一个半球形电极接地的情况

过 M、N 两个等位面所夹介质的电阻 ΔR 为

$$\Delta R = \frac{\Delta U_{MN}}{I} = \frac{\rho}{2\pi}\left(\frac{1}{r_{AM}} - \frac{1}{r_{AN}}\right) \approx \frac{\rho}{2\pi} \cdot \frac{\Delta r}{r^2} \tag{9-55}$$

式中，$\Delta r = r_{AN} - r_{AM} = MN$，在 MN 很小的情况下可认为 $r_{AN} \approx r_{AM}$。

由 A 极表面到无穷远处所有等位面之间的电阻相加，即进行积分就可得到 A 极的总接地电阻 R_A 为

$$R_A = \int_a^\infty dR = \int_a^\infty \frac{\rho}{2\pi} \cdot \frac{dr}{r^2} = \frac{\rho}{2\pi a} \tag{9-56}$$

这便是半球形电极的接地电阻公式，从中可以看出，它和电极半径成反比而与大地的电阻率成正比，说明电极的半径越大，其接地电阻越小；大地电阻率越大，则接地电阻越大。

根据式（9-56），现计算从电极表面 a 到某一半径 r 的一层球层的电阻 R'：

$$R' = \int_a^r \frac{\rho}{2\pi} \cdot \frac{dr}{r^2} = \frac{\rho}{2\pi}\left(\frac{1}{a} - \frac{1}{r}\right) \tag{9-57}$$

当 $r = 5a$ 时，$R' = 0.8 R_A$；当 $r = 10a$ 时，$R' = 0.9 R_A$。

由此可见，接地电阻主要由电极周围（$r = 5 \sim 10a$）介质的电阻决定。当在干燥土壤上打电极时，为了降低接地电阻，可在电极周围浇水。虽然水只浇在电极附近，但接地电阻便可大为降低。在野外施工中，为了减小接地电阻以增大供电电流，电极要适当打深，并采用多根电极并联的办法（电极间距离大于 2 倍电极入土深度）。在裸露的基岩上用装有含盐水的湿黏土布袋接地效果也较好。

二、电极极化、极化补偿、不极化电极

在野外工作中，测量电极 M、N 插入土壤中，由于金属棒和土壤中的水溶液接触，产生电化学作用，在电极表面与毗邻的水溶液中形成偶电层。这个偶电层的电位跳跃大小与金属性质和溶液性质有关。换句话说，每一个金属棒插在土壤中就具有一定的电极电位。如 M、N 电极的材料性质相同，所插入的土壤性质完全相同，它们在测量回路中可互相抵消，不会出现附加的干扰电位差，但是这种理想情况是很少见的。因此，在电法勘探中，尽管经常采用化学性质比较稳定的铜电极作为测量电极，但是由于电极的化学纯度不可能没有差别，土壤的成分、湿度等不同，因此 M、N 电极间经常存在一定数值的自然电位和电极电位差，好像一个小的自然电池，在测量回路中产生干扰电流。所以在直流电法仪器中要专门设有极化补偿器，在 A、B 电极没有供电之前，使用极化补偿器将电极电位差补偿掉（极化补偿器产生与电极电位差大小相等方向相反的电位差）。当然，在 A、B 电极供电以后，当 ΔU_{MN} 比较大时，在测量回路中会产生明显的电流，在这部分电流的作用下，测量电极也会产生次生极化，使电极电位差发生变化。因此使用极化补偿器并不能完全去掉与测量电极本身有关的干扰电位差。解决的办法是进一步改善测量电极——采用不极化电极，目的是更好地消除测量电极间产生电极电位差和极化电位差。

不极化电极的结构如图 9-20 所示。在一个下部为渗透性较好的素瓷罐内，装有饱和的硫酸铜溶液，中间插一根纯净的紫铜（纯铜）棒，上端连接导线，密封好即可。这样的极罐

间极化电位差可以很稳定,制作时要求极差低于 2mV。

作为测量电极的铜棒不是和土壤直接接触,而是分别同罐内的饱和硫酸铜溶液接触,由于电极材料及所接触的溶液性质完全相同,所以电极电位差减小,而且稳定。至于 A、B 电极供电可能引起的次生极化现象,在铜棒上沉淀的仍然是铜,因而不会引起电极电位的变化。不极化电极的名称由此而来。通常,不极化电极在自然电场法、激发极化法工作中是必不可少的,在电阻率法中有时也使用。

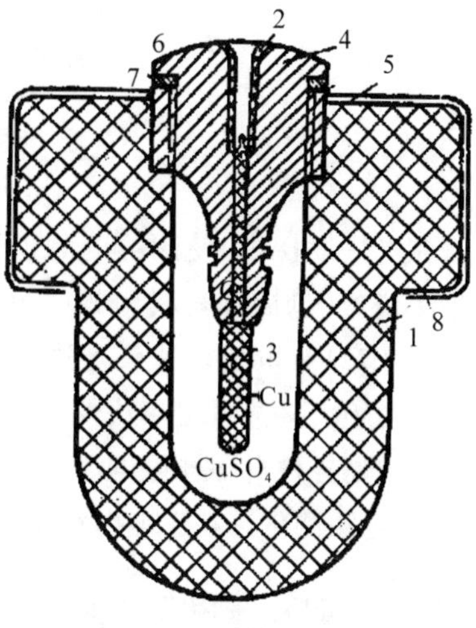

三、漏电问题

在野外工作中,由于导线或仪器漏电,常常使观测结果有很大误差。

1—素瓷罐;2—胶木塞;3—铜棒;4—胶木环;
5—密封胶;6—插孔;7—橡皮垫;8—涂釉。

图 9-20 不极化电极示意图

（一）供电线（连接 A、B 极的导线）漏电

如图 9-21 所示,供电线和测量线（MN 线）都要由测站放到测线相应的点上。如果供电线 B 在 B' 处由于外皮损伤等原因对地漏电,那么,就相当于在 B' 点打了一个附加电极。如果 B' 点靠近 B 点,漏电的影响不大;如果 B' 点靠近 M、N 电极时,尽管漏电电流可能不大,也可在 M、N 间造成一个很大的附加电位差,造成测量结果的严重错误。在野外工作中有关检查导线绝缘情况及在现场检查导线漏电的方法,在此不详述。

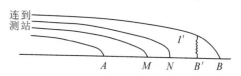

图 9-21 AB 线漏电示意图

(I' 为漏电电流;R_B' 为漏电点接地电阻)

（二）测量线（MN 线）漏电

当测量导线表皮损伤,导线金属芯同湿土、草皮接触,可以造成一相当大的极化电位差,且由于接触不稳定,而使极化电位差不稳定,影响观测。

（三）仪器漏电

由于仪器使用年久,或者密封不好,或者天气潮湿等原因,仪器供电回路和测量回路间发生漏电,对测量影响很大。这时要采取相应措施,改善仪器绝缘情况,恢复密封等。

第五节 电测仪器

在电法勘探中,使用的电测仪器种类繁多,大致可分为三大类:①电阻率法仪器;②激发极化法仪器(包括时间域和频率域);③交流电法仪器(包括测量交变电磁场的振幅和相位等)。本节只对电阻率法仪器进行简单介绍,后两种仪器留在以后章节介绍。

国内绝大多数电阻率法仪器属直流电法仪器,即用直流供电,测量直流电位差。目前应用最广泛的是各种自动补偿电测仪。它们可用来作各种装置的视电阻率法测量,并兼作自然电场法、充电法测量。在工业游散电流干扰严重的地区,使用低频交流电阻率仪有一定优越性。

一、自动补偿电位差计

在直流电阻率探测中,对电测仪器有下列几个基本要求。

(1)必须能精确地测量电位差 ΔU_{MN} 和电流强度 I,其测量范围较大,要求电测仪器是一个很灵敏的毫安计。一般电位差的变化范围为 $0.3 \sim 1000 \mathrm{mV}$;一般电流的变化范围为 $10 \mathrm{mA} \sim 3 \mathrm{A}$。

(2)由于电探工区接地电阻变化很大,尤其在山区工作,接地电阻较大,要在各种接地条件下保证测量的精度,故仪器的内阻(又称为输入阻抗)必须足够大,使接入仪器地下电场被仪器分取的电流极少,才能保证电位差测量比较精确。

(3)要有极化补偿装置。

(4)仪器必须坚固、防潮、防尘、防震,以适应野外复杂的工作环境。仪器还必须便于操作,而且轻便。

在我国,20世纪50年代使用手动补偿电位差计(如ЭП-1、UJ-4)。20世纪60年代广泛使用DDC-2型电子自动补偿仪,它性能稳定,经得起野外复杂条件的考验,但因它使用电子管放大器,还不够轻便。目前,已出现多种晶体管的或固体组件式的自动补偿电位差计。

大多数自动补偿电位差计都能达到下列技术指标:①电压测量范围 $0.3 \sim 1000 \mathrm{mV}$;②电流测量范围 $0.3 \sim 3000 \mathrm{mA}$;③输入阻抗$>8 \mathrm{M}\Omega$;④测量精度 $\pm 1.5\% \sim \pm 3.0\%$。

二、低频电阻率法仪器

实践证明,一般造岩矿物的电阻率与频率的关系较小,直到它达到 $10^7 \mathrm{Hz}$ 时,仍无显著变化。当使用低频的交流电进行电阻率测量(如选用 $5\mathrm{Hz}$、$4\mathrm{Hz}$、$3\mathrm{Hz}$ 等),较之传统的直流电测有很大的优点,简述如下。

(1)发送固定频率的交变电场,并接收同样频率的信号,可以排除 50 周/s 工业游散电流的严重干扰。由于频率很低,感应小,其测量结果与直流供电相当。这使在有工业游散电流干扰的矿山、城市、工厂区开展电阻率法测量成为可能。

(2)由于具有压制干扰的特点,可以提高仪器的信噪比,供电功率可以比直流供电低,较轻便。

(3)不用设极化补偿器。

目前国产的 DZ-1 型低频交流电阻率仪是 1975 年底由冶金部广西冶金地质学校研制。它可以用于地面电阻率法中各种装置的供电与测量,具有如下特点。

(1)仪器的接收机和发送机是分开的,无导线连接。野外工作时二者均可随电极移动,使用灵活。

(2)发送机是一个 5Hz 方波的电源,采用恒流输出,因而无需测量供电电流,可以直接由接收机读出 $\frac{\Delta U_{MN}}{I}$ 值。

(3)工作时,无需进行极化补偿,操作简便。

(4)接收机具有高输入阻抗($10M\Omega$),基本上不受接地电阻变化的影响。

(5)仪器具有高灵敏度,有利于小信号的检测,测量范围 $100\mu V \sim 1V$。在一定的供电功率下,可以增加勘探深度。

(6)接收机具有强的抗干扰能力,对 50Hz 的工频抑制达 45dB。

(7)采用补偿法读数,机械计数器显示,操作简便,读数准确。

(8)采用密封蓄电池作电源,体积小,容量大,携带方便,使用寿命长。

三、高密度电法测试系统

国内绝大多数电阻率法仪器属直流电法仪器,即用直流供电,测量直流电位差。目前应用最广泛的是各种高密度电法仪器,国外称之为电阻率成像仪器。

这里说的高密度电法是指直流高密度电阻率法,由于从中发展出直流激发极化法,所以统称高密度电法。高密度电阻率法实际上是一种阵列勘探方法,野外测量时只需将全部电极(几十根至上百根)置于测点上,然后利用程控电极转换开关和微机工程电测仪便可实现数据的快速和自动采集。当测量结果送入微机后,还可对数据进行处理并给出关于地电断面分布的各种物理解释的结果。显然,高密度电阻率勘探技术的运用与发展,使电法勘探的智能化程度向前迈进了一大步。由于高密度电阻率法所具备的上述优势,相对于常规电阻率法而言,它具有以下特点:①电极布设是一次完成的,这不仅减少了因电极设置而引起的故障和干扰,而且为野外数据的快速和自动测量奠定了基础;②能有效地进行多种电极排列方式的扫描测量,因而可以获得较丰富的关于地电断面结构特征的地质信息;③野外数据采集实现了自动化或半自动化,不仅采集速度快(每一测点需 $2 \sim 5s$),而且避免了由于手工操作所出现的错误;④可以对资料进行预处理并显示剖面曲线形态,脱机处理后还可以自动绘制和打印各种成果图件;⑤与传统的电阻率法相比,成本低、效率高,信息丰富,解释方便,勘探能力显著提高。

关于这种阵列电探的思想在 20 世纪 70 年代末期就有人开始考虑实施,英国学者所设计的电测深偏置系统实际上就是高密度电法的最初模式。20 世纪 80 年代中期,日本地质计测株式会社曾借助电极转换板实现了野外高密度电阻率法的数据采集,只是由于整体设计的不完善性,这套设备没有充分发挥高密度电阻率法的优越性。20 世纪 80 年代后期,我国地质矿产部系统率先开展了高密度电法及其应用技术研究。从理论与实际结合的角度,进一步探讨并完善了方法理论及有关技术问题,研制成 3~5 种仪器。其中,1991 年长春地质学院研制了 GC-1 加 HD-1 型高密度电阻率采集系统;1992 年地质矿产部机电研究所推出了由 GC-2 型多路转换器和 MIR-1B 型多功能电测仪组成的系统,1993 年该所又推出了由 MIS-2 型多路转换器和 MIR-1C 型多功能电测仪配套而成的系统;1995 年,北京地质仪器厂和中国地质大学(北京)合作推出了 DUM-1 型电极转换器和 DDJ-1 型多功能电测仪系统。渭南煤矿专用仪器设备厂世纪之交在 TD3 的基础上生产出可置 104 个电极的 TD4 高密度电法仪。进入 21 世纪,中装集团重庆地质仪器厂推出了可置 120 个电极的 DUK-2 高密度电法测量系统,该系统将高密度电法的测量装置扩展到 14 种。重庆奔腾数探技术研究所生产的 WGMD-6 分布式三维高密度电阻率成像系统,集二维、三维勘探方法于一身,其二维测量装置有 18 种之多。

四、并行电法测试系统

2006 年安徽理工大学推出第一款 WBD-1 网络并行电法仪,将网络并行技术应用到直流电法数据采集中,真正实现拟地震式电法数据采集,并可进行远程数据控制测量,其一次供电完成多个电极各种传统装置数据采集任务,大大提高了野外测试工作效率,现对此作简要说明。纵观 20 世纪末电法勘探的发展态势,在理论、方法、野外仪器、观测系统方面都呈现一种拟地震采集处理的趋势。网络并行电法仪器的数据采集方式采用的完全是一种拟地震采集方式。

网络并行电法勘探建立在高密度电法勘探设备的基础上,它不但能完成传统电法的各种测量,而且能极大地提高野外勘探的效率与采集海量的数据。

网络并行电法仪的起点是传统和高密度电法勘探,并行、海量、高效数据采集与处理是该系统的核心优势。高密度电法仪是在传统电法仪的基础上加上了单片机电极转换控制系统,通过多芯电缆与电极的连接来构成,整套系统只有一个 A/D 转换器,导致其只能串行采样。要实行并行采样就必须使每一电极都配备 A/D 转换器,而能自动采样的电极相当于智能电极,智能电极通过网络协议与主机保持实时联系,在接受供电状态命令时电极采样部分断开,让电极处于供电状态,否则一直工作在电压采样状态,并通过通信线实时地将测量数据送回主机。通过供电与测量的时序关系对自然场、一次场、二次场电压数据(图 9-22)及电流数据自动采样,采样过程没有空闲电极出现。智能电极与网络系统结合,实现了网络并行电法勘探,完善地震勘探的数据采集功能,从而大大降低了电法数据的采集成本。

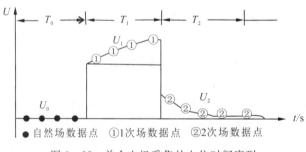

图 9-22 单个电极采集的电位时间序列

网络并行电法仪器的数据采集方式采用的是一种拟地震的采集方式,可支持任意多通道同时采集电场数据。由于在实际应用中,电法勘探的信号产生主要是通过供电电极向大地供电,而地震勘探主要是单点激振,针对这种情况,网络并行电法仪器主要采用两种单点电源场与异性点电源场两种方式来进行数据采集与处理。

（一）单点电源场工作方式

在勘探区将电极布置在测线上,电极数为 n,供电电极 A 位于测线上,供电电极 B 置于无穷远处(图 9-23)。通过网络并行电法采集系统,一次测量可实现高密度电法勘探中的温纳二极法、温纳三极 A、温纳三极 B(图 9-24 为单点电源场中电位分布图);可实现电阻率剖面法中的二极装置、三极装置、联合剖面装置;可实现电阻率测深法的三极电测深。

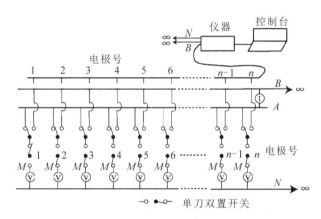

图 9-23　单点电源场工作方式原理图

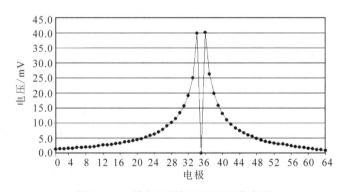

图 9-24　单点电源场电压观测分布图

（二）异性点电源场工作方式

在勘探区将电极布置在测线上,电极数为 n,供电电极 A 和 B 位于测线上(图 9-25)。通过网络并行电法采集系统,一次测量可实现高密度电法勘探中的各类四极装置(图 9-26 为异性点电源场中电位分布图),大大提高采集效率,减小系统误差。

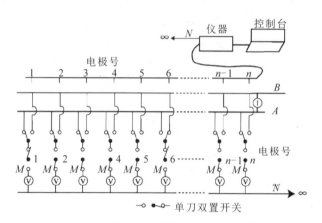

图 9-25 异性点电源场工作方式原理图

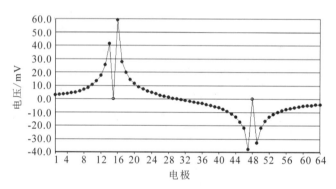

图 9-26 异性点电源场观测电位分布图

图 9-27 为网络并行电法仪主机外观图。仪器的硬件部分主要基于单片机 89LV52 及 DSP 技术,使整个电示仪器不但功能强大且体积小,和常规电法和高密度电法每次供电只能采得一个测点数据不同,并行电法每次供电可同时获得多个测点数据,是一种全电场观测技术。采集效率高,可同步完成多种装置的数据测量。采用网络并行技术,在数据采集时具有同步性和瞬时性,使得电法图像更加真实合理,大大提高了视电阻率的时间分辨率。将并行采集技术和先进的通信系统、控制系统相结合构成了网络并行电法监测系统,实现了电法数据远程获取和智能控制(图 9-28)。

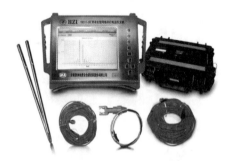

图 9-27 并行电法仪器产品图

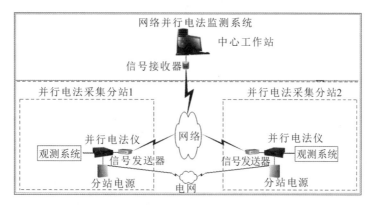

图 9-28　网络并行电法监测系统示意图

第六节　电阻率法分类及装置类型

根据所研究的地质问题的不同,电阻率法可划分为 2 种类型,即电剖面法和电测深法。每类方法中又根据装置的不同,还包括了多种变种方法。

一、电剖面法

电剖面法的特点:采用固定极距的电极排列,沿剖面线逐点供电和测量,获得视电阻率剖面曲线,通过分析对比,了解地下勘探深度以上沿测线水平方向上岩石的电性变化。在水文地质和工程地质调查中能有效地解决有关地质填图的某些问题,如划分不同岩性的陡立接触带、岩脉,追溯构造破碎带、地下暗河等,并可发现浅层的局部不均匀体(溶洞、古窑等)。

电阻率剖面法简称为电剖面法,根据电极排列形式的不同,又分为联合剖面法(combined profiling)($\overrightarrow{AMN} \infty \overleftarrow{MNB}$)、对称剖面法(symmetrical profiling)($\overline{AMNB}$)、偶极剖面法(dipole profiling)($\overrightarrow{ABMN}$)和中间梯度法(middle gradient profiling)($\overline{AMNB}$)等类型。

(一)电剖面法的测网布置和测量

1. 测网布置

根据地质任务、工作比例尺,常用的比例尺和测网密度(线距×点距)见表 9-8。待测工区所布置的测线应相互平行,并垂直主要构造走向。

表 9-8　常用的比例尺和测网密度(线距×点距)

比例尺	线距/m	点距/m
1∶25 000	250	100
1∶10 000	100~200	50~80
1∶5000	50~100	20~40
1∶2000	20~40	10~20

2. 测量

首先根据设计及野外试验,确定装置类型和极距后,计算相应的装置系数 K 值(单位为 m);测量 ΔU_{MN} 及 I,按视电阻率公式计算 ρ_s 值:$\rho_s = K \dfrac{\Delta U_{MN}}{I}$,式中 ΔU_{MN} 为 M、N 极间电位差(单位为 mV);I 为供电回路电流强度(单位为 mA)。

在野外现场绘制剖面草图,以测点位置为横坐标(记录点为 MN 中点),以 ρ_s 值为纵坐标绘出 ρ_s 曲线。同时草测地形剖面图,注明记录点附近特殊地形、地貌、岩石露头、干扰体等,作为解释曲线的参考材料,然后进行室内资料整理及综合解释。后文将分别详细分析各种电剖面法 ρ_s 异常曲线的整理和解释方法。总之通过各种电剖面探测结果的综合分析,便可确定不均匀地电体的轮廓,为覆盖地区地质填图提供资料。

(二)电剖面法各种装置形式及极距的选择

电剖面法各种装置形式、K 值公式、极距选择方法的比较详见表 9-9。

极距($L = \dfrac{AB}{2}$)选择主要考虑下列因素:覆盖层厚度(H)及电阻率,地电断面的产状、规模、相邻地质体的影响及其他干扰情况等。表 9-9 中主要列出 $\dfrac{AB}{2}$ 大小与 H 的关系。

MN 距离通常等于点距或 2 倍点距,且满足:$\dfrac{1}{3} > \dfrac{MN}{AB} > \dfrac{1}{50}$。

有关各种电剖面法的具体介绍如下。

1. 联合剖面法

联合剖面法是由两组三极装置联合进行探测的一种视电阻率测量方法,具有分辨率高、异常明显的优点,但也有装置较笨重、地形影响大等缺点。它在水文地质和工程地质调查中获得广泛的应用,是山区找水常用的、效果显著的方法。

联合剖面法装置形式见表 9-9,它把 AMN 和 MNB 两个三极排列组合起来。它们有一公共电极,设在无穷远处(即对观测点来说,这一电极的影响可以忽略),称作无穷远极 C。通常是如图 9-29 的形式布设,即把 C 极放在测区基线方向离测区最边缘测线大于 5 倍 AO 的距离处。例如 $AO = 200$m,测区最边缘的测线是 20 线,那么 C 极距 20 线的距离应大于 1000m。如果因为地形或地物障碍无法在基线方向布极,那么 C 极在平行测线方向布置,距

表 9-9 电剖面法装置特点

	联合剖面法	对称四极法	复合对称四极法	中间梯度法	偶极剖面法
装置图示					(a) 单边轴向偶极剖面法；(b) 双边轴向偶极剖面法；(c) 赤道偶极剖面法
装置符号	$\overline{AMN} \infty \overline{MNB}$	$\overline{AMNB}$	$\overline{AA'MNB'B}$	$\overline{AMNB}$	$\overline{ABMN}$ / $\overline{ABMNB'A'}$
K 值公式	$K = \dfrac{2\pi \cdot AM \cdot AN}{MN}$	$K = \dfrac{\pi \cdot AM \cdot AN}{MN}$	$K_{AMNB} = \dfrac{\pi \cdot AM \cdot AN}{MN}$ $K_{A'MNB'} = \dfrac{\pi \cdot A'M \cdot A'N}{MN}$	$K = \dfrac{2\pi \cdot AM \cdot AN \cdot BM \cdot BN}{MN(AM \cdot AN + BM \cdot BN)}$ $K_D = \dfrac{2\pi}{\dfrac{1}{AM} - \dfrac{1}{AN} - \dfrac{1}{BM} + \dfrac{1}{BN}}$	若 $AB = MN = a$，$BM = na$ $K = \pi n(n+1)(n+2)a$（轴向） $K = \dfrac{2\pi \cdot AM \cdot AN \cdot BM \cdot BN}{MN(AM \cdot AN + BM \cdot BN)}$（轴向） $K = \dfrac{2\pi}{\dfrac{1}{AM} - \dfrac{1}{AN} - \dfrac{1}{BM} + \dfrac{1}{BN}}$（赤道）
极距选择	$AO = OB = \dfrac{AB}{2}$ $\dfrac{AB}{2} = (5 \sim 10)H$ $MN = \left(\dfrac{1}{3} \sim \dfrac{1}{10}\right)\dfrac{AB}{2}$	$\dfrac{AB}{2} = (3 \sim 5)H$	$\dfrac{AB}{2} = (3 \sim 5)H$ $\dfrac{A'B'}{2} = (1 \sim 2)H$	$\dfrac{AB}{2} = (35 \sim 40)H$ $MN \leq \left(\dfrac{1}{15} \sim \dfrac{1}{25}\right)\dfrac{AB}{2}$	$OO' = (3 \sim 5)H$ $OO' = (4 \sim 10)AB$ 或 通常 $AB = MN$ 或 $AB = (1 \sim 3)MN$
备注	H 为浮土层厚度，MN 一般等于点距或 2 倍点距，要设装置，无穷远极 $C(\infty)$	在外国文献中见，若 $AM = MN = NB = a$，称为温纳尔装置；若为什仑贝尔格装置，测量单位电位梯度	$A'B'$ 电极距应主要反映浅部情况，AB 电极距应主要反映深部情况，AB 与 $A'B'$ 的比值一般为 2 或 2 以上。MN 等于点距或倍点距	A,B 固定，M,N 在 A,B 中段 $\dfrac{1}{2} \sim \dfrac{2}{3}$ 范围内逐点测量（每点 K 值皆变化），为提高工作效率，AB 在一条测线上供电，可在相邻的平行测线为 D 的平行测线上观测，见 K_D 值公式	AB 中点 O 与 MN 中点 O' 的距离 OO' 称为电极距

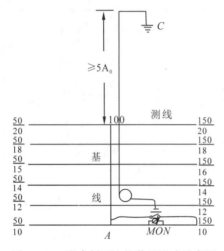

图 9-29 联合剖面法的装置形式示意图

(图中 $\frac{50}{20}$ 表示测点编号，分母为测线号，分子为测点号)

测区边缘点的距离应大于 10 倍 AO。

装置沿测线逐点移动，每个记录点观测两次：一次是 AMN 装置，所得的视电阻率用 ρ_s^A 表示；另一次是 MNB 装置，相应用 ρ_s^B 表示。因此在一条测线上可以得到两条视电阻率曲线 ρ_s^A 和 ρ_s^B。作图时，习惯上 ρ_s^A 用实线而 ρ_s^B 用虚线表示。两条曲线相交点叫做交点，分正交点和反交点。

2. 对称剖面法

对称剖面法有对称四极法和复合对称四极法两种。装置特点见表 9-9。

1) 对称四极法

对称四极法装置是 $AMNB$ 的排列形式。即供电极 A、B 和测量极 M、N 对称于 MN 中点（记录点 O）。选择适当极距，并保持极距不变，沿剖面线逐点测量 ΔU_{MN} 和 I，后根据视电阻率公式计算每点的 ρ_s^{AB} 值，即

$$\rho_s^{AB} = K \frac{\Delta U_{MN}}{I} \quad (K\ 值公式见表\ 9-9) \tag{9-58}$$

对称四极剖面法 ρ_s 曲线特点仍可通过视电阻率和电流密度关系公式来说明：

$$\rho_s^{AB} = \frac{j_{MN}^{AB}}{j_0^{AB}} \cdot \rho_{MN} \tag{9-59}$$

在对称条件下：

$$\overline{AB} = 2\overline{AO} = 2\overline{OB} \tag{9-60}$$

在均匀介质条件下：

$$j_B^{AB} = j_0^A + j_0^B = 2j_0^A = 2j_0^B \tag{9-61}$$

式中：ρ_s^{AB} 为对称四极装置测得视电阻率；ΔU_{MN}、I 分别为测量电极测得电位差和供电电流强度；j_0^{AB} 和 j_{MN}^{AB} 分别为均匀情况下和 M、N 电极处实际电流密度；ρ_{MN} 为 M、N 电极所在介质电阻率；j_0^A 和 j_0^B 分别为均匀情况下一个点电源 A 和 B 的电流密度。

显而易见，根据场的叠加原理，对称四极法的视电阻率 ρ_s^{AB} 和极距相同的联合剖面法（三极不对称装置）视电阻率值 ρ_s^A 和 ρ_s^B 存在如下简单关系：

$$\rho_s^{AB} = \frac{j_{MN}^{AB}}{j_0^{AB}} \cdot \rho_{MN} = \frac{j_{MN}^A + j_{MN}^B}{j_0^A + j_0^B} \cdot \rho_{MN}$$

$$= \frac{j_{MN}^A + j_{MN}^B}{2j_0^A} \cdot \rho_{MN} = \frac{j_{MN}^A + j_{MN}^B}{2j_0^B} \cdot \rho_{MN} = \frac{1}{2}(\rho_s^A + \rho_s^B) \tag{9-62}$$

从式 (9-62) 可以看出，相同极距的对称四极剖面曲线介于联合剖面曲线之间，前者是后者的平均值。极距 L 的选择与覆盖层厚度 H、地电体的埋深、规模等因素有关。L 的大小和异常幅度关系很大，在界面附近 ρ_s^{AB} 曲线变化梯度很大。

对称四极法的解释图件有 3 种，即 ρ_s^{AB} 剖面图、ρ_s^{AB} 剖面平面图、ρ_s^{AB} 等值线平面图。

总之，对称四极法是工作效率比较高的一种电剖面法，它能了解基底起伏情况，探查古河道、岩溶发育带，追溯岩层陡倾斜接触界线以及寻找断层破碎带等。此方法缺点是分辨能力和异常幅度不及联合剖面法高，但它仍是水文地质工程地质普查的有效手段。

2）复合对称四极剖面法

复合对称四极法也是对称剖面法的一种，它是用两组供电电极（A、B 和 A'、B'）共用一对测量电极（M、N）进行测量，如图 9-30 所示。先由大极距 A、B 供电，M、N 测量，求出 ρ_s^{AB}（$\rho_s^{AB} = K\dfrac{\Delta U_{MN}}{I}$），

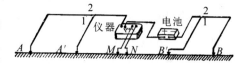

图 9-30　复合对称四极剖面法装置

然后由小极距 A'、B' 供电，M、N 测量，求出 $\rho_s^{A'B'}$（$\rho_s^{A'B'} = K'\dfrac{\Delta U_{MN}'}{I'}$）。因此，沿每个剖面可得到两条不同勘探深度的 ρ_s 曲线。复合对称四极剖面法装置极距选择方法见表 9-9。

根据勘探目的的要求，小极距力求反映浅部情况，大极距力求反映深部情况。测量的结果多用 ρ_s 剖面图来表示。常用本装置查明基岩起伏情况。如图 9-31(a)中基岩为高阻的向斜构造，图 9-31(b)中基岩为低阻的背斜构造。在上述两种情况下，ρ_s^{AB} 曲线都具有相同的特征，即都有一极小值出现，所以单凭一条 ρ_s^{AB} 曲线难以辨别基底起伏情况。若用复合对称四极法，能较好地解决这个难题，因为根据 $\rho_s^{A'B'}$ 曲线可以确定浅部电性情况。在基岩为高阻的向斜上，$\rho_s^{A'B'}$ 曲线低于 ρ_s^{AB}；而在基岩为低阻的背斜上，$\rho_s^{A'B'}$ 曲线位于 ρ_s^{AB} 曲线上方。

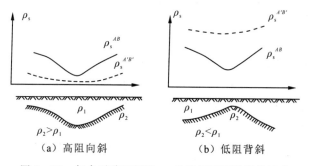

（a）高阻向斜　　　　　（b）低阻背斜

图 9-31　复合对称四极法 ρ_s 曲线探测基岩起伏示意

3）中间梯度法

中间梯度法的装置形式详见表 9-9。这种装置的两个供电电极的距离 AB 选取很大，通常 AB 距离等于 70~80 倍的浮土厚度。并让 A、B 固定不动，测量电极 M、N 在 AB 中部 $1/2$~$1/3$ 的区间内逐点测量，测完该区间内的 ρ_s 值后，再挪动出 A、B 电极，继续在其中间区间测量（两个区间之间接头处重复测量）。中间梯度装置的 K 值公式见表 9-9。

为说明问题，假设 MN 中点与 AB 中点重合，由于装置的对称性，K 值公式可简化为 $K = \dfrac{\pi \cdot AM \cdot AN}{MN}$，则

$$\rho_s = \frac{\pi \cdot AM \cdot AN}{MN} \cdot \frac{\Delta U_{MN}}{I} = \frac{\pi \cdot AM \cdot AN}{I} \cdot \frac{\Delta U_{MN}}{MN} \tag{9-63}$$

由于 $MN \ll AB$，$\frac{\Delta U_{MN}}{MN} = E$（式中 $\frac{\Delta U_{MN}}{MN}$ 为电位梯度,相当于电场强度 E），说明中间梯度装置的视电阻率与电位梯度成正比,测量又位于 AB 中间区间内,这就是该装置名称的由来。

由于 AB 很大,在供电电极连线中间部分的电场是平行的均匀电场,这种装置能最大限度地克服供电电极附近电性不均匀的影响。其他电剖面法的测量方式是：每测量一个点以后,整个装置即包括供电电极和测量电极一起移动。这样供电电极的频繁移动除了影响工作效率外,最大的弊病是供电电极附近不均匀的影响不可避免地掺杂到测量结果中,造成假异常干扰。现采用 A、B 固定的中间梯度装置,对其一测量区间来说,供电电极附近地层不均匀性的影响是一个常数,M、N 电极在该区间内逐点的测量,所得的 ρ_s 曲线若有变化,所反映的必然是 M、N 电极附近地下地层的变化情况,这是该装置独有的优点。

同一剖面一个测量区间测完之后,接着测下一个区间,在接头处 ρ_s 值不可能相等（两次 A、B 接地条件不同）,不可避免地将在测量曲线上出现"脱节点",因此曲线看上去不那么光滑；其次由于 M、N 相对 A、B 的位置,每点都有变化,因此对同一测量区间来说,勘探深度是略有变化的。

为提高工作效率,该装置还可以在主测线供电,在平行该主测线的相邻测线的相应中间测区进行测量（K_D 值公式见表 9-9）。实现了在一条测线上供电,可在 3～5 条测线上的测区同时进行测量,既省电,又省工。

在实际工作中,中间梯度法通常用来追溯高阻陡倾斜岩脉,很少用来追溯陡倾斜低阻脉（如断层破碎带等）。

4）偶极剖面法

偶极剖面法的装置特点见表 9-9。供电电极 A、B 的距离与测量电极 M、N 间的距离相等或接近,AB 的中心点 O 与 MN 的中心点 O' 的距离 OO' 称作电极距,由于 OO' 比 A、B 之间的距离大许多倍,所以从观测点上看,由 A、B 供电电极产生的电场是一电偶极子电场,偶极剖面法的名称由此而来。

偶极剖面法的优点是装置轻便和异常明显,测得的 ρ_s 曲线能灵敏地发现电阻率差异较小的地电体,所以它的分辨率较高,同联合剖面法差不多。然而,地表不均匀所造成的干扰也较其他电剖面法大,还需要较强的供电电流,这是该方法的缺点。

目前使用较多的是单边偶极剖面法（$\overrightarrow{ABMN}$）。在测量时,选取 MN 的中点 O' 为记录点,得 ρ_s^{AB} 曲线。根据电位分布的互换原理,设想在 A、B 供电,M、N 测量,和在 M、N 位置放有一对 A'、B' 电极,M、N 测量电极放在原 AB 的位置测量,记录点在原 AB 中点 O 处,只要保持 $AB = MN = B'A'$，则由后者所得的 $\rho_s^{A'B'}$ 曲线与前者的 ρ_s^{AB} 曲线形状完全一样,只不过记录点不同罢了,结果得到类似联合剖面法曲线。所以在使用单边偶极装置工作时,每次观测结果分别记录在 O 点和 O' 点上,分别得到 ρ_s^{AB} 和 $\rho_s^{A'B'}$ 曲线,获得双边偶极的相同效果。这是偶极剖面法的主要优点,它甩掉了联合剖面法笨重的无穷远极装置。

前已提及,偶极剖面法对地表不均匀的反映特别灵敏,所以在地质构造复杂地段,ρ_s 曲线形态复杂。此外,当 A、B 电极过界面时将出现一些假异常,增加了解释的困难。这也是偶极剖面法应用不如联合剖面法广泛的原因。

(三)电剖面法的地形影响和改正

以上各种电剖面法有关不同地电断面上的 ρ_s 异常曲线特点及解释方法的分析都是在假定地表是水平的,围岩均匀且各向同性等前提条件下进行讨论的。实际工作中,如在山区及丘陵地带,地形起伏大,坡积、残积物的存在,表层电性不均匀;有些地方即使地表较平坦,但还存在潜伏古地形影响。须采取行之有效的措施,即地形改正(topographic correction)的办法是山区开展电探急需解决的实际问题。此问题比较复杂,目前在理论研究(组构地形影响的理论量板)和模型实验方面尚处于探索阶段,还不很成熟,仅作简单的讨论。

1. 地形影响的讨论

大量的模型实验结果表明,地形起伏对各种电剖面法的影响有一些共同的特点。

(1)地形起伏相当于在原来的均匀半空间中的地表附近叠加一不均匀地电体。山谷或凹地、凹陷,相当于叠加了一高阻体(高阻体电阻率为空气电阻率)。当然,实际情况还要复杂一些,负地形易积水和堆积各种松散的沉积物,表层电阻率较低;山脊或凸起地形,相当于叠加了一低阻体(电阻率为覆盖层及山体电阻率),但由于山区地形受风化剥蚀影响,基岩裸露,电阻率相对要增高。

(2)任何复杂地形都可看作是阶梯地形的组合。联合剖面法 ρ_s^A 和 ρ_s^B 曲线在阶地转折的坡角上出现极大值,坡顶出现极小值;在坡角外缘出现正交点,在坡顶上出现反交点。

(3)对于凸起的正地形,不管是二度体、三度体(如走向长度大于极距 L 的山脊),还是三度地形(如椭球状、球状凸起),联合剖面法 ρ_s 曲线在凸地中心产生低阻反交点,在凸地两侧有两个低阻正交点。

(4)对于凹(负)地形,它包括二度体、三度体,联合剖面曲线在凹地中心产生高阻正交点,在凹地两侧产生两个低阻反交点。

(5)对于地表平坦,但地下有潜伏地形的地电断面,将出现低阻正交点异常曲线,因此隐伏地形的影响在解释时不可忽略。

(6)极距 L 和跨度 D 对地形异常曲线有影响,当 $L < D$ 时,ρ_s^A 和 ρ_s^B 曲线差异较大,故畸离明显;$L \geqslant D$ 时,两条曲线畸离变小,而且两侧的交点随 L 增大而向外侧偏移。当 $L \gg D$ 时,地形影响可以忽略。

2. 地形改正

在地形起伏的测线上布置电剖面法,所测得的 ρ_s 曲线实际上包括由地质体或构造产生的有用异常 ρ_s' 和地形影响($\frac{\rho_s''}{\rho_0}$)共同作用的结果,大量的实际资料分析确定二者关系满足

$$\rho_s = \rho_s' \frac{\rho_s''}{\rho_0} \tag{9-64}$$

式中:ρ_s 为野外实测视电阻率;ρ_s' 为由地质体或构造引起的有用异常;ρ_s'' 为由纯地形影响测得或计算所得的视电阻率值;ρ_0 为围岩电阻率(模型实验中指模拟介质电阻率)。

地形改正的方法：为突出有用异常，消除地形影响，根据式(9-64)，应设法测出或计算出地形改正系数 F，即

$$F = \frac{\rho_s''}{\rho_0} \qquad (9-65)$$

地形改正按下式进行：

$$\rho_s' = \frac{\rho_s}{F} \qquad (9-66)$$

式中：ρ_s 为野外实测视电阻率；ρ_s' 为地形改正后视电阻率，也就是有用异常。如果不进行地形改正，很可能会漏掉有意义的异常。

在山区进行电测时，常用联合剖面法寻找并追溯构造破碎带，以此指导打井。在确定勘探孔位时，必须十分重视地形影响的分析，并尽可能进行地形改正工作，去伪存真，准确地判断构造的存在及位置。

地形改正系数 F 是通过模拟实验测定或由理论计算方法确定，方法如下。

(1)根据简单地形或地形组合断面进行理论计算，组构各种理论量板或表格，求系数时，直接查表或对量板；或直接进行电算处理。

(2)用土模型模拟实际三度地形，由实验求出系数 F。

(3)用导电纸对二度地形进行模拟和测量，求出系数 F。除了用导电纸以外，还可以用薄水层、电阻网络等办法进行模拟和测量。其中以用导电纸的办法最方便。

(四)各种电剖面法的比较

表9-10为各种电剖面法的应用范围和优缺点的比较。

表9-10 各种电剖面法的应用范围和优缺点的比较

方法名称	探测的地电断面		优点	缺点
联合剖面法	陡立良导脉及球体	高阻脉	(详测)接触面	1. 异常幅度大，分辨能力强； 2. 异常曲线清晰(比偶极剖面曲线好)	1. 生产效率较低； 2. 地形影响大
对称剖面法			(普查)构造、基岩起伏、厚岩层、接触面	1. ΔU_{MN} 大，易读数； 2. 轻便、效率高； 3. 不均匀干扰和地形干扰小	1. 不易发现陡立良导薄脉； 2. 异常幅度小
中间梯度法		陡立高阻脉或高阻体	(详测)接触面	1. 不均匀及地形影响小(A、B 固定时)； 2. 生产效率高	1. 勘探深度小； 2. 不易发现直立低阻脉
偶极剖面法	良导体	高阻陡立脉	(详测)接触面	1. 异常幅度大、灵敏； 2. 等偶极工作($AB=MN$)时，工作一次得双侧曲线； 3. 轻便、效率高	1. 假异常大、不易分辨； 2. 不均匀及地形影响大； 3. 费电

二、电测深法

（一）电测深法的实质和应用条件

电测深法的全称为"电阻率垂向测深法"，它是研究垂向地质构造的重要地球物理方法。同其他物探方法一样，电测深法是在勘探区布置一定的测网，测网由若干测线组成，每条测线布置若干测点。对地面上某一测点进行电测深法测量的实质是用改变供电极距的办法来控制不同的勘探深度，由浅入深，了解该测点地下介质垂向上电阻率的变化。综合每条测线的测量结果，通过定性和定量解释，可以获得每条测线的地电断面资料；综合勘探区内各测线的测量结果，可以获得地下岩石沿水平方向和垂直方向变化的综合资料。因此，正确的工作布置和解释可以达到立体填图的效果。可见电测深法较电剖面法，工作量大，但所获资料丰富。比如沿一剖面作一条电测深剖面，其结果中将包含了多个不同电极距的电剖面结果。

在电测深法工作中，通常采用对称四极装置，如图 9-32 所示。A、B 为供电电极，M、N 为测量电极，它们都对称于装置中心点 O。地面的测点和装置的 O 点重合。根据工作的特点，需要设计出一套极距变化序列，规定 $\dfrac{AB}{2}$ 和 $\dfrac{MN}{2}$ 的比值、变化间隔、最小和最大极距等。每个测点的测量工作是这样进行的：每改变一次极距，测定一次 ΔU_{MN} 及 I，并计算相应的 K 值，按公式 $\rho = k\dfrac{\Delta U_{MN}}{I}$ 及 $K = \dfrac{\pi \cdot AM \cdot AN}{MN}$，计算每个极距的 ρ_s 值。每个测点的测量结果可绘成电测深原始曲线图。通常在模数为 6.25cm 的双对数坐标纸上绘制这种曲线，坐标轴是这样选择的：纵坐标表示 ρ_s 值（单位为 $\Omega \cdot m$），横坐标表示 $\dfrac{AB}{2}$（单位为 m）。

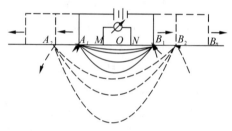

图 9-32 电测探法原理图

按照传统的说法，电测深有利于解决具有电性差异、产状近于水平的地质问题。但从电测深方法的实践来看，它的应用范围已大大扩展，早已不限于解决水平电性分界面的问题。在生产实践中对非水平层产状、局部的不均匀地电体（如断层、溶洞等），不同地貌单元的划分等方面，作了电测深的尝试之后，都在不同程度上获得一定的地质效果。虽然在多数情况下难以得到定量的结果，但能定性地了解地电体的分布情况，提供有用的地质信息。

电测深的定量解释方法存在很大的局限性，因为目前的电测深解释理论是建立在以下假设基础上的：地面水平，地下电性层层面水平，厚度较大，各层间电阻率差异明显；各层内电阻率均匀；浅部没有明显的屏蔽层（高阻或低阻屏蔽层）；层次不能太多。还假设测深是按梯度装置测量，要求 $\dfrac{AB}{2} \gg \dfrac{MN}{2}$，即满足 $MN \to 0$ 的条件。

实际地下地质情况往往比较复杂，不可避免地会偏离上述理论条件，因此在电测深工作中按严格的电测深解释理论进行定量解释，只能解决接近上述理论条件的地质问题。

为了突破上述理论的局限性，充分发挥电测深法进行立体填图的特长，扩大电测深法的应用领域,在生产实践中,根据水文地质和工程地质调查的需要,可以设法改进电测深法的某些方面,根据勘探深度要求不太大(一般在 100m 左右,不超过 200m),但分层要求细致,并需估计局部不均匀电性体的埋深等情况,采用加密极距间隔的办法进行工作,细致地勾画定性解释图件;另外,由已知钻孔的井旁电测深曲线直观地发现目的层和曲线特征的定量统计关系,然后对大量资料进行定量解释等。上述措施的采用,实践表明是可行的,为指导勘探(打井),积累了不少经验。

对于非理想条件下电测深解释理论的探讨还很不成熟。近年来,引进电子计算机技术,对电测深资料进行数学处理,为本方法的进一步发展和完善开辟了广阔的前景。

电测深法在水文地质和工程地质调查中,能研究下列问题:

(1)查明基岩起伏情况,确定覆盖层厚度,查明基岩风化壳发育深度等;

(2)寻找层位稳定的含水层,确定其顶、底板埋深,为设计勘探孔位提供依据,在地下水矿化度高的地区,圈定咸水和淡水分布范围(水平方向和不同深度)。

(3)定性地确定具有明显电阻率差异的断层破碎带、陡立岩性接触界线的存在,并大致了解其产状(走向、倾向)和范围。

(4)查找埋藏不深、规模较大、电性差异明显的地下局部不均匀体,如局部的砂层透镜体、古河道、充水溶洞和人工洞穴、古窑等。

(5)查明区域构造,如凹陷、隆起、褶皱等,划分地貌单元。

(6)在寻找建筑材料勘探工作中,估算砂石料的储量。

为了用电测深法解决上述地质问题,尤其在研究区域地质构造工作中,必须仔细选择电性标准层,以便进行区域追溯、对比,获得地下构造的完整概念。

适合于作电性标准层的岩层应满足下列条件。

(1)该层在工作区内能被连续追溯,控制着工作区的地质构造。

(2)该层与围岩的电阻率差异大(最好差 10～20 倍以上),而且该层电阻率比较稳定。

(3)该层厚度较大(最好大于或等于其埋深)。

前震旦纪古老的结晶基底可视为电阻率很大的高阻标准层(有时又称标志层);第三纪、白垩纪的红层、泥岩可视为低阻标准层。显然,追溯区域内电性标准层的分布轮廓,便能勾画出区域构造的概貌。

在工程地质调查中,要求查明泥质薄夹层的分布,如果层厚比埋深小很多,比如要探查 10m 以内十几厘米厚的泥质薄夹层,就目前技术水平来看是不可能的。

(二)水平层状分布的地电断面和电测深的曲线类型

1. 均匀半空间情况

当地下介质在半空间均匀分布,并具有电阻率 ρ_1 时,在地面作电测深,不论极距怎样变化,测得的 ρ_s 值都与均匀介质的电阻率 ρ_1 相等,故电测深曲线为一条 $\rho_s=\rho_1$ 平行于横轴的直线,如图 9-33 所示。如果在一个平整的岩石露头上,用较小极距装置测量某点的电测深曲线,它将与图 9-33 类似,其水平渐近线的 ρ_s 值等于 ρ_1,可以认为该值就是岩石的真电阻率。

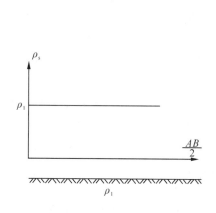 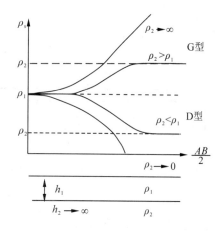

图 9-33 均匀半空间情况下的电测深曲线示意　　图 9-34 二层情况下的电测深曲线示意图

2. 二层情况

二层结构的地电断面如图 9-34 所示，设第一层厚度为 h_1，电阻率为 ρ_1，第二层电阻率为 ρ_2，厚度很大（以致可视为无限大）。有两种电测深曲线类型：当 $\rho_1 > \rho_2$ 时，称为 D 型曲线，当 $\rho_1 < \rho_2$ 时称为 G 型，它们的特征如下。

(1) 当 $\frac{AB}{2} < h_1$ 时，测得的 ρ_s 值相当于介质为 ρ_1 充满半空间的结果，这时无论 ρ_2 怎样变化，均不影响地下电流场的分布，故在二层曲线左支出现 $\rho_s = \rho_1$ 的水平渐近线。

(2) $\frac{AB}{2}$ 逐渐增大，电流场的分布深度也增大，这时 ρ_2 的存在就开始影响地表电流的分布，与仅由 ρ_1 介质形成的均匀半空间情况相比，地表电流密度 j_{MN} 将不等于均匀半空间情况的电流密度 j_0。若 $\rho_2 < \rho_1$，由于良导体的 ρ_2 层对电流线的吸引作用，使 $j_{MN} < j_0$，据公式 $\rho_s = \frac{j_{MN}}{j_0} \rho_1$ 可知，此时 $\rho_s < \rho_1$，出现曲线中间部分的下降段；若 $\rho_2 > \rho_1$，由于高阻体 ρ_2 对电流线的排斥作用，地表电流线加密，因而 $j_{MN} > j_0$，曲线出现上升段。

(3) 当 $\frac{AB}{2} \gg h_1$ 时，电流线大部分分布在 ρ_2 层中，ρ_1 层中仅有少数平行于层面的电流线，故此时相当于半空间充满 ρ_2 介质的情况，ρ_s 曲线右支出现 $\rho_s \to \rho_2$ 的渐近线。

理论计算证明，当 ρ_2 出现下列两种极限情况时，二层曲线右支具有如下特殊的渐近线。

(1) 当 $\rho_2 \to \infty$ 时（$\frac{\rho_2}{\rho_1} > 20$），$\rho_s$ 曲线右支出现一与横轴夹角为 45°的渐近线（证明见后文）。

(2) 当 $\rho_2 \to 0$ 时，ρ_s 曲线右支为一与横轴夹角为 63°的渐近线。

3. 三层情况

三层的地电断面，按 3 个电性层的电阻率差异共分为 4 种类型，如图 9-35 所示。ρ_1、

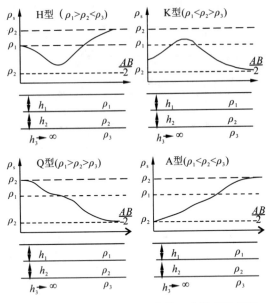

图9-35 三层断面电测深曲线4种类型示意图

ρ_2、ρ_3 分别为第一层、第二层、第三层的电阻率；h_1、h_2 分别为第一、第二层的厚度，同时设第三层厚度 $h_3 \to \infty$，便有：H型曲线（$\rho_1 > \rho_2 < \rho_3$）、K型曲线（$\rho_1 < \rho_2 > \rho_3$）、A型曲线（$\rho_1 < \rho_2 < \rho_3$）及Q型曲线（$\rho_1 > \rho_2 > \rho_3$）。

从图9-35中可见，4种曲线各具有一些特殊点。曲线左支和右支都有渐近线：曲线的左支都有 $\rho_s = \rho_1$ 的水平渐近线；曲线的右支在 $\dfrac{AB}{2}$ 与 $h_1 + h_2$（即第三层顶板埋深）相比较大时，第一、第二层的影响减少到实际上可以忽略的程度，结果就好像地下空间只有第三层 ρ_3 一种介质存在一样，ρ_s 值逐渐接近并最终趋近于 $\rho_s = \rho_3$ 的渐近线。如果 $\dfrac{\rho_3}{\rho_2} \to \infty$，曲线右支将出现45°渐近线。

需要注意的是，对三层断面而言，由于和第二层（常作中间层）的厚度变化，它与第一层及第三层的电阻率差异大小，使曲线的中段构成一些明显的特征点。如H型曲线中段出现极小点，第二层厚度 h_2 越大，曲线极小值范围越宽，且 ρ_s 曲线越接近 $\rho_s = \rho_2$ 水平渐近线；K型曲线中段出现极大值，中间层越厚（h_2 越大），极大值范围越宽，ρ_s 越接近 $\rho_s = \rho_2$ 的水平渐近线。从图9-36可看出中间层厚度变化时对K型和H型曲线形态的影响。A型曲线呈阶梯状上升型曲线，h_2 越大，中段台阶越明显；反之转折不明显，易被误为G型曲线。Q型曲线呈阶梯状下降型，h_2 越大，中段台阶越明显；反之转折不明显，易被误为D型曲线。

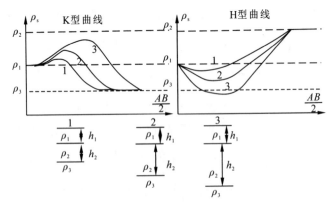

图9-36 中间层厚度（h_2）的变化对K型及H型曲线的影响示意图

4. 四层情况

图 9-37 为四层断面的 8 种电测深曲线类型。ρ_1、ρ_2、ρ_3、ρ_4 分别为第一层、第二层、第三层、第四层的电阻率，h_1、h_2、h_3 为第一层、第二层、第三层的厚度，并设第四层的厚度 $h_4 \to \infty$。

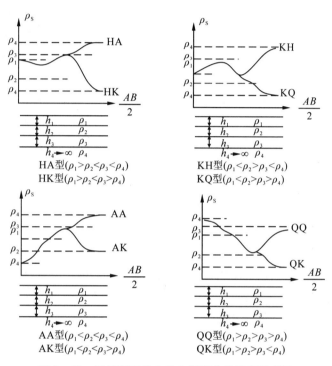

图 9-37 四层断面的 8 种电测深曲线类型示意图

根据各层电阻率，可组合为 HA 型、HK 型、KH 型、KQ 型、AA 型、QQ 型、QH 型 8 种类型。命名的方法是这样规定的：H、K、Q、A 单独出现时表示是三层断面，此后，每增加一个字母，即代表断面层数增加一层。如 HA 型，若仅看前三层，因 $\rho_1 > \rho_2 < \rho_3$，为 H 型；若忽略第一层只看后三层，因 $\rho_2 < \rho_3 < \rho_4$，为 A 型三层曲线。故整条曲线命名为 HA 型。

5. 多层（四层以上）的情况

对于四层以上的多层断面，命名方法同上。若有 n 个符号，表示有 $(n+2)$ 层。图 9-38 为一个六层断面的曲线。其断面参数间的关系为 $\rho_1 > \rho_2 > \rho_3 < \rho_4 > \rho_5 < \rho_6$。因 $\rho_6 \to \infty$，故曲线的尾部呈现 45°渐近线，命名为 QHKH 型曲线。

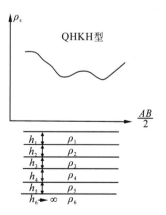

图 9-38 QHKH 型六层曲线示意图

(三)电测深的几种装置形式和极距的选择

常用的装置形式为对称四极测深装置,用符号 $A \leftarrow MN \rightarrow B$ 表示。在一个供电电极一侧遇到障碍物时,可改用三极测深装置,这时应依照联合剖面法设置无穷远极。其他装置形式还有偶极测深装置、纵轴电测深装置等,不一一列举。电测深除了在地面上进行,还可在江河、湖泊、海洋面上借助船载或借助绳索电缆进行,对水层的存在还要进行校正等,在此不详述,可参考有关水上电探资料。下面着重介绍对称四极测深装置布极形式和极距的选择。

1. 供电电极距 AB 和测量电极距 MN 比值固定的极距变化序列

应满足的关系为

$$\frac{MN}{2} = \frac{1}{n}\frac{AB}{2} \quad (n=3,4,5,6,7,8) \tag{9-67}$$

常用 $n=3, K=4.19 \times \frac{AB}{2}(\text{m})$; $n=4, K=5.89 \times \frac{AB}{2}(\text{m})$; $n=5, K=7.54 \times \frac{AB}{2}(\text{m})$。在水文电探中常用 $n=5$ 的装置。

2. 极距的选择和布置尚需注意的问题

(1)最小极距的选择以能追溯出第一层渐近线为宜,这样 $(AB/2)_{min} < h_1$;最大极距 $(AB/2)_{min}$ 的选定,以能满足勘探要求,并保证完整地反映出解释需要的最后一层为原则,尾部渐近线至少应有 3 个极距点,以便明显地反映出电性标志层。

(2)MN 的选择,前已提及,应满足以下关系 $\frac{AB}{30} \leqslant MN \leqslant \frac{1}{3}AB$。因为电测深法是在不断增加 A、B 距离情况下进行 ρ_s 测量的,故当 AB 很大时,势必要适当地增加 M、N 间距离,否则会使 M、N 间电位差太小,现有仪器无法观测,出现测量误差太大的情况。

(3)装置的布极方向和剖面方向一致(还要视测区具体地形地质条件而定,如布极最好沿地形走向、地层走向布置)。布极方向一致是为了成图解释时,便于分析对比。假如整个工区布极方向不能一致,也要求在电性分布大体相同的单元里布极方向尽可能一致。总之,以在水平方向上电性不均匀等影响最小为原则。

3. 环形电测深法

环形电测深法是对称四极测深装置在多方位上布极,测量地质体的各向异性(aeolotropy)特点的方法。

通常在一个测点上进行四方位测量,测线夹角为 $45°$。测量的结果以极形图的形式表示,即某一极距在各方位的 ρ_s 值以一定比例尺绘在对应的方位线上,然后将这些点连成一条折线,构成这一极距的闭合曲线。对所有极距的 ρ_s 值都分别画出闭合曲线。这种图叫做极形图,它的长轴方向,在 $\frac{AB}{2} \gg H$(H 为覆盖层厚度)的情况下,反映断层破碎带、接触带或岩层的走向。若极形图长短轴差异不大,呈似圆形,表示地下地质体在水平方向上是各向同性的,详见图 9-39。

环形电测深法除采用对称四极装置外,还可以来用三极测深装置。

(四)电测深资料的解释

1. 电测深资料的定性解释

电测深成果解释的最终目的是把电测深法野外工作获得的全部资料变成地质语言,供水文地质、工程地质人员在解决有关地质问题时应用。

电测深解释工作是整个工作过程中极其重要的一环,要本着从已知到未知,反复实践,反复认识的精神,要仔细地进行工作。一般可分为定性解释和定量解释两个阶段。定性解释是整个解释工作的基础,定性解释之前必须进行电性资料的研究。

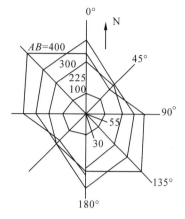

图 9-39 环形电测深法 ρ_s 极形图

1)电性资料的研究

在一个测区内进行电测深工作时,首先要收集该区内已知钻孔资料(柱状图)和电测井资料,同时应在已知井旁作电测深试验工作,对所获得的井旁电测深 ρ_s 曲线进行分析,判断哪些地质体或地层反映了哪些电性层,参照钻孔柱状图、电测井资料等,经过研究对比,确定地质体或地层与 ρ_s 曲线的对应关系,判断含水层与隔水层、淡水层与咸水层等在电阻率上的差异,掌握其异常特征和曲线类型。有了测区内已知资料作借鉴,便可估计区内的岩性、构造和地形等因素对电测深结果的影响,从而指导未知区的工作。这项工作是定性解释的第一步,是随着资料的不断丰富而逐步深化的。

2)各种定性解释图件的绘制和分析

电测深定性解释的任务是了解地层结构特点、地层与电性层的对应关系,并掌握它们沿水平或垂直方向上的分布与变化情况。各种定性解释图件的绘制是定性解释的主要工作。这些图件将从不同角度、不同勘探深度上,从平面上、纵横剖面上把握被测地层、地电体在空间的分布和变化,可从中获知被测对象直观的、立体的轮廓。当然,这些结果都是粗略的,还有待通过定量解释较准确地绘制地电断面的图件。

常用的定性解释图件有以下几种。

(1)等 ρ_s 断面图。这种图的作法是以测点为横坐标,以 $\frac{AB}{2}$ 为纵坐标,先将每个测深点所观测的各极距的 ρ_s 值标在图上,然后勾绘 ρ_s 等值线。这种图的纵坐标可以用对数坐标,如图 9-40(a)所示;也可以选用普通算术坐标,如图 9-40(b)所示。前者较明显地反映浅层电性变化,后者能较细致地反映深层的电性特点。总之等 ρ_s 断面图能较清晰地反映垂直断面上视电阻率的变化情况,是一种较常用的图件。

勾绘 ρ_s 等值线常用内插法,如果用单对数坐标系绘制(纵坐标表示 $\frac{AB}{2}$,用对数),在纵轴方向要用对数内插。另外还有一种简单的方法:当比例尺选定后,首先在相应横轴上标明

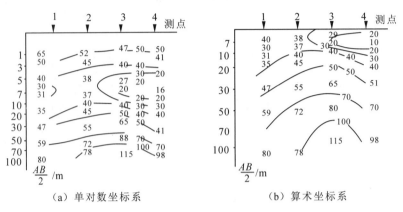

图 9-40 等 ρ_s 断面图的绘制

测点位置,然后另外列表,查出每条 ρ_s 原始曲线对应选定的 ρ_s 值(如 $100\Omega \cdot m$、$90\Omega \cdot m$、$80\Omega \cdot m$、$70\Omega \cdot m$…)的 $\dfrac{AB}{2}$ 大小,最后把它们标在剖面图上,并将 ρ_s 值相同的点连接起来即为等 ρ_s 断面图。

(2) ρ_s 平面等值线图。ρ_s 平面等值线图的作法:首先按一定水平比例尺绘出电测深点平面分布图,然后在各测点上标明同一极距在该点上的 ρ_s 值,最后勾绘 ρ_s 平面等值线。这种图反映测区内某一勘探深度范围内电阻率的变化规律。

(3) ρ_s 曲线类型图。不同类型、形状和特征的电测深曲线是地下地层、地质体存在的客观反映,所以测区内实测电测深类型的变化是区内地层结构或构造存在的一种反映。如断层两侧,地层发生变化,一侧多了某一层,另一侧可能缺失某一层;或者测区中水文地质条件发生变化,使某一地段某一层电阻率发生变化,如咸淡水区曲线类型相异。按相应比例尺,在各测点位置上绘出缩小的电测深曲线,在 ρ_s 曲线的首尾标明其视电阻率值。

除了上述 3 种主要定性分析图件外,还可根据地区地质和地层电性特点以及解释的需要,绘制其他定性分析图件。如前讨论过的 H 型和 K 型三层断面电测深曲线的特征点(如 H 型曲线极小点,K 型曲线极大点)的 ρ_s-$\dfrac{AB}{2}$ 变化图,用以推断中间层厚度及电阻率的变化。另一种图件是"等 $\dfrac{AB}{2}$ 视电阻率剖面图"或简称 ρ_s 剖面图,形式与电剖面法四极对称装置的 ρ_s 剖面图一样,只是它的数据是由同剖面各测点上的电测深原始曲线上量取的。它可以反映一定勘探深度(因 $\dfrac{AB}{2}$ 一定)上地层沿某剖面视电阻率的横向变化特征,所以应选定适当的 $\dfrac{AB}{2}$,以反映某一目的层。为进行不同深度对比,可选择多个极距分别绘制 ρ_s 剖面图。

3) 定性图件的综合分析

对于各种复杂的地电断面,为了分析和判断地电体的存在及其空间分布形态,仅分析某一种定性图件是不够的,必须利用各种定性图件从纵横、上下两个方向进行综合分析,而且每种定性图件分析的结论均应基本一致,才能有效地作出地质判断。在此基础上继续进行定量解释,为地质勘探提供可靠的依据。

2. 电测深的常用定量解释方法

电测深定量解释的目的是在定性解释的基础上确定各电性层的埋深、厚度和电阻率的具体数值,最后绘制各种定量图件。

定量解释的原则同样是要从已知到未知,反复实践,反复认识。也就是说,要尽量根据已知情况,即井旁测深曲线所解释的深度、厚度与实际钻探资料相符合的情况,确定待解释曲线的电阻率参数值,研究它们的曲线类型、曲线特点以及对量板时和曲线的重合部位等,用以指导测区附近电测深曲线的解释工作。在实践中,应不断收集钻孔的验证结果,重新解释,重新认识,研究解释的技巧,提高解释精度,探索地区性的解释规律。

定量解释常使用量板法,它是电测深定量解释曲线最基本的方法,理论严整,需要熟练地掌握。量板法就是运用理论曲线对实测电测深曲线进行对比求解的方法。在已知各层电阻率和厚度的水平层状地电断面上,根据电测深的理论计算公式,计算出许多理论曲线,把它们按层数和断面类型分类组成的曲线簇及曲线册叫做量板。目前普遍使用的有 3 种量板,即二层量板、三层量板和辅助量板。根据实测曲线,判断它的层数及类型,分别与相应的量板上的理论曲线对比,求出各电性层的埋深、厚度和电阻率,这就是量板法的求解过程。

3. 电测深的简捷定量解释方法

除了量板法,还有几种简捷的定量解释方法,包括纵向电导解释法、经验系数法和切线法。此外,还可以将野外实测 ρ_s 数据与给定参数的理论数值,在电子计算机上进行拟合;或者换算成变换电阻率 $T(\lambda)$ 进行拟合。因此,在电测深的资料解释中采用电子计算机进行数字处理和解释有如下优点。

(1) 速度快,可进行正反演问题的计算。如使用小型电子计算机计算电测深六层曲线,只需要不到 1min 时间。

(2) 用电子计算机进行数字拟合,比动手操作量板,精度将大大提高。

(3) 可以解释出较多的电性层。

(4) 解释精度提高,缩小了电测深曲线的等价作用范围,反过来必将对野外获取数据的精度提出更高的要求,从而促进整个电测深水平的提高。

第十章 高密度电阻率法

高密度电阻率法是集测深和剖面法于一体的一种多装置、多极距的组合方法,它具有一次布极即可进行装置数据采集以及通过求取比值参数而能突出异常信息,信息多并且观察精度高,速度快,探测深度灵活等特点。我们把这种技术应用于井下直流电法测量,在预测采煤工作面的开采地质条件和水文地质条件中取得了较好的应用效果,它在工程地质和水文地质调查中有着较广阔的应用前景。

第一节 高密度电阻率法基本原理

高密度电阻率法的物理前提是地下介质间的导电性差异。和常规电阻率法一样,它通过 A、B 电极向地下供电 I,然后在 M、N 电极间测量电位差 ΔU,从而求得该记录点的视电阻率 $\rho_s = K\dfrac{\Delta U}{I}$。根据实测的视电阻率剖面进行计算、处理、分析,便可获得地层中的电阻率分布情况,从而可以划分地层,圈闭异常等。

野外收录系统由网络控制的电极开关和多功能电测仪主机组成。电极与网络控制电极开关相连,通过多芯电缆与多功能电测仪主机相连。处理系统由计算机、处理软件和打印机组成。将存贮在电法仪内的测量结果传送到微机内,在微机上进行求取比值参数,计算各种统计误差等数据处理工作,最后将原始数据、中间结果以及最终结果打印出来,并根据需要绘制成不同形式的图件。

高密度电阻率法采用的是温纳三电位电极系,在条件许可的情况下(可以布设无穷远电极时)还可采用温纳联合三极装置。高密度电阻率法可采用的装置有温纳对称四极装置($W-\alpha$)(图10-1)、温纳偶极装置($W-\beta$)(图10-2)、温纳微分装置($W-\gamma$)(图10-3)、温纳三极装置($W-A$)(图10-4)、温纳三极装置($W-B$)(图10-5)5种。各装置视电阻公式为

$$R_s^\alpha = \frac{\Delta U_{MN}}{I}, R_s^\beta = \frac{\Delta U_{MN}}{I}, R_s^\gamma = \frac{\Delta U_{MN}}{I}, R_s^A = \frac{\Delta U_{MN}}{I}, R_s^B = \frac{\Delta U_{MN}}{I} \quad (10-1)$$

图10-1为温纳对称四极装置,用 $W-\alpha$ 表示。该装置的特点是 $AM = NB$,记录点为 MN 的中点,其视电阻率的表达式为

$$\rho_s^\alpha = K_1 K_\alpha R_s^\alpha = K_1 \cdot 2\pi a \cdot R_s^\alpha \quad (10-2)$$

图10-2为温纳偶极装置,用 $W-\beta$ 表示。它要求 $AB = MN$,$BM = p\Delta x$(其中 p 为任

意正整数),但在满足精度要求的条件下,为了计算设计的方便,我们取 $AB=MN=NB$,记录点为 BN 的中点,其视电阻率的表达式为

$$\rho_s^\beta = K_2 K_\beta R_s^\beta = K_2 \cdot 6\pi a \cdot R_s^\beta \quad (10-3)$$

图 10-1　温纳对称四极装置($W-\alpha$)　　　图 10-2　温纳偶极装置($W-\beta$)

图 10-3 为温纳微分装置,用 $W-\gamma$ 表示。在这种装置中,一般采用温纳思想将 $AB=MN$,且 B 位于 MN 的中点电极上,记录点为 MN 的中点,即为 B 电极,其视电阻率的表达式为

$$\rho_s^\gamma = K_3 K_\gamma R_s^\gamma = K_3 \cdot 3\pi a \cdot R_s^\gamma \quad (10-4)$$

图 10-4 和图 10-5 为温纳联合三极装置,分别用 $W-A$ 和 $W-B$ 表示其一个电极在无穷远,移动方便,两个三极装置即为一个对称四极,但是又比对称四极覆盖得更全面,所得结果也更可信。总电极相同时,它的观测点数和四极一样,记录点是 MN 的中点,其视电阻率的表达式为

$$\rho_s^B = K_5 K_B R_s^B = K_5 \cdot 4\pi a R_s^B, \rho_s^A = K_4 K_A R_s^A = K_4 \cdot 4\pi a \cdot R_s^A \quad (10-5)$$

其中,$K_1 \sim K_5 = 1 \sim 2$,默认为 1,相同极距,$K_4 = K_5, a = n\Delta x$。

图 10-3　温纳微分装置($W-\gamma$)　　　图 10-4　温纳联合三极装置($W-A$)

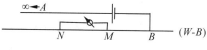

图 10-5　温纳联合三极装置($W-B$)

各视电阻率间有如下关系:$R_s^\alpha = R_s^\beta + R_s^\gamma$,$\rho_s^\alpha = (\rho_s^A + \rho_s^B)/2$。各测点和深度记录点断面分布如图 10-6 所示。

从装置的形式来看,高密度电阻率法同常规电阻率法没有多大差异,它们基本原理相同,且都以研究岩石电阻率变化为基础。

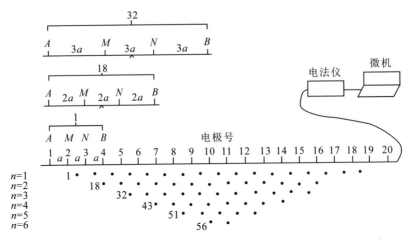

图 10-6 高密度电阻率法的测点和记录点断面分布图

第二节 高密度电阻率的测量方法

一、测量过程

这与多极距偶极剖面法的记录点断面图类似。具体施工过程:首先以固定点距 x 沿测线布置一系列电极(电极数量视多芯电缆芯数而定),取装置电极间距 $a=nx(n=1,2,3,\cdots,n+1)$,将相距为 a 的一组电极(四根电极)经转换开关接到仪器上,通过转换开关改变装置类型,一次完成该测点上各种装置形式的视电阻率观测。四极装置的电极排列中点为记录点,A 装置和 B 装置取测量 MN 电极中心为记录点。一个记录点观测完之后,通过开关自动转接下一组电极(即向前移动一个点距 x),以同样方法进行观测,直到电极间距为 a 的整条剖面观测完为止。之后,再选取电极距为 $a=2x,a=3x,\cdots,a=(n-1)x$ 的不同极距装置,重复以上观测。

点距 x 的选择主要依据勘探的详细程度。最大电极距($a=nx$)的大小决定于预期勘探深度,一般隔离系数 n 的最大值不超过 10,而 x 一般为 5m 或 10m。

对三极装置的无穷远极(C),在条件允许的情况下,最好沿垂直观测方向的其他巷道布置,尽量保证 $CO \geqslant 3AO$。

二、高密度电阻率法的几个技术问题

(一)固定间距 x 与隔离系数 n 的选择

固定间距 x(即测点点距)的选择需要综合考虑勘探详细程度和工作效率的要求。一般地,选择 x 遵循以下原则:$D/3<x<2D/3$,这里 D 为勘探区的预期深度。

隔离系数 n 的最大值一般不超过 10,因为当固定间距选择合适时,对于 $n>8$ 的测量便失去实际意义。

(二)联合三极无穷远极 C 的布置

联合三极装置无穷远极通常布设在安全的地方,且保证其距离满足等效无穷远的条件,即满足:$CO \geqslant 3AO$ 或 $CO \geqslant 3BO$。其中 AO、BO 分别为供电电极 A 和 B 到测量电极对 M、N 中点 O 的距离,CO 为无穷远极到 O 点的距离。

(三)观测质量的检查及保证

高密度电阻率法数据采集的可靠性检查,利用 $e_{\mathrm{obs}} = [R_s^\alpha - (R_s^\beta + R_s^\gamma)] \cdot 100/100 R_s^\alpha$,为保证可靠性,要求 $e_{\mathrm{obs}} \leqslant 5\%$。

引起误差的原因:仪器的系统误差;仪器、供电线、测量导线漏电;待测体是电性不均匀体或地电干扰体的影响;电极的接地电阻;观测的偶然误差;无穷远极不满足无穷远的条件。因此我们要注意根据待测地段选择合适仪器,检查仪器和导线是否漏电,注意电极布置和电极的接地条件。

三、高密度电阻率法的资料整理和解释

(一)高密度电阻率法的资料整理

对高密度法资料进行数据处理的主要目的在于压制干扰,简化异常形态和突出断面图内主要的异常特征,以助于资料的进一步解释。主要有以下几个方面的内容:①进行温纳扩展偏值滤波;②求取比值参数 T_s、G_s 和 λ;③进行统计分析处理,对主要的视参数进行等级分类等。

1. 温纳扩展偏值滤波

实测资料和理论计算的结果都表明,温纳三电位系的视电阻率曲线一般都受到与活动电极间距 a 有关畸变影响。温纳扩展偏值滤波器就是为压制和消除这种畸变影响而设计的一种专用滤波器。

温纳扩展偏值滤波器有 4 个非零滤波系数和若干零滤波系数,4 个非零滤波系数分别为 0.12、0.38、0.38 和 0.12,它们依次放置在温纳三电位系的 4 个活动电极所对应的测点位置上,而零滤波系数放置在 4 个活动电极间的测点上。从剖面曲线上以固定间距 x 抽取 10 个点的视电阻率的值并乘以相应的权系数,加权求和的结果即为 4 个活动电极中心点处滤波后的视电阻率值。

温纳扩展偏值滤波器的设计建立在对温纳三电位系的视电阻率曲线进行频谱分析的基础上。

2. 比值参数 T_s、G_s 和 λ

高密度电阻率法同常规电阻率法相比,除具有测点密度大、多极距和多装置形式的优点

外,还可以通过求取不同比值参数而突出异常的信息。常用的比值参数主要有两类:一类是利用温纳三电位电极系的 α、β、γ 装置的测量结果加以组合而成的;另一类比值参数则是利用联合三极装置的测量结果加以组合而成的。这两类比值参数以更为醒目的方式再现原有异常的特征。而且某些比值参数在一定程度上还具有抑制干扰和分解复合异常的能力,从而大大改善了常规电阻率法反映地质对象赋存状况的能力。目前常用的两类比值参数主要有 T_s、G_s 和 λ。

第一种比值参数 T_s 定义为

$$T_s(i) = \frac{\rho_s^\beta(i)}{\rho_s^\gamma(i)}$$

它是利用 β 和 γ 装置的测量结果组合而成的,记录点取在第 i 号测点。

第二种比值参数 G_s 和第三种比值参数 λ 以联合三极装置的测量结果为基础,它们分别定义为

$$G_s(i) = \frac{\rho_s^A(i)}{\rho_s^A(i+1)} + \frac{\rho_s^B(i)}{\rho_s^B(i+1)} - 2$$

$$\lambda(i,i+1) = \frac{\rho_s^A(i)}{\rho_s^B(i)} \Big/ \frac{\rho_s^A(i+1)}{\rho_s^B(i+1)}$$

这两种比值参数分别示于第 i 号测点和第 i 号测点与第 $i+1$ 号测点之间。

比值参数 T_s 不仅保留了视电阻率的异常特征,而且扩大了异常幅度,从而使 T_s 值断面图在反映地电结构的某些细节方面具有一定的优越性。对于均质,若不考虑空间的影响,$T_s=1$。而且随着视电阻率的不同,其比值亦有相应的变化。当观测剖面通过某一电性分界面时,温纳三电位电极系的视电阻率曲线在电性分界面处相交,且表现为尖锐扰曲,这些扰曲在 T_s 曲线上亦表现为尖锐变化,同时 T_s 在拐点处的值为 1。如果畸变比较严重,要对原始视电阻率曲线进行温纳扩展偏值滤波,此后再求取比值参数 T_s,可使其剖面线简化,有助于资料进一步处理。

比值参数 G_s 和 λ 都是联合三极装置的测量结果加以组合而成的。由于在剖面线上各测点在介质均匀的情况下受空间效应影响相同,所以比值参数 G_s 和 λ 均可大大抑制空间效应的影响,并且能突出电性不均匀体的异常反映。在高阻的情况下,G_s 和 λ 剖面曲线的异常特征主要为岩层电性特征的反映。因此可沿用地表半空间的资料解释方法对高密度电阻率法的 G_s 和 λ 进行解释。它可推广到高密度资料的解释中。

(1)对于均匀介质或水平介质,$G_s=0$,$\lambda=1$;

(2)对于垂直电性分界面,在高阻层上面,$G_s<0$,$\lambda<0$,在分界面处取得最大值;在低阻层上方,$G_s>0$,$\lambda>0$,在分界面处有最小值。

(二)高密度电阻率法的资料解释

1. 高密度电阻率法资料解释的一般过程

高密度电阻率法的资料解释通常分两个阶段:第一阶段为定性解释阶段,这个阶段主要根据前面所介绍的知识进行定性分析和半定量解释,并在综合分析所得数据和几何参数,结

合矿井地质资料和水文地质资料,以及其他物探资料,建立起研究区域的地电断面模型,为下一阶段的定量解释奠定基础。第二阶段是定量解释阶段,这一阶段的一部分工作是借助于计算机正演模拟技术和电解槽物理试验,对定性解释的结果进行验证;而另一部分工作是在定性解释的基础上,选择构造影响较小的典型地段,从高密度电阻率法不同极距的剖面线上转换为电测深曲线,然后进行计算机反演解释,以达到分层定厚的定量解释任务。最后用软件绘制出地质-物探综合图件。

2. 高密度电阻率法资料解释的基本原则

(1)首先根据所测地电阻率的结果评价地电阻率的分布特征。

(2)利用比值参数 G_s 和 λ 的平面图和拟断面图,研究观测剖面横向电阻率的变化特征,并据此确定断层和裂隙发育带的位置、含水性及倾斜方向。

(3)比值参数 T_s 的分布变化特征既包含了垂向电阻率变化的信息,又反映了横向电阻率的变化。因此利用 T_s 的平面剖面图和拟断面图研究地电断面的异常性质,要综合 G_s 和 λ 的异常信息。如果以单对数坐标系绘制的 α 法和 β 法视电阻率平面剖面图上,两组剖面曲线之间存在固定间距,即比值参数 T_s 是一个常数,那么介质电阻率只存在垂向变化。若 T_s 小于1则说明介质电阻率随深度的变化而增大;否则减小。如果沿观测点剖面方向有相邻三个测点 ρ_s^β 和 ρ_s^γ 值相同,即 T_s 等于1,那么可以认为对应勘探范围内的介质是均匀的。

(4)由于比值参数 G_s 和 λ 是以联合三极装置的测量结果为基础的,因而通过求取比值参数可有效地抑制所测区域的空间效应,同样 T_s 参数的求取也有类似作用。

(5)综合分析各类视参数所反映的介质电阻率和几何参数的信息,并结合已知区域的矿井地质、水文地质资料以及其他地球物理勘探资料,建立该区域的地电断面图,并选择一些有意义的地段进行正演模拟等,以验证地电模型的建立是否符合实际。

选择部分构造影响较小的测点,由不同极距的视电阻率剖面曲线转换出垂向电测深曲线,并利用计算机进行自动反演解释。

(三)高密度电阻率法成图

高密度电阻率法资料常表示成3种图件形式:①各装置形式视电阻率和主要比值参数的拟断面图;②各装置形式视电阻率和主要比值参数的平面剖面图;③各装置形式视电阻率和主要比值参数的等级分类图。也可采用 surfer 软件进行成图处理。

(四)高密度电阻率法应用实例

高密度电阻率法可探测具有明显电阻率差异的界面,因此可用来探测断裂带、裂隙、地层界面、陷落柱、溶洞、管道、孔洞等,也可用来探测地层含水性及其富水性状况;还可用来观测覆岩破坏及检测注浆效果等。

图 10-7(a)为高密度电阻率探测结果剖面。其解析软件为 RES2DINV ver. 3.4(适用于 Windows 95/98/Me/2000/NT),采用基于最小二乘法的二维快速电阻率和激电反演,对于温纳(α,β,γ)、单极-偶极、二级法、三极法、偶极-偶极装置、斯伦贝谢与非常规阵列,以及陆上、水下和井间测量的二维/三维地电场成像均可实现。

图 10-7(b)显示了在一个斜坡的上部进行测量的结果,该斜坡的下部曾发生滑坡。滑坡通常是由部分斜坡内的积水引起的,这导致了一段斜坡的弱化。花岗岩基岩的风化作用产生了黏性沙土,混合着岩芯卵石和其他部分风化的物质。测量电阻率剖面显示,在测量线中心以下有一个明显的低电阻率带,这可能是由于该区域积水导致电阻率低于 $600\Omega \cdot m$。为了稳定斜坡,就必须把多余的水从这个区域抽走。因此,准确绘制地下水聚集区是十分重要的。该数据集还显示了模型剖面中地形的实例。

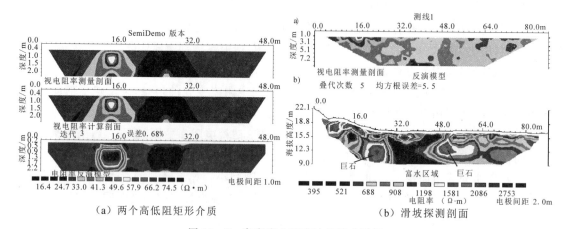

(a)两个高低阻矩形介质　　　　　　(b)滑坡探测剖面

图 10-7　高密度电阻率法探测成果图

第十一章　高分辨地电阻率法

探测地下自然或人工洞对我国的经济建设十分必要。自然的洞像喀斯特溶洞、泥质陷落洞等，人工洞有军用地道、老窑采空、古墓等。查清这些洞体，并采取相应措施，方能保证厂矿企业、交通设施和居民安全。另外，对获取水源、预防水库漏水和考古等也具有重要意义。

地电阻率测量已广泛应用于洞体探测并获得不同程度的效果。起初采用对称四极测深，随探测深度增加而增大极距，而电流极距和电位极距比值保持恒定，使其勘探深度达不到要求。Bristow 采用单极-偶极装置探测岩溶，可直接解释洞的近似深度、位置和大小。Bates 将这一技术用于探测水坝下的冲蚀溶洞获得成功。美国西南研究所进一步应用单极-偶极方法成功地探测出影响公路稳定性的泥质陷落洞和寻找煤矿废巷道。

第一节　高分辨地电阻率法探测方法的选择

探测地下洞体是一项比较特殊的地质勘探任务。无论是人工造成的洞道还是天然形成的洞穴，往往规模比较小，常孤立存在，形态和分布形式非常复杂。由于规模小，其造成的物探异常也小。因此，探测地下洞体选用物探方法时，最重要的一点是要有高的分辨率。目前，用于探测地下洞体的地面物探中，有地震法中的瑞雷波法，电磁法中的探地雷达等方法，这两种方法一般情况下的探测深度在 30~60m 之间。对于更深范围内的探测，可以考虑应用直流电阻率法。直流电阻率法在理论上相当成熟，曾在寻找金属矿、非金属矿，进行地质填图、解决地质构造等问题方面发挥过重要作用。但是，当解决地下洞体的探测问题时，传统的电阻率法就显得比较粗糙了。原因之一是采样率不够，无论是在纵向上还是在横向上采样点都比较稀疏，会遗漏掉有用信息。因此，在设法增加采样率获取更多的信息时，先后提出了两种方法——高密度地电阻率法和高分辨地电阻率法。

高密度地电阻率法实行密集测量，提高了采样率，使获得的视电阻率曲线的形态趋于完整，在实际应用中取得了一定效果。但是，仅仅实行密集测量是不够的，其分辨率达不到要求。而高分辨地电阻率法则较好地解决了影响分辨率的因素（如装置本身对异常的灵敏程度、视电阻率曲线的形态、装置的探测深度与地下洞体的埋深之间的确切对应关系、信噪比、采样率和地形影响），提高了分辨率，是探测地下洞体的最佳方法。

一、高分辨地电阻率法装置的选择

地下洞体的视电阻率异常响应不仅和洞的大小、埋藏深度、洞体与围岩的电阻率差异等地质因素有关,还与探测装置有关。因此,装置的选择是一个不容忽视的问题。为了取得高分辨率的勘探效果,我们采用的装置应对地下洞体有较明显的异常反映,视电阻率曲线应较少振荡,装置的探测深度与洞体的埋深之间应有确定的对应关系,在工作方式上能实现多次覆盖测量,还要便于施工,具有较高的工作效率。

在电阻率法的各种装置中,具有代表性的典型装置有:单极-偶极装置、施伦贝尔热装置(Schlumberger arrangement)、温纳装置、偶极-偶极装置、微分装置(其中后 3 种装置是在高密度电阻率法中使用的装置)。通过洞体上方主剖面的测线上在相同情况下对这些装置逐一分析、比较,得出以下结论:温纳四极、三极装置、偶极-偶极装置、微分装置当洞体埋深一定时,异常幅值先是随极距的增大而增大,达到饱和值之后又随极距的增大而减小,并出现振荡。异常幅值不仅小而且宽度大。这些装置本身的探测深度、异常幅值与洞体埋深之间的关系又比较复杂,对于每一分析分辨单元不能做到"多次覆盖",因而这些装置不适合用来进行高分辨率的探测。单极-偶极装置的异常幅值较大,宽度较窄,异常幅值随洞体埋深的增减而增减,其探测深度、异常反映与洞体之间有着一一对应的关系。而且其异常是单峰曲线,没有振荡出现。中间梯度装置的异常幅值还要略大于单极-偶极装置,宽度也略窄些。但其对地下洞体反映出来的较大异常只是理论上的一种结果,并不能实用。施伦贝尔热装置的视电阻率趋向于中间梯度的视电阻率值,但当洞体埋深不变时,其异常幅值随极距的加大在逐步增大。而且,极距进一步加大后振荡又加剧,探测深度与洞体埋深之间的关系仍较复杂。

综合分析各种因素之后,高分辨地电阻率法采用了单极-偶极装置。这种方法的优点:①探测深度大,可达 150m,这是地质雷达、瑞雷波等方法所不能比拟的;②较普通电测深法提取的信息量大,较通常称为高密度电阻率法的分辨率高,所研究的成果已在实际的老窑探测工程中得到应用,且取得了明显的地质效果。

二、地下洞体在单极-偶极装置下的响应

(一)洞体视电阻率响应公式

采用单极-偶极装置(图 11-1)时,其洞体视电阻率响应公式为

$$\rho_s = \rho_1 + 2r_0^3 \frac{\rho_1(\rho_2-\rho_1)}{\rho_1+2\rho_2}\left(\frac{\cos\theta_1}{d_1^2 r_1^2} - \frac{\cos\theta_2}{d_1^2 r_2^2}\right)\frac{R_1 R_3}{R_3-R_1} \tag{11-1}$$

其中,$R_1=x_2-x_1$,$R_3=x_3-x_1$,$d_1^2=(x_t-x_1)^2+ht^2$,$r_1^2=(x_t-x_2)^2+ht^2$,$r_2^2=(x_t-x_3)^2+ht^2$,记录点为 MN 中点。

（二）洞体相对于电流电极的空间响应特征

当电流电极不在洞体的上方时，高阻洞体的视电阻率异常是一个不对称的凸形曲线；低阻洞体的视电阻率异常是一个不对称的凹形曲线；其幅度和陡度与洞体埋深有关。其响应特征：洞体与电流电极之间的连线和地面的夹角越大，异常幅值就越小。一般说来，这个夹角在 25°左右时异常幅值最大；在小于 45°时异常幅值减弱得不多；在 90°时异常幅值减弱达到极限，幅值减小了约一半。

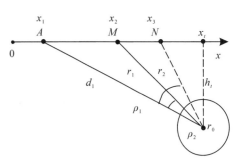

图 11-1　单极-偶极装置

第二节　高分辨地电阻率法原理及装置布置

一、高分辨地电阻率法探测原理

测量时，在均匀半空间里，以电流电极 A 为中心形成半球等位面。当所测的电位发生异常，正好反映地下等位面所构成的薄壳层里的异常（洞体或其他不均匀体）。但是，单凭一个供电点所测的异常还不能确定洞体的位置，必须依靠更多的信息。这就需要设计空间探测，由不同的电流电极供电，在相应的电位电极观测到异常，这样就可按图解法确定洞体的位置和大小，同时也实现了多次覆盖测量。

根据等位壳层反映异常的原则，以电流电极为圆心，以发生电位异常的电位电极到电流电极的距离为半径画弧，它们在地下的交会影像就是所探测的洞体，如图 11-2 所示。

二、装置布置

如图 11-3 所示，A、B 供电，M、N 测量电位。将 A 点置于 O 点，B 点于无穷远处为

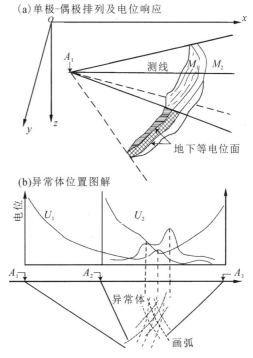

图 11-2　高分辨地电阻率法探测原理图

公共电极，将测量电极 M、N 沿 x 轴正向逐点移动，测量距离（即测量半径）为 S，测其电位并求其电阻率，记录点为 x 点。要求 x 应远大于 b。然后装置整体沿 x 轴移动 L，$L<S/2$。

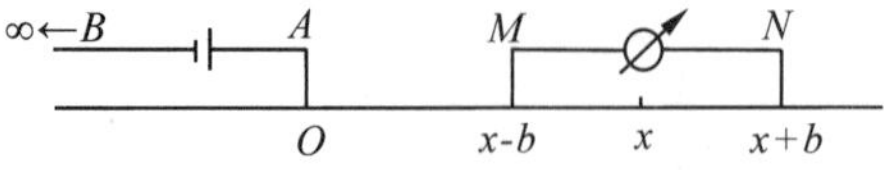

正向测完后,将装置反转,再沿 x 轴负向测一遍。

视电阻率计算公式为

$$\rho_s = \frac{\pi(x^2-b^2)}{b}\left(\frac{\Delta U}{I}\right) \tag{11-2}$$

图 11-3 装置布置图

三、高分辨地电阻率法野外施工方法

高分辨地电阻率法采用的基本装置是单极-偶极装置。前已论述,这种装置对地下洞体反映较好,分辨率高。当采用这种装置时,电位电极 M、N 相对于电流电极 A、N 的最大距离,我们称之为测量半径。当其他条件满足时,测量半径就等于最大探测深度,当然这是针对均匀半空间而言的。

为了在一条测线上沿纵向(深度)和横向(剖面)来扫描地质断面,将装置沿测线密集组合,以实现空间探测,达到对地下洞体的"多次覆盖"。这里所指的"多次覆盖",是不同电流电极和电位电极情况下采集同一洞体的反映资料,以便聚焦异常体的空间位置和大小。

其中,单极-偶极的无穷远极是共用的,其他电流电极按一定间距埋设,电位电极是流动的。在观测时,一开始电位电极处于测线一端,由距电位电极小于或等于测量半径的电流电极顺次向地下供电,并测量对应于各电流电极供电电流 I 的电位差 ΔU。然后移动电位电极于下一测点,再顺次由电流电极向地下供电,测出相应各电流电极的电位差。这个过程循环重复进行。在这个循环过程中,随着电位电极的移动,距电位电极大于测量半径的电流电极逐步退出循环,距电位电极等于或小于测量半径的电流电极逐步加入循环,直到电位电极沿测线移动到另一端点,就完成了地电阻率一条测线的观测。

每个电流电极的测量半径的大小由探测深度决定,探测深度越大,测量半径选得也就要越大,并应大于最大探测深度。当测量半径 R 选定之后,对于电流电极间距 A_iA_{i+1} 的选择,应使 $A_iA_{i+1} \leqslant \frac{1}{2}R$,这样测线下的地质断面才能被全部覆盖。由此可见,电流电极的间距和测量半径与每个分析分辨单元的测量覆盖次数有关,电流电极间距越小,测量半径越大,覆盖次数也越多。

采样率是由测点间距决定的,点距越小采样率越高,分辨率也越高,每个分析单元的边长就等于测点间距。

电位电极距也与分辨率有关,极距大分辨率低,极距小分辨率高。

总的来讲,高分辨地电阻率方法在施工中采用的是单极-偶极装置,以较小的电流电极距、较小的电位电极距、较小的测点点距,实行密集的、多次覆盖测量。但也不是极距越小、测点越密、覆盖次数越多越好。比如,覆盖次数过多,不仅增加了工作量,而且由于多次覆盖方法也相当于一个低通滤波器,覆盖次数过多,对孤立异常洞体的反映也有一定程度的抑制作用,并不能进一步提高分辨率。同样的,测点点距过小,在体积效应影响范围内也不会对提高分辨率起作用;电位电极距太小,则接收信号小,不易测量。因此,在设计施工时,应根据实际探测的要求,在测点点距、电流电极间距、电位电极间距、覆盖次数及工作量之间权衡选择。

根据对地下洞道的分辨能力,高分辨地电阻率的测量半径选择在 160m 以内,想再增大

探测深度一般是难以达到要求的。对于电流电极间距,一般粗勘时为 40m,详勘时为 20m,相应的测点点距分别为 5～10m、2～5m。每个分析分辨单元上的测量覆盖次数为十几次。电位电极间距根据实测信号的大小确定。

第三节 资料处理方法

在资料解释之前,必须对原始数据作一定的处理,以便去伪存真,得到真正反映地下洞体异常的资料。对高分辨地电阻率法来说,主要进行地表不均匀性影响的消除和地形影响的压制。

一、地表不均匀性的消除

在电阻率法中普遍存在着一种由地表不均匀性对观测所造成的影响,这种影响将会使解释结果发生严重畸变,甚至面目全非。对于探测地下洞体这类较小的孤立异常来说,影响更为严重,必须加以消除。

高分辨地电阻率法在进行地下洞体的勘测时,由野外采集资料的方式可知,在单极-偶极装置条件下,采用了"多次覆盖"方式,将洞体所反映的异常与地表局部不均匀体所反映的异常区分了开来,进而消除地表不均匀性带来的影响。

二、地形影响的压制

地电阻率资料的解释是在水平半空间进行的。由于实际上可能存在地形起伏的影响,必须进行处理加以压制,以消除或削弱地形对观测资料的影响。

(1)利用施瓦兹-克利斯托夫(Schwarz—Christoffel)变换(简称施瓦兹变换),将实际地形标高和电极坐标位置准确地绘在平面图上,按修正的极距计算装置系数,并算出相应的视电阻率,这样就将地形的影响消除,按照水平地形的情况进行解释。最后将解释结果再准确地还原到实测剖面上。

(2)利用"比较法"将野外实测的视电阻率 ρ_s^{sh} 曲线,逐点地除以相应的纯地形异常 ρ_s^D/ρ_1,便得到经过"比较法"地形改正后的视电阻率 ρ_s^G 曲线。

三、资料解释

高分辨地电阻率的资料解释方法包括目标异常匹配滤波法和视电阻率拟断面图法。这两种解释方法的最终成果都是以灰度图或彩色图的形式将地下洞体的位置、大小及轮廓直观地用图件反映出来。

(一)目标异常匹配滤波法

目标异常匹配滤波技术是借助一般计算机模拟许多不同的假设地下洞体的视电阻率曲线,通过互相关过程与野外实测资料比较,以确定地下洞的位置和规模。

实际解释时是将地下半空间划分为一系列小单元(分析分辨单元),假想其中某一单元为不均匀体,称为"目标单元",利用正演公式计算该不均匀体的参数曲线,将该曲线与实测曲线作相关分析可得与之相应的"相关度"值。不同的目标单元对应不同的相关度值。当目标单元与实际地下不均匀体重合时可以获得较高的相关度值,于是由产生较大相关度值的单元确定出地下不均匀体最可能的位置。如果定义不同相关度值对应着不同颜色,就可得成像图,从而将地下洞体的位置和规模形象地显现出来。由图解法可知,仅有一条实测曲线作相关分析是不够的,要对应不同供电点的多条实测曲线作相关分析,取得相关度的平均值作为该单元的相关度值,这样才能将引起异常的不均匀体聚焦确定。

目标异常匹配滤波法具有解释速度快、准确度较高和抗干扰能力强等特点,在不确知围岩电阻率和洞体电阻率的情况下仍可进行资料的解释,仅对层状介质的分辨率较差。

(二)电阻率拟断面图法

拟断面图法是直流电法勘探中一种传统的解释方法,对于不同的装置其制作原理不完全相同。单极-偶极装置下的视电阻率拟断面图实际上就是用计算机实现的、用灰度图表示的交会图。

拟断面图的具体做法如下:对地下半空间任意分析分辨单元,以剖面上某一供电点源为圆心,以异常点电位电极至电流电极的距离为半径画圆弧线,并确定此弧线在地表处的在该供电点作用下测得的视电阻率,对于多个电流电极重复进行,取所有的视电阻率的平均值作为该点的视电阻率值。对地下半空间所有的分析分辨单元都如此确定与其相应的视电阻率值,就可绘出相应的等值拟断面图或拟断面灰度图。

上述过程用计算机来做速度计算是相当快的,模型资料表明这种方法是有效的。除了能反映地下洞体的位置和规模,对层状介质也可反映出来。

高分辨地电阻率技术中这两种资料解释方法在实际应用中,还应根据具体情况有所侧重,或两种方法配合使用以达到最佳的解释效果。当洞体埋深较浅,洞体规模较大时,匹配滤波法会有较大误差,此时应以视电阻率拟断面图法为宜。

(三)应用实例

高分辨地电阻率法最适用于各类洞体的探测,此外也可应用于水源探测、构造探测、考古、工程检测等许多方面。

图11-4为某灰岩采石场中岩溶溶洞范围探测剖面。由于采用了高分辨地电阻率法探测技术,该溶洞的规模及延伸情况可以确定。该岩溶区表现为高阻区,水平延伸及垂向延伸均大于20m,具有旅游开发价值。

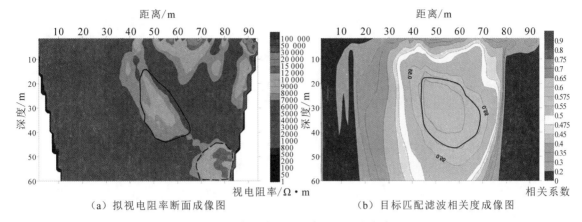

(a) 拟视电阻率断面成像图   (b) 目标匹配滤波相关度成像图

图 11-4　高分辨地电阻率法探测岩溶溶洞

第十二章 其他电法勘探

本章介绍3种方法,分别为自然电场法、充电法和激发极化法。

第一节 自然电场法

在一定的水文地质环境中,地下某些地质体不需要经过人工供电,就能自行产生电流场,这种电场称为自然电场。研究这种电场用以解决某些地质问题的方法,就叫做自然电场法。它应用于寻找河流、湖泊、水库底部的渗漏或补给地点,发现岩溶地区的落水洞,研究抽水下降漏斗的影响半径等,获得了一定的效果。

一、自然电场产生的原因

(一)过滤电场

由于地下水所受的压力不同,地下水产生了流动。在地下水流动时,将会穿过多孔岩石的孔隙或裂隙,如图12-1所示,由于岩石颗粒表面对地下水中阴阳离子具有选择性吸附作用,即一般含水层中的固体颗粒(包括岩石、矿物颗粒和胶体颗粒)大多数吸附阴离子。因此,在岩石颗粒表层吸附了固定的阴离子层,结果在运动的地下水中集中了较多的阳离子,形成在水流方向上为高电位、背水流方向为低电位的电场,这种电场叫做过滤电场,也叫渗透电场。

在自然界中,山坡上的潜水受重力作用,从山坡渗向坡底,因而在坡顶处见到负电位、在坡底见到正电位的自然电场异常。这种过滤电场通常又称为山地电场。在用自然电场法找矿时,是把这种山地电场作为干扰因素来考虑的。图12-2是山地电场的典型例子,这里自然电位负异常的峰值出现在山顶上,强度为-30mV,山顶到坡脚高差为80m。

应该指出,过滤电位的强度很大程度决定于地下水的埋深和水力坡度的大小。地下水位越浅,水力坡度越大,才能反映出足够明显的自然电位异常。

(二)扩散电场

当两种岩层中溶液的浓度或成分有差别时,就会在溶液之间形成离子的迁移,从而产生扩散电位差。扩散电位差的符号与迁移速度较大的离子的电荷相同。因为溶液中当浓度大

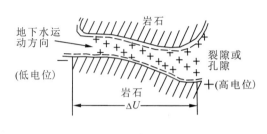

图 12-1 过滤电场

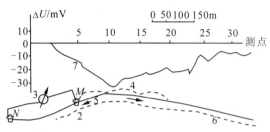

1—固定电极(不极化电极);2—流动电极(不极化电极);3—高输入阻抗电位计;4—流动电极移动方向;5—地下水流动方向;6—潜水面;7—自然电位曲线(负异常)。

图 12-2 山地电场

的溶液的离子向浓度小的溶液迁移时,其阴阳离子的迁移速度是不相等的,其中必有迁移快的一种离子。于是,在较稀的溶液中就获得了迁移速度快的离子所带的电荷。

例如当岩层中含氯化钠(NaCl)的水溶液的浓度差别很大时,扩散电位差的符号取决于钠离子(Na^+)和氯离子(Cl^-)的迁移率。由于 Cl^- 的迁移率大于 Na^+,因此,当两岩层水溶液相接触时,浓度低的含水岩层上带负电。

扩散电场的数值很小,因为迁移快和慢的离子之间存在着吸引力,使它们之间速度变小。通常,在多孔岩石中离子扩散现象和吸附现象总是同时发生的,有时还伴随发生水的过滤作用,所以纯扩散电场是没有的。

(三)氧化还原的自然电场

金属导体(电子导体)的氧化还原作用产生的自然电场,只有当导体处在特殊的水文地质条件下才能观测到,如图 12-3 所示。金属导体埋深较浅,一部分在潜水面以上,一部分在潜水面以下,这样处于地下水中的金属导体,其上部与氧化带中的地下水发生氧化作用,导体失去电子而带正电,围岩则获得电子而带负电;其下部所处的还原环境使得导体的电化学反应同上部相反,即导体得到电子而带负电,围岩失去电子而带正电。在导体与围岩之间,其上部与下部就形成了符号相反的电位跳跃。这样,在导体上下部形成电位差,产生电流,于是在导体内部形成自上而下的电流,在围岩中电流方向则自下而上。所以在导体上方的地面进行电位测量,将获得负的电位异常。

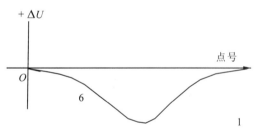

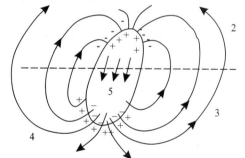

1—地面;2—渗水循环带(氧化带);3—滞流水带(还原带);4—潜水面;5—金属导体;6—自然电位曲线(负异常)。

图 12-3 氧化还原电场

除了由于金属导体、金属矿体的存在会产生这种氧化还原电场外,石墨化岩层、黄铁矿化岩层也会产生相当强的氧化还原自然电位异常,在用自然电场法解决有关水文地质工程地质问题时,必须注意识别它们。

由于自然电场的存在,在电法勘探中,按一定形式布置测网,通过观测测点间的电位差,了解自然电场的分布状况,再结合当地具体地质环境的分析,可判断自然电位异常的性质,以便解决有关水文地质和工程地质问题。

二、自然电场法的野外工作方法

观测自然电位的仪器设备很简单,包括电位计(可使用前面介绍的电阻率法仪器)、不极化电极和导线及绕线架,联系用的电话等。

常见的自然电位异常幅度在几毫伏至几百毫伏之间。

测线或测网的布置主要根据勘探对象的大小以及研究工作的详细程度而定。基线要平行于勘探对象的走向,测线一般应垂直勘探对象的走向,即垂直于基线。

野外观测方法分电位法、梯度法两种。电位法是观测所有测点分别相对于某一固定基点(正常场)的电位值,前面介绍的山地电场(图12-2)、氧化还原电场(图12-3)都是采用电位法观测的,N 极作固定电极,M 极作流动电极,记录点为 M 极所在位置;梯度法是观测沿测线同时移动的相邻两点间(接 M、N 电极)的电位差,记录点为 MN 中点,在水文地质工作中常采用的"8"字形观测法(或称环形法),就是梯度法的变种。

观测成果绘制成平面剖面图、平面等值线图等。

三、自然电场法在解决水文及工程地质若干问题上的应用

(一)自然电场法测定浅层地下水的流向

根据过滤电场的原理,可知在地下水流动方向上两测点间的电位差极大;而垂直流向的方向上,地下水相对流速甚缓,几乎为零,在此方向上测量两测点间电位差极小,甚至为零;在其他方向上地下水的相对运动速度和产生的电位差都处于过渡状态。图12-4(a)为测网布置图。以测点 O 为中心布置夹角为 $45°$ 的辐射状测网,分别测量等距的 M_1N_1、M_2N_2、M_3N_3、M_4N_4 点间的电位差 ΔU_{MN}。然后将所测电位差按一定比例尺(1cm 等于几毫伏)表示在所测的方向线上,各端点连接起来(用圆滑曲线或折线),成为"8"字形异常图(又叫环形图),如图12-4(b)所示。显然,"8"字形长轴所指示的方向即为地下水流的轴向。然后根据电位差的符号判断,即水流方向上为高电位,背水流方向

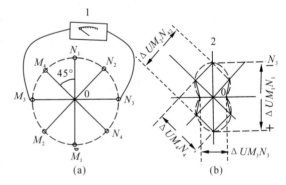

1—电位计;2—地下水流向。

图12-4 自然电场"8"字形观测法

为低电位,确定地下水的流向。

(二)自然电场法测定抽水试验中下降漏斗的影响半径

在抽水时,地下水的自然流向将发生变化,使水由四面八方流向钻孔,形成下降漏斗。为了测量它的影响半径 R,可以用"8"字形法或电位法进行观测,详见图 12-5。

测网布置方法是以轴孔为中心,布置两条互相垂直的剖面线,在剖面线上以一定的点距,分别布置"8"字形测点。根据前述测地下水流向原理可知,"8"字形长轴方向(电位高端)为地下水流向。因此,下降漏斗范围内"8"字形的长轴方向均指向钻孔;于影响半径以外,"8"字形长轴方向仍和抽水前地下水区域流向一致。

由于地下水从下降漏斗边缘的四周向钻孔中心汇集,随之,过水断面逐渐减小,水力坡度逐渐加大,则流速也逐渐加大。沿两剖面线进行电位测量,将在钻孔顶部,电位曲线

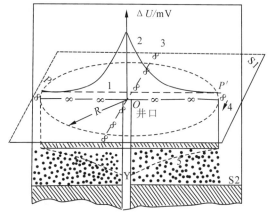

S1—水平面(地面);S2—垂直面;R—影响半径;1—抽水前自然电位曲线;2—抽水过程自然电位曲线;3—自然电位"8";4—区域地下水流向;5—抽水下降漏斗。

图 12-5 测量抽水下降漏斗影响半径的方法

达到极大值,在下降漏斗边缘为极小值或趋于正常场值。把抽水前后两自然电位曲线相比较,两曲线的分离点 P、P' 处即为漏斗的边界,由该点至钻孔中心的距离(OP 或 OP')即为影响半径。

(三)自然电场法确定漏水地点、水力联系及地下水活动情况

自然电场法可确定水库漏水地点,了解河水和地下水的水力联系,了解岩溶地区地下水活动情况。

地表水自上往下运动,渗入岩石中,会产生自然电场的负异常。为了确定河流、湖泊、水库和渠道底部的渗漏地点,工作时,可将一个不极化电极放在水库岸上(固定电极),另一个流动电极用绞车或用小船牵引沿库底移动,移动按事先标好方向进行。可连续记录自然电位差的变化,从而确定引起漏水的裂隙或透水层的位置。这时,记录的是直接在异常源(水库底渗漏处)附近的电位。而在地表探测工作中,在异常源与测点之间一般隔着一个第四纪沉积层。所以,水底进行自然电位测量所得的异常曲线的幅度要大得多。渗漏水速度越大,自然电场负异常就越明显。

过滤电场在河床、水库渗漏或补给处均有显示,电位差的正负决定于地表水和地下水相互补给关系。当地下水补给地表水时,在地面上能观测到自然电位正异常。图 12-6 为灰岩和花岗岩接触带上的上升泉,观测到明显的自然电位正异常;反之,当地表水补给地下水时,观察到自然电位的负异常。图 12-7 为水库渗漏地点上出现的自然电位负异常曲线。

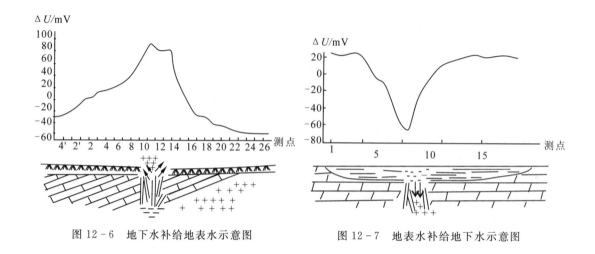

图 12-6 地下水补给地表水示意图　　图 12-7 地表水补给地下水示意图

据报道,近年来国内外在水利工程中,利用自然电场法对河床、湖底、库底进行探测的技术得到广泛的应用。大多利用测井设备和仪器,连续记录自然电场的电位和电位梯度。

由此可见,自然电场法在岩溶地区是研究地下水活动情况的有效手段。溯河地区的物探推断结果与水文地质观测资料完全一致。

第二节　充电法

一、充电法的原理

充电法多用在金属矿区的详查和勘探阶段,目的是详测电阻率比围岩低的金属矿体位置、形状、大小和相邻矿体相连情况。在水文地质工程地质调查中,利用充电法可测定地下水流速、流向,追溯岩溶发育区的地下暗河,研究滑坡等问题。

充电法的原理比较简单,它利用天然的或人工揭露的良导体露头、地下水出露点,直接接上供电电极 A(一般接正极),而将另一供电电极 C 置于无穷远处接地(同联合剖面法布无穷远极方法),然后接上电源,如图 12-8(a)、(c)所示,这样整个导体就相当于一个大电极,然后用两个测量电极 M、N 观测充电点周围的电场变化情况。研究这种特殊的人工电场在地面的分布规律,可以推测良导体的规模和延伸情况等。

充电法的工作方法分三类:电位法、电位梯度法、追溯等位线法。

充电法的应用条件是:探测对象的电阻率 ρ_1 应远小于围岩的电阻率 ρ_2(即 $\rho_1 \ll \rho_2$),围岩的岩性比较单一、地表介质电性较均匀、稳定,地形起伏不大;埋于地下的充电体必须有露头,或是天然露头,或是人工露头,如浅井、泉眼、钻孔、坑道等。

二、充电体周围的电场特点

(1)若充电体电阻率较围岩明显的低,在良导体均匀的理想情况下,对良导体充电时,电流流经导体各部分将不产生明显的电位降,导体表面各部分的电位处处相等,并应等于充电点 A 的电位,所以这样的导体可认为是等电位体。在围岩中,由于它的电阻率比导体电阻率高得多,因此,电流流经围岩时将产生明显的电位降,这时在导体周围空间形成的等位面形状将随距离导体的远近程度而发生变化,如图 12-8(a)所示。

(2)如果充电体距地面不太深,在地表上,用两个测量电极追溯其等位线的分布形态,便可推测导体的位置、形状和大小。这种方法称为追溯等位线法。

(3)充电体的电场周围,过充电体(垂直它的走向)作一剖面,测量其电位分布情况如图 12-8(b)所示,电位曲线在充电体上部(地面投影)出现电位极大值;随着远离充电体,电位降低。电位梯度曲线 $\dfrac{\mathrm{d}U}{\mathrm{d}x}$ 形状如图 12-8(b)所示,在充电点的地面投影处出现零值点,左侧出现极大值,右侧出现极小值。

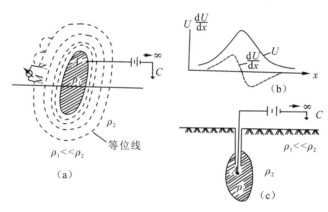

图 12-8 充电法原理图
(a)平面图;(b)剖面曲线图;(c)装置剖面示意图

三、充电法的野外工作方法

(一)电位法

设置充电点后,垂直充电体走向布置若干测线,点线距选择依探测对象的规模和埋深而定,点距有 5m、10m 不等。将一测量电极 N 固定在离充电体足够远的正常场处,另一移动电极 M 沿测线按一定点距逐点测量它对 N 点电位差 ΔU_{MN}。为了消除供电电流 I 不稳的影响,隔若干点测量供电电流强度 I,并用参数 $\dfrac{\Delta U_{MN}}{I}$(单位 mV/mA)来表示观测的结果,最后绘成电位测量剖面曲线图。

(二)电位梯度法

测网布置同电位法。布极方法稍有不同:M、N 测量电极按一定点距布置,逐点测量它

们的电位差 ΔU_{MN}，隔若干点测量供电电流 I，并用参数 $\dfrac{\Delta U_{MN}}{I\cdot MN}$[单位 mV/(mA·m)]表示观测结果，最后绘成电位梯度测量剖面曲线图。

（三）追溯等位线法

布置充电点的方法同上。然后以充电点在地面投影点为中心布设夹角为 45°辐射状测线。距充电点由近及远，分别以一定间隔追溯等电位线。固定电极 N 放在某一测线的一定位置上，在相邻测线上，移动 M 极（可做成拐杖式探棒），寻找与 N 极点的等位点（$\Delta U_{MN}=0$），然后记下该点的位置，各等位点连接成等电位线。测量结果用等电位线平面分布图表示。

必须指出，实际上良导体的电阻率虽很小，但并不为零。因此，在良导体内部总是存在电位降的。此时，要求良导体表面成为等电位面的条件是：良导体为等轴状且充电点位于它的中心。否则，如良导体是延伸很长的线状地质体，当电流通过其间会产生电位降，所以导体的表面电位并不相等，因此等位面的形状同良导体的形状并不一致，但尚能反映良导体的延伸方向。

第三节　激发极化法

激发极化法又称激电法，它是以不同岩矿石在人工电场作用下发生的物理和电化学效应（激发极化效应）的差异为基础的一种电法勘探方法。激电法是 20 世纪 50 年代末、60 年代初，在我国开始试验研究和推广的。实践证明，它是应用最广、效果最好的一类电法勘探方法，早期是以直流（时间域）激电法为主，通过长期应用和研究取得了许多重要成果，如短导线测量和近场源激电法等。为了提高激电的抗干扰能力和减轻装备，20 世纪 70 年代初又开始研究推广了交流（频率域）激电法，主要是变频法。中南工业大学提出的双频激电法是对变频法的发展。为解决异常区分和电磁耦合问题，20 世纪 80 年代初又开始对频谱激电法进行研究，之后通过大量工作，取得了不少有价值的成果。与此同时，时间域谱激电法也得到了进一步发展。目前激电法不仅广泛应用于金属矿和水文地质勘查中，而且在油田和煤田勘探中，也引起了人们的重视，并在这些领域中取得了较好的地质效果。

一、岩矿石的激发极化性质

当采用对称四极排列向地下供电时，利用 M、N 测量电极可观测到人工电位差 ΔU_1（称一次场电位差），且 ΔU_1 随着供电时间增加而逐渐增大。当供电数分钟后，电位差 ΔU_1 趋于稳定值（饱和值 ΔU）；当 A、B 供电电流断开后，如图 12-9 所示，会发现测量电极 M、N 间仍能观测到一定大小的电位差 ΔU_2，且在断电

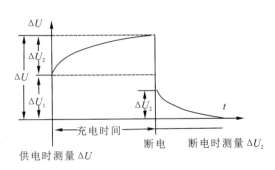

图 12-9　充放电时间特性示意图

第十二章 其他电法勘探

初始瞬时 ΔU_2 衰减十分快,到一定值后衰减速度减慢,经过几秒甚至几分钟方衰减近似为零。如果把激发场 ΔU_1 作为一次场,则断电后的衰减场称二次场,ΔU 称总场,它们的关系由图中可看出,即

$$\Delta U(t) = \Delta U_1(t) + \Delta U_2(t) \tag{12-1}$$

式中:$\Delta U_1(t)$ 为一次场或激发场;$\Delta U_2(t)$ 为二次场或激发极化场。

激发极化效应是在充、放电过程中产生,随时间变化的附加电场现象,它是地下岩矿石及其水溶液在外电场作用下所发生复杂电化学过程的结果,因此可通过观测二次场的分布规律去解决某些地质问题。

二、岩矿石的激发极化成因

关于激电效应的成因问题,以往曾提出多种不同的假说,目前仍处于研究中。本节仅介绍几种较为公认的假说。

(一)电子导体的极化过程——超电压

由物理化学知识可知,地下固体颗粒与水溶液接触时,在界面处产生偶电层,这是均匀分布的偶电层,不形成电场,该偶电层间电位差称电极电位。

电子导体在人工电场作用下,偶电层将发生一些变化,即电流流入端阳离子堆积,形成正极(矿体本身电子堆积形成阴极);流入端阴离子堆积,形成负极(矿体本身正电荷堆积成阳极)。由于原来的偶电层发生变化,变化了的偶电层的电位跳跃值减为原电极电位值,称为超电压(图12-10)。断电后,偶电层通过溶液放电,在围岩中产生二次极化场。上述这一过程称电极极化过程。实际上超电压过程是一个十分复杂的电化学过程。在某些情况下电子导体通过后,表面分解出电解产物,并由于原导体发生超氧化还原作用,结果在导体表面上形成电位差,称氧化还原作用。

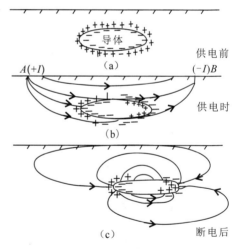

图 12-10 电子导体极化效应

离子电子导体电极极化效应的矿体,以硫化矿为最活泼,如黄铜矿、闪锌矿、黄铁矿和石墨等。特别是浸染状金属矿体,能产生明显的极化异常,这是由于它是无数个单导体颗粒表面极化的总和。

(二)离子导体的激发极化成因

离子导体的激发极化成因是一个仍有待深入研究的课题。双电层形变说和薄膜极化说是两个已为多数人接受的理论。

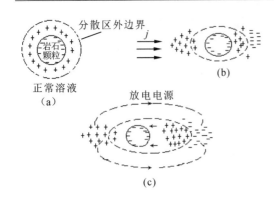

图 12-11　岩石颗粒表面双电层形变形成激发极化

1. 双电层形变说

在外电流作用下，岩石颗粒表面双电层[图 12-11(a)]分散区中阳离子发生移动形式双电层形变，如图 12-11(b)所示；当外电流断去后堆积的离子成电，以恢复到平衡状态，如图 12-11(c)所示，从而观测到激发极化电场。

双电层形变激发极化形成的速度和放电的快慢，决定于离子沿颗粒表面移动的速度和路径长度，因而较大的岩石颗粒将有较大的时间常数（即充电或放电较慢）。这是用激电法寻找地下含水层的物性基础。

2. 薄膜极化说

对于砂黏土这样的具有宽窄不同孔隙的岩石，其窄孔隙的直径为 $1\sim 0.1\mu m$，与岩石表面双电层的厚度差不多。由于窄孔隙几乎被双电层所填满，因此通电时窄孔隙中的载流子主要由双电层分散区中的阳离子担负。而在宽孔隙中，阴、阳离子均为载流子，于是在宽孔隙的入口处，阴、阳离子的密度都减少，而在窄孔隙出口处，阴、阳离子的密度增加。这种现象称为薄膜极化（图 12-12）。

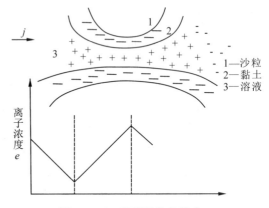

图 12-12　薄膜极化的形成

薄膜极化的结果，在窄孔隙两端形成了离子浓度梯度，当外电场切断后，阴、阳离子分别从高浓度处向低浓度处扩散，逐渐恢复到平衡状态，与此同时，形成扩散电流，这就是在含黏土岩石中所见到的激发极化过程。

三、直流电场中岩矿石的激发极化性质

在激电法的理论和实践中，为使问题简化，将岩矿石的激发极化分为理想的两大类。第一类是单个电子导体（致密的金属矿或石墨）的激发极化，其特点是激发极化（过电位）都发生在极化体与围岩溶液的分界面上，故称其为"面极化"。第二类是"体极化"，细粒浸染状金属矿和矿化（包括石墨化）岩石的激发极化都是属于此类。它的特点是极化单元——细小的金属矿物或石墨颗粒成体分布于整个极化体内。从前述离子导体的激发极化成因可以看出，所有非矿化的离子导电的岩石，其激发极化都属于体极化，因为它们的极化单元——岩石颗粒成体分布于整个岩石中。

（一）面极化率

实测资料表明，在电法勘探中通常所用的小电流密度条件下，对于一定的充、放电时间，

过电位与垂直过该界面的电流密度法向量 j_n，即

$$\Delta\Phi = -kj_n \tag{12-2}$$

其中，负号表示过电位增高的方向与电流方向相反；系数 k 为单位电流密度激发下形成的过电位值，是表征面极化特性的参数，称为面极化系数，k 又可称为电子导体溶液界面的面电阻率。

将式(12-2)变为

$$\Delta\Phi = -\lambda E_n \tag{12-3}$$

$$\lambda = \frac{k}{\rho_{水}} = -\frac{\Phi}{E_n}, E_n = j_n \cdot \rho_{水}$$

其中，λ 为比例系数，它等于在单位外电场激发下的过电位值，故也可作为表征面极化特性的参数，有时也称 λ 为面极化系数。

(二) 体极化率

体极化效应可以用极化率 $\eta(T,t)$ 表征，其值按下式计算：

$$\eta(T,t) = \frac{\Delta U_2(t)}{\Delta U(T)} \times 100\% \tag{12-4}$$

这里 $\Delta U_2(t)$ 为断电后 t 时测得的二次电位差，$\Delta U(T)$ 为供电时间为 T 时观测到的电位差，称为总场电位差。

由于 $\Delta U_2(t)$ 与 $\Delta U(T)$ 均与供电电流成正比(线性关系)，故极化率为与电流无关的常数。但极化率与供电时间 T 和测量延迟时间 t 有关。因此当提到极化率时，必须指出其对应的供电和测量时间(T 和 t)。为简单起见，如不特别说明，一般便将 η 定义为长时间供电($T\to\infty$)和无延时($t\to 0$)的极化率。考虑到断电后一瞬间($t\to 0$)的二次电位差等于断电前一瞬间的二次电位差，即

$$\Delta U_2(t)|_{t\to 0} = \Delta U_2(T) = \Delta U(T) - \Delta U(0) \tag{12-5}$$

$$\eta(T,0) = \eta(T,t)|_{t\to 0} = \frac{\Delta U_2(t)|_{t\to 0}}{\Delta U(T)} = \frac{\Delta U(T) - \Delta U(0)}{\Delta U(T)} \tag{12-6}$$

对于长时间充电情况，即 $T\to\infty$，则有

$$\eta = \eta(\infty,0) = \eta(T,t)\bigg|_{\substack{T\to\infty \\ t\to 0}} = \frac{\Delta U(\infty) - \Delta U(0)}{\Delta U(\infty)} \tag{12-7}$$

此外，还可定义另一种表征极化效应的极化率表达式。

当延时 $t\to 0$ 时，有

$$\eta^0(T,t) = \frac{\Delta U_2(t)}{\Delta U_1} \tag{12-8}$$

$$\eta^0(T,t) = \frac{\Delta U(T) - \Delta U(0)}{\Delta U(0)} \tag{12-9}$$

对比式(12-4)和式(12-6)，可得两种极化率的关系式：

$$\eta(T,0) = \frac{\eta^0(T,0)}{1 + \eta^0(T,0)}, \eta^0 = \frac{\eta(T,t)}{1 - \eta(T,t)} \tag{12-10}$$

除充、放电时间（T 和 t）外，体极化岩矿石的极化率还与岩矿石的成分、含量、结构及含水性的多种因素有关。研究表明，影响地下矿化岩石或矿石极化率的主要因素是岩矿石中电子导电矿物的含量和岩矿石的结构、构造。

观测表明：结构不同的矿石的充、放电速度不一样。一般说来，体积极化比面积极化的岩矿石充、放电速度要快。而体积极化的岩矿石中，当其所含电子矿物成分愈少时，其充、放电速度愈快。

四、交流电场中的激发极化性质

（一）在超低频交变电流场中岩矿石的激电现象

实验表明，在交变场中，$\Delta U_交$ 和 $I_交$ 为线性关系，其交流电阻率可写成

$$\rho_交 = K \frac{\Delta U_交}{I} \tag{12-11}$$

式中，K 为装置系数。

交流电阻率 $\rho_交$ 为频率 f 的复变函数，即 $\rho_交$ 为复数。电位差 $\Delta U_交$ 相对供电电流 $I_交$ 有相位移 φ，研究 $\rho_交$ 随频率变化的情况，称为极电效应的频率特性。图 12-13 中，交流电阻率幅值 ρ_f 随频率的变化曲线（幅频特性）与时间特性有很好的对应关系，即：随频率 f 由高变低，相应的单向供电持续时间 T 增加，激电效应逐渐增强，其总场强（电阻率幅值 ρ_f）随之变大；当频率 f 趋于零时单向供电持续时间 T 趋于无穷，这时激电效应最大，总场强趋于饱和值。

研究相位 φ 随频率 f 的变化关系，称为激电效应的相频特性。相频特性特点：在各频点上，相位为负值；当频率很低或很高时，相位趋于零；在中间某个频点相位有负极大值，与幅频曲线场点相对应。

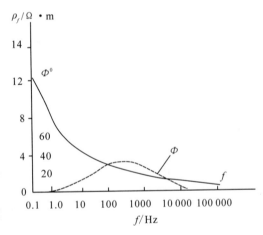

图 12-13 激电频率特性曲线

（二）在超低频交流电场中表达岩矿石激发极化的参数

仿照时间域激电效应参数，可按下面定义描述交流激电特性：

$$\rho_s(f_1, f_2) = \frac{\Delta U_{f_1} - \Delta U_{f_2}}{\Delta U_{f_2}} \times 100\% \tag{12-12}$$

式中，ΔU_{f_1} 和 ΔU_{f_2} 分别表示低频点 f_1 和高频点 f_2 上观测得到的总场幅值在该频点间相对变化，称为视频散率（由于测定的是振幅的频率分散性，又可简称为幅频特性或百分频率效应）。

第十二章 其他电法勘探

当装置系数 K 和供电电流不变时,式(12-12)还可用不同频率的视电阻率表示。由此看出,交流激电法的视电阻率 ρ_s 与直流激电法的视极化率 η_s 表示完全类似。此外,在交流激电法中,还要计算视电阻率幅值 ρ_{sf},计算公式为

$$\rho_s = \frac{\rho_{sf_1} - \rho_{sf_2}}{\rho_{sf_1}} \times 100\%$$

$$\rho_{sf_1} = k\frac{\Delta U_{f_1}}{I}, \rho_{sf_2} = k\frac{\Delta U_{f_2}}{I} \tag{12-13}$$

视电阻率幅值 ρ_{sf} 主要反映岩矿石导电性差异特性。由于不同供电频率 f 可得到不同视电阻率幅值 ρ_{sf},因此 ρ_{sf} 不仅仅反映岩矿石电性差异,同时也反映岩矿石的电化学活动的差异,特别是当其极化率较高时,ρ_{sf} 将明显反映出岩矿石的电化学活动性。在利用 ρ_{sf} 资料推断岩矿石导电性好坏时,必须注意岩矿石电阻率的频率特性。

五、激发极化的工作方法

(一)交直流激电法的选定

在某一具体工区,究竟是投入交流激电法,还是直流激电法,应从两种方法的优缺点出发,结合任务、工区地形、地质条件和干扰水平以及经济效果等灵活加以选择。一般来说,地形较平坦,干扰小,接地较好,宜于使用直流激电法;在山区,干扰较大,接地相对较差时,宜使用交流激电法。

(二)充、放电时间与频率的选择

1. 充、放电时间的选择

ΔU_2 值的大小与充、放电时间长短有直接关系,为了获得最大的 ΔU_2,以长脉冲为最好。为了提高效率及减少测量电极随时间不稳定变化的影响,常常采用单向或双向脉冲。对推断解释和某些特定目的来说,建立长、短脉冲之间的联系是必要的。为此,应在工区内选择有代表性的典型地段,于矿、矿化和正常地段上分别作充电、放电曲线(充电、放电时间间隔一般为 2s,5s,10s,15s,20s,30s,45s,1min,1min30s,2min,3min,5min)。

如果所用仪器的供电时间是可以任意选择的,那么双极性短脉冲的单向供电时间应选为达到饱和值 50% 左右的时间,而且应以矿体上的充电、放电曲线为依据。但是单向 ΔU_2 不能低于 0.5mV。

目前国内生产的各种直读极化率的直流激电仪,多数把充电、放电时间固定在一个给定的范围内选择,也有的只有一个供电时间和占空比。

2. 频率的选择

为了获得最大的频率效应,所取工作频率的时间间隔越大越好。理论上可取 $f_1 \to 0$ 和 $f_2 \to \infty$,这时 $\rho_s = \eta_s$。但实际上频率间隔只能取在超低频的有限范围内,超低频的频率范围为 $0.01 \sim 100$Hz。通常,频率的选择主要考虑频宽、频段、矿种及其结构构造、干扰因素、电

磁感应和效率等几种因素。

1)频宽

一般频宽在 10~100 倍较为适宜。频宽窄,会使 ρ_s 值过小,造成异常不突出;频宽过大,低频势必很低,使得读数慢,高频也势必较高,电磁感应影响明显。

2)频段

由野外测定的视幅频特征曲线可知,围岩在低频段变化较缓,高频段变化较陡;相反,在矿体上低频段变化缓。实验结果表明,不同类型的极化体,ρ_s 值随频段的变化有显著的差异。因此在寻找硫化矿、块状矿体或颗粒的浸染状矿体时,以选在低频段为宜,在寻找磁铁矿、细粒浸染状矿体时,以选在高频段为宜。

3)干扰因素

相对直流激电法系统来说,交流激电法有一定的压制干扰能力,但不是一切干扰都能压制。在工业电源较多的地区工作,如勘探中的矿区、开发中的矿山等,就会遇到工业游散电流的影响。特别是钻机、水泵、卷扬机、电钻、变压器等设备停转或开动时影响更大。这时所工作频率要尽量避开干扰,一般应通过实验来选定。当仪器的各个频率无法避开时,就要增加供电电流,提高信噪比。

4)电磁耦合

除激电效应外,各种电磁耦合效应也会影响断电后电场的衰减过程和电场的频率特性,构成对激电法的干扰。为在激电法野外工作中,减少甚至避免电磁耦合对激电的干扰,可适当采取以下措施:

(1)在研究深度允许和不太影响野外生产效率的条件下,采用尽可能小的电极距。

(2)合理布置导线和电极。让供电与测量导线尽量远离,必须交叉时,宜相互正交通过;必要时可架空导线和降低接地电阻,以减少电容耦合。

(3)选用较低的工作频率或较长的延时。麦登和康特威尔提出了一个计算频率上限 $f_{上限}$ 和延时下限 $t_{下限}$ 的经验公式:

$$f_{上限} \leq \frac{4\rho_s \times 10^{-2}}{n^2 a^2}, t_{下限} \geq \frac{2\pi n^2 a^2}{\rho_s \times 10^{-2}}$$

偶极、中间梯度装置:

$$f_{上限} \leq \frac{4\rho_s \times 10^{-2}}{(AB)^2}, t_{下限} \geq \frac{2\pi (AB)^2}{\rho_s \times 10^{-2}}$$

根据我国经验,上式中关于频率上限的规定较合理;但对于延时下限的时间规定过严。实际上,当延时大于 500ms 时,电磁耦合效应对直流激电法的影响一般均可忽略不计。

(4)合理选择装置类型。在工区大地电阻率低、电磁耦合严重时,为减少电磁耦合干扰,宜采用偶极装置;仅在高阻区电磁耦合不强,或可用别的方式压制住电磁耦合的情况下,采用中梯装置较合理。

5)效率

交流激电仪的接收机都设有选频和滤波系统,频率愈低,过滤时间愈长。为了缩短单个点的观测时间以提高效率,在不明显降低 ρ_s 异常值的情况下,低频 f_1 尽量选得高一点。对

大多数工作 f_1 应不低于 0.2Hz。目前国内外仪器建立读数时间在 0.2~0.3Hz 时为 30~40s 左右,在 0.1Hz 时,为 70~90s,在 0.046Hz 时,为 150~180s。由此可见,频率降低,读数慢得多。

六、激电法的装置

激发极化法可采用电阻率法中的各种装置,但这些装置在激电法中应用的广泛程度及承担的地质任务均有所不同。在第三章中已对激电法的装置形态作了介绍,这里只对激电法中几种常用装置的特点和效能进行简要介绍。

(一) 中间梯度装置

中间梯度装置的一个主要优点是敷设每一次供电电极 A、B,便能在相当大的面积上测量,特别是还能用几台"远点启动"的接收机同时在该面积上测量,因而有较高效率;此外,它在 A、B 间地段测量,接近水平均匀极化条件,故对各种形状、产状和相对电阻率的极化体均可得到相当大的异常,且异常形态简单,便于解释。不过中间梯度装置对陡倾斜良导矿体反映不利。中间梯度装置的特点是电极距较大,要求大供电电流,且电磁耦合干扰较强;但在时间域观测中选用几百秒或更长的延时,可有效降低这种干扰。故在直流激电法中,中间梯度装置应用最广。

(二) 单极梯度装置

单极梯度装置又称固定点电源装置,是在一个供电电极附近测量。其异常幅度较中间梯度装置异常略小。主要用于详查阶段,以确定极化体的中心埋深。一般将其与中间梯度装置结合,进行"全域测量",即将中间梯度装置的测量范围扩大到两个供电电极附近,甚至以外的广大面积,将敷设一次供电电极的测量面积约提高 10 倍。这为激电普查工作提供了一种较理想的装置。当用"全域测量"作普查,快速发现大致固定异常后,可在圈定异常范围内用其他装置进行普查。

柯玛罗夫又在单极梯度法上提出了固定电源测深法。此法与常规三极测深法类似,主要区别在于工作中它是将供电电极 A 固定不动,而移动与在一条直线上的测量电极 MN,另一供电电极置于无穷远。这样在一个供电点上可得到两条测深曲线。若在垂直矿体走向的剖面上布置若干个供电点,便得到多条测深曲线。研究表明,利用多个供电点的剖面数据,通过作地电断面图的方法可达到确定埋藏体中心深度,倾斜方向及其上界面位置和轮廓的定量解释目的。此法可提高激电法寻找隐伏矿的定量解释水平并实现解释过程计算机化,还应用于高密度测量,进行工程测量,解决基本建设和环境方面的许多问题。

(三) 联合剖面装置

联合剖面装置主要用来确定极化体顶部的位置及其倾斜方向,适用于详查和勘探阶段,用以检查和评价异常。

主要缺点:①勘探深度浅,受浅部干扰大;②由于有无穷远极,装置笨重,效率低,多用于直流激电法中。

（四）偶极装置

偶极装置的激电异常幅度较大，对极化体形态和产状的分辨能力较强，对覆盖层的穿透能力也较强，且电磁耦合干扰小。这种装置的缺点是需要逐点移动供电电极；异常形状较复杂，需用多个电极距测量，绘出拟断面图，异常才好解释。

（五）测深装置

测深装置特点是可了解不同深度极化情况，根据测深曲线可确定极化体的埋深和倾斜方向。适用于详查或勘探阶段，它的显著特点是受水平方向分布的浅部极化体影响较大，当一供电电极距跨越时，曲线将产生畸变。另外，大极距时需用大功率电源，效率低，它只用于直流激电法中。

（六）充电装置

由于一个或两个供电电极可以打在极化体附近，造成强制极化，因而带来一些优点：①电场观测值大；②可圈定井旁盲矿体；③可确定矿端的位置。主要用于详查和勘探阶段。缺点主要是充电点附近 η_s 曲线出现大正大负的跳跃，以致在其附近出现"畸变区"，该区常处于地面异常的主要部分，影响成果的解释。

原则上讲，激电法可采用电阻率法中的各种装置及其自身的一些装置。这些装置在第三章中已作详细介绍，在此就不重复了。不过，具体选用何种装置要因地制宜，不能生搬硬套。

七、激电资料的处理解释

激电资料处理解释主要包括电阻率法和激电法的正演模拟、资料解释及图形处理。下面简要给出部分处理解释的基本方法。

（一）正演模拟

激电资料处理解释中正演模拟主要以对称四极测深为例，用它来计算水平层状介质条件下视电阻率、视极化率、视衰减率和视激发比。层状模型上视参数测深理论曲线的计算是根据 n 层水平层状介质在点源条件下满足的泊松方程定解问题，推测出含电阻率转换函数（T）的地面电位表达，用线性滤波法计算地面电位值。由电位求出各种装置条件下的视电阻率。根据体极化条件下等效电阻率的概念或利用 Cole-Cole 模型所表示介质时域极化响应的极化二次电位表达式，可计算出水平层状极化介质的极化二次场。根据极化二次场值，由视参数表达式可计算视极化率 η_s、视衰减度 D_s 和视激发比 J_s。

（二）资料解释

在定性解释的基础上，为了得到目标体的几何特征，确定各电性层电学性质和其他有关信息,需要对实测资料进行定量解释。激电资料定量解释的方法分门别类,多种多样,由于所得资料有限,这里给出迭代解释方法的经验法、最优化法(改进的阻尼最小二乘法)和线性回归分析方法。

经验法是一种适合有实际经验的技术人员使用的解释方法。在对曲线解释过程中用一种经验法则来修改层参数,避免了求偏导、解方程的复杂运算,节约了解释时间,保证了迭代收敛。实测视电阻率曲线解释中,把 n 层曲线划分为 n 段,每一层的视电阻率值主要是由与之相对应层的层参数决定。若某一层参数发生变化,则整条曲线的电阻率都发生变化,单与其对应的那段曲线的视电阻率值变化最大,反映最灵敏。因此,给出初始模型后,可以计算出各段电阻率模型值和实测值之间的平均相对离差,根据模型曲线与实测曲线各段视电阻率值的相对偏差大小来决定改变相应各层的模型参数的大小,使得每段曲线的平均相对误差达到最小。考虑到不同层参数变化对各段曲线的相互影响,解释过程中采用了车轮式方法进行,即当给出一组初始层参数后,计算出各段曲线的平均相对离差,据各段的平均相对离差从顶层到底层顺序调整层参数,完成第一层迭代,然后根据新的层参数完成下一层迭代,直到结果满意为止。

改进的阻尼最小二乘法是一种最优化反演解释方法。通常取模型函数 $F(P)$ 理论值与实测值的残差平方和为目标函数,要使目标函数达到最小,必须确定修改模型参变量 P 的改正量 ΔP。模型函数 $F(P)$ 往往是参变量 P 的非线性函数,在 P_0 处台劳级展开,略去 ΔP 的高次式代入目标函数。根据函数极小的条件求目标函数对 P 的偏导数,整理得到最小二乘的正规方程,解方程便可得到改正量 ΔP。进行迭代计算,直到目标函数达到误差限为止。改进的阻尼最小二乘法的迭代过程可概括如下:

(1)给出模型初始参数 P_0,计算目标函数初始值 φ_0;

(2)解正规方程求出 ΔP;

(3)给出初始阻尼参数 a,改正后的参数值为 $P_1 = P_0 + a\Delta P$;

(4)由 P_1 计算出目标函数 φ_1;

(5)比较 φ_1 与 φ_0 的大小确定迭代是否收敛,迭代不收时加大阻尼系数转到(3),迭代收敛时,继续;

(6)以 P_0 代替 P_1,同时减小阻尼,转到(1)进行下一次迭代,直到目标函数达到给定的误差限为止。

自然界中的许多现象之间存在着许多相互依赖、相互制约的关系,这些关系表现在量上,主要有两种类型,一是函数关系,二是统计关系,或称相互关系。回归分析是指由一组非随机变量来估计或预测某一个随机变量的观测值时,所建立的数学模型及所进行的统计分析。若这个模型是线性的,则称为线性回归分析。我们多用线性回归分析作激电参数预测涌水量的相关分析。基于多元线性回归分析方法用激电参数对单位涌水量进行预测主要有以下步骤:

(1)多元回归分析的最小二乘估计;

(2)回归系统的显著性检验;

(3)多元回归预测;

(4)回归分析的偏 F 检验法；

(5)激电参数预测单位涌水量的相关分析。

此法是非常有效的，但是需要说明的是，对不同的水文地质单元，其激电参数回归分析结果的规律性存在差异，因此对于具体的水文地质单元进行激电参数单位涌水量预测时要作具体的分析，可参考借鉴邻近地区的相关分析，不可生搬硬套。

(三)图形处理

图形作为一种资料处理解释的结果，具有直观、明了、反映一定地质信息等特点。因此，图形以适当的形式输出对资料的处理解释有一定的意义。图形处理主要包括剖面曲线(实测测深曲线、K 剖面曲线、联合剖面曲线)、图形数据的网络化、断面等值线图、资料解释成果图。

剖面曲线绘制的主要内容是绘制光滑曲线(或称函数插值法)，它的基本思路是把一条曲线看成由一系列密集的点连续而成的。只要计算出这些点的平面位置，并确保在这些点上具有连续的一阶导数或者连续的二阶导数，就可以保证曲线是光滑的。绘制光滑曲线的方法很多，可采用张力样条函数插值法。张力样条函数的一个显著的特征是具有一个张力系数 σ，当 $\sigma \to 0$ 时，张力样条函数等同于三次样条函数，当 $\sigma \to \infty$ 时，则它将退化成分段线性条函数。因此，可以选择合适的 σ，使得点与点之间的曲线尽量缩短，好像在整条曲线的两端用一种作用力拉到合适的程度，既消除可能出现的多余拐点，又保持了曲线的光滑性。

绘制断面等值线图之前，首先需将图形数据进行网格化。数据网格化时有以下要求：①网格化后的数据要尽可能地逼近实测值；②网格化后的数据消除了局部突出；③对于数据量大的断面，网格化时运行速度要快且占用内存少。按上述要求，可选择两种方法进行网格化，即曲面样条函数拟合法和最小二乘曲面拟合法。

曲面样条函数拟合法是将曲面样条函数看成是一块无限大的平板纯弯曲时的变形，其挠度 ω 和作用于该板上负载 q 之间满足一定的微分方程。给定几个独立上挠度的条件下，用豪斯霍尔德变换法求解关于样条函数系数方程组，可得到曲面样条函数，由此可计算出曲面上不同位置的挠度值。计算结果表明，当实测数据少而稀时，用上述方法进行网格化，一般能得到较好的效果，这种方法进行速度慢，占用内存大。

最小二乘曲面拟合是 n 次多项式曲面来拟合、逼近实测数据端面。根据最小二乘法原理，观测值与拟合曲面之差的平方和为最小时，便可得到高阶线性方程组。给定多项式的次数 n 通过求解方程组可求出多项式系数。这种网格化方法的特点是能消除局部突变，而且进行速度快，单逼近程度差。

用网格法绘制断面等值线的基本步骤：①内插等值点的位置，计算各等值线与网格边交点的坐标；②找出一条等值线的起始点，并确定判断和识别的条件，以追踪一条等值线的全部等值点；③连接各等值点，绘制光滑曲线；④标出等值线符号。

八、激电异常的形态解释

把激电资料处理和绘制出一定的图件后，便需要在此基础上划分和圈定异常，分析引起异常的地质原因,确定引起异常的极化体的电学性质、几何形状、产状、大小和空间位置,作出定性解释。

激发极化法在无矿和无矿化地段,视极化率 η_s 或视电阻率 ρ_s 通常比较小,而且稳定。这种广大面积上的小而稳定的 η_s 或 ρ_s 称为正常背景值,其基本上决定于离子导电岩层的极化率或电阻率。此外,在较大的矿化岩层上,会出现面积相当大同时也比较稳定的高值,称为矿化背景值。

在 η_s 或 ρ_s 曲线上,明显高于或低于背景值的部分称为激电异常。"明显"说明异常必须具有一定的强度,否则就可能把背景值本身的变化或观测误差误认为是异常。划分异常的数量标准,主要决定于背景值的大小和稳定性、观测精度及异常的置信度。视极化率异常下限为

$$\eta_s^{下限} = \eta_s^{背景} \pm (1.5 \sim 2.5)N \tag{12-14}$$

式中:$\eta_s^{背景}$ 为 η_s 背景值;N 为决定于观测精度和背景值稳定性的参数。

N 可由特定异常附近背景区内不少于 20 个点上的 η_s 观测结果,按下式求得:

$$N = \sqrt{\sum_{i=1}^{n}(\eta_s - \eta_s^{背景})_i^2/(n-1)}$$

式中,n 为参与计算值的点数。式(12-14)中系数(1.5~2.5)决定于异常的置信度,即若待定异常连续出现的点数较多,则取较小的数值(1.5~2);若待定异常只在少数点上出现,则取较大的数值(2~2.5)。

"异常"是相对于背景而言的,所以矿化背景值相对于正常背景值也可当作异常。

定性解释的任务是确定引起异常的地质原因及大致估计引起激电异常的极化体的规模、范围和空间位置。激电异常的解释方法很多,以前的书中是从对某一个或几个特定装置的异常分析入手,总结规律,去解释异常。近年来由于计算机技术的迅猛发展,对激电异常进行综合解释便简单多了。下面介绍一种较新颖的激电异常综合解释方法,即形态解释方法。

形态解释方法是一个逻辑推理过程,也是一个包括地质分析在内的综合分析过程。在分析过程中,它抓住了物测曲线(等值线、单支曲线、剖面曲线)形态特征与被测地质体有关的信息,通过一定的逻辑与推理达到定性解释资料的目的。

对于激电异常解释来说,无论是找矿还是找水,首先从分析 ρ_a 曲线和断面等值线开始从岩性地质构造特征来分析成矿条件。然后分析激电异常(η_a, J_a, φ_D),并把激电异常与 ρ_a 断面等值线作对比,确定激电异常出现的部位(剖面上)、规模、形态等。最后作综合评判,推断引起异常的地质原因(图 12-14)。

形态解释方法是以物探异常形态为核心进行资料解释,它同时考虑到几种参数曲线的同步推理与解释,因此既包括单一形态解释,又包括形态组合解释,具有综合解释思路。应注意:形态解释方法是一系列逻辑推理过程,推理依据是引起异常的地质原因和物理前提。形态解释方法是一种新的方法,随着计算机技术和激电理论的发展,这种方法会不断完善,并被广泛应用。

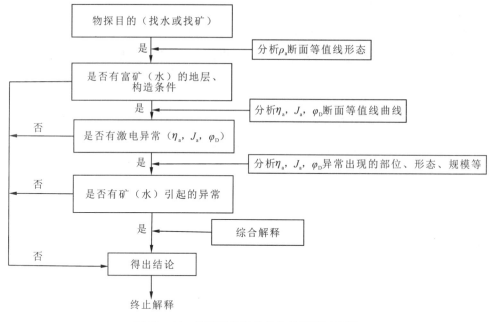

图 12-14 推断引起异常的地质原因流程图

九、激电法在我国的应用和进展

目前,激电法被广泛应用于寻找金属矿和水文地质勘探中,并在油气田和煤田勘探中取得了不少成果。

用激电法找水在我国的开展是卓有成效的。尤其是 1985 年以来,发展了以衰减时为主的找水方法,北京地质仪器厂相继研制生产了集微机激电仪、微机电测仪和地面井中测量于一体的多功能电法仪。在此期间,中国地质大学(武汉)提出了激电找水的新参数——偏离度,并在应用中取得了明显的找水效果。

我国自 1976 年开始开展了用激电法找油气田的工作。20 世纪 80 年代以来,中国科学院地球物理研究所与地质矿产部物探研究所等单位协作,先后在我国西南、华北和西北等油田作了大量激电找水的研究,找出了激电异常与深部油储的内在联系,对用激电找油起了重要的指导作用。

长期以来激电异常的定量解释都停留在特征点法的解释水平,在某种程度上直接影响了激电法的进一步发展。中国地质大学(北京)在柯玛罗夫提出的"用点测深资料作地电断面的定量解释方法"基础上研制了计算机解释成图软件,并通过系统的理论计算、数值模拟和物理模型实验,总结了在不同地电条件下,上述方法对确定极化体中心埋深、产状、上覆面位置及轮廓的定量解释效果,提高了激电法对二维、三维极化体激电异常的定量解释水平,实现了解释过程计算机化。

20 世纪 70 年代,国际上发展起来一种新的激电分支方法——频谱激电法,又称复电阻率法。它获得的频谱参数可为解决激电法的两大难题提供宝贵的信息,因而这一方法引起了国内外同行的广泛关注。我国从20世纪80年代初进行了频谱激电法的理论研究。通过引进、消化和吸收,目前已具备了独立开发推广使用频谱激电法的能力。

20世纪80年代以来,为了寻找深度300~500m的隐伏金属矿体,开展了用大深度激发极化法的研究。大深度激发极化法主要研究如何提高信噪比,提高深部金属矿引起的激发极化效应。张宪润、陈儒军则提出采用激电组合相对测深法,以获得在矿体上和碳质层上的两种完全不同类型的激电相对测深曲线,它不仅可以区分异常性质,而且可以实现空间定位。该方法已取得了初步成果,值得关注。

总之,近年来对激电法的研究不断深入,新方法、新技术也是层出不穷,其应用范围也在不断扩展。它的主要优点是可以同时提供几种不同的电法参数。不过,激电法还存在两大难题,即激电效应与电磁效应的分离和激电异常的评价并未完全解决,今后仍需继续研究。另外,为了加大激电法的探测深度,还应研制大功率的仪器。

第三篇

电磁法勘探

第十三章　电磁法的理论基础

第十四章　电磁测深法

第十五章　瞬变电磁法

第十六章　探地雷达

第十三章 电磁法的理论基础

电磁法是以地壳中岩、矿石的导电性、导磁性和介电性差异为基础，通过观测和研究人工的或天然的交变电磁场的分布来寻找矿产资源或解决水文、工程、环境及其他地质问题的一类电法勘探方法。

电磁法所依据的是电磁感应现象。以低频电磁法（$f<10^{-4}\,\text{Hz}$）为例，如图 13-1 所示，当发射机以交变电流 I_1 供入发射线圈时，就在该线圈周围建立了频率和相位都相同的交变磁场 H_1，H_1 称为一次场。若这个交变磁场穿过地下良导电体，则由于电磁感应，导体内产生二次感应电流 I_2（这是一种涡旋电流）。这个电流又在周围空间建立了交变磁场 H_2，H_2 称为二次场或异常场。利用接收线圈接收二次场或总场（一次

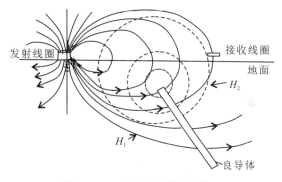

图 13-1　电磁法原理示意图

场与二次场的合成），在接收机上读出相应的场强或相位值，并分析它们的分布规律，就可以达到寻找有用矿产或解决地质问题的目的。

电磁法的种类很多，按探测的范围可以分为电磁剖面法和电磁测深法两大类。前者探测地下某一深度范围内电磁场的分布规律，有不接地回线法、电磁偶极剖面法、航空电磁法和甚低频法等。后者探测某一测点上不同深度的电磁场分布规律，有大地电磁测深、频率测深、瞬变测深等。

按场源的性质，电磁法可分为频率域电磁法和时间域电磁法两大类。前者使用多种频率（$10^{-3}\sim10^{8}\,\text{Hz}$）的谐变电磁场，后者使用不同形式的周期性脉冲电磁场。同一种装置可因不同性质的场源而属于不同的方法，典型的频率域方法有大地电磁测深、频率测深等，典型的时间域方法有瞬变场法、瞬变测深法等。

按场源的形式，电磁法可分为被动场源（天然场源）法和主动场源（人工场源）法。电磁法各类方法中，除大地电磁法外，其余都是主动源法。

按工作环境，电磁法可分为地面、航空和井中电磁法 3 类。

与传导类电法相比，电磁法具有如下特点：①它的发射和接收装置既可以采用接地电极，又可以采用不接地线圈、回线，因此航空电法才成为可能；②采用多频率的电磁场或不同形式的脉冲电磁场测量，扩大了方法的应用范围；③观测的场量既有电场分量，又有磁场分

量。对每种场量又可观测振幅、相位、实分量、虚分量、一次场、二次场、总场，从而大大提高了地质效果。

第一节 岩、矿石的电磁学性质

在交变电磁场中，岩、矿石除显示出与电阻率 ρ 有关的传导电流外，还显示与介电常数 ε 有关的位移电流。因此，总电流密度为

$$j = j_p + j_D$$

j_p 和 j_D 分别表示传导电流密度和位移电流密度，且有

$$j_p = E/\rho;\ j_D = \frac{\partial D}{\partial t} = \varepsilon \frac{\partial E}{\partial t}$$

式中：D 为观测点的电位移；E 为电场强度。

设 E 为谐变场，$E = E_0 e^{-iwt}$，则 $j_D = -iw\varepsilon E$。其中 E_0 为初始场强，w 为角频率，$i = \sqrt{-1}$。

传导电流密度与位移电流密度的比值称为介质的电磁系数 m，即

$$m = \frac{|j_p|}{|j_D|} = \frac{1}{\omega \varepsilon \rho} = \frac{1.8}{\{f\}_{HZ} \varepsilon_r \{\rho\}_{\Omega \cdot m}} \times 10^{10} \tag{13-1}$$

式中，ε_r 为相对介电系数（$\varepsilon_r = \varepsilon/\varepsilon_0$，$\varepsilon_0 \approx 8.85 \times 10^{-12} F/m$，为真空中的介电系数）。上式表明，当 $m \gg 1$ 时，介质中传导电流起主要作用，此时可忽略位移电流作用；反之，当 $m \ll 1$ 时，主要由位移电流起作用，可忽略传导电流作用。利用式(13-1)计算导体($m > 10$)和介电体($m < 1.0$)的范围示于图 13-2 中，考虑到野外实际情况，图中取 ε_r 为 5～50。

由图可见，在频率小于 $n \times 10^3 Hz$ 且介质电阻率小于 $10^5 \Omega \cdot m$ 的范围内，介质中传导电流起主导作用，可忽略位移电流的影响。在自然条件下，岩石电阻率很少超过 $10^5 \Omega \cdot m$，故低频电磁法中不考虑位移电流影响，可认为岩石导电性不随频率变化。只有在频率

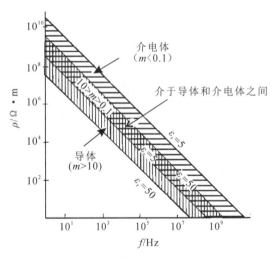

图 13-2 介质导电性与频率的关系

超过 $10^6 Hz$ 的高频电磁法(如无线电波透视法及其他电磁波法)中，才考虑位移电流作用。

绝大多数造岩矿物的相对介电常数不超过 10～11(表 13-1)。然而，一些氧化物、硫化物和碳酸盐岩的 ε_r 值可达 10，甚至 80～170(如含金红石)。对于广泛分布的岩石，尤其是沉积岩，影响介电常数的主要因素是含水性，且水分子的取向极化是介电极化的重要原因。只有对于坚固和干燥的岩石，矿物成分才成为影响介电常数的主要因素。

表 13-1 20℃条件下岩、矿石的相对介电常数及电磁系数（频率 $10 \sim 10^7$ Hz）

矿物（种）	ε_r	m	岩石	ε_r	m
石英	4.2～5.5	0.000 6～0.002	火成岩	7～15	0.03～0.1
长石	4～10	0.03～0.15	变质岩	5～17	0.05～0.2
云母	5～8	0.000 3～0.002	沉积岩	—	—
氯化物	5～6	—	灰岩	8～2	—
硫化物	8～17	—	砂岩	5～11	—
石油	10～30	—	砂	3～25	可达 1
水	80	—	泥岩	4～30	可达 1

火成岩的相对介电系数 ε_r 变化范围为 7～15，在超基性岩和基性岩中其值较高，而在酸性岩中相对较低；变质岩的 ε_r 在 5～17 的范围内变化；而沉积岩的 ε_r 变化较宽（2.5～40），且随岩石中相对水分含量的增加而增大。

磁导率是电磁感应法中利用的另一重要物性参数，它表征物质在磁化作用下集中磁力线的性质。

众所周知，磁感应强度 **B** 与磁场强度 **H** 间存在如下关系：

$$B = \mu H$$

式中，μ 为介质的磁导率，或称绝对磁导率，通常表示为

$$\mu = \mu_0 \mu_r$$

式中，$\mu_0 = 4\pi \times 10^{-7}$ H/m，为真空的磁导率；μ_r 为相对磁导率。除极少数铁磁性矿物（磁铁矿、磁黄铁矿和钛铁矿）外，其他矿物的磁导率 μ 皆与 μ_0 值相差很小。只当岩石或矿石中含有大量铁磁性矿物时，其相对磁导率 μ_r 才明显大于 1。

第二节 交变电磁场的特性

电磁法中的交变磁场具有如下重要特性。

一、二次场的相位滞后

设一次谐变电流和磁场分别为 $I_1 = I_{10} e^{i\omega t}$ ① 和 $H_1 = H_{10} e^{i\omega t}$，在一次场作用下，导体内产生一个感应电动势 ε 为

---

① 这是正弦交流电的复数表达式，式中 ω 为角频率，$\omega = 2\pi f$，f 为工作频率，I_{10} 是电流的振幅，$i = \sqrt{-1}$。引入这种表达式时，电流的瞬时值应理解为该式的虚部 $\mathrm{Im} I_1 = I_{10} \sin\omega t$ 或实部 $\mathrm{Re} I_1 = I_{10} \cos\omega t$。以下 I_2、H_1 和 H_2 的复数表达式也有类似的含义。

$$\varepsilon = -\frac{\mathrm{d}\phi}{\mathrm{d}t} = -L_{12}\frac{\mathrm{d}I_1}{\mathrm{d}t} = -i\omega L_{12}I_1 = \omega L_{12}I_{10}\mathrm{e}^{i(\omega t\frac{\pi}{2})} \tag{13-2}$$

式中：ϕ 为一次场在导体内产生的磁通量，L_{12} 为发射线圈与地下导体间的互感系数，它与发射线圈和导体的形状、大小及二者间的距离、方位等有关。式（13-2）表明感应的电动势滞后于一次电流 I_1 和一次场 H_1 的相位为 $\pi/2$。

若把地下导体视为由电阻 R 和电感 L 组成的串联闭合回路（在低频情况下，对导电体可忽略等效电容的影响），则在回路中产生的二次电流 I_2 为

$$I_2 = \frac{\varepsilon}{Z} = \frac{\varepsilon}{R+i\omega L} = \varepsilon\left(\frac{R}{R^2+\omega^2 L^2} - i\frac{\omega L}{R^2+\omega^2 L^2}\right)$$

式中，$Z=R+i\omega L$，称为导体的阻抗。于是，感应电流 I_2 在其周围空间产生的二次磁场可表示为

$$H_2 = G\varepsilon\left(\frac{R}{R^2+\omega^2 L^2} - i\frac{\omega L}{R^2+\omega^2 L^2}\right) \tag{13-3}$$

式中，G 为几何因子。

由式（13-3）可见，H_2 又比 ε 滞后一相位角 β（图 13-3），即

$$\beta = \mathrm{tg}^{-1}\left(\frac{\mathrm{Im}H_2}{\mathrm{Re}H_2}\right) = \mathrm{tg}^{-1}\left(\frac{-\omega L}{R}\right) = \mathrm{tg}^{-1}\left(\frac{\omega L}{R}\right) \tag{13-4}$$

因此，二次场 H_2 比一次场 H_1 滞后的相位角为

$$\varphi_2 = -\frac{\pi}{2} + \beta \tag{13-5}$$

β 由导体的性质决定。若导体的电阻很小（$\omega L \gg R$），则 $\beta \to -\pi/2$；反之（$\omega L \ll R$）则 $\beta \to 0$。因此，$-\pi < \varphi_2 < -\pi/2$，说明二次场滞后一次场的相位越接近于 π，导体的导电性越好。

二、虚分量和实分量

交变磁场 H_1、H_2 都是复变量，可以将它们表示在复平面上。由于 H_1 与 H_2 有相同的频率，故可以将一次场 H_1 的相位作为参考相位，取 H_1 与实轴正向一致，作出如图 13-3 所示的磁场复矢量图。由图可见，总场 H 为

$$H = H_1 + H_2 \tag{13-6}$$

其实、虚分量为

$$\begin{cases}\mathrm{Re}H = H_1 + \mathrm{Re}H_2 = H_1 + H_2\cos\varphi_2 \\ \mathrm{Im}H = \mathrm{Im}H_2 = H_2\sin\varphi_2\end{cases} \tag{13-7}$$

于是，总场的振幅和相位为

$$\begin{cases}H_0 = \sqrt{(\mathrm{Re}h)^2 + (\mathrm{Im}H)^2} \\ \varphi = \mathrm{tg}^{-1}(\mathrm{Im}H/\mathrm{Re}H)\end{cases} \tag{13-8}$$

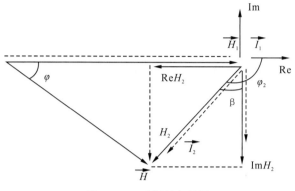

图 13-3 磁场复矢量图

三、二次场的频率特性

将式(13-1)代入式(13-3),并列出 H_2 的实、虚分量[①],即

$$\begin{cases} \mathrm{Re}H_2 = -L_{12}I_1 G\left(\dfrac{\omega^2 L}{R^2+\omega^2 L^2}\right) \\ \mathrm{Im}H_2 = -L_{12}I_1 G\left(\dfrac{\omega R}{R^2+\omega^2 L^2}\right) \end{cases} \tag{13-9}$$

在其他条件不变的情况下,二次场的实、虚分量均与频率有关。图 13-4 所示为无磁性良导体的二次场频率特性曲线(曲线绘于双对数坐标纸上)。当频率很低时,$R \gg \omega L$,导体的感抗很小,其阻抗主要取决于体积电阻,式(13-9)分母中的 $\omega^2 L^2$ 可以忽略,故虚、实分量分别与 ω 和 ω^2 成正比,且实分量小于虚分量。当频率达到 $f_0 = \dfrac{R}{2\pi L}$ 时,虚、实分量相等,且虚分量达到极大值,f_0 称为最佳频率。当频率大于 f_0 后,导体中涡流间的互感随频率的增大而加强,感抗亦随之增大,虚分量反而减小,且实分量大于虚分量。当频率很高时,$R^2 \ll \omega^2 L^2$,则式(13-9)分母中的 R 可以忽略,于是实分量趋于饱和,虚分量趋于零。

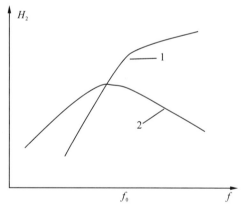

1—实分量;2—虚分量。

图 13-4 无磁性良导体二次场频率特性曲线

导体异常的频率特性曲线还与导体的电阻 R、电感 L 等因素有关。电阻 R 增大,f_0 升高;电感 L 增大,相当于导体面积增大,f_0 相应降低。因此,可根据不同频率的实、虚分量曲线,找出最佳频率,以压制干扰,突出异常。

---

① 式(13-9)中 H_2 的实、虚分量即是式(13-3)中 H_2 的虚、实分量,由于前者以 $I_1(H_1)$ 的相位为参考相位,后者以 ε 的相位为参考相位,故它们的相位差恰好为 $\pi/2$。

四、总场的椭圆极化

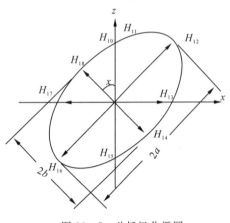

图 13-5　总场极化椭圆

只要地下有导体存在,在一次场作用下就会产生二次场。某一时刻的总场是该时刻一次场和二次场的矢量和,即

$$H(\omega t-\varphi)=H_1(\omega t)+H_2(\omega t-\varphi_2) \quad (13-10)$$

在大多数情况下,一次场和二次场的方向、振幅及相位均不相同,总场矢量端点在一个周期内不同时刻移动的轨迹是一个椭圆(图 13-5),且椭圆面位于一次场和二次场所决定的平面内,这种现象称为椭圆极化。它反映了良导体的存在及其特性。实际工作中观测的椭圆极化场参数有极化长半轴 a、极化短半轴 b、椭圆极化率 b/a、极化椭圆极化倾角 x(短轴与垂直轴的夹角)。

第三节　电磁波在地下的传播

当工作频率 $f>10^4\,\mathrm{Hz}$ 时,电磁场能以波动形式传播。从场源发出的电磁波在均匀导电介质中传播时,其电场强度随深度的增大而衰减,衰减规律遵循公式

$$E_z=E_0\mathrm{e}^{\frac{-2\pi z}{\lambda}} \quad (13-11)$$

式中:E_0 为地面电场强度;E_z 为深度在 z 处的电场强度;λ 为电磁波在电阻率为 ρ 的介质中传播的波长。

电磁波在地下衰减很快,其穿透深度(即趋肤深度)可以用平面电磁波衰减到地面强度的 $1/e$ 时的一段距离来衡量。由式(13-11)可知,这个深度 $z=\lambda/2\pi$,可见电磁波的穿透深度与其波长有关。

引入无量纲距离 $p=2\pi\sqrt{2r}/\lambda$,式中 r 为接收点到场源的距离,称收-发距。则当 $p\gg1$ 时,称为远区。远区是指收-发距很大或频率很高的范围,这时电磁场为辐射场,电磁波具有平面波的性质[①]。当 $p\ll1$ 时,称为近区。近区是收-发距很小或频率很低的范围,这时电磁波不具有平面波的性质,具受场源影响较大。近区和远区之间的范围称为中区。

---

① 电磁波为球面波,当其远离场源传播时,半径 r 会逐渐增大,当 r 很大时,我们所研究的电磁波的那部分球面可视为平面,这个范围的电磁波称为平面波。

第十四章　电磁测深法

电磁测深法是根据电磁感应原理,研究天然或人工(可控)场源在大地中激励的电磁场分布,并用电磁场观测值来研究地电参数沿深度变化的一类电磁方法。常用的电磁测深方法有天然场源的大地电磁测深、人工场源的频率测深和瞬变测深。在工程及环境物探中常用的是人工源方法,故本章只讨论后两种方法。

第一节　频率测深法

一、频率测深的基本原理及工作方式

频率测深是一种频率域的电磁测深方法,与直流测深方法不同,它是用改变频率的方法来控制探测深度,而不用增大供电极距 A、B 的繁琐劳动。前面我们已经知道,电磁波的穿透深度与其波长有关,理论上可以证明,在均匀各向同性半空间中,$\{\lambda\}_m \approx 503\sqrt{\dfrac{\{\rho\}_{\Omega \cdot m}}{\{f\}_{Hz}}}$。若地层电阻率 ρ 不变,改变电磁波的频率,就可以改变其波长,从而改变电磁波的穿透深度。向地下发送由高频到低频($n \cdot 10 \sim 100 \mathrm{kHz}$)的电磁波时,高频电磁波衰减快,穿透深度小,只反映浅部地电断面的特点。低频电磁波衰减慢,穿透深度大,可以反映较深处地电断面的特点。于是通过变频的方法就可以达到探测不同深度地电断面的目的。

频率测深的激发方式有两种:一种是利用接地电极 A、B 作为场源,将谐变电流送入地下,由于接地电极之间的距离比它到测量电极或测量线圈间的距离小得多,因此场源可视为水平电偶极子[图 14-1(a)];另一种是在不接地水平线圈中通以谐变电流作为场源,由于水平线圈的直径比场源到测量电极或测量线圈之间的距离小得多,因此场源可视为垂直磁偶极子[图 14-1(b)]。频率测深的接收装置可以是测量电极 M、N,也可以是接收线圈,它们分别测量电场分量和磁场分量。

频率测深法属于低频电磁法,因此可以忽略位移电流的影响,视为似稳场。在频率测深法中,虽然收-发距 r 是有限的,但在高频情况下,观测地段可处于远区。这时电磁波的传播是以平面波的形式入射到地表的,所以远区又称为波区。而只有在波区,地电断面中各层的电阻率、层厚等才能影响电磁场的分布。随着频率的降低,同一测点又可以处于中间区或近区。而近区的电场类似于直流电场,仅与纵向电导有关。

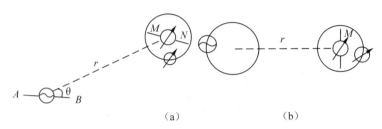

图 14-1 频率电磁测深法的装置形式
(a)水平电偶极子装置；(b)垂直磁偶极子装置

由于垂直磁偶极子场远较水平电偶极子场衰减快，因此，在较大深度的探测中多采用电偶极子场源。但磁偶极子场源是用不接地线圈激发，在某些接地条件较差的测区，或解决某些浅层地质问题的探测中，磁偶极子场源还是经常被采用。

二、视电阻率公式及频率电磁测深理论曲线

水平电偶极子频率电磁测深常采用赤道装置[图 14-1(a)中 $\theta=90°$ 的装置]，这时远区视电阻率振幅计算公式与直流电测深类似，即

$$\rho_\omega^{E_x} = K_E \frac{\Delta U_E}{I} \tag{14-1}$$

$$\rho_\omega^{H_z} = K_H \frac{\varepsilon_H}{I} \tag{14-2}$$

式中：$\Delta U_E = MN \cdot E_x$，为测量电极 M、N 之间的电位差；$\varepsilon_H = \omega\mu_0 n s H_z$，为接收线圈的感应电动势；$E_x$ 为电场水平分量振幅值；H_z 为磁场垂直分量振幅值；μ_0 为真空的磁导率；ω 为频率；n 和 s 分别为接收线圈的圈数和面积；K_E 和 K_H 为装置系数，其值分别为

$$K_E = \frac{\pi r^3}{AB \cdot MN}$$

$$K_H = \frac{2\pi r^4}{3AB \cdot n \cdot s}$$

式中，r 为收-发距。此外，通过被测信号的相位与供电电流初始相位的比较，还可得到电、磁场的相位差 $\Delta\varphi_E$ 和 $\Delta\varphi_H$。

实测的视电阻率曲线一般绘于以 $\sqrt{T}$ 为横坐标(T 为周期)，ρ_ω 为纵坐标的双对数坐标系中。相位曲线则绘于以 $\sqrt{T}$ 为横坐标(对数)，$\Delta\varphi$ 为纵坐标(算术坐标)的单对数坐标系中。

与直流电测深一样，频率测深理论曲线也可分为二层、三层及多层曲线。理论振幅曲线以 ρ_ω/ρ_1 为纵轴，λ_1/h_1 为横轴，绘在双对数坐标系上。根据组成地电断面参数的不同，我们依然将三层曲线按直流电测深的命名方法，分为 H、A、K 及 Q 型振幅曲线。图 14-2 为 $\mu_2=1/4$、$v_2=4$、$\rho_3\to\infty$ 时，不同收-发距 r 的 H 型 $\rho_\omega^{E_x}$ 曲线(曲线参变量为 r/h_1)。曲线首支频率很高($\lambda_1/h_1\to 0$)，电磁波穿透深度很浅，故首支趋于 $\rho_\omega=\rho_1$ 的渐近线。应当指出，由

于 ρ_w 趋于 ρ_1 的过程比较复杂,因此首段是经过数次摆动趋于 ρ_1 的。随着频率的降低,穿透深度逐渐增大,ρ_w 减小,并出现尖锐的极小值,反映了中部低阻层 ρ_2 的存在。随着高阻层 ρ_3 影响的加大,ρ_w 急剧增大,并与横轴呈 $63°26'$ 夹角上升。工作频率再降低时($\lambda_1/h_1 \to \infty$),不再满足远区条件,而向近区过渡。这时尾支呈平行于横轴的水平线,其 $\rho_\omega^{E_x}$ 值为

$$\rho_\omega^{E_x} = \frac{r}{2\left(\dfrac{h_1}{\rho_1}+\dfrac{h_2}{\rho_2}\right)} = \frac{r}{2(S_1+S_2)} = \frac{r}{2S} \tag{14-3}$$

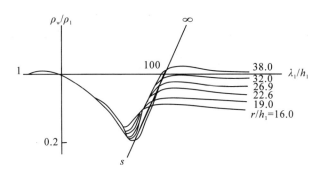

图 14-2　三层 H 型断面 $\rho_\omega^{E_x}$ 理论振幅曲线

可见其值与频率无关,仅与总纵向电导率 S 和 r 有关。

图 14-3 是与图 14-2 相同地电条件下计算的 $\rho_\omega^{H_z}$ 曲线,曲线的首支和中支与波区理论曲线类似,$\rho_\omega^{H_z}$ 曲线中后支为与横轴呈 $63°26'$ 夹角上升的直线。但当 $\lambda_1/h_1 \to \infty$ 时,曲线尾支转而呈 $63°26'$ 夹角下降,它并不反映地电参数,而且与频率及收-发距 r 有关,改变 r 引起曲线变化的规律与 $\rho_\omega^{E_x}$ 曲线类似。

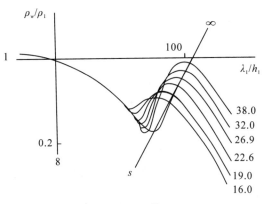

图 14-3　三层 H 型断面 $\rho_\omega^{H_z}$ 理论振幅曲线

频率测深的解释与其他测深曲线的解释类似,可采用量板法和计算机进行,目前多采用电子计算机进行,解释结果一般给出断面各层的厚度及电阻率。

三、频率电磁测深的应用

与直流电测深相比,频率电磁测深具有分辨率高、能穿透高阻层、各向异性影响小、观测参数多以及工作频率高等优点,因此在各类地质勘查工作中得到了应用。

第二节 瞬变测深法

一、瞬变测深基本原理与工作方式

如图 14-4 所示,在地面上敷设一条矩形线,输入阶跃脉冲电流,于是在地下产生一次磁场,其铅直断面上的磁力线如图中虚线所示,在该磁场的作用下,地下介质中产生涡流。当回线中电流突然关断时,一次场消失,但涡流不会立即消失,该涡流主要集中于发射线圈附近,由于涡流为时变电流,在其过渡(衰减)过程中,产生磁场并向地下传播,此磁场又在其周围产生电场,于是,随着时间的延长,涡流逐渐向下扩展,这种在阶跃变化电流源(通电或断电)作用下,在地中产生过渡过程的感应电磁场具有瞬时变化的特点,故称为瞬变电磁场。

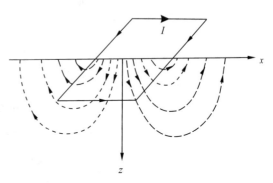

图 14-4 阶跃电流产生的磁力线

瞬变测深法是一种时间域的电磁测深法,它利用接地电极或不接地回线建立起地下的一次脉冲磁场,在一次磁场间歇期间接收感应的二次电场和磁场。在过程的早期,瞬变场频谱中高频成分占优势,因此涡旋电流主要分布在地表附近,且阻碍电磁场的深入传播,电磁场主要反映浅层地质信息,具有很强的分层能力。随着时间的推移,介质中场的高频部分衰减(热损耗),而低频部分的作用相对明显起来,电磁场反映了较深部的地质信息,所以可达到测深的目的。在阶跃脉冲作用下,良导地层中产生的瞬变涡流电磁场持续时间较长,有利于寻找良导地层并确定其赋存形态。

在过程的晚期,局部的涡流实际上衰减殆尽,而各层产生的涡流磁场之间的连续相互作用使场基本平均化,几乎同步衰减,则可以将整个层状断面等效为具有总纵向电导 S 的一个层,这时只能求取沉积盖层的总纵向电导和总厚度,因而有利于确定基底起伏。

与频率测深一样,瞬变场的激发方式也有接地式和感应式两种方式,工作装置基本上与频率测深法相同,只不过向地下输入的不是谐变电流而是阶跃电流而已。但本方法不仅可以在远区测量,还可以在近区测量。近区测量可以避开旁侧影响,提高对地层的分辨能力,因此是一种有效的工作方法。

二、视电阻率公式及瞬变电磁测深理论曲线

与谐变场情况一样,在研究瞬变场过程中也引入无量纲的归一距离,即

$$u = \frac{2\pi r}{\tau} = \sqrt{\frac{2\pi}{10^7 \{t\}_s \{\rho_s\}_{\Omega \cdot m}}} \{r\}_m \tag{14-4}$$

第十四章 电磁测深法

式中：r 为空间任意一点到电偶极子的距离；τ 为时间常数。

$u \ll 1$ 为近区，即是收-发距很小，或 τ（或 t）很大的范围（晚期时间段）；$u \gg 1$ 为远区，即远区是收-发距很大，或 τ（或 t）很小的范围（早期时间段）。

垂直磁偶极子和水平电偶极子都是瞬变电磁法常用的源。阶跃垂直磁偶极子源早期（远区）视电阻率公式为

$$\rho_\tau^E = \frac{2\pi r^4}{3NS} \frac{E_\varphi^*(t)}{I} \tag{14-5}$$

$$\rho_\tau^H = \frac{2\pi r^5}{9NSns} \frac{\varepsilon_Z^*(t)}{I} \tag{14-6}$$

式中：$E_\varphi^*(t)$ 为电场强度；$\varepsilon_Z^*(t)$ 为垂直磁场引起的感应电动势；I 为电流强度；N、S 为发射线圈匝数和面积；n、s 为接收线圈的匝数和面积；r 为收-发距。

阶跃垂直磁偶极子源晚期（近区）视电阻率公式为

$$\rho_\tau^E = K_\tau^E \left[\frac{I}{\Delta U_\varphi^*(t)} \right]^{2/3} t^{-5/3} \tag{14-7}$$

$$\rho_\tau^H = K_\tau^H \left[\frac{I}{\Delta \varepsilon_Z^*(t)} \right]^{2/3} t^{-5/3} \tag{14-8}$$

式中，装置系数为

$$K_\tau^E = \frac{\mu_0}{4\pi} \left[\frac{\overline{MNSNr\mu_0}}{5} \right]^{2/3}, K_\tau^H = \frac{\mu_0}{4\pi} \left[\frac{2SNsn\mu_0}{5} \right]^{2/3}$$

图 14-5 是电偶极子源条件下，E_x 分量（赤道偶极装置）和 H_z 分量定义的瞬变测深晚期二层视电阻率 G 型曲线，每条曲线上都标有 μ_2 参数值。由图可见，右支渐近线均趋于第二层电阻率，但左支曲线变得很复杂，它不代表第一层电阻率，且随着时间的减小，所有曲线汇合在一起，急剧上升，这相当于电阻率为 ρ_1 的均匀半空间视电阻率曲线。若基底为绝缘介质，则 $\tau_1/H_1 > 30$ 的晚期视电阻率趋近于一条与横轴成 $63°26'$ 的渐近线，即 S 线。

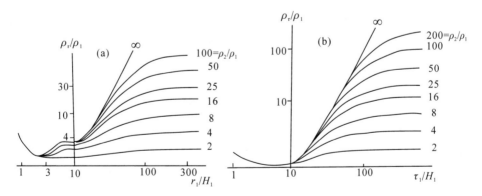

图 14-5　电偶极子源在二层地电断面的近区（晚期）瞬变测深视电阻率曲线（$r/h_1 = 1/4$）
(a)电场曲线；(b)磁场曲线

图 14-6 为电偶极子源发射磁场定义的瞬变测深晚期视电阻率三层曲线，其左支曲线

与二层曲线重合,右支逼近第三层电阻率。中间层的影响是使 H 型曲线有明显极小值,K 型曲线有明显极大值,A 型曲线为上升曲线,Q 型曲线为下降曲线。必须指出,A 型和 D 型曲线分别与二层 G 型和 D 型曲线十分相似,尤其中间层厚度较小时更为接近。

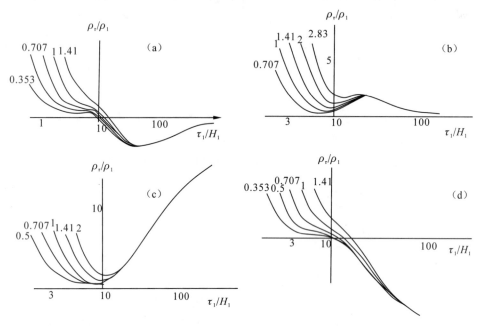

图 14-6 瞬变测深三层曲线(参数为 r/h_1)

(a)H$-\frac{1}{8}-1(v_2=\frac{1}{2})$；(b)K$-8-1(v_2=2)$；(c)A$-8-64(v_2=1)$；(d)Q$-\frac{1}{4}-\frac{1}{16}(v_2=\frac{1}{2})$

第十五章　瞬变电磁法

瞬变电磁法(transient electromagnetic methods)，又称时间域电磁法(time domain electromagnetic methods)，简称 TEM 或 TDEM，是近年来发展很快的电法勘探分支方法，在国际上有人称它标志着电法的"二次革命"。自 20 世纪 50 年代以来，该方法得到迅速发展，特别是对探测高阻覆盖层下的良导电地质体取得了显著的地质效果。它主要应用于金属矿勘查、构造填图、油气田、煤田、地下水、地热以及冻土带和海洋地质等方面的研究，在国内外已取得了令人瞩目的成果。

在国外，美国、苏联、澳大利亚以及加拿大等国家从 20 世纪 60 年代开始对水平层状介质时域响应分析与研究做了大量的工作，因而瞬变电磁测深方法在理论上得到了很大的发展。将瞬变电磁信号应用于地质构造探测，最早由苏联专家在 20 世纪 30 年代末提出，50 年代基本建立了瞬变电磁法解释理论和野外施工的方法技术，60 年代以后得到广泛及成功的应用和发展。苏联在理论研究方面一直走在世界前列，20 世纪 50—60 年代已成功地完成了瞬变电磁法的一维正、反演，70—80 年代又在二维、三维正演方面做了大量工作，80 年代初在电磁法中确定了正则偏移和解析延拓偏移两种方法，80 年代末研究了时间域瞬变电磁法的激电效应特征及影响，成功地解释了瞬变电磁法晚期电磁响应的变号现象。目前，由俄罗斯生产的大功率瞬变电磁法仪器已进入我国市场。在西方，20 世纪 50 年代初提出利用瞬变电磁场法寻找导电矿体的概念，并做了一定的试验工作；60 年代初推导出了层状介质地电断面的瞬变电磁响应表达式，为电磁测深理论奠定了基础；后期又导出了位于层状介质上方的水平线圈所接收到的时域响应，为瞬变电磁法测深提供了重要的理论依据。该方法大规模发展始于 20 世纪 70 年代，此间对该方法的一维正、反演及方法技术进行了大量研究，同时开始出现单一方法用的瞬变电磁法商品仪器。20 世纪 80 年代初，在计算机上成功编译的各种装置下瞬变电磁测深一维反演程序，这在该方法的定量解释研究方面是一个重大的突破；同时，随着计算机技术的发展，欧美各国在瞬变电磁法的二维、三维正演模拟技术方面做了大量工作，随之利用有限差分法实现了电磁波场的二维偏移和电磁数据的成像。欧美学者对时间域瞬变电磁法的激电效应研究始于 20 世纪 80 年代初，并奠定了该领域的研究基础。近些年开始出现智能集成化的仪器，具有代表性的有：加拿大 Eonics 公司生产的 EM－37、EM－47、EM－57，澳大利亚 Geo 仪器公司生产的 STROTEM－Ⅱ、STROTEM－Ⅲ 以及美国 Zonge 公司生产的 GDP－12、GDP－16 和加拿大 Phoenix 公司生产的 V－5、V－8 多功能电测仪等。

我国于 20 世纪 70 年代后期开始对瞬变电磁法的方法理论和应用技术进行深入研究，

投入研究的单位主要有中南大学、吉林大学、原地质矿产部物化探研究所、长安大学、有色金属工业总公司矿产地质研究院等。进入20世纪80年代后,这些单位都进行了理论及方法技术研究,主要进行了国内外文献调研,汇编了异常实例及译文专辑,并进行了模型实验研究工作。同时,围绕生产实际中所提出的问题,对脉冲瞬变电磁法工作方法技术、资料解释方法、导电围岩条件下的异常规律、瞬变电磁测深法以及磁性与激发极化对瞬变电磁响应的影响规律作了详细的探讨。有的单位还研制出了仪器样机,但是由于未能提供性能良好的仪器供野外生产使用,使得它的推广应用处于停滞状态。20世纪90年代初,将国外在大型计算机上编译的重叠回线装置下瞬变电磁测深一维反演程序移植到普通的微机上实现,这对瞬变电磁测深方法在我国的发展起到了积极的推动作用。目前已比较完整地建立了一维正、反演及方法技术理论。近几年,国内各单位在仪器研制及野外试验方面做了一些工作,并自行研制了一些功率较小、勘探深度较浅的单一方法仪器,研制出的仪器主要有 SD 系列、WDC 系列、SDC-1、MSD-1、WTEM-1 及 LC 系统等,高性能瞬变电磁仪器正在研制之中。目前,大功率、多功能瞬变电磁法仪器主要依赖进口。

应该说,瞬变电磁法作为一种新兴的物探方法,近20年来在国内外得到了迅速发展,但其主要应用还是在寻找矿体和解决深部疑难构造方面。只是在20世纪90年代初期开始应用于工程勘察,而用于地下水勘查领域在国内报道较少,但在矿井探水中应用的例子较多。在国外,由于它具有垂向及横向分辨率高、受地质噪声影响较小及监测咸水入侵特别有效等优点,因此在地下水勘查领域得到广泛应用,并主要用于解决以下几个方面的问题:①确定水文地质构造类型;②在冲积层地区估算地下水位和基岩的埋深;③确定沉积岩中的承压淡水含水层;④在滨海及海岛含水层中查明咸淡水界面并绘制人为和自然发生的海水入侵分布图;⑤圈定和监测地下水污染通道及范围等。随着对瞬变电磁法勘探技术研究的不断深入,其应用范围及内容将会不断增加。

第一节 瞬变电磁测深基本原理

瞬变电磁法属时间域电磁感应方法,其数学物理基础是基于导电介质在阶跃变化的激励磁场激发下引起涡流场的问题。其测量的基本原理是:利用不接地回线或接地线源向地下发送一次脉冲电磁场,即在发射回线上供一个电流脉冲波形,脉冲后沿下降的瞬间,将产生向地下传播的瞬变一次磁场。在该一次磁场的激励下,地下导电体中将产生涡流。在一次场消失后,这种涡流不会立即消失,它将有一个过渡过程。随之将产生一个衰变的感应电磁场(二次场)向地表传播,在地表用线圈或接地电极所观测到的二次场随时间变化及剖面曲线特征,将反映地下导电体的电性分布情况,从而判断地下不均匀体的赋存位置、形态和电性特征,如图15-1、图15-2所示。

瞬变电磁法与频率域电磁法同属研究二次涡流场的方法,并且两者通过 Fourier 变换相互关联。在某些条件下,一种方法的数据可以转换为另一种方法的数据,但是就一次场对观测结果的影响而言,两种方法并不具备相同的效能。瞬变电磁法是在没有一次场背景的条

第十五章 瞬变电磁法

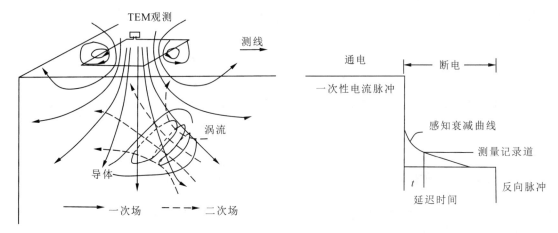

图 15-1 瞬变电磁法测量原理示意图　　图 15-2 瞬变电磁法衰减曲线示意图

件下观测研究纯二次场的异常,大大地简化了对地质体所产生异常场的研究,提高了该方法对目标层的探测能力。此外,瞬变电磁法一次供电可测量各电磁场分量随时间的变化,相当于频率域测深各频点测量的结果,使工作效率大幅度提高。总结起来看,与频率域电磁法相比瞬变电磁测深法具有以下优点:

(1)由于观测的是纯异常,因此自动消除了装置耦合噪声,可使用同点装置工作,与要测的地质体有最佳的耦合,具有较高的探测能力,且受旁侧地质体的影响也小,同时,对地表局部低阻体无静态效应。

(2)对于受到导电围岩及低阻覆盖层等地质噪声干扰的导电目标层的分辨能力优于其他电探方法。在高阻围岩条件下,不存在地形起伏引起的假异常,低阻围岩区起伏地形引起的异常也比较容易识别。

(3)可用加大发射功率的方法增强二次场,提高信噪比,从而增加勘探深度。

(4)通过多次脉冲激发,场的重复测量叠加和空间域拟地震的多次覆盖技术应用,提高信噪比和观测精度。

(5)每个测点可测量 x、y、z 三个磁场分量的变化信息,在剖面测量中,由于采用多测道测量,实际上也同时完成了每个点的深度测量,可以整理出多种剖面图及测深图,所获信息丰富。

(6)可通过选择不同的时间窗口进行观测,有效地压制地质噪声,可获得不同勘探深度的地质信息。

(7)装置形态灵活多样,可随不同工作任务的要求和施工场地的条件来选择合适的装置,测试工作简单,工作效率高。

(8)由于采用不接地回线,不存在接地电阻问题。在基岩出露区、冻土带、沙漠、水泥路面、河湖海水面上均可进行测量。具有施工方便,工作效率高及地质效果好等优点。

瞬变电磁法能够有效地应用于研究高阻地层覆盖下的地质构造,在高、中阻围岩中探测良导体(层),而这类地区应用地震法或直流电测深法往往是困难的。但是,瞬变电磁法也并非完美无缺,对高阻地层反映较差,其测深场源系统一般十分笨重。由于位移电流效应、接收线圈固有的过渡过程等的影响,其对浅层的分辨能力受到很大影响,仍有很多问题有待于进一步探索和研究。

瞬变电磁法的激励场源主要有两种:一种是回线形式(或载流线圈)的磁场源,另一种是接地电极形式的电流源。目前,应用较多的是回线场源。发射的电流脉冲波形主要有矩形波、三角波和半正弦波等,不同波形有不同的频谱,激发的二次场频谱也不同。这里仅以均匀大地的瞬变电磁响应为例,来讨论回线形式磁场源激发的瞬变电磁场,阐述瞬变电磁法测深的基本理论。

一、均匀半空间的瞬变电磁响应

在电导率为 σ 和磁导率为 μ_0 的均匀各向同性大地上,敷设面积为 S 的矩形发射回线,在回线中供以阶跃脉冲电流,有

$$I(t) = \begin{cases} I & t < 0 \\ 0 & t \geqslant 0 \end{cases} \tag{15-1}$$

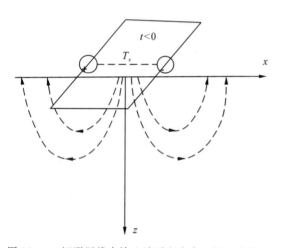

图 15-3 矩形回线中输入阶跃电流产生的磁力线图

在电流断开之前($t<0$),发射电流在回线周围的大地和空间中建立起一个稳定的磁场,如图 15-3 所示。在 $t=0$ 时刻,将电流突然断开,由该电流产生的磁场也立即消失。一次磁场的这一剧烈变化通过空气和地下导电介质传至回线周围的大地中,并在大地中激发出感应电流以维持发射电流断开之前存在的磁场,使空间的磁场不会即刻消失。由于介质的欧姆损耗,这一感应电流将迅速衰减,由它产生的磁场也随之迅速衰减,这种迅速衰减的磁场又在其周围的地下介质中感应出新的强度更弱的涡流。这一过程继续下去,直至大地的欧姆损耗将磁场能量消耗完毕为止。这便是大地中的瞬变电磁过程,伴随这一过程存在的电磁场便是大地的瞬变电磁场。

应该指出,由于电磁场在空气中传播的速度比在导电介质中传播的速度大得多,当一次电流断开时,一次磁场的剧烈变化首先传播到发射回线周围地表各点,因此,最初激发的感应电流局限于地表。地表各处感应电流的分布也是不均匀的,在紧靠发射回线一次磁场最强的地表处感应电流最强。随着时间的推移,地下的感应电流便逐渐向下、向外扩散,其强度逐渐减弱,分布趋于均匀。美国地球物理学家 Nabghan 对发射电流关断后不同时刻地下感应电流场的分布进行了研究,结果表明,感应电流呈环带分布,涡流场极大值首先位于紧挨发射回线的地表下,随着时间的推移,该极大值沿着与地表成 30°倾角的锥形斜面向下及

向外传播,强度逐渐减弱,极大值点在地面投影点的半径为

$$R_{\max} = \sqrt{2.56t/\sigma\mu_0} \tag{15-2}$$

图 15-4 所示为不同时刻穿过发射回线中心的横断面上地下感应电流密度等值线。

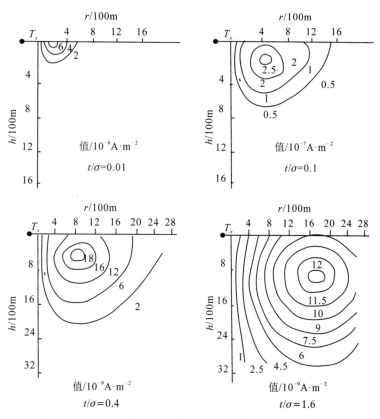

图 15-4 穿过发射回线中心的横断面内电流密度等值线

任一时刻地下涡旋电流在地表产生的磁场可以等效为一个水平环状线电流的磁场。在发射电流刚关断时,该环状线电流紧接发射回线,与发射回线具有相同的形状。随着时间的推移,该电流环向下、向外扩散,并逐渐变形为圆电流环。图 15-5 表示发送电流切断以后 3 个时刻的地下等效电流环分布略图。从图中可以看到,等效电流环很像从发射回线中"吹"出来的一系列"烟圈",因此,人们将地下涡旋电流向下、向外扩散的过程形象地称为"烟圈效应"。它的等效电流为

$$I = \frac{1}{4}\pi C_2 (\sqrt{t/\sigma\mu_0})^2 \tag{15-3}$$

它的半径 r 及所在深度 d 的表达式为

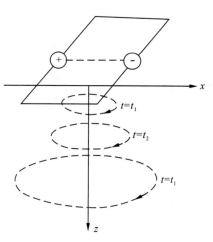

图 15-5 半空间中的等效电流环

$$r=\sqrt{8C_2 \cdot t/(\sigma\mu_0)+a^2} \tag{15-4}$$

$$d=\frac{4}{\sqrt{\pi}} \cdot \sqrt{t/\sigma\mu_0} \tag{15-5}$$

式中，$C_2=8/\pi-2=0.546\,479$；a 为线圈电阻。

当发射线圈半径相对于"烟圈"半径很小时，可得 $\tan\theta=\dfrac{d}{r}\approx 1.07$，$\theta\approx 47°$。因此等效电流环"烟圈"将沿 $47°$ 的倾斜锥面扩展，其向下传播的速度为

$$v_y=\frac{\partial d}{\partial t}=2/\sqrt{\pi\sigma\mu_0 t} \tag{15-6}$$

从式(15-4)和式(15-6)可以看出，地下感应涡流向下、向外扩散的速度与大地导电性有关。导电性越好，扩散速度越慢，这意味着在导电性较好的大地上，能在更长的延时后观测到大地瞬变电磁场。

从"烟圈效应"的观点看，早期瞬变电磁场是由近地表的感应电流产生的，反映浅部的电性分布；晚期瞬变电磁场主要是由深部的感应电流产生的，反映深部的电性分布。因此，观测和研究大地瞬变电磁场随时间的变化规律，可以探测大地电位的垂向变化，这便是瞬变电磁测深的原理。

瞬变电磁场的探测深度主要由测量时间和地下介质的电阻率来确定。当地下为均匀介质时，地面发射线圈中的电流被切断后，感应电流随时间向地下扩散，电流被关断后某一时刻地下最大涡流所在深度由下式计算：

$$h=\sqrt{\frac{2t\rho}{\pi\mu_0}}$$

如果地下介质的平均电阻率为 $15\Omega \cdot m$，测量时间取 $20ms$，探测深度即达 $218m$。至于发射回线(接收回线)与探测深度的关系，只是为了保证接收线框内有足够的信号强度。同时，由于回线在一定的范围内线框越小，其体积效应也越小，横向、纵向分辨率也越高。

二、视电阻率的计算

瞬变电磁测深法的视电阻率是通过将均匀半空间表面的瞬变电磁场在小感应数或大感应数条件下近似，得到半空间电阻率与电磁场的反函数关系。

由于直接从均匀半空间的瞬变电磁场的解析表达式中无法求得计算视电阻率的简单数学公式，只有对公式中的 $u=2\pi r/\tau$ 取值加以限制，才能求得晚期的视电阻率表达式。

由于晚期的条件更适合于探测中深部地质体的电性分布情况，在工程项目与科研中研究较多。我们将重点研究均匀半空间导电介质中多匝重叠回线的晚期视电阻率的计算与处理。

根据晚期的定义，当 $\tau_0 < 0.01$ 为晚期条件。其视电阻率的计算公式为

$$\rho_\tau\left(\frac{\partial B_z}{\partial t}\right)=\frac{\mu_0}{4\pi t}\left[\frac{2n\pi I_0 a^2 \mu_0}{5t\dfrac{\partial B_z}{\partial t}}\right]^{\frac{2}{3}} \tag{15-7}$$

如果发射线框的面积为 S，匝数为 N，供电电流 I，发射线框的磁偶距 $M=S\times N\times I$；如果接收回线线框的面积为 s，匝数为 n，介质中感应的涡流场在接收回线中产生的感应电流电位为

$$U=-sn\frac{\partial B_z}{\partial t} \tag{15-8}$$

所以多匝重叠回线的晚期视电阻率的计算公式为

$$\rho_\tau=\frac{\mu_0}{4\pi t}\left[\frac{2snSN\mu_0}{5t(U/I)}\right]^{\frac{2}{3}}=6.32\times10^{-12}\times(S\times N)^{\frac{2}{3}}\times(s\times n)^{\frac{2}{3}}\times(U/I)^{-\frac{2}{3}}\times t^{-\frac{5}{3}} \tag{15-9}$$

式中，U、I 的单位分别为 V、A；t 的单位为 s；回线面积 S、s 的单位为 m^2。

三、全区视电阻率的研究

长期以来，瞬变场视电阻率的计算大多采用早期或晚期定义的公式，虽很简便，但用以计算中期的视电阻率则误差很大，而实际工作中早延时往往落在中期，所以研究全区视电阻率的计算具有实际意义。全区的视电阻率定义不一，下面介绍的为 Spies 等人提出的定义。

全区视电阻率定义是直接利用数值方法求取均匀半空间地表的瞬变响应的反函数。不同工作方式的实测数据可以通过数值逼近或反演迭代技术求解。

重叠回线的均匀半空间响应可表示如下：

$$\frac{\varepsilon(t)}{I}=\frac{2a\mu_0\sqrt{\pi}}{t}S(\tau_0) \tag{15-10}$$

为计算视电阻率，可将上式转化为

$$S_0=\frac{t}{2a\mu_0\sqrt{\pi}}\frac{\varepsilon(t)}{I} \tag{15-11}$$

由上式求得 S_0 后再求各延时响应对应的中间参数为

$$y=S_0^{2/3} \tag{15-12}$$

将 y 代入下式求 x

$$x=y(a_0+a_1y+a_2y^2+\cdots+a_9y^9)^2 \tag{15-13}$$

式中各系数的值分别为：$a_0=1.70997$；$a_1=2.38095$；$a_2=6.49229$；$a_3=20.8835$；$a_4=71.8975$；$a_5=255.846$；$a_6=955.902$；$a_7=3378.09$；$a_8=12360.9$；$a_9=110000$。

将 x 等参数值带入以下公式求视电阻率：

$$\rho_s=\frac{\mu_0a^2}{4tx} \tag{15-14}$$

为保证误差低于 10%，x 值的选用应满足下列规定：

若 $x<1.4$，可直接代入上式。

若 $1.4<x<2.8$，则 x 写为 x_1，由下式求 x：

$$x=x_1+0.001635x_1^{4.892} \tag{15-15}$$

若 $2.8<x<5.69$，则 x 写为 x_2，由下式求 x：

$$x = x_2 + 0.004\,018 x_2^{4.013\,64} \tag{15-16}$$

最后应指出,感应电动势定义的全区视电阻率一般地说,会出现多解或无解的时间段,而磁场定义的全区视电阻率则不会出现多解,但目前实际测量的都是感应电动势,故未介绍后者。为避免出现多解与无解情况,正确地选择回线边长,可以使最早延时不落在远区。

四、时深转化

在针对测区工程物探中地层一般为层状的特点,可采用下面的方法进行时深转换。平面瞬变电磁波的传播随时间的延长而向下及向外扩展,扩展场极大值位于从发射框中心起始与地面成 30°倾角的锥形面上。从发射场始到激发最大的涡流所经历的延迟时间 t 与涡流场最大值所在深度 h 的关系,根据 Kunetz 推导结果有

$$h = \sqrt{\frac{2t}{\mu_0 \sigma}} \tag{15-17}$$

对上式作如下计算,可得到平面瞬变电磁波的传播速度公式

$$v = \frac{dh}{dt} = \frac{1}{\sqrt{2\mu_0 \sigma t}} \tag{15-18}$$

第二节 野外工作方法

一、瞬变电磁法工作装置及其特点

(一)工作装置

瞬变电磁法工作装置有多种,工程勘察中通常采用的有重叠回线和中心回线、分离回线、框-回线等装置,现将该方法采用的主要回线组合介绍如下(图 15-6)。

1. 发射接收同一回线组合

这种方式是用一个回线既当发射回线又当接收回线,回线的边长范围 5～200m。先供电到回线中,当电流断开时,回线两端转接到接收机,开始测量不供电期间的瞬变电磁响应。

2. 发射-接收重叠回线组合

此回线组合的几何形状与同一回线组合一样,只是发射回线和接收回线是两个独立的回线,两者空间上重叠在一起。家用绞合胶质电线,用于这种回线组合最合适,因为发射和接收所用的两条电线可以在一起一次敷设。有时,为了降低超顺磁效应,发射回线和接收回线要分开 3m 左右,这称为偏离回线组合。

3. 内-回线组合

内-回线组合是重叠回线的一个变种,它由偶极接收线圈(如用多匝空心的铁淦氧磁体的或导磁金属芯的探头)放在大发射回线的中心而组成。发射回线和接收回线在观测时同

第十五章 瞬变电磁法

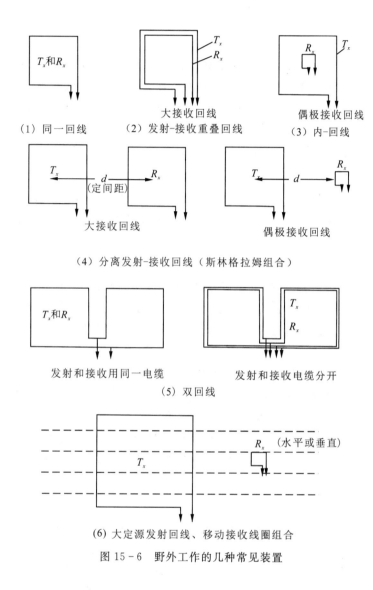

图 15-6 野外工作的几种常见装置

时移动,即接收线圈总是在发射回线的中心。

4. 分离发射-接收回线组合

这种组合的发射回线和接收回线相隔一固定距离。比如两个边长50m的回线,中心相距100m,这就是Slingrarn(斯林格拉姆)组合。这种组合有一个变种,由一个大发射回线和在它外面保持一定间距的偶极接收线圈组成。

5. 双回线组合(Spies回线组合)

这种组合由两个相邻并联的回线组成。此组合对直立导体耦合比较好(Spies,1975),而对覆盖层的耦合减弱。两个回线这样连接,使两回线中由电性干扰感应的相位相同的噪声反相相加。这意味此种组合能使回线噪声大为减弱。比如,采用这种组合有助于在50Hz

噪声源附近工作。

6. 大定源发射回线、移动接收线圈组合

敷设边长达 1km 的大发射回线,固定其位置不移动,用一小的接收线圈沿垂直回线一边的测线移动进行观测。这种组合与频率域中 Turam 法采用的组合一样。在详查工作时,发射回线要布置在对目的物激励最佳的位置,接收线圈沿测线以大约 10m 的点距移动。因为接收线圈是一个小的多匝探头,所以除通常观测垂直(z)分量外,还可以测场的水平(x 和 y)分量,用小接收线圈的其他组合也可以这样做(如内-回线组合)。

7. 地-井组合

大发射回线铺在地面,将接收探头放入井中,可以观测三个分量。探头放在井中,测量响应的井轴分量。变动发射回线的位置,分析随回线位置的不同剖面曲线特性如何改变,以得到目的物位置的信息。

瞬变电磁法最初应用于寻找金属矿,而为了使所采数据便于分析和处理,故采用重叠大线圈装置。该线圈从理论上说,越大越好,线圈边长越大,回线电路在其回线中间产生的磁场就越接近于均匀场。但实际情况与理论上还是有一定的区别,当探测深度为 800m 时,实际中(用于地面)所采用的回线边长为 200m。一般认为,探测深度 h 与发射回线边长 L 之比为 1∶4。

重叠回线装置具有下列优点:①重叠回线装置对于任何形态导体的耦合均呈最佳状况;②在围岩导电或存在良导电覆盖层的情况下,重叠回线装置始终处于等效电流环的中心部位,其响应曲线形态简单,便于分析;③重叠回线装置具有较高的接收电平、穿透深度大、测量结果便于解释分析。结合目前仪器的实际情况,我们在进行野外地质勘查工作中,主要采用重叠回线装置。图 15-7 为矿井瞬变电磁法中采用的多匝发射多匝接收的小边长重叠回线装置。

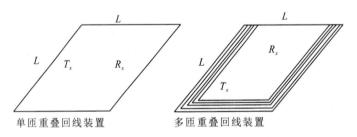

单匝重叠回线装置　　　　多匝重叠回线装置

图 15-7　地面和矿井瞬变电磁法中的重叠回线装置图

(二)各种回线组合的剖面曲线特征

用前面所述的各种装置组合,跨越给定目的物测量,得到不同特征的剖面曲线。这些剖面曲线的不同特征是由回线组合的几何形状以及发射的和接收到的磁场分布情况所决定。为了了解各种回线组合观测到的剖面曲线特征,设想目的物为高阻介质中的直立导电薄脉

(即导电围岩和覆盖层的影响不予考虑)。图 15-8 展示出了上面介绍过的各回线组合在直立薄脉上方的剖面特征,表 15-1 总结了每一种剖面的特征要点。

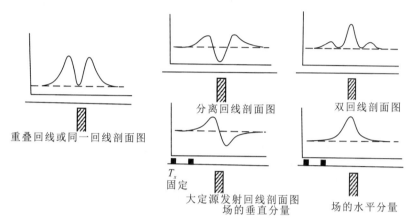

图 15-8 直立薄脉上 TEM 回线组合的剖面特征

表 15-1 图 15-8 所示曲线特征总结

回线组合	剖面特征
重叠回线和同一回线	2 个峰值异常中夹 1 个低谷异常,低谷异常对应导体顶部
分离回线	Slingran 型异常,矿体上为负异常,两边为正异常峰
双回线	3 个异常峰,最大的峰正在导体顶部,所有峰值都为正
大回线	(1)垂直分量:正异常峰在矿体靠发射回线一边,过零点后矿体另一边为负,零点正在矿体顶部; (2)水平分量:单个正异常峰在矿体上方

下面根据发射场和接收场的磁力线形状来阐明一些剖面曲线的特征,研究重叠回线或同一回线组合路过直立薄板上方的剖面曲线情况。如果是薄脉(例如脉的宽度为回线边长的 1/10),在观测时回线重叠 50% 或更多一些,异常呈双峰形,双峰对称于一低谷异常值,低谷正在脉顶部上方,双峰隔一段距离。若目的物埋深 $d<L$,响应峰值和低谷间的距离大约等于 L(此处 L 为边长的一半)。正如图 15-9 所示的那种发射回线在脉的上方(位置 1)时,一次场磁力线是垂直地穿过该脉,从而目的物被一次场磁力线穿过的面积最小,从法拉第感应定律可知脉中感生的电动势最低。当回线中心移到距脉外心约为 L 距离时(位置 2 和位置 3),回线与目的物之间的耦合最大,从而在这两个位置观测到最强的响应。

需要注意的是,如果回线移动时中心根本没有对着矿体(即中心不在位置 1),异常响应的低谷就无法辨认,从而在位置 1 处会得到单个正峰,这种情况是会出现的。比如,如果回线从位置 3 移到位置 2,中间无重叠。如果回线的边长比较小,相当矿体宽度的量级,则响应中的低谷也不会出现。因为在这种情况下,不能再把脉看成是薄的,异常成为只有单个正异

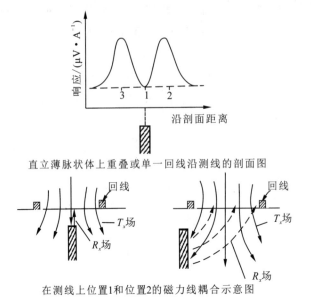

图 15-9 不同位置的重叠回线和直立薄板之间的磁力线耦合

常峰。如脉并非直立,得到的还是双峰异常,只是两个峰的幅度不再相等,倾斜方向一边的峰比较高。

二、外界干扰对瞬变电磁测深数据的影响

(一)电磁干扰

由天电产生的电磁噪声是瞬变电磁测深频带中电磁干扰的主要成分,总感应噪声与接收回线的面积成正比,噪声谱随纬度、季节和日期改变。图 15-10 就是某地 3 个地点,某年不同时间观测的电磁噪声垂直分量的谱密度曲线。对比 Cape otway 的两条曲线可知,一定的纬度上,从夏天到冬天电磁噪声幅度下降将近一个级次;比较 Darwin 和 Cape Otway 夏季测得的曲线表明,在给定的季节,从低纬度(南纬 12°)到高纬度(南纬 39°),电磁噪声幅度降低约一个级次。进一步对比后发现电磁噪声场的水平分量比垂直分量高 5~8 倍。电磁噪声可以高到成为获得足够信噪比的主要限制,夏季在热带进行

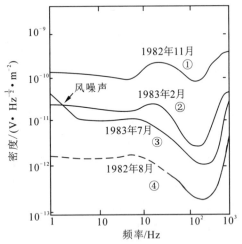

① Darwin(12°S); ②、④ Cape Otway(39°S);
③ Ku-ring-gau(34°S)
11月和2月是夏天,7月和8月是冬天

图 15-10 某地 3 个不同地区测得的电磁噪声曲线

观测时尤其如此。为了有效地设计测量,就需要具有电磁噪声随纬度变化和随时间变化特点的知识。一种电磁系统如能抑制天电脉冲,就具有明显的优点。在某些情况下,在冬天进行观测比较合适,在热带探测深部目的物尤其如此。

(二)地质噪声干扰

地质环境类型可以分为 3 种:①冰川地区(未风化的岩石上覆盖着约 10m 厚的高阻冰碛物),②热带地区($100\Omega \cdot m$,厚约 50m 的覆盖层);③干旱地区($10\Omega \cdot m$,厚约 100m 的覆盖层)。第①种地质环境的 TEM 响应很弱。第③种地质环境能引起可观的地质噪声,它对选择回线几何形状(以及回线尺寸和延时)起主要作用。注意,在冰川地区应用成功的电磁系统,可能在干旱地区完全不适用。

另外还要注意人文电磁场噪声的干扰影响,主要包括电力线网、矿山或工业用电、有线广播网、中波及甚低频电台等设施产生的电磁场。

三、野外工作程序

(一)工作装置的选择

工作装置的选择应根据勘探目的、施工条件和各种装置的特点等因素综合考虑决定。如果探测目标深度在数百米以内,要求达到较高的分辨率,围岩导电性较好时,同点装置是首选对象。如要进行较大深度的探测,或测区崎岖或有河谷等其他障碍使得敷设动源回线困难时,则应选择大回线定源装置。

(二)回线边长及测网的选择

回线边长与异常响应的关系比较复杂,一般依据被测对象的规模、埋深及电性来选定。增大发射回线和接收回线边长,将会增强信号强度,并延长有效信号的持续时间,从而有利于加大探测深度。但二者的增大使野外工作难度增加,同时使测量结果受影响的范围扩大,从而降低了横向分辨率。此外,增大接收回线边长时,不仅增大了有效信号强度,也使干扰信号强度增大。选择的原则:回线边长与探测对象的埋深大致相同,因为回线边长的增大对于局部导体的分辨能力变差,且受旁侧地质体的干扰增大。剖面点距一般选等于回线边长或回线边长的 1/2,对异常进行详查时,点距可以等于回线边长的 1/4。依据工程勘察的特点,回线边长一般取 50m 或 100m,点距为 20m 或 25m,较为适宜。

(三)布线原则

供电回线要采用电阻小、绝缘性能好的导线,一般要求每千米电阻小于 6Ω,以便在有限的电源电压下可输出足够大的电流。

测线方向应选择与可能的构造走向垂直,电线要按测试点位敷设,若线架上余有导线,应将其呈"之"字形敷于地面,以免电线缠绕产生强烈的感应信号。一切紧挨回线的金属物都会产生强烈的干扰信号,高压电力线的强烈干扰信号甚至可能损害测量电路。因此,回线布设应尽可能避开干扰源。

(四)观测时间范围和叠加次数的选择

仪器的观测时间范围和叠加次数的选择主要取决于测区的信噪比和仪器的灵敏度。勘探时,往往要根据所探测的深度和测区电阻率变化范围确定记录时间范围。从"烟圈"电流的扩散深度公式可推知其探测深度正比于 $\sqrt{\rho t}$。若假定探测深度相当于"烟圈"电流深度的一半,则可用

$$t_{\min} \leqslant 10^{-3} h_{\min}^2 / \rho_{\max} (\mathrm{ms})$$
$$t_{\max} \geqslant 10^{-3} h_{\max}^2 / \rho_{\min} (\mathrm{ms})$$

确定观测时间范围。式中:$t_{\min}$ 和 $t_{\max}$ 分别为最小延时和最大延时;$h_{\min}$ 和 $h_{\max}$ 分别为要求的最小和最大探测深度;$\rho_{\min}$ 和 $\rho_{\max}$ 分别为测区岩层的最低和最高电阻率。

为了压制测区的干扰电磁信号,提高观测资料的信噪比,现代瞬变电磁仪大多采用了"累加平均"取数技术。增加叠加次数可以降低记录中干扰噪声水平,但将增加观测时间,降低观测速度。因此,所选取的最小叠加次数应使高于仪器噪声电平的有用信号能以足够大的信噪比被记录下来。

(五)供电电流强度的确定

可根据所用装置及最大延时观测信号达到的最低可分辨信号水平计算出供电电流强度。例如对于重叠回线装置,有

$$I \geqslant \frac{\rho_{\tau_{\max}}^{\frac{3}{2}} \cdot t_{\max}^{\frac{3}{5}} \cdot U_{\min}}{(6.32 \times 10^{-3})^{\frac{3}{2}} \cdot L^4}$$

式中:I 为供电电流强度;$\rho_{\tau_{\max}}$ 为测区预计最大视电阻率;$t_{\max}$ 为对应于最大探测深度所要求的最大延时;$U_{\min}$ 为最低可分辨电压;L 为回线边长。

(六)噪声电平的观测

不同观测点的噪声电平并不完全一致,为了确定各观测点晚期数据的观测精度,必须在每个测点上或相间几个测点上测量噪声电平,这种测量一般是采用将发射电流输出到匹配负荷的方法进行。噪声电平以下的数据已不可靠,仅供参考。图示时用虚线标出离差范围线,以示与正常数据的区别。

(七)数据质量的检查

观测结果的质量取决于仪器设备状况、测区电磁干扰水平及工作方法等因素。为了保证观测质量,应按大于总测点数 5% 的数量布置检查观测工作,检查点应在测区范围内均匀分布,对异常地段、可疑点、突变点应重点检查。对于观测质量的评价,主要以下列几个方面为标准:

(1)各个测点原始观测值与检查观测值的时间谱衰减规律应一致;

(2)各个测点上多次重复观测值的符号、强度和时间谱衰减规律应一致；
(3)干扰噪声电平以上各测道观测值的离差较小；
(4)统计全区检查点的总均方相对误差要求小于20%。

总均方相对误差的计算公式为

$$M = \sqrt{\sum_{i=1}^{m}\sum_{j=1}^{N}\left(\frac{U_{ij}-U'_{ij}}{U_{ij}+U'_{ij}}\right)^2 / 2mN} \times 100\%$$

式中：M 为总均方相对误差；N 为参加统计的测道数；m 为检查点数；U'_{ij} 和 U_{ij} 分别为第 i 个测点第 j 测道的原始观测值和检查观测值。

四、瞬变电磁数据的整理

(一)资料整理内容及成果要求

检查原始记录数据、野外测点状况编录和仪器工作状态的记录；对原始记录数据进行整理、编号、汇总，并编写索引和说明；根据需要对数据进行滤波处理，滤波方法较多，如三点滤波法、四点滤波法等；根据需要换算各种导出参数(如 τ_s、S_τ、h_τ、ρ_τ 等)。

瞬变电磁法成果图一般有以下几种：①多道 U/I 或 $(dB/dt)/I$ 剖面图；②ρ_τ 拟断面图；③ρ_τ 曲线类型图；④$S_\tau - h_\tau$ 曲线类型图；⑤某些测道的 ρ_τ 或 U/I 平面等值线图。

当工作目的主要是探测局部导体时可不绘制第③种和第④种图件。而工作目的偏重于对大地分层时，则第③种和第④种图件是重要的基本图件。上述剖面性图件经常汇总在一起绘制成综合剖图，用来作综合解释。

(二)资料解释

瞬变电磁测深资料解释，就是根据工区的地质、地球物理特征分析瞬变电磁测深响应的时间特性和空间分布特征，确定地质构造的空间分布特点。例如：覆盖层厚度变化，垂向岩性分层和岩层的横向变化情况，断裂破碎带和其他感兴趣的局部地质构造目标的位置、形态、产状、规模、埋深等。与其他物探方法一样，对资料的定性分析和解释是资料解释中最重要和最基本的部分，定量解释一般都是在定性解释的基础上进行的。已有的一些简单实用的计算方法都是根据简单地电条件导出的，因此，计算结果实际上只能认为是半定量的，应用时应注意其局限性。

因瞬变电磁测深兼有剖面法和测深法两种性质，所以在大多数情况下，既要对整个工区或剖面进行偏重于剖面法的资料解释，又要对一部分测点的瞬变电磁测深响应的时间特性作测深资料解释。

1. 测深资料解释

当需要划分岩层垂向分布或需要计算局部构造的深度时，一般要对瞬变电磁测深资料进行测深资料解释。

1)定性解释

首先要确定各测点 ρ_τ 曲线类型(即地电断面类型)，并结合地质及钻孔资料确定地电断面各电性层与地质层位的对应关系。然后再大致确定岩层厚度的横向变化,找出 ρ_τ 曲线类型在测区变化的规律,划分曲线类型发生变化的界线。首先要详细研究已知地段上的典型曲线,然后再联系整个测区的曲线变化规律分析单个测点的曲线。

2)半定量解释

半定量解释就是要大致定量地计算地电断面各岩层的厚度和电阻率,常用的方法有两种,即利用 ρ_τ 曲线特点及渐近线推断目标层参数;利用 S_τ、h_τ 参数推断层参数。前者是利用对理论 ρ_τ 曲线的研究成果,后者则是引用水平导电薄层理论,将层状大地各地层的影响等效为导电薄层的影响进行计算。

计算视纵向电导 S_τ 和视深度 h_τ 的公式为

$$S_\tau = \frac{16\pi^{\frac{1}{3}}}{(3mq)^{\frac{1}{3}} \mu_0^{\frac{4}{3}}} \cdot \frac{[U(t)]^{\frac{5}{3}}}{\left[\frac{\partial U(t)}{\partial t}\right]^{\frac{4}{3}}}$$

$$h_\tau = \left[\frac{2mq}{16\pi U(t) S_\tau}\right]^{\frac{1}{4}} - \frac{t}{\mu_0 S_\tau}$$

式中:m 为发射磁矩;q 为接收线圈的有效面积,等于接收线圈面积与匝数的乘积;$U(t)$ 为 t 时刻观测到的感应电压值。$U(t)$ 为 t 时刻观测到的感应电压值。

通常所得到的视纵向电导和视深度与真纵向电导和真深度有一定的偏差,因此还需根据断面类型对求得的视纵向电导和视深度进行校正。

3)剖面资料解释

进行剖面资料解释时,重点是要获得局部良导地质构造的性质、位置、形态、产状、规模和埋深等信息。

(1)异常划分。异常是相对背景而言的,先要在覆盖层厚度均匀、基岩完整区进行背景场确定。背景场的瞬变电磁响应一般具有迅速且在相当大的范围内比较稳定的特点,才能对背景划分出异常。异常的数据必须可靠,应在连续几个测点的多道具有不低于3倍噪声电平的显示。一般利用多道 U/I 曲线或 ρ_τ 拟断面图划分异常。

(2)异常类别划分。结合测区地质和地形地物情况排除浅部干扰体异常和地质噪声,选择有意义的异常并确定其性质。

(3)划分有意义的异常后,应根据测区地质情况以及异常的空间和时间分布特点确定异常体的形状、规模、埋深等。还可以确定异常体的电性参数。

目前可通过专用软件,将测试值直接进行视电阻率反演,获得探测结果剖面。

对于矿井瞬变电磁探测技术的应用可参考其他文献资料。

第十六章 探地雷达

探地雷达(ground penetrating radar,GPR)是用频率介于 $10^6 \sim 10^9$ Hz 之间的无线电波来确定地下介质分布的一种方法。

探地雷达虽然与探空雷达一样利用高频电磁波束的反射来探测目标体,但是探地雷达探测的是在地下有耗介质中埋设的目的体,因此形成了其独特的发射波形与天线设计特点。根据已发表的资料,探地雷达使用的发射波形有调幅脉冲波、调频脉冲波、连续波等;使用的天线有对称振子天线、非对称振子天线、螺旋天线、喇叭天线等。由于对称振子型调幅脉冲时间域探地雷达输出功率大,能实时监测测量结果,设备便携等优点,因此在商用地面探地雷达中,已得到广泛应用。下面主要对这种探地雷达进行介绍。

第一节 脉冲时间域探地雷达的基本原理

脉冲时间域探地雷达利用超高频短脉冲电磁波在地下介质中的传播规律来探测地下介质的分布。根据波的合成原理,任何脉冲波都可以分解成不同频的单谐波。因此任何单谐电磁波的传播特征是探地雷达的理论基础。

一、电偶极子源的电磁场

(一)均匀介质中的电磁场

电磁场遵循麦克斯韦方程。但直接用麦克斯韦方程求解偶极子源的电磁场很复杂,借助于赫兹势 π 则要方便得多。赫兹势 π 与电场 E、磁场 H 的关系为

$$\begin{cases} E = k^2 \pi + \nabla \nabla \cdot \pi \\ H = -i\omega \varepsilon^* \nabla \times \pi \end{cases} \tag{16-1}$$

式中:k 为传播常数,$k^2 = \omega^2 \mu \varepsilon^*$;$\varepsilon^*$ 为复介电常数,其与介电常数 ε、导电率 σ 的关系为 $\varepsilon^* = \varepsilon + i\dfrac{\sigma}{\omega}$。

赫兹势满足非齐次波动方程:

$$\nabla^2 \pi + k^2 \pi = -p/\varepsilon \tag{16-2}$$

式中,p 为单位体积中外加源的电偶极矩。

在直角坐标系中,设水平电偶极子位于坐标原点,取向为 y 方向,其偶极矩 p 为

$$p = j\frac{i}{\omega}I\mathrm{d}l \tag{16-3}$$

式中:$\mathrm{d}l$ 为短天线的长度;I 为天线中所通过的交变电流;j 为 y 轴单位方向矢量。

解波动方程(16-2),得观察点 $M(x,y,z)$ 处的赫兹势为

$$\pi = j\frac{p}{4\pi\varepsilon^*}\frac{\mathrm{e}^{ikR}}{r} \tag{16-4}$$

式中,r 为观察点 M 至坐标原点的距离。

探地雷达研究的是天线下方的介质分布,由式(16-1)及式(16-4)可得到在 $y=0$ 的主剖面中观测点处的场强为

$$\begin{cases} E_y = \dfrac{k^2 p}{4\pi\varepsilon^*}\dfrac{\mathrm{e}^{ikr}}{r}\left(1+\dfrac{i}{kr}-\dfrac{1}{k^2 r^2}\right) \\ H_x = \dfrac{\omega k p}{4\pi}\dfrac{\mathrm{e}^{ikr}}{r}\left(1+\dfrac{i}{kr}\right)\dfrac{z}{r} \\ H_y = \dfrac{\omega k p}{4\pi}\dfrac{\mathrm{e}^{ikr}}{r}\left(1+\dfrac{i}{kr}\right)\dfrac{x}{r} \end{cases} \tag{16-5}$$

式中:发-收距 $r=\sqrt{x^2+z^2}$;k 为波数或传播系数。

在辐射区($|kr|\gg 1$)忽略 $1/kr$ 的高次项,得到水平电偶极子源在主剖面中的辐射场为

$$\begin{cases} E_y = \dfrac{\omega^2 \mu p}{4\pi}\dfrac{\mathrm{e}^{ikr}}{r} \\ H_x = -\dfrac{\omega k p}{4\pi}\dfrac{\mathrm{e}^{ikr}}{r}\dfrac{z}{r} \\ H_y = \dfrac{\omega k p}{4\pi}\dfrac{\mathrm{e}^{ikr}}{r}\dfrac{x}{r} \end{cases} \tag{16-6}$$

可见在主剖面中,电场和发射天线(偶极子轴)方向平行,而磁场与圆心位于原点的同心圆的切线方向一致。

(二)大地-空气分界面上水平电偶极源的辐射方向图

当水平电偶极子位于大地-空气分界面上时,其在空气中 M 点的电场强度 E_0 与地下 M_1 点的电场强度 E_1(图 16-1)分别为

$$\begin{cases} E_0 = \dfrac{\omega^2 \mu_0 p}{4\pi}\dfrac{2\cos\theta_0}{\cos\theta_0+\sqrt{n^2-\sin^2\theta_0}}\dfrac{\mathrm{e}^{ikr}}{r} \\ E_1 = \dfrac{\omega^2 \mu_0 p}{4\pi}\dfrac{2\cos\theta_1}{\cos\theta_1+\sqrt{n_1^2-\sin^2\theta_1}}\dfrac{\mathrm{e}^{ikr}}{r} \end{cases} \tag{16-7}$$

式中:$n^2=\varepsilon_1^*/\varepsilon_0$,$n_1^2=\varepsilon_0/\varepsilon_1^*$。

由上式可知,在大地-空气分界面上,$\theta_0=\theta_1=90°$,

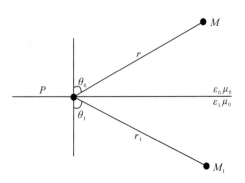

图 16-1 位于地面水平电偶极子

$E_0 = E_1 = 0$。在下半空间中,当 $\sin\theta_1 = n_1$ 时,辐射场强 E_1 有一极大值。图 16-2 为理论计算的辐射场方向图。由图可见,地下介质的介电常数愈大,偶极子源的辐射功率就愈往地下集中。

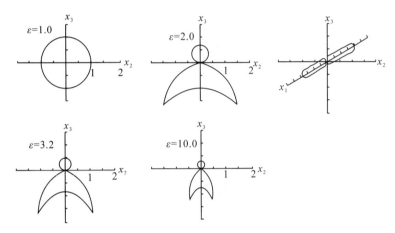

图 16-2 理论计算的辐射场方向图(据 Annan&Cosway,1992)

二、电磁波的传播特点

描述电磁波传播特点时,常常要用到传播系数 k。在导电媒质中 k 为复数,即
$$k = \alpha + i\beta$$
$$\begin{cases} \alpha = \omega \left[\dfrac{\mu\varepsilon}{2} \left(\sqrt{1 + \left(\dfrac{\sigma}{\omega\varepsilon}\right)^2} + 1 \right) \right]^{1/2} \\ \beta = \omega \sqrt{\left[\dfrac{\mu\varepsilon}{2} \left(\sqrt{1 + \left(\dfrac{\sigma}{\omega\varepsilon}\right)^2} - 1 \right) \right]} \end{cases}$$

在电偶极子场强公式中 e^{ikr} 可改写成 $e^{-\beta r} \cdot e^{i\alpha r}$。$e^{-\beta r}$ 表明随着距离 r 的增加,电磁波场强因介质损耗而衰减,因此 β 称为吸收系数(单位 dB/m)。$e^{i\alpha r}$ 表明单谐波相位随着距离的改变而改变,因此 α 称为相位系数(单位 rad/m)。

(一)电磁波在介质中的传播速度

探地雷达测量的是地下界面的反射波的走时,为了获取地下界面的深度,必须要有介质的电磁波传播速度 v,其值为
$$v = \frac{\omega}{\alpha} = \left[\frac{\mu\varepsilon}{2} \left(\sqrt{1 + \left(\frac{\sigma}{\omega\varepsilon}\right)^2} + 1 \right) \right]^{-1/2} \tag{16-8}$$

绝大多数岩石介质属非磁性、非导电介质,常常满足 $\dfrac{\sigma}{\omega\varepsilon} \ll 1$,于是可得
$$v = \frac{c}{\sqrt{\varepsilon_r}} \tag{16-9}$$

式中:c 为真空中电磁波传播速度,$c=0.3\mathrm{m/ns}$;ε_r 为相对介电常数。

式(16-9)表明对大多数非导电、非磁性介质来说,其电磁波传播速度 v 主要取决于介质的介电常数。

(二)电磁波在介质中的吸收特性

吸收系数 β 决定了场强在传播过程中的衰减速率,探地雷达工作频率高,在地下介质中以位移电流为主,即 $\sigma/\omega\varepsilon \ll 1$,这时 β 的近似值为

$$\beta \approx \frac{\sigma}{2}\sqrt{\frac{\mu}{\varepsilon}} \tag{16-10}$$

即 β 与导电率成正比,与介电常数的平方根成正比。表 16-1 列出了一些常见介质的相对介电常数、导电率、传播速度与吸收系数。

表 16-1 介质相对介电常数 ε_r、导电率 σ、传播速度 v 与吸收系数 β(据 Annan & Cosway,1992)

媒质	ε_r	$\sigma/(\mathrm{ms \cdot m^{-1}})$	$v/(\mathrm{m \cdot ns^{-1}})$	$\beta/(\mathrm{dB \cdot m^{-1}})$
空气	1	0	0.3	0
淡水	80	0.5	0.033	0.1
海水	80	3×10^4	0.01	10^3
干砂	3~5	0.01	0.15	0.01
饱和砂	20~30	0.1~1.0	0.06	0.03~0.3
灰岩	4~8	0.5~2	0.12	0.4~1
泥岩	5~15	1~100	0.09	1~100
粉砂	5~30	1~100	0.07	1~100
黏土	5~40	2~1000	0.06	1~300
花岗岩	4~6	0.01~1	0.13	0.01~1
盐岩	5~6	0.01~1	0.13	0.01~1
冰	3~4	0.01	0.16	0.01

(三)电磁波在两种不同介质交界面上的特性

为了讨论非均匀介质中电磁波的传播情况,首先要研究电磁波在两种不同的均匀介质分界面上发生的情况。偶极子源的辐射场虽然是一种球面波,但在离开辐射源很远的区域,可以将其看成是平面波。平面电磁波到达两种不同的均匀介质的分界面处会发生反射与折射。入射波、反射波的传播方向遵循反射定律与折射定律。电磁波在到达界面时,还将发生能量再分配。入射波、反射波和折射波三者之间的能量关系,因入射波电磁场相对界面的方

向(极化特性)不同而不同。下面仅讨论垂直极化波(电场矢量垂直入射面)在界面的反射与折射,这相当于有一平行于界面的水平电偶极子从远处入射到界面的情况,如图 16-3 所示。图中 E_i、E_r 与 E_t 分别表示入射波、反射波和折射波的电场强度幅值;它们的磁场强度幅值分别为 H_i、H_r 和 H_t。根据电磁场理论,电磁波在跨越介质交界面时,紧靠界面两侧的电场强度和磁场强度的切向分量分别相等,则得

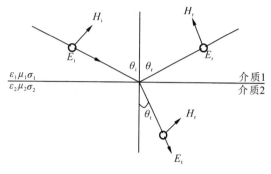

图 16-3 垂直极化波在单一界面上的电磁场

$$\begin{cases} E_i + E_r = E_t \\ H_i\cos\theta_i - H_r\cos\theta_r = H_t\cos\theta_t \end{cases} \tag{16-11}$$

令 $R_{12} = E_r/E_i$,$T_{12} = E_t/E_i$,分别表示波从介质 1 入射到介质 2 时界面的反射系数和折射系数。

$$\begin{cases} R_{12} = (\cos\theta_i - \sqrt{n^2 - \sin^2\theta_i})/(\cos\theta_i + \sqrt{n^2 - \sin^2\theta_i}) \\ T_{12} = 2\cos\theta_i/(\cos\theta_i + \sqrt{n^2 - \sin^2\theta_i}) \end{cases} \tag{16-12}$$

式中,n 表示折射率,$n = \sqrt{\mu_2\varepsilon_2^*/\mu_1\varepsilon_1^*}$。

下面讨论不同入射角时,反射系数 R_{12} 与折射系数 T_{12} 的变化规律。

(1) $\theta_i = 0$,即垂直入射,此时 $R_{12} = (1-n)/(1+n)$,$T_{12} = 2/(1+n)$。当 $n > 1$ 时,$R_{12} < 0$,$T_{12} < 1$;E_r 与 E_i 反向,H_r 与 H_i 同向。当 $n < 1$ 时,则与上述情况相反。

(2) 若 $\sin\theta_i = n$,$\theta_t = 90°$,于是折射波沿界面在介质 2 中"滑行",并折向介质 1,而无向下传播的波。这时的入射角称为临界角 θ_c。

三、一维探地雷达合成记录

假设在地面以下半无限空间内有 $n+1$ 层电性介质,这时则有 n 个电性分界面。设每个电性层的厚度为 h_i,电磁波速度为 v_i,介电常数为 ε_i,每个电性界面的反射系数为 R_i,透射系数为 T_i(下标 i 表示第 i 个电性层或电性分界面,$i = 1, 2, 3, \cdots, n$)。当地面放置一个电偶极子源,在均匀介质中原理偶极源的场为

$$E = \frac{\omega^2 \mu_0 p}{4\pi} \frac{1}{r} e^{-\beta r} e^{-i(\omega t + \alpha t)} \tag{16-13}$$

当电磁波在多层介质中反射时,电磁波通过各界面时的透射损失与吸收损失为

$$A_i = (1 - R_{i-1}^2) e^{-2\beta_i h_i} \tag{16-14}$$

当发射脉冲的子波和各层的电学性质已知,地下介质又是非频散时,就可用褶积方法合成雷达记录,其计算步骤如下:

(1) 计算各层的速度 v_i、吸收系数 β_i。
(2) 计算各界面的反射系数 R_i。

(3) 计算各层的层内衰减及其上界面的透射损失之积 A_i。

(4) 考虑球面衰减,求出经过修正的各层面的反射系数 R'_i,即

$$R'_i = A_i R_i / 2\sum_{j=1}^{i} h_j \qquad (16-15)$$

(5) 计算反射波到达各层所需的双程走时,即

$$t_i = 2\sum_{j=1}^{i} \frac{h_j}{v_j} \qquad (16-16)$$

(6) 按各层面双程走时顺序编制反射系数时间序列 $R'_i(t_i)$,应用脉冲子波与修正的反射系数序列的褶积,就可以得到一维合成雷达记录。

图 16-4 为一维合成雷达记录的计算实例。图中左侧为地层的参数,右侧为由地层参数经过褶积运算所得的雷达反射波的时间序列。

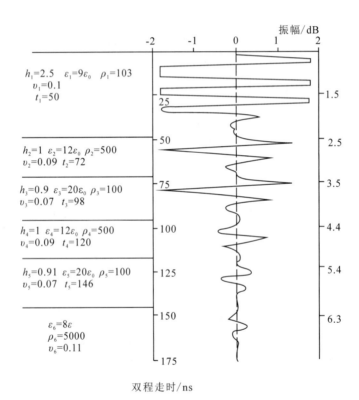

图 16-4 一维合成雷达记录(据黄南辉,1993)

第二节 探地雷达的野外工作方式

探地雷达的野外工作,必须根据探测对象的状况及所处的地质环境,采用相应的测量方式并选择合适的测量参数,才能保证雷达记录的质量。

一、测量方式

目前常用的时域探地雷达测量方式有剖面法和宽角法两种。此外,我们还将介绍在某些特殊情况下使用的环形剖面法和多天线雷达系统所采用的多天线测量方式。

(一)剖面法与多次覆盖

(1)剖面法。剖面法是发射天线(T)和接收天线(R)以固定间距沿测线同步移动的一种测量方式。当发射天线和接收天线间距为零,即发射天线和接收天线合二为一时称为单天线形式,反之称双天线形式。剖面法的测量结果可以用探地雷达时间剖面图像来表示。该图像的横坐标记录了天线在地表的位置;纵坐标为反射波双程走时,表示雷达脉冲从发射天线出发经地下界面反射回到接收天线所需的时间。这种记录能准确反映测线下方地下各反射界面的形态。图 16-5 为剖面法示意图及其雷达图像剖面。

(2)多次覆盖。由于介质对电磁波的吸收,来自深部界面的反射波会由于信噪比过小而不易识别。这时可应用不同天线距的发射-接收天线在同一测线上进行重复测量,然后把测量记录中相同位置的记录进行叠加,这种记录能增强对深部地下介质的分辨能力。

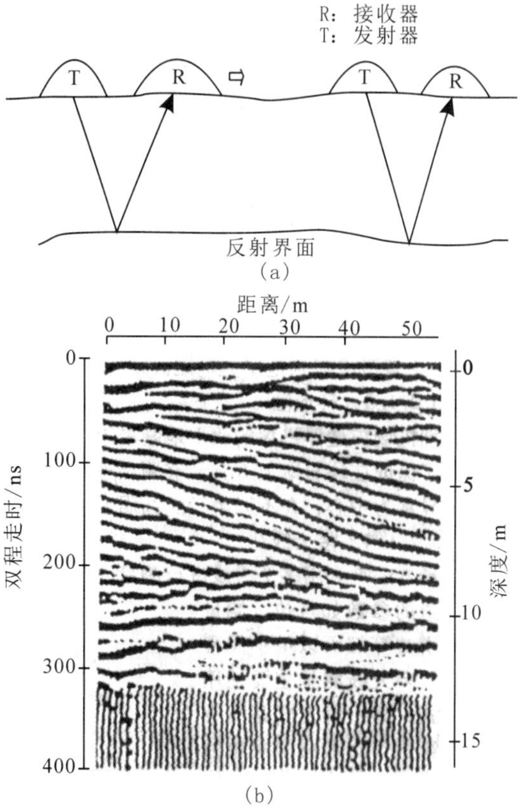

图 16-5　剖面观测方式(a)与探地雷达图像剖面(b)

(二)宽角法或共中心点法

当一根天线固定在地面某一点上不动,而另一根天线沿测线移动,记录地下各个不同界面反射波的双程走时,这种测量方式称为宽角法。也可以用两根天线,在保持中心点位置不变的情况下,不断改变两根天线之间的距离,记录反射波双程走时,这种方法称为共中心点法。当地下界面平直时,这两种方法结果一致。采用这两种测量方式的目的是求取地下介质的电磁波传播速度。图 16-6 是共中心点观测方式示意图及其雷达图像。

深度为 h 的地下水平界面的反射波双程走时 t 满足

$$t^2 = \frac{x^2}{v^2} + \frac{4h^2}{v^2} \tag{16-17}$$

式中:x 为发射天线与接收天线之间的距离;h 为反射界面的深度;v 为电磁波的传播速度。

地表直达波可看成是 $h=0$ 的反射波。式(16-17)表示当地层电磁波速度不变时,t^2 与

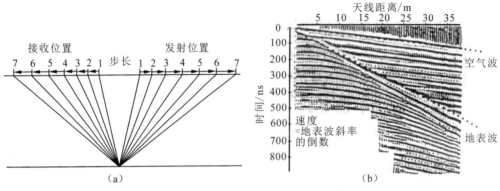

图 16-6　中心点观测方式(a)与探地雷达图像剖面(b)

x_2 呈线性关系。因此利用宽角法或共中心点法测量所得到的地下界面反射波双程走时 t，由式(16-9)就可求得地层的电磁波速度。

（三）环形法

某机场扩建停机坪的软土地基采用强夯块石墩加固，这种块石墩为直径有限的三度体。为了保证在块石墩上方有足够测点进行块石墩质量评价，于是提出使用环形剖面测量法，以异常为中心，在不同半径的圆周上相对墩心不同方位上布置天线进行测量。

（四）多天线法

这种方法是利用多个天线进行测量。每个天线道使用的频率可以相同也可以不同。每个天线道的参数如点位、测量时窗、增益等都可以单独用程序设置。多天线测量主要使用两种方式：第一种方式是所有天线相继工作，形成多次单独扫描，多次扫描使得一次测量所覆盖的面积扩大，从而提高工作效率；第二种方式是所有天线同时工作，利用时间延迟器推迟各道的发射和接收时间，可以形成一个叠加的雷达记录，改善系统的聚焦特性即天线的方向特性，聚焦程度取决于各天线之间的间隔。图 16-7 给出了天线间距为 0.5m 的多天线辐射方向极化图。不同天线间距测量的结果表明，各天线之间间距越大，聚焦效果越好。

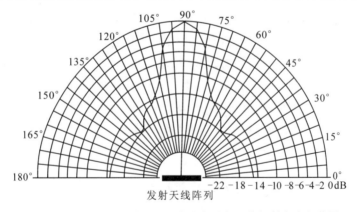

图 16-7　相距 0.5m 的 5 个天线聚焦后的天线辐射方向极化图

二、探地雷达的技术参数

(一)分辨率

分辨率是方法分辨最小异常体的能力,可分为垂向分辨率与横向分辨率。

1. 垂向分辨率

类似于地震勘探,将探地雷达剖面中能够区分一个以上反射界面的能力称为垂向分辨率。为了研究方便,我们选用处于均匀介质中一个厚度逐渐变薄的地层模型。电磁波垂直入射时,则有来自地层顶面、底面的反射波以及层间的多次波。考虑到多次波的能量较弱,则所得的雷达信号为顶面反射波与底面反射波的合成。依照相应地层厚度的时间关系所得地顶、底面的反射波合成雷达信号见图 16-8。由图可以得出以下结论。

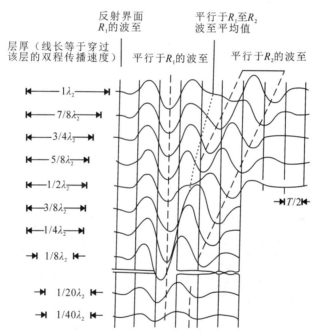

图 16-8 地层厚度对反射波的影响(据徐怀大,1990)
(T 为入射子波主周期;$\lambda_2 = T \times v_2$,为地层的波长;等时线间隔为 $T/2$,点线为零振幅时间线,虚线为各复合子波的中心线)

(1)当地层厚度 b 超过 $\lambda/4$ 时,复合反射波形的第一波谷与最后一个波峰的时间差正比于地层厚度。地层厚度可以通过测量顶面反射波的初至 R_1 和底界反射波的初至 R_2 之间的时间差确定出来。因此一般把地层厚度 $b = \lambda/4$ 作为垂直分辨率的下限。

(2)当地层厚度 b 小于 $\lambda/4$ 时,复合反射波波形变化很小,其振幅正比于地层厚度。这时已无法从时间剖面上确定地层厚度。

2. 横向分辨率

探地雷达在水平方向上所能分辨的最小异常体的尺寸称为横向分辨率。雷达剖面的横向分辨率通常可用菲涅耳带加以说明。设地下有一水平反射面,以发射天线为圆心,以其到界面的垂距为半径,作一圆弧与反射界面相切,此圆弧代表雷达波到达此界面时的波前,再以多出 1/4 及 1/2 子波长度的半径画弧,在水平界面的平面上得到两个圆。其内圆称为第一菲涅耳带,两圆之间的环形带称作第二菲涅耳带。根据波的干涉原理,法线反射波与第一菲涅耳带外缘的反射波的光程差 $\lambda/2$(双程光路),反射波之间发生相长性干涉,振幅增强。第一菲涅耳带以外诸带彼此消长,对反射的贡献不大,可以不考虑。设反射界面的埋深为 h,发射、接收天线间的距离远远小于 h 时,第一菲涅耳带半径可按下式计算:

$$r_j = \sqrt{\lambda h/2} \tag{16-18}$$

式中:λ 为雷达子波的波长;h 为异常体的埋藏深度。

图 16-9 为处于同一埋深、间距不同的两个金属管道的探地雷达图像。该图像在水槽中获得,实验使用钢管 5cm,铁管 Φ3cm。测量时使用中心频率为 100MHz 的天线,其在水中的子波波长 $\lambda=0.33$m。从图中可以看出:①处在深度为 1.06m 的 Φ3cm 铁管仍可以很清晰地为探地雷达所分辨。由于其管径约为 $0.1r_f$,这说明探地雷达对单个异常体的横向分辨率要远小于第一菲涅耳带的半径。②图 16-9(a)中两管间距 0.5m 大于第一菲涅耳带半径 $r_f=0.42$m,由雷达图像可以准确地将两管水平位置确定出来;图 16-9(b)中两管间距 0.4m 小于第一菲涅耳带半径 $r_f=0.42$m,已很难用雷达图像确定两管精确位置。这表明两个水平相邻异常体要区分开来的最小横向距离必须大于第一菲涅耳带半径。

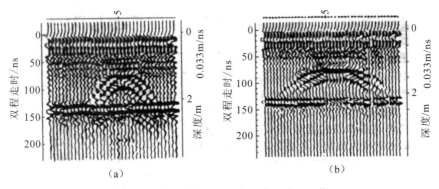

图 16-9 间距不同的两个管道的雷达图像

(二)探测距离与探距方程

探地雷达能探测到最深目的体的距离称为探地雷达的探测距离。当雷达系统选定后,就确定了系统的增益 Q_s。Q_s 为最小可探测的信号功率 W_{min} 与输入到发射天线的功率 W_T 之比,即

$$Q_s = 10\lg\left[\frac{W_{\min}}{W_T}\right] \tag{16-19}$$

探地雷达从发射到接收过程中能量会逐渐损耗。图 16-10 描述了从发射到接收的功率传送过程。雷达系统从发射到接收过程中的功率损耗 Q 可由雷达探距方程来描述,即

$$Q = 10\lg\left(\frac{\eta_t\eta_r G_t G_r g\sigma\lambda^2 e^{-4\beta r}}{64\pi^3 r^4}\right) \tag{16-20}$$

式中:η_t、η_r 分别为发射天线与接收天线的效率;G_t、G_r 分别为在发射方向与接收方向上天线的方向性增益;g 为目的体向接收天线方向的向后散射增益;σ 为目的体的散射截面;β 为介质的吸收系数;r 为天线到目的体的距离;λ 为雷达子波在介质中的波长。

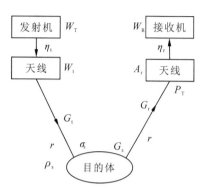

图 16-10 功率传送过程框图

满足 $Q_s + Q > 0$ 的距离 r,称为探地雷达的探测距离,即处在距离 r 范围内的目的体的反射信号可以为雷达系统所探测。当探地雷达系统确定后,η_t、η_r、G_t、G_r 是已知的,因此探测距离 r 取决于介质的吸收系数 β、介质中电磁波的波长 λ、目的体的有效散射截面 σ 与后散射增益 g。

三、探地雷达仪器

目前国内投入野外生产的探地雷达主要为脉冲时域探地雷达。型号主要有两类:一类是美国 SIR 系列,另一类是加拿大 EKKO 系列。此外,中国的 LTD 系列也逐渐被使用。

(一)美国 SIR-10 探地雷达

SIR 系列是美国地球物理测量系统公司(GSSI)的产品。它有 SIR-2、SIR-3、SIR-8、SIR-10 等一系列产品。目前国内引进量较大的 SIR-10 是最先进的产品之一,由主机、控制与显示单元和天线三部分组成。

(1)MF-10 主机由电源、软盘驱动器、复位开关、8mm 磁带驱动器、SCSI 连接器、连接面板组成。其功能如下:①为系统提供电源;②可把测量数据储存在 $3\frac{1}{2}$in(1in=2.54cm) 软盘(小容量)、8mm 磁带(大容量)介质上;③可用复位键对系统恢复初始设置条件;④SCSI 连接器可连接外部 SCSI 硬磁盘与其他用 SCSI 控制的外围设备;⑤可接 2 个(标准)或 4 个(任选)传感器;⑥与 61p 或 62p 型测量轮连接,可自动对水平距离进行标记;⑦连接 SR-8000 图像记录仪,可在记录纸上实时绘制雷达图像资料;⑧连接 HP Paint-jet 彩色打印机时可输出彩色图像;⑨连接 PC/AT 兼容的键盘,可把描述字符写到图头,运行 RADAN 软件及修改 SIR-10 菜单结构。

(2)CD-10 控制、显示单元由显示器与功能控制键组成,显示器实时监视测量结果。6 个功能键用于设置测量参数。

(3)天线分单天线形式和多天线形式。单天线形式是利用一个天线发射宽频带短脉冲

雷达波,并接收来自地下介质界面的反射回波。多天线形式则可同时连接4个天线,完成以下任务:①相同频率的多个剖面记录;②不同频率剖面测量,以获得不同探测深度与分辨率的图像;③利用不同测量参数设置进行测量,以便获得最佳的测量设置参数;④一个发射,多个记录进行宽角测量,获取地层电磁波速度。天线频率有80MHz、100MHz、120MHz、300MHz、500MHz、800MHz与1000MHz等可供选用。

(二)加拿大EKKO系列探地雷达

EKKO系列探地雷达是加拿大"探头及软件公司"(SSI)的产品。目前有3种型号,Ⅳ型为低频,使用的中心频率为200MHz、100MHz、50MHz、25MHz与12.5MHz。100型为Ⅳ型的改进型,系统增益提高。1000型为高频,使用的中心频率为225MHz、450MHz及900MHz。

加拿大EKKO系列探地雷达由计算机、控制面板、发射电路、发射天线、接收电路与接收天线6部分组成。

(1)计算机为RAM640K以上计算机均可。其功能包括:①与操作员进行人机对话,设置测量参数进行测量,或设置绘图参数获取雷达图像;②向控制面板发出操作指令;③在硬磁盘或软盘上储存测量参数与测量结果;④实时显示雷达图像,作为测量质量监控。

(2)控制面板的功能:①产生标准时间信号,作为雷达回波计时使用;②按计算机操作指令向发射电路与接收电路发出工作指令;③处理来自接收电路的信息,经模数转换后送到计算机。

(3)发射电路是一宽频带短脉冲发生器,向发射天线提供发射信号。

(4)接收电路是一宽频带脉冲放大器,接收来自接收天线的回波信号,经前置放大后送往控制面板。

(5)发射天线与接收天线均为宽频带响应的振子天线。发射天线与接收天线可互换使用。发射天线向地下介质辐射宽频带短脉冲电磁波,接收天线接收来自地下介质的反射回波信号。

(三)中电科(青岛)探地雷达

中电科(青岛)电波技术有限公司成立于1997年,隶属于中国电子科技集团公司第二十二研究所,是一家从事电磁波传播理论研究,地质勘查及工程检测专用仪器研制、销售和工程检测服务,无线电专用设备、电子产品研制,电子系统工程设计、安装,设备的检定、校准和维护的国家高新技术企业。

该公司自主研发的LTD系列探地雷达可配置从低频50MHz到高频2.5GHz之间的12种天线,性能和可靠性与国外主流雷达相当,部分指标独具特色。该雷达可用于公路前期勘察、过程控制和养护检测,隧道超前预报和衬砌质量检测,市政道路塌陷探测,地下和墙体内隐蔽目标查找等多个特殊目标探测领域,分布于安保、交通、城建、地质、水利和考古等部门的用户已近2000家。瞄准工程检测和地质勘查的迫切需求,已成功研制反恐搜救雷达系列、公路质量评价系列、隧道病害探测系列、道路塌陷探测系列、建筑结构检测系列、地下管线查找系列等六大系列雷达产品。

近20年发展历程：2002年，研制成功6通道高分辨率SPR-1雷达（"863"项目）；2003年，承担"863"项目"相控阵雷达"的"雷达主机和天线发射、接收器研制"子课题，样机已经完成；2007年，LTD-90生命搜救雷达研发成功，并在2008年汶川"5·12"地震搜救中大显身手；2010年，LTD成像探测仪装备到工兵团用于世界博览会安保探测；2014年，成功研制出国内首台探地雷达道路综合检测车LTD-602016年，成功推出新一代探地雷达主机LTD-2600；2019年，利用自主研发的PCCP电磁法断丝检测仪成功中标南水北调中线干线北京段工程停水检修项目，打破了多年国外技术的垄断。

四、探地雷达测量的设计

（一）目的体特性与所处环境分析

每接受一个探地雷达测量任务都需要对目的体特性与所处环境进行分析，以确定探地雷达测量能否取得预测效果。

（1）目的体深度是一个非常重要的问题。如果目的体深度超出雷达系统探测距离的50%，那么探地雷达方法就要被排除。雷达系统探测距离可根据雷达探距方程[式（16-20）]进行计算。

（2）目的体几何形态（尺寸与取向）必须尽可能了解清楚。目的体尺寸包括高度、长度与宽度。目的体的尺寸决定了雷达系统可能具有的分辨率，关系到天线中心频率的选用。如果目的体为非等轴状，则要确定目的体走向、倾向与倾角，这些将关系到测网的布置。

（3）目的体的电性（介电常数与导电率）必须确定。雷达方法成功与否取决于是否有足够的反射或散射能量为系统所识别。当围岩与目的体相对介电常数分别为 ε_h 与 ε_r 时，目的体功率反射系数的估算式为

$$P_r = \left| \frac{\sqrt{\varepsilon_h} - \sqrt{\varepsilon_r}}{\sqrt{\varepsilon_h} + \sqrt{\varepsilon_r}} \right|^2 \tag{16-21}$$

一般来说，目的体的功率反射系数应不小于0.01。

（4）围岩的不均一性尺度必须有别于目的体的尺度，否则目的体的响应将湮没在围岩变化特征之中而无法识别。

（5）测区的工作环境必须清楚。当测区内存在大范围金属构件或无线电射频源时，将对测量形成严重干扰。此外测区的地形、地貌、温度、湿度等条件也将影响到测量能否顺利进行。

（二）测网布置

测量工作进行之前必须首先建立测区坐标，以便确定测线的平面位置。

（1）如果管线方向已知，测线应垂直管线长轴；如果管线方向未知，则应采用方格网。

（2）目的体体积有限时，先用大网格、小比例尺测网初查，以确定目的体的范围，然后用小网格、大比例尺测网进行详查。网格大小等于目的体尺寸。

（3）对基岩面等二维体进行调查时，测线应垂直二维体的走向，线距取决于目的体沿走

向方向的变化程度。

(三)测量参数选择

测量参数选择合适与否关系到测量的效果。测量参数包括天线中心频率、时窗、采样率、测点点距与发射、接收天线间距。

1. 天线中心频率选择

天线中心频率选择需兼顾目的体深度与目的体的尺寸,一般来说,在满足分辨率且场地条件又许可时,应该尽量使用中心频率较低的天线。如果要求的空间分辨率为 x(单位 m),围岩相对介电常数为 ε_r,则天线中心频率可由下式初步选定:

$$\{f\}_{MHz} = \frac{150}{\{x\}_m \sqrt{\varepsilon_r}} \tag{16-22}$$

根据初选频率,利用雷达探距方程式(16-20)计算探测深度。如果探测深度小于目标埋深,需降低频率以获得适宜的探测深度。

2. 时窗选择

时窗选择主要取决于最大探测深度 h_{max}(单位 m)与地层电磁波速度 v(单位 m/ns)。时窗 W 可由下式估算:

$$\{W\}_m = 1.3 \cdot \frac{2\{h_{max}\}_m}{\{v\}_{m/ns}} \tag{16-23}$$

上式中时窗的选用值应增加 30%,这是为地层速度与目标深度的变化所留出的余量。

3. 采样率选择

采样率是记录的反射波采样点之间的时间间隔。采样率由尼奎斯特(Nyquist)采样定律控制,即采样率至少应达到记录的反射波中最高频率的 2 倍。大多数探地雷达系统,频带与中心频率之比为 1:1,即发射脉冲能量覆盖的频率范围为 0.5~1.5 倍中心频率。这就是说反射波的最高频率为中心频率的 1.5 倍,按 Nyquist 定律,采样速率至少要达到天线中心频率的 3 倍。为使记录波形更完整,Annan 建议采样率为天线中心频率的 6 倍。当天线中心频率为 f(单位 MHz),则采样率 Δt 为

$$\{\Delta t\}_m = \frac{1000}{6\{f\}_{MHz}} \tag{16-24}$$

SIR 雷达系统建议采样率为天线中心频率的 10 倍,其采样率用记录道的样点数表示,即

$$样点数/扫描速率 = (时窗/发射脉冲宽度) \times 10 \tag{16-25}$$

4. 测点点距选择

在离散测量时,测点点距选择取决于天线中心频率与地下介质的介电特性。为确保地下介质的响应在空间上不重叠,亦应遵循 Nyquist 定律,采样间隔 n_x(单位 m)应为围岩中子波波长的 1/4,即

$$\{n_x\}_m = \frac{75}{\{f\}_{MHz} \sqrt{\varepsilon_r}} \tag{16-26}$$

式中：f 为天线中心频率；ε_r 为围岩相对介电常数。

当介质的横向变化不大时，点距可适当放宽，工作效率将提高。在连续测量时，天线最大移动速度取决于扫描速率、天线宽度以及目的体尺寸。SIR 系统认为查清目的体应至少保证有 20 次扫描通过目的体，于是最大移动速度 $v_{\max}$ 应满足

$$v_{\max} < (扫描速率/20) \times (天线宽度 + 目的体尺寸) \tag{16-27}$$

5. 天线间距选择

使用分离式天线时，适当选取发射天线与接收天线之间的距离，可使来自目的体的回波信号增强，偶极天线在临界角方向的增益最强，因此天线间距 S 的选择应使最深目的体相对接收天线与发射天线的张角为临界角的 2 倍，即

$$S = \frac{2h_{\max}}{\sqrt{\varepsilon_r}} \tag{16-28}$$

式中：$h_{\max}$ 为目的体最大深度；ε_r 为围岩相对介电常数。

实际测量中，天线间距的选择常常小于该数值。原因之一是天线间距加大，增加了测量工作的不便；原因之二是随着天线间距增加，垂向分辨率降低，特别是当天线间距 S 接近目的体深度的一半时，该影响将大大加强。

6. 天线的取向

对偶极天线来说，天线的取向很重要。天线的取向要保证电场的极化方向平行目的体的长轴或走向方向。在某些情况下，当目的体的长轴方向不明或者要提取目的体的方向特性时，最好使用两组正交方向的天线分别进行测量。

第三节 探地雷达的数据处理与资料解释

一、探地雷达的数据处理

探地雷达数据处理的目标是压制随机的和规则的干扰，以最大可能的分辨率在探地雷达图像剖面上显示反射波，提取反射波的各种有用参数（包括振幅、波形、频率等）来帮助解释。

探地雷达与反射地震都测量脉冲回波信号，其子波长度都由发射源控制。脉冲在地下传播过程中，能量均会产生球面衰减，也会由于介质对波的能量吸收而减弱，地下介质不均匀时还会发生散射、反射与透射。因此数字记录的探地雷达数据类似于反射地震数据，反射地震数字处理许多有效技术通过某种形式改变均可以应用于探地雷达资料的处理。下面将结合探地雷达资料特点简单介绍数字处理技术。

（一）数字滤波技术

探地雷达测量中，为了保持更多的反射波特征，通常利用宽频带进行记录，于是在记录各种有效波的同时，也记录了各种干扰波。数字滤波技术就是利用频谱特征的不同来压制

干扰波,以突出有效波。

数字滤波是运用数学运算的方式对离散信号 $x(i\Delta t)$ 进行滤波。数字滤波的输入、输出都是离散数据。为了保持探地雷达最高有效频率 f_{max},探地雷达测量时采样间隔必须满足采样定律:

$$\Delta t \leqslant \frac{1}{2f_{max}} \tag{16-29}$$

探地雷达记录是用一系列离散的时间序列数值 $x(i\Delta t)(i=0,1,2,\cdots,n)$ 来表示的。

1. 频率域滤波

探地雷达记录的是时间域信号 $x(t)$,在进行频率域滤波之前必须进行傅里叶变换,将其转换成频率域信号 $X(\omega)$。根据频率域信号 $X(\omega)$ 的振幅谱特征,确定有效波信号的频率范围 $\omega_1 \sim \omega_2$ 与干扰波的频率范围($<\omega_1$ 或 $>\omega_2$)。接着要设计一个滤波器,使其保留有效波频率成分,滤掉干扰波频率成分,即

$$H(\omega) = \begin{cases} 1 & \omega_1 \leqslant \omega \leqslant \omega_2 \\ 0 & \text{其他} \end{cases} \tag{16-30}$$

用上述频率域滤波器 $H(\omega)$ 对探地雷达频率域信号 $X(\omega)$ 进行滤波后,便得到有效波的频率 $\hat{X}(\omega)$,即

$$\hat{X}(\omega) = X(\omega) \cdot H(\omega) \tag{16-31}$$

最后对滤波后的有效信号谱 $\hat{X}(\omega)$ 进行傅里叶逆变换,就得到滤波后的时间域信号 $\hat{X}(t)$。频率域滤波的整个过程可以归结为

$$X(t) \xrightarrow{\text{傅里叶变换}} X(\omega) \xrightarrow{X(\omega) \cdot H(\omega)} \hat{X}(\omega) \xrightarrow{\text{傅里叶逆变换}} \hat{X}(t)$$

2. 时间域滤波

设滤波器的频率特性是 $H(\omega)$,$H(\omega)$ 的逆变换是 $H(t)$,$H(t)$ 称作滤波器的时间特性,它和 $H(\omega)$ 一样描述了滤波器的性质。如果输入记录为 $x(t)$,滤波后的输出为 $\hat{x}(t)$,则时间域滤波方程可表示为

$$\hat{x}(t) = \int_{-\infty}^{\infty} h(\tau)x(t-\tau)\mathrm{d}\tau \tag{16-32}$$

这是一种褶积运算,所以时间域滤波也叫褶积滤波。频率域的滤波振幅特征 $H(\omega)$ 一般比较直观,从振幅频率特性图形中可直接看出滤波器的频带特性。因为输入的探地雷达信号是实数,为保证褶积滤波的输出也是实数,因此要求滤波因子 $h(t)$ 为实数。为了保证滤波器的零相位特征,$h(t)$ 必须是一个偶函数。综上所述,$h(t)$ 是以时间轴 $t=0$ 为对称的实时间函数。褶积滤波运算应遵循以下步骤:首先对探地雷达记录进行频谱分析,确定通频带中心频率 ω_0 与带宽 $2\Delta\omega$。其次确定滤波因子长度 N,滤波因子长度 N 的选取很重要,既要保证滤波效果,又要节省计算工作量,一般可根据试验确定。然后由滤波器的频率响应 $H(\omega)$ 写出 $h(t)$ 的离散形式,式(16-32)所示的理想带通滤波器的时间域响应 $h(t)$ 为

$$h(n\Delta t) = \frac{2}{\pi(n\Delta t)}\sin(\Delta\omega n\Delta t)\cos(\omega_0 n\Delta t) \tag{16-33}$$

为保证滤波器的零相位特性,取 $n = 0, \pm 1, \pm 2, \cdots, \pm \frac{N-1}{2}$。接着写出褶积的离散计算公式:

$$\hat{x}(n\Delta t) = \sum_{m=\frac{-(N-1)}{2}}^{\frac{N-1}{2}} x(n\Delta t - m\Delta \tau) h(m\Delta \tau) \Delta \tau \tag{16-34}$$

式中:$\hat{x}(n\Delta t)$ 为滤波后输出的雷达信号;Δt 为输出雷达信号的采样序号;n 为输入雷达信号的样点序号;$\Delta \tau$ 为滤波因子的采样间隔,一般 $\Delta \tau$ 等于 Δt 或 Δt 的整数倍;m 为滤波因子的样点序号,滤波因子以 $\tau = 0$ 对称,m 有正有负;N 为滤波因子采样总点数,应当是奇数。

最后用式(16-34)对雷达记录道进行褶积计算,可得褶积滤波后的输出 $\hat{x}(n\Delta t)$,在对雷达记录 $x(n\Delta t)$ 前 $(N-1)/2$ 个样点与后 $(N-1)/2$ 个样点进行计算时,应在 $x(n\Delta t)$ 前后补适当个数的零值。

(二)偏移绕射处理

1. 偏移归位概念

探地雷达测量的是来自地下介质交界面的反射波。偏离测点的地下介质交界面的反射点只要其法平面通过测点,都可以被记录下来。在资料处理中需要把雷达记录中的每个反射点移到其本来位置,这种处理方法被称为偏移归位处理。经过偏移处理的雷达剖面可反映地下介质的真实位置。图 16-11 为倾斜界面的雷达记录剖面与真实界面的关系。当发射天线与接收天线合而为一(自激自收)时,来自界面 A'' 与 B'' 点的反射在雷达图像中被分别记录在 A 点的铅垂线下方 A' 与 B 点的铅垂线下方 B' 处。A'、B' 两个波前切线的斜率是地层的真倾角 θ_x^m。而在雷达剖面图中 $A'B'$ 连线的倾角 θ_x 为界面的视倾角。偏移归位的目的是把图像中的界面 $A'B'$ 转换成实际地质界面 $A''B''$。

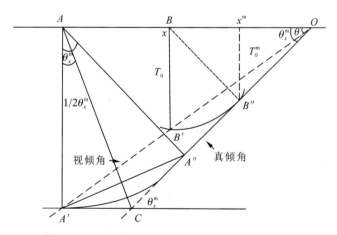

图 16-11 倾斜面的记录剖面与真实界面的关系

2. 偏移绕射处理

偏移绕射处理是建立在射线理论基础上的,使反射波自动偏移归位到其空间真实位置上的一种方法。按照惠更斯原理,地下界面的每一反射点都可以认为是一个子波源,这些子波源产生的电磁波(绕射波)都可以到达地表为接收天线所接收。地面接收到的子波源绕射波的时距曲线为双曲线形状,应用绕射扫描偏移叠加处理时,把地下划分为网格,把每个网格点看成是一个反射点。如果反射点 P 深度为 H,反射点所处的记录道为 S_i(其地表水平位置为 x_i),扫描点 P 对应任意记录道 S_j(地表水平位置 x_j)的反射波或绕射波旅行时 t_{ij}(图 16-12)为

$$t_{ij} = \frac{2}{v}\sqrt{H^2+(x_j-x_i)^2} \qquad (j=1,2,3,\cdots,n) \qquad (16-35)$$

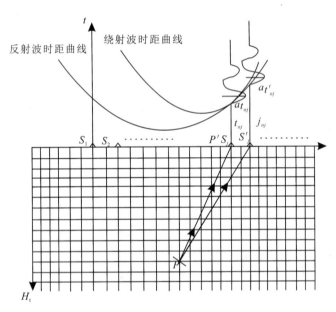

图 16-12 扫描法叠加偏移原理

m 为参与偏移叠加的记录道,v 为地层的电磁波传播速度。把记录道 S_j 上 t_{ij} 时刻的振幅值 a_{ij} 与 P 点的振幅值叠加起来,作为 P 点总振幅值 a_i,则

$$a_i = \sum_{j=1}^{m} a_{ij} \qquad (16-36)$$

按照上述方法进行绕射偏移叠加得到的深度剖面,在有反射界面的地方,由于各记录道的振幅值 a_{ij} 接近同相叠加,叠加后总振幅值自然增大;在有绕射点的地方,由于各记录道的振幅值完全同相叠加,叠加后总振幅值也自然增大。反之,在没有反射界面或绕射点的地方,由于各记录道的随机振幅值非同相叠加,它们彼此部分地互相抵消,叠加后的总振幅值自然相对减小。其结果使反射波自动偏移到其空间真实位置,绕射波便自动归位到绕射点上。

二、雷达图像的增强处理

由于探地雷达图像干扰及地下介质的复杂性等问题,我们有时难以从图像剖面识别地下介质的分布。因此需要对图像信息进行增强处理,改善图像质量以便进行图像识别。

(一)反射回波幅度的变换技术

在某些情况下,需要加以区分的目的体与围岩的电性差异不大,或者地层不均一所引起的回波幅度较大,使得目的体与非目的体的回波幅度差异减小。为了增强目的体的信息,可对雷达图像的回波幅度进行变换。设 A_m 与 A_n 分别为原始图像回波幅度与经增强变换后的回波幅度,Q 为变换函数,则 $A_n = Q(A_m)$。一般常用的变换函数有 4 种(图 16-13):①加大强反射波之间的差异;②加大弱反射波之间的差异;③加大中等强度反射波之间的差异;④加大强反射回波之间差异的同时,加强弱反射回波之间的差异。在实际处理中采用何种变换函数,取决于目的体反射回波幅度与周围介质之间的差异。

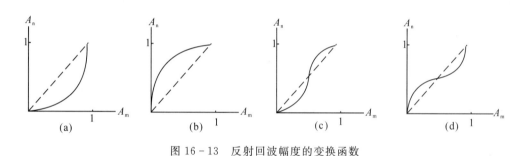

图 16-13 反射回波幅度的变换函数

(二)多次叠加技术

地下介质对电磁波的吸收使来自地下深处的反射波幅度减弱。为了增强来自地下深处的信息,加大探地雷达的探测深度,常常使用多次叠加技术。目前适用于探地雷达多次叠加处理的测量方式有两种:一种是多天线雷达测量方式,应用一个发射天线,多个接收天线同时进行测量;另一种是多次覆盖方式,使用几种不同天线间距的发射-接收天线沿同一测线进行重复测量。通过上述测量方式,在同一测点有几组共反射点的雷达数据,经过天线距校正、真振幅恢复、与道间能量均衡等项处理后,进行叠加就可以使得来自地下深处的反射波得到加强,而干扰波信号则大大减弱,从而增加了探测深度。

三、探地雷达的资料解释方法

探地雷达资料的地质解释是探地雷达测量的目的。然而探地雷达资料反映的是地下介质的电性分布,要把地下介质的电性分布转化为地质体分布,必须把地质、钻探、探地雷达三方面的资料有机结合起来,建立测区的地质-地球物理模型,并以此获得地下地质模型。

(一)时间剖面的解释方法

(1)反射层的拾取。探地雷达地质解释基础是拾取反射层。通常从过勘探孔的测线开始,根据勘探孔与雷达图像的对比,建立各种地层的反射波组特征。识别反射波组的标志为同相性、相似性与波形特征等。探地雷达图像剖面是探地雷达资料地质解释的基础图件,只要地下介质中存在电性差异,就可以在雷达图像剖面中找到相应的反射波与之对应。根据相邻道上反射波的对比,把不同道上同一个反射波相同相位连接起来的对比线称为同相轴。一般在无构造区,同一波组往往有一组光滑平行的同相轴与之对应,这一特性称为反射波组的同相性。探地雷达测量使用的点距很小($<2m$),地下介质的地质变化在一般情况下比较缓慢,因此相邻记录道上同一反射波组的特征会保持不变,这一特征称为反射波形的相似性。同一地层的电性特征接近,其反射波组的波形、振幅、周期及其包络线形态等有一定特征。确定具有一定特征的反射波组是反射层识别的基础,而反射波组的同相性与相似性为反射层的追踪提供了依据。不同测量目的对地层的划分是不同的。如在进行考古调查时,应特别关注文化层的识别。在进行工程地质调查时,常以地层的承载力作为地层划分依据,因此不仅要划分基岩,而且对基岩风化程度也需要加以区分。为此需要根据测量目的,对比雷达图像与钻探结果,建立测区地层的反射波组特征。根据反射波组的特征就可以在雷达图像剖面中拾取反射层。一般是从垂直走向的测线开始,逐条测线进行。最后拾取的反射层必须能在全部测线中都能连接起来,并保证在全部测线交点上相互一致。

(2)时间剖面的解释。根据地层反射波组特征,在与钻孔对应的位置划分反射波组后,就需要依据反射波组的同相性与相似性,进行地层的追溯与对比。在进行时间剖面的对比之前,要掌握区域地质资料,了解测区所处的构造背景。在此基础上,充分利用时间剖面的直观性和范围大的特点,统观整条测线,研究重要波组的特征及其相互关系,掌握重要波组的地质构造特征,其中特别要重点研究特征波的同相轴变化。特征波是指强振幅、能长距离连续追踪、波形稳定的反射波。它们一般都是主要岩性分界面的有效波,特征明显,易于识别。掌握了特征波就能研究剖面的主要地质构造特点。

(二)资料解释的专家系统介绍

专家系统是人工智能中目前应用于实践最多、获得经济效益最大、人工智能技术体现得最好的一门研究领域。它是一种基于专家的书本知识和经验知识求解难题的计算机程序。本节介绍一种适用于层状介质识别的专家系统。它假设地下由均匀、各向同性的平行层组成。图16-14为该系统的框架流程,大致把探地雷达解释任务分为3步。

(1)对雷达图像信息进行反褶积处理。脉冲雷达系统的发射波形不是一个单脉冲,而是一个短持续时间的子波,来自各种界面的回波是子波在时间上的偏移。反褶积的意义在于移去子波影响,恢复界面的位置。反褶积后的雷达图像是界面脉冲的集合。

(2)利用自动识别系统,从雷达图像中根据反射波特征提取不同水平的信息。在该阶段分5个等级提取雷达信息。0级水平是反褶积后的雷达图像本身,在该水平把图像分解成一个个的点,整个雷达图像看成是一个二维数组,x表示位置,y表示深度,z表示强度。1级

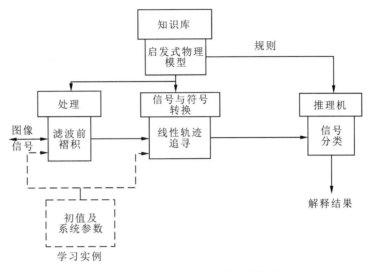

图 16-14 探地雷达专家系统流程图

水平是把每个雷达道按峰值分类,在褶积后的雷达图像中,峰值表示界面的反射系数。2 级水平的目的是根据峰值序列获得整体结构信息,把具有相似特征的峰值归在一起称作单元。单元归类要满足下列两个条件:①只有紧挨着的峰值才能归为单元;②峰值的强度要相对一致。3 级水平是把相邻峰值单元连接起来形成线。连线的标准是单元间的平均强度相似,单元之间的距离不能过远,倾向大致一致。4 级水平是层,是最高水平,两条线构成间隔。根据专家的领域知识,有一定强度与连续度的间隔才能称为层。

(3)根据专家领域知识进行地层性质判别。一般要把专家领域知识转化成规则库,根据地层满足规则程度进行地层性质判别。

第四节 探地雷达的应用

探地雷达是一种高分辨率探测技术,可以对浅层地质问题进行详细填图,也可以对地下浅部埋藏的目的体进行无损检测。20 世纪 80 年代以来,随着电子技术与数字处理技术的发展,探地雷达的分辨率与探测深度大大提高,已在工程地质勘察、灾害地质调查、地基基础施工质量检测、考古调查、管线探测、公路工程质量检测等多个领域中得到了广泛应用。下面简单介绍探地雷达在不同领域中的应用。

一、探地雷达在工程地质勘察中的应用

大型工程建筑对地基质量要求很高,当地下工程地质条件横向变化较大时,常规的钻探工作由于只能获得点上的资料,无法满足基础工程施工对地质条件的要求,而探地雷达由于能对地下剖面进行连续扫描,因而在工程地质勘察中得到了广泛的应用。

(一)基岩面的探地雷达探测

高层建筑对地基的附加应力影响深、范围广,对地基土的承载力要求高。当场地的地基土层软弱,而在其下不太深处又有较密实的基岩持力层时,常常采用进入基岩的桩基础。在基岩面起伏剧烈地区,详细描述基岩面的起伏对桩基础设计有重要意义。

广州某小区第四系覆盖在基岩(灰岩)上。第四系为淤泥、粉质黏土与砂,比较松软;其下为灰岩,有较高的承载力。建筑物拟采用预制桩桩基础。在 30.8m×30.8m 楼址范围内,基岩深度为 18~43.5m,高差达 25.5m,为此需要详细调查基岩面的起伏。由于灰岩与上覆地层之间电性差异大,探地雷达图像中灰岩极易识别。图 16-15 为该场地地层的探地雷达图像,图中灰岩反射波特征明显。图 16-16 是由探地雷达测量结果绘制的基岩等深图。该场地西北角为基岩深凹陷,基岩面起伏最大之处,在 10m 水平距离内基岩面高差可达 19m,显然用钻探很难控制基岩面的剧烈起伏。上述结果表明,应用探地雷达探测基岩起伏效果明显。

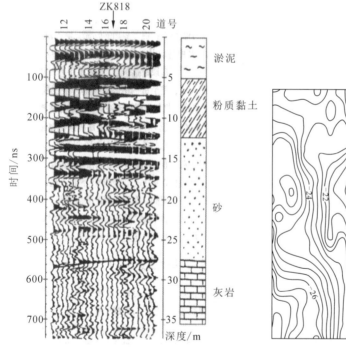
图 16-15 灰岩与覆盖地层的探地雷达图像

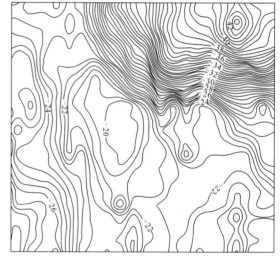
图 16-16 广州某小区 10 栋基岩等深图(单位:m)

(二)岩溶地区的探地雷达探测

岩溶(又称喀斯特)是指碳酸盐岩等可溶性岩层受水的化学和物理作用所产生的沟槽裂隙和空洞以及由于空洞顶板塌落使地表产生陷穴、洼地等现象和作用的总称。在岩溶地区进行工程地质勘察的主要目的是查明建筑场地范围内岩溶的分布、形状和规模。下面对各类岩溶的探地雷达图像特征加以描述。

(1)节理裂隙岩溶。水对灰岩的侵蚀一般从节理裂隙开始,岩溶本身往往就是裂隙溶蚀、扩大的结果,因此节理裂隙交叉处或密集带往往就是岩溶发育带。图 16-17 为湖北黄石某地裂隙溶蚀带的探地雷达图像。从图中可以看出地下 6m 以上为覆盖层,其下为灰岩。灰岩致密无溶蚀特征时,基本上无雷达反射波存在;灰岩中存在溶蚀裂隙并充水时,由于电性差异大,形成强反射波。在探地雷达确定的裂隙岩溶处进行钻探,其结果表明该处没见明显空洞,但该处岩体裂隙发育,钻孔漏水严重。由此证实该雷达图像反映的是由地下水在裂隙发育带形成的裂隙岩溶。

(2)溶蚀沟槽。灰岩长期出露地表时,其表面遭受风化后强度降低。灰岩表面地形变化剧烈的地方,地表的大径流将使其表面受强烈侵蚀而形成溶沟、溶槽。图 16-18 为广州市某处溶蚀沟的探地雷达图像。由图可见,灰岩中反射波明显减弱,同相轴中断的区域为灰岩的溶蚀沟。由于沟壁陡直,在地表接收不到来自沟壁的反射波,而沟壁周界的灰岩由于溶蚀作用形成强反射波,因此溶蚀沟圈定应以强反射波为周界。该处地下灰岩为石炭系灰岩,曾长期出露地表,在灰岩的斜坡面上会由于地表径流的侵蚀形成溶蚀沟。在地壳下降后,溶蚀沟逐渐被粉土充填。

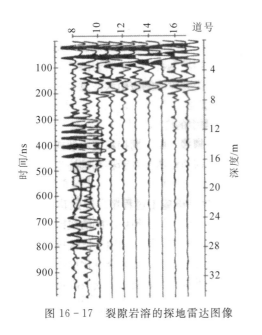

图 16-17 裂隙岩溶的探地雷达图像

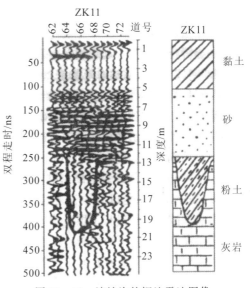

图 16-18 溶蚀沟的探地雷达图像

(3)溶洞与开口溶洞。溶洞是可溶岩中的空洞,对建筑基础影响最大的是可溶岩面附近的溶洞。当岩面覆盖着易被冲蚀的渗透地层,且岩溶与上覆地层存在水力联系时,这种水力联系会加速岩溶发育。当岩溶顶部变薄,不能支持上覆地层负荷时,就会发生塌落,形成开口溶洞。在开口溶洞上方土体中存在被冲蚀,以致土体密度降低的现象,我们称之为土体扰动。图 16-19 为某奥体中心探地雷达探测溶洞发育图像。桩端岩石中岩溶发育,存在溶洞,图像特征为:溶洞侧壁的强反射所包围的弱反射空间,溶洞底界面的反射则不明显。溶

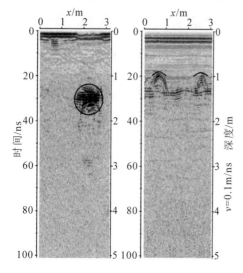

图 16-19 某奥体中心探地雷达图像
（溶洞发育）

洞内充填黏土或黏土混碎石时，与周边完整灰岩存在明显的物性差异，在雷达剖面图像上的反射同相轴呈现双曲线特征，并产生多次反射波，由于充填介质对电磁波的强吸收，反射波振幅减弱或消失；溶洞未充填时，空洞内一般存在空气或洞壁上附有少量的黏性土，空气的相对介电常数为1，而完整灰岩的相对介电常数为7~16，两者物性差异明显，电磁波遇到这两种介质的接触面时产生反射信号，在雷达剖面图像上产生双曲线绕射弧的特征。

二、探地雷达在地基基础施工中的应用

近年来，大型建筑物采用桩基础施工的数量越来越多。勘探程度不够或地下介质不均匀程度加剧，造成桩基础施工遇阻。实践表明，探地雷达在判断桩基础施工遇阻的原因方面有独到作用。

(1) 桩位处地层断裂性质判别。武汉某大厦桩基础施工过程中，在道路以北拟建的33层高层建筑东北角51#挖孔桩遇到破碎地层。为评价桩位下地层破碎的成因及其对桩位的影响，围绕桩位进行了探地雷达测量。场区基坑已开挖，第四系填土已被挖除，地层系志留系泥岩。志留系原岩曾长期出露地表，经风化自上而下可分为全风化层、中风化层与微风化层。无破碎带存在时，反射波同相轴连续。当基岩因断裂而形成破碎带时，反射波同相轴明显错断。破碎带为地下水入侵提供通道，造成了风化程度加深，错动带内雷达反射波强度明显减弱。图16-20为基岩破碎带的探地雷达图像特征。为了了解桩位处断裂情况，围绕桩位布置了雷达测线。根据探地雷达图像，得到基岩破碎带的平面分布（图16-21）。由图可见，51#桩位位于两条断裂之间，这两条断裂应为褶皱形成时的伴生断裂，断距小(<2m)，断裂带宽度不大(1.6m左右)，因此只要根据破碎带力学性质对桩的设计作些小改动，就可以继续进行挖孔桩施工。上述结论已为设计部门接受并为随后的挖孔桩施工所证实。

(2) 桩基础下异常性质判断。某码头滩地改造一期工程住宅楼场址在进行沉管灌注桩施工过程中，有的桩位遇阻打不下去，有的桩位水泥超量使用。为查明桩基施工过程中问题的症结，围绕桩位用探地雷达进行了探测。在桩基础施工中主要出现的问题有两类：一是遇障碍物，桩很难打下去；二是桩非常容易打下去，但浇灌的混凝土大大超出桩的体积。探地雷达测量所发现的异常有3种类型：一是杂填土中硬物异常；二是杂填土中的不密实区；三是淤泥液化形成的空穴。本场地为紧靠长江的滩地，为防洪在地表下填充了大量杂填土。当杂填土中存在建筑垃圾等杂物时，便形成了与周围介质差异极大的强、宽反射波，这类异常没能在周围测线形成有规则的排列，故定为硬性杂物，见图16-22(a)。当杂填土堆积比较疏松，形成杂填土中的不密实区，这类填土可能是生活垃圾等细软物质，形成同相轴杂乱的反射波，见图16-22(b)。按场地质勘测结果，粉砂层上有一层粉质黏土。当粉质黏土

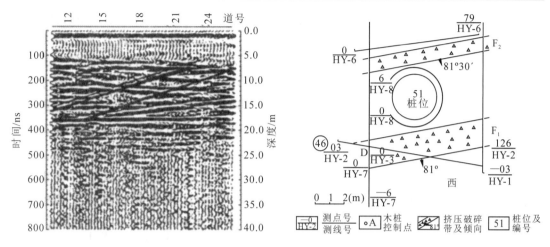

图 16-20 基岩破碎带探地雷达图像　　图 16-21 雷达测线布置与破碎带分布平面图

中淤泥质含量高且下伏的粉砂颗粒较粗时,淤泥质土受到桩基础施工扰动形成液状土,当其水分通过下伏透水性好的砂层渗漏时便会形成空穴。这种空穴形成有下列 3 个条件:一是下伏粉砂颗粒较粗,透水性好;二是粉土颗粒变细,向淤泥质土靠近,含水率高;三是在这种土中进行桩基础施工造成扰动。当这 3 个条件都具备时,这类土中将形成空穴,见图 16-22(c)。

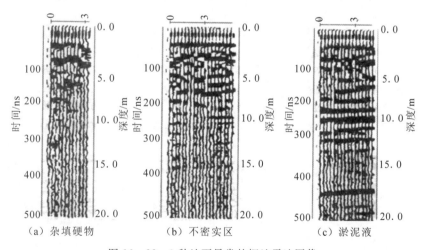

(a) 杂填硬物　　　　(b) 不密实区　　　　(c) 淤泥液

图 16-22　3 种地下异常的探地雷达图像

三、探地雷达在煤矿超前探测中的应用

煤矿灾害一直是制约煤矿发展的主要因素,目前我国煤炭开采位置多处于地质条件复杂地段,而隐伏的小型陷落柱、断层和破碎带等是引发透水及瓦斯突出的主要因素。鉴于井下空间限制及干扰复杂等实际情况,地质雷达具有装置轻便、探测精度高和施工简单等优势,是煤矿井下超前探测的有效、高效探测手段,几乎可以实现不影响施工效率、实时成像的

效果。井下地质雷达与地面地质雷达不同,如探测空间、干扰因素及电磁波辐射空间等,其中最主要的是要满足井下防爆要求,目前国外还没有防爆地质雷达,不能进行井下探测,所以无相关研究。国产 ZTR12 本安型防爆地雷达系统,配备主频为 200MHz、50MHz 的雷达天线,可以应用于煤矿构造的探测。

(1)陷落柱探测。从 200MHz 雷达数据处理结果[图 16-23(a)]中可以看出,黑色虚线处反射波同相轴错断。从反射界面可以发现,异常区域与周围地层相比,有界面下陷现象,且异常区 1 内部反射幅度差异,说明异常区内岩石发生破碎;而异常区 2 反射幅度均匀,表现为地层的整体下陷。经综合分析,判定异常区 1 和异常区 2 为陷落柱发育区域。

(2)破碎带探测。从 200MHz 雷达数据处理结果[图 16-23(b)]中可以看出,在上部自掘进工作面左侧(深度 1.5m)至右侧(深度 3.3m)黑色虚线处有 1 个条带状的反射异常区,条带宽度 50cm 左右,而左右反射层面连续,经分析判别为小型破碎带。而在掘进工作面前方 4~7m 存在一块状强反射区,但因其相位与周围介质反射图像一致,判定为岩体结构异常区。在距掘进工作面探测面 32~36m 处,存在 1 个条带状强反射区,宽度约 1m,左右反射层面连续,判断为煤层破碎带。

(3)煤岩交界面探测。从 50MHz 雷达数据处理结果[图 16-23(c)]中可以看出,在前方 26~32m 存在层面反射信号,且发射较强、层面连续,推测前方存在因地层褶皱出现的煤层与岩层的交界面。

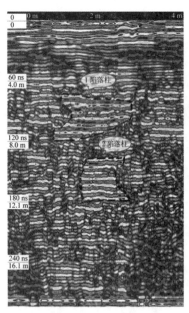 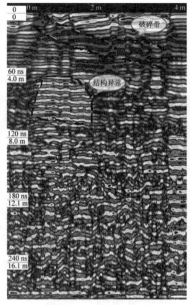 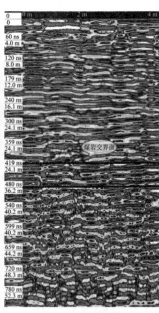

(a)200MHz雷达探测陷落柱　　(b)200MHz雷达探测破碎带　　(c)50MHz雷达探测煤岩交界面

图 16-23　探地雷达在煤矿构造上的探测结果

第四篇

其他物探方法

第十七章　声波探测

第十八章　重力勘探

第十九章　磁法勘探

第二十章　放射性探测

第二十一章　地温测量

第二十二章　地球物理测井

第十七章 声波探测

用声波仪测试声源激发的弹性波在岩体（岩石）中的传播情况，借以研究岩体（岩石）的物理性质和构造特征的方法，称为声波探测。它和地震勘探一样，也是利用岩石弹性的物探方法，而且都以弹性理论作为方法的理论基础。二者之间的主要区别在于声波探测所利用的是频率大大高于地震波的声波或超声波，其频率一般为 1000Hz 至几兆赫。因此，所使用的仪器及工作方法也就不同了。

与地震勘探相比，由于声波的频率高、波长短、受岩石的吸收和散射比较严重，因此声波探测对岩体的了解较为细致而探测范围较小，但它具有简便、快速、经济、便于重复测试以及对测试的岩体（岩石）无破坏作用等优点。所以声波探测已成为工程与环境检测中不可缺少的手段之一。

声波探测可分为主动测试和被动测试两种工作方法。主动测试所利用的声波由声波仪的发射系统或锤击、爆炸方式产生；被动测试的声波则是岩体遭受自然界的或其他的作用力时，在变形或破坏过程中由它本身发出的。主动测试包括波速测定、振幅衰减测定和频率测定，其中最常用的是波速测定。

目前在工程地质勘探中，已较为广泛地采用声波探测解决下列地质问题：

(1) 根据波速等声学参数的变化规律进行工程岩体的地质分类；

(2) 根据波速随岩体裂隙发育而降低及随应力状态的变化而改变等规律，圈定开挖造成的围岩松弛带，为确定合理的衬砌厚度和锚杆长度提供依据；

(3) 测定岩体或岩石试件的力学参数如杨氏模量、剪切模量和泊松比等；

(4) 利用声速及声幅在岩体内的变化规律进行工程岩体边坡或地下硐室围岩稳定性的评价；

(5) 探测断层、溶洞的位置及规模，张开裂隙的延伸方向及长度等；

(6) 定量研究岩体风化壳的分带；

(7) 开挖补破及补强灌浆的质量检查；

(8) 利用声速、声幅及超声电视测井的资料划分钻井剖面岩性，进行地层对比，查明裂隙、溶洞及套管的裂隙等；

(9) 划分浅层地质剖面及确定地下水面深度；

(10) 天然地震及大面积地质灾害的预报。

研究和解决上述问题，为有关的工程项目及时而准确地提供设计和施工所需的资料，对于缩短工期、降低造价、提高安全度等都有重要的意义。

第一节　声波仪的基本原理

一、声波仪的主要部件及其功用

声波仪是声波探测使用的仪器。声波仪有多种型号,主动测试的仪器一般都由发射系统和接收系统两大部分组成。如图 17-1 所示,发射系统包括发射机和发射换能器,接收系统包括接收机和接收换能器。

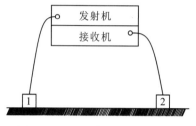

图 17-1　声波仪的主要部件
(1、2 为换能器)

发射机是一种声源信号的发射器,由它向压电材料制成的换能器(图中的"1")输送电脉冲,激励换能器的晶片,使之振动而产生声波,向岩体发射。于是声波在岩体中以弹性波形式传播,然后由接收换能器(图中的"2")加以接收,该换能器将声能转换成电子信号送到接收机,经放大后在接收机的示波管屏幕上显示波形。通过调整游标电位器,可在数码显示器上显示波至时间。若将接收机与微机连接,则可对声波信号进行数字处理,如频谱分析、滤波、初至切除、计算功率谱等。并可通过打印机输出原始记录和成果图件。

根据发射和接收换能器之间的距离 l 及声波在岩体中的旅行时间 t,即可由下式计算被测岩体的波速 v,即

$$v = \frac{l}{t} \tag{17-1}$$

如果工作中采用锤击或爆炸方式产生声波,起始时间亦可用接收系统进行记录。

二、电声换能器的工作原理

换能器种类繁多,性能各异。声波探测使用的是电声换能器,它是声波仪的重要组成部分。发射换能器可以将发射机送来的电能转换为弹性振动形式的机械能,从而产生声波和超声波;接收换能器将接收到的岩体中的弹性波转换为电能,然后输送给接收机。最常用的电声换能器是由具有压电效应的材料(天然晶体或人工制造的极化多晶陶瓷等)制成的压电换能器。

压电换能器也有多种型号和式样,应根据测试条件和要求加以选择。其中单片弯曲式多用于接收;喇叭式多用于发射;增压式和圆管式用于钻孔内;横波换能器用于测试横波;超声换能器多用于室内岩样测试。还有单孔用的发射与接收组合换能器等。我们以喇叭式换能器为例,简要说明电声换能器的工作原理。喇叭式换能器的结构如图 17-2 所示,

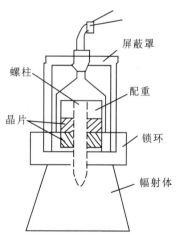

图 17-2　喇叭式换能器
结构示意图

主要由晶片、辐射体及配重三部分组成。用黏结剂将这三部分黏合,并用螺栓旋紧,使其能承受较大的功率。晶片为圆形,由压电陶瓷制成,其前端的辐射体为喇叭形的铝合金硬盖板,可使压电陶瓷受激振动后所产生的声波向岩体单向发射。

喇叭式换能器具有单向辐射性能,并且指向性较好、机械强度高、能承受较大的功率,因此多用作发射换能器。

第二节 声波探测的工作方法

一、基本方法

工程岩体声波探测的现场工作,应根据测试的目的和要求,合理地布置测网、确定装置距离、选择测试的参数和工作方法。

(一)测网的布置

测网的布置一般应选择有代表性的地段,力求以最少的工作量解决较多的地质问题。测点或观测孔的布置一般应选择在岩性均匀、表面光洁、无局部节理裂隙的地方,以避免介质不均匀对声波的干扰。如果是为了探测某一地质因素,测量地段应选在其他地质因素基本均匀的地方,以减少多种地质因素变化引起的综合异常给资料解释带来困难。装置的距离要根据介质的情况、仪器的性能以及接收的波形特点等条件而定。

(二)工作方式

声波探测中,声波信息的利用至今还很不完善。因纵波较易识读,当前主要是利用纵波进行波速的测定。实验证明,利用声幅探测不连续面(如节理、裂隙、破碎带)时,灵敏度较高。横波的应用往往因识读困难受到一定的限制。在纵波测试中,最常用的是直达波法(直透法)和单孔初至折射波法("一发二收"或"二发四收"),如图17-3所示。

二、初至的识读和横波的测定方法

为了求得纵波和横波的波速等参数,首先必须在声波仪的接收机屏幕上正确区分纵波与横波,并读出它们的初至时间值。在进行直达波或单孔初至折射波法测试时,纵波的初至是比较容易识读的。如遇初至不清时,可利用相位,并通过相位校正,求出初至时间值。横波则由于其波速小于纵波,故在屏幕上的波形往往叠加在纵波的续至区中,不易辨认。解决这一问题的途径有两类:一类是进行纵横波的分离,另一类是增强横波的能量和抑制纵波的延续度等。目前采用的方法有下列几种。

(1)使用切向极化的压电元件以增强横波发射的能量。其缺点是压电元件加工困难,且使用时很不方便。

(2)将平面纵波以临界角 i 斜射到岩石试件上,这时纵波产生全反射而沿试件表面滑

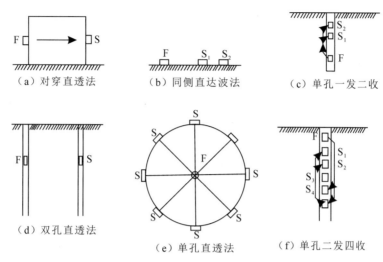

图 17-3 常用的几种现场工作示意图

行。于是试件内部仅有横波传播,从而实现纵、横波的分离。但大面积的平面波声源是十分难得的。若能将方向性很好的窄束纵波定向发射,使它以临界角 i 入射到岩样表面(图 17-4);那么纵波将沿着界面滑行,在正对岩样的内部 β_s 方向上可接收到横波。

(3)现场岩体测试时,使用多道接收的声波仪,利用相位追踪作时距曲线,如传统的地震勘探方法那样。或采用在 1 个点 3 个方向布置接收。

(4)减小发射脉冲宽度以减小纵波的延续度,并适当增大发射到接收换能器之间的距离,使横波不在纵波的背景上出现。

如图 17-5 所示,只要纵波初至时间 t_P 与横波初至时间 t_S 的间隔 Δt 大于纵波延续时间 δ_t,纵波与横波就可以分开。据图可见

$$\Delta t = t_S - t_P = \frac{l}{v_S} - \frac{l}{v_P} = \frac{L(v_P - v_S)}{v_P \cdot v_S} \quad (17-2)$$

式中:l 为发射点与接收点的距离;v_P 和 v_S 分别为纵波和横波的速度。此式表明,在 v_P 和 v_S 不变的条件下,Δt 与 l 成正比关系。

图 17-4 横波的定向接收

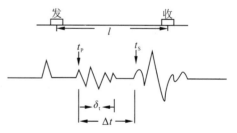

图 17-5 横波与纵波分离

由上述可知,适当减小 δ_t 并增大 l 以满足 $\delta_t > \Delta t$ 的条件,就能使纵、横波分离。横波的利用对于提高声波探测解决地质问题的能力有着重要意义。但由于实际地质条件的复杂以及各种技术上的原因,横波的激发和识读在很多情况下还是很困难的。

第三节 声波探测在工程地质中的应用

在工程地质勘察中,声波探测具有准确、简便、投资少、工效高等优点,因此一直处于发展之中。无论在工程的选点勘测、设计施工,以及验收、运行使用、维护等方面,都得到了不同程度的应用,已成为工程地质工作中一种重要的勘测手段。

现在就我国已经使用、推广并取得明显效果的一些主要方面,介绍声波探测在工程地质中的应用。

一、岩体力学参数的测定

岩体的弹性模量、泊松比、抗压强度等力学参数,对于工程围岩稳定性的评价以及进行工程设计和施工等都是极其重要的基本数据,需要予以测定。这项工作是声波探测的一项重要内容,无论在室内或现场均可进行。

利用声波仪测出发射与接收换能器之间距离为 l 时的直达波旅行时 t,代入式(17-1)便可求出弹性波的速度 v。在已知岩石密度 ρ 的条件下(可由 $\gamma-\gamma$ 测井或岩样密度测定资料获得 ρ 值),根据相应的函数关系,可换算出岩体的各种力学参数。

试验证明,在室内进行岩石标本测试时,为满足其应用条件,要求发射到岩石内的声波,其波长远小于岩石试件的尺寸,而大于岩样的组成粒径。国际岩石力学学会关于岩石声速测定方法的建议(1977年)是:试件横向(垂直于波传播方向)的尺寸,不小于波长的10倍,试件中脉冲穿过岩石的旅行距离至少为平均粒径的10倍。我国常用的岩石试件规格有两类:一类是 5cm×5cm×5cm 的正方体或 5cm×5cm×10cm 的长方体,另一类是 Φ 为 5cm×10cm 的圆柱体。由于小口径金刚石钻进技术的发展,试件尺寸可以更小。若以边长 $d=5$cm 的正方体为例,当岩样中的波速 $v=3$km/s 时,所要求的最低工作频率为 $f=\dfrac{v}{\lambda}=\dfrac{v}{0.1d}=600$kHz;如果 $v \geqslant 5$km/s,则要求 $f \geqslant 1$MHz。可见在室内进行岩样声波测试时,只有使用高频的超声波仪器,才能忽略岩样边界对声波的影响,并可引用无限介质中弹性波的各种理论。由于室内是用高频的超声波测试,因此测试设备和方法都不同于现场岩体测试,这一点应予注意。

对于同一岩体(岩石),弹模数值除了与岩性有关外,还随加载的方式不同而异。用静力测试的方法叫做静力法,测得的弹模称为静弹模量,以 E_s 表示。在快速瞬间加载情况下的测试方法叫做动力法,测得的弹模称为动弹模量,以 E_d 表示。E_s 与 E_d 是在不同物理条件下测出的,一般 $E_d > E_s$。动力法和静力法测试各有优缺点。静力法测得的 E_s 值与基础荷载条件相近,但耗费人力、物力和财力,并且试验设备笨重,测试时间长,因此只能选择有代表性的少数典型地段进行测试。且由于静力法在一个测点上应力影响的范围有限,少数地段的测试只能反映岩体局部的变形特点,因而往往不能满足工程设计的数量要求。动力法测试采用最新的电子技术,具有设备轻巧、测试简便、经济迅速、可大量施测等优点,而且近代许多工程建筑还要考虑动力的特点,因此声波(或地震勘探)测出的动弹模量具有实用价值。但是目前工程设计人员一般还是要求给出与基础荷载条件相近的静弹模量值,因此往往要把声波或地震勘探测得的动弹模量换算成静弹模量。

目前对动、静弹模之间的关系在理论研究方面还不够充分。进行动、静弹模对比换算时,一般是采用动和静两种测试的结果,通过大量资料的对比统计,寻求二者之间的数字相关函数 $E_s = f(E_d)$,如图 17-6 所示。

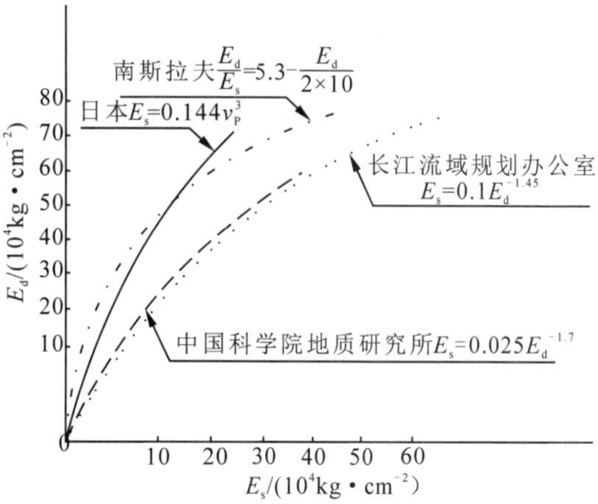

图 17-6 中的曲线仅仅是一部分测区和岩性的一般统计规律,虽然也反映了 E_s 与 E_d 的函数关系,但由于岩体结构复杂,变异很大,应用时有可能出现较大的偏差。因此实际工作时,往往用测区的岩体,进行一定数量的动、静弹模对比测试,从而找出该工区代表性岩体的动、静弹模相关规律。图 17-7 是黄河某坝区花岗岩和 F_{18} 断层面砾岩中的纵波速度 v_P 与动、静弹模及形变模量之间的关系曲线。这些曲线是根据实测资料通过对比统计而绘制的。

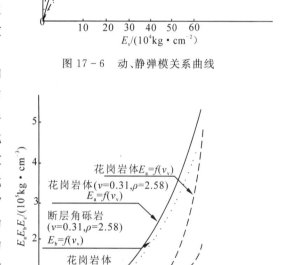

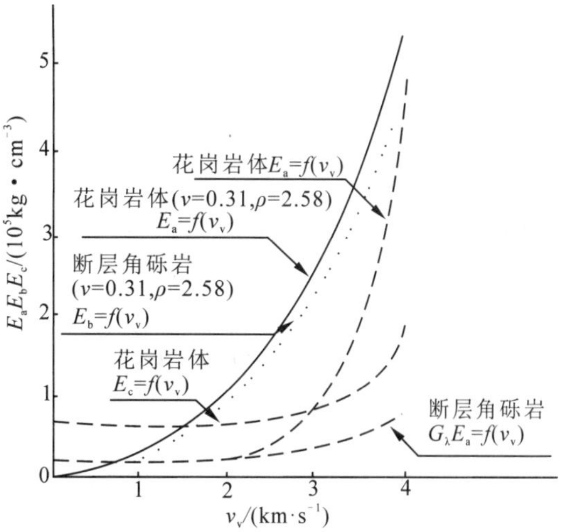

图 17-6 动、静弹模关系曲线

图 17-7 黄河某坝址 v_P 与 E_s、E_b 的关系曲线

二、岩体的工程地质分类

评价岩体质量,了解硐室及巷道围岩的稳定性,合理选择地下硐室或巷道的开挖方案,设计合理的支衬方案,都必须对岩体进行工程地质的分类。

岩体的成因、类型、结构面特征、风化程度等地质因素,直接影响着岩体的力学性质,而岩体的力学性质又与声波在岩体中的传播规律有着密切的联系,这就是声波探测之所以能作为岩体分类主要手段的物理前提。

目前对岩体进行工程地质分类的声学参数主要是纵波速度 v_P,此外还有弹性模量 E、裂隙系数 L_s、完整性系数 K_w、风化系数 f 以及衰减系数 α 等。

(一)纵波速度

一般说来,岩体新鲜、完整、坚硬、致密,波速就高;反之,岩体破碎、结构面多、风化严重,波速就低。由于波速是反映岩体强度的各种地质因素综合影响的参数,因此它是进行岩体工程地质声学分类时的最基本的必要参数。

(二)完整性系数和裂隙系数

完整性系数 K_w 是描述岩体完整情况的系数。裂隙系数 L_s 是表征岩体裂隙发育程度的系数。它们的表示式为

$$K_w = \left(\frac{v_{P体}}{v_{P石}}\right)^2 \qquad (17-3)$$

$$L_s = \frac{v_{P石}^2 - v_{P体}^2}{v_{P石}^2} \qquad (17-4)$$

式中：$v_{P体}$ 为岩体的纵波速度；$v_{P石}$ 为同一岩体的岩石试件的纵波速度。只要测出完整岩石的 $v_{P石}$ 和待测岩体的 $v_{P体}$ 值，代入上列两式，就可以定量说明岩体结构面的发育情况。一般把岩体完整性情况分为 3 个等级：① $K_w = 0.75 \sim 0.9$；② $K_w = 0.45 \sim 0.75$；③ $K_w < 0.45$。而把裂隙发育情况分为 5 个等级：① $L_s < 0.25$；② $L_s = 0.25 \sim 0.50$；③ $L_s = 0.50 \sim 0.65$；④ $L_s = 0.65 \sim 0.80$；⑤ $L_s > 0.80$。根据上述纵波速度与岩体结构面和完整性的关系可知，K_w 大或 L_s 小表明被测岩体结构面少、完整性好；反之，则结构面多、完整性差。

(三)风化系数

风化系数 β 是一个表示岩体风化程度的系数。β 值愈大，风化程度愈深；β 值愈小，风化程度愈小。根据岩体波速随岩体风化而减小的特点，风化系数可表示为

$$\beta = \frac{v_{P新} - v_{P风}}{v_{P新}} \qquad (17-5)$$

式中：$v_{P新}$ 为新鲜岩体的纵波速度；$v_{P风}$ 为同类风化岩体的纵波速度。

(四)衰减系数

声波在岩体中传播的特征，除反映在波速随岩体性质不同而变化外，还表现在振幅的变化上。试验证明，声波在不连续面上的能量衰减比较明显，因此衰减系数 α 可以反映岩体节理裂隙发育的程度。其表示式为

$$\alpha = \frac{1}{\Delta x} \ln \frac{A_m}{A_i} \qquad (17-6)$$

式中：A_i 为固定某增益时，参与比较的各测试段的振幅实测值(mm)；A_m 为参与比较的各测试段中振幅的最大值(mm)；Δx 为发射换能器到接收换能器的距离，即测试段的长度(cm)；α 为参与比较的各测试段介质的振幅相对衰减系数(cm^{-1})。

由式(17-6)可见，当 $A_m = A_i$ 时，相对衰减系数 α 为零，表明该段岩体在参与比较的各测试段中质量最好；A_i 越小，α 就越大，表明该段岩体质量越差。根据这一原理，衰减系数不仅用作岩体分类的指标，而且还用于测定工程爆破引起的周围岩体破裂影响范围等方面。

应用声学参数对岩体进行工程地质分类，除具有快速、简便、经济的优点外，还可给出定量的数据，所以已被广泛应用。但影响声学参数的地质因素很多，因此在进行岩体分类时，应该利用上述的多种声学参数，结合传统的地质分类指标，进行综合分析评价。这种分类方法建立在综合分析多种声学指标和地质指标的基础上，所以是比较合理可靠的。

例如,对沿海某地下工程施工巷道进行工程围岩强度分类时,地质上把巷道所通过的岩体分为 5 段。利用岩体声波探测所测定的各项声学参数进行声学分类,结果与地质分类基本上是一致的。声波、地质指标的综合评价得出的结论是 F_3 段最好,F_4 段和 F_2 段次之,F_1 段和 F_5 段最差,从而提出了对各段工程的处理意见,如表 17-1 所示。

表 17-1 某地下施工巷道工程围岩强度分类标

分类编号	F_1	F_2	F_3	F_4	F_5
地质特征、地下水及风化情况	弱风化正常斑岩,小断层较发育,拱顶顺断层及节理密集带滴水点较多	弱风化白岗岩,岩体较完整,仅有 3 条压性小断层,顺层及节理密集带有滴水现象	弱风化花岗斑岩,岩体较完整,无构造破坏,但有两组缓倾角节理在拱顶形成屋脊状,与 F_2、F_4 为断层接触,顺层有几处滴水现象	微风化—新鲜白岗岩,岩体较完整,滴水情况同 F_2	新鲜正长斑岩,节理发育,岩体为结构面所切割,形成小棱形体,滴水情况同 F_2
纵波速度/$(m \cdot s^{-1})$	5100	5010	5330	5180	4850
完整性系数		0.84	0.92	0.93	0.81
分散性系数/%	7.6	3.57	2.23	5.13	3.56
静弹模量/$(10^4 kg \cdot cm^{-2})$		25.7	44.0	36.9	29.2
准围岩抗压强度		1170	1660	990	980
声波可接收最大距离/m	4.12	4.75	8.1	6.2	2.9
声波可接收最小距离/m	0.33	2.25	3.47	1.82	0.77
衰减系数/$(dB \cdot m^{-1})$	11.6	7.6	4.3	12.54	0.34
声波围岩分类	Ⅲ	Ⅱ	Ⅰ	Ⅱ	Ⅲ
声波地质综合分类	Ⅳ	Ⅴ	Ⅴ	Ⅴ	Ⅳ
工程处理意见	全断面喷浆处理,洞口需用钢拱架加固	除局部构造破碎带及节理密集带外,一般可不做结构处理	拱部需喷浆加固	同 F_2	拱部喷边墙,断层及大裂隙处加固

注:声波围岩分类中,Ⅰ类为好,Ⅱ类为良好,Ⅲ类为差。声波地质综合分类中Ⅴ类为最好,Ⅰ类为最差。

三、围岩应力松弛带的测定

在硐室开挖前,岩体中应力处于平衡状态;开挖后,原始的应力平衡被破坏,引起了应力的重新分布,导致应力的释放与集中。这种变化随岩体性质、硐室形态、在岩体中的位置、硐径大小等不同而异。

如果在各向同性的岩体中开挖一个圆形隧硐,则在侧压系数等于1的条件下,由弹性理论计算表明,硐壁处的径向应力 δ_r 等于零,而切向应力 δ_t 增大至岩体原始应力的 2 倍。δ_r 和 δ_t 的分布如图 17-8(a)所示,可见影响范围是硐的半径 r 的 3 倍。

由于岩体并非理想弹性体而且强度有限,因此当切向应力 δ_t 在硐壁处的增大程度超过岩体强度时,岩体即进入塑性形变状态或发生破裂。于是引起应力下降,使隧硐附近一定范围内出现比原始应力还要低的应力降低区;向岩体内部则形成大于原始应力的应力增高区;再向内过渡到某一深度才逐渐恢复到原来的应力状态。故在硐周围岩石的应力分布曲线上出现一个峰值,如图 17-8(b)所示。此外,施工等因素的影响,也会使岩体的完整性下降(例如爆破引起的爆破影响带),出现附加的应力松弛。上述两种因素引起的岩体完整性破坏和强度下降的总范围,叫做应力松弛带或松动圈,见图 17-8(b)。松弛带的厚度是岩体稳定性评价及支衬设计的主要依据。

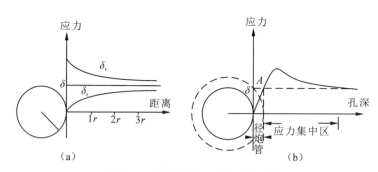

图 17-8 圆形隧硐应力分布曲线图

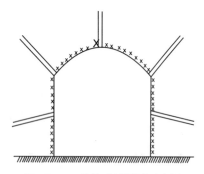

图 17-9 单孔现场测试示意图

在硐壁应力下降区,岩体裂隙破碎,以致波速减小,振幅衰减较快;反之,在应力增高区,应力集中,波速增大,振幅衰减较慢。因此利用声波速度随孔深的变化曲线,可以确定松弛带的范围。

现场工作原理如图 17-9 所示。垂直于硐壁布置若干组测孔。每组 1 个(或 2 个)测孔,孔深为硐径的 1~2 倍。在一个断面上的测孔应尽可能选择在地质条件相同的方位,以减少资料解释的困难。为保证换能器与岩体耦合良好,边墙测孔可向下倾斜 5°~10°。拱顶处,因钻孔向上,应采用止水设备。测试时可采用单孔法("一发两收"的初至折射波法)或双孔法(直透法,逐点同步测试)。先在测孔中注满水作为耦合剂,然后从孔底到孔口,每隔一段距离(一般为20cm)测量一次声速值。将测试结果绘成波速随孔深变化的 $v-L$ 曲线,便可进行解释。

图 17-10 展示了几种常见的 $v-L$ 曲线类型。其中 $v_P > v_0$ 的曲线(曲线 1、2),表明无松弛带;洞壁附近 $v_P < v_0$ 的曲线(曲线 3、4)和 $v_P < v_0$ 的多峰值曲线(曲线 5),则表明存在应力松弛带。解释时,由 $v_P - L$ 曲线图中 A 点的坐标 L_1 值确定松弛带的厚度。

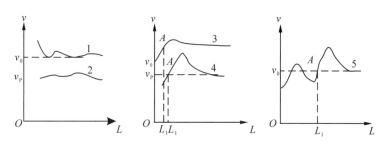

vV_0—天然应力状态的纵波波速;L_1—松弛带范围;

1、2—$v_P > v_0$;3、4、5—$v_P < v_0$。

图 17-10 常见的几种 $v_P - L$ 曲线图

图 17-11 是应用声波法探测某地下工程巷道应力松弛带的实例。此断面岩性为弱—微风化石英正长斑岩,岩体较完整,无构造断裂和宽大裂隙。整个断面开挖采用光面爆破,声波探测时采用双孔直透法。据大量测试资料统计,岩体的正常波速值为 5330m/s,圈定松弛带范围时取 5120m/s。求得松弛带的平均厚度为 0.6m。结论是岩体的松弛带较薄,强度高,洞体稳定。但该断面上发育有两组节

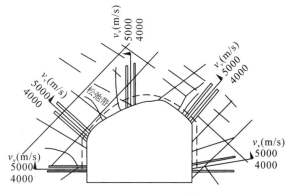

图 17-11 某地下工程巷道断面图

理,在拱顶组合成屋脊状,影响拱顶的稳定,施工过程中曾发生过"冒顶"现象。因此结合地质条件,在拱顶部分应采取加固措施。

四、矿柱塌陷等地压灾害的监测

前面讨论过的声波探测方法,都是利用声波仪发射系统向岩体辐射声波的主动工作方式。在声波探测技术中还有一种被动工作方式,此方式要利用岩体受力变形过程中或断裂自身产生的声发射。当岩体受力而发生变形或断裂时,以弹性波形式释放应变能的现象称为声发射。如果释放的应变能足够大,就会产生听得见的声音。而在矿柱塌陷等地压灾害发生的前夕,由于微裂隙的产生而释放出应变能,且随裂隙的大量发生和扩张,释放的应变能越来越大,则可利用地音仪对岩体进行监测,可以预报矿柱塌陷等地压灾害。为了排除噪

声的干扰,地音仪中设置有门坎电压。只有当换能器输送来的电压超过一定阈值时才被记录,而低于门坎电压的信号则被剔除。现场的监测工作一般是利用地音仪记录声发射的频度等参数作为岩体失稳的判断指标。所谓频度是表示单位时间内所记录的能量超过一定阈值的声发射次数,以 N 表示。

我国某冶金研究所研制了便携式地音仪,用于矿井现场预报岩体稳定性的情况。他们对某锡矿进行了长期的试验,总结出岩体失稳的判断指标和监听制度。他们以连续监听 5min 取得的数据作为岩音的频度。当 $N \leqslant 10$ 时,岩体受力不大,没有大的破坏,可认为岩体是稳定的;当 $10 < N \leqslant 19$ 时,岩体受力较大,开始产生破裂,若此情况持续较久,会出现剧烈的破坏,当 $N > 20$ 时,岩体破坏加速,出现局部破坏,如持续时间较长,即岩体处于严重破坏阶段,人员和设备应迅速撤离。

在这一方法试验过程中,曾发生过 8 次矿柱片帮、顶板脱层和局部冒落,成功地预报了 7 次,仅一次错过。后来这一方法被推广到其他矿井应用。

声波探测在工程地质中还能应用于检测施工爆破对基岩的影响范围,测定混凝土强度及内部缺陷以及灌浆效果的检查等方面。工作的原理则是类同的。

第十八章 重力勘探

重力勘探是利用地壳内部各种岩石的密度不同及其在地表引起的重力变化来研究地质构造与矿产分布等问题的一门科学。它的主要内容就是研究重力变化与地质因素的关系。

在煤田地质勘探中,重力勘探用来推断被覆盖的地壳厚度、地质构造、岩石组成以及圈定煤田的范围等问题,是一种快速、经济而有效的方法。在油田勘探中,重力勘探也得到广泛的应用。

随着现代科学技术的发展,人造卫星的出现和激光、电子技术的广泛应用,为人们研究地球重力场提供了先进的技术装备。目前,重力测量主要在陆地进行,但为了研究地球深部构造以及其他科学技术的需要,近年来,国内外的重力测量已向海洋、空中和水下方向发展。可见,重力资料的取得和分析研究与现代科学技术的发展之间的关系是十分密切的。

第一节 重力勘探理论基础

一、重力和重力场强度

地球上的任何物体都受着两种力的作用:地球的引力和由地球自转而产生的离心力。所谓重力,就是指这两种力的合力。

宇宙中任何物体之间都存在吸引力——万有引力。假设有两个质点 m_1 和 m_2,它们之间的距离为 r,质点之间的引力为 $\vec{F}$,则 $\vec{F}$ 的大小与质点质量的乘积成正比、与距离的平方成反比,用公式表示为

$$\vec{F} = f \frac{m_1 \times m_2}{r^2} \tag{18-1}$$

式中,f 为万有引力常数。由实验结果知道,质量各为 1g 的两个物体,相距为 1cm 时,它们之间的相互引力为 1/15 000 000 达因。即在 CGS 单位制中,万有引力常数值为 $1/15\ 000\ 000 \text{cm}^3/(\text{g} \cdot \text{s}^2)$。

图 18-1 中,假设地球表面上有一个单位质量的质点 M,$\vec{F}$ 为地球对它的引力,$\vec{C}$ 为地球自转对它产生的离心力,$\vec{G}$ 为两个力的向量和,即所谓重力。用公式表示为

$$\vec{G} = \vec{F} + \vec{C} \tag{18-2}$$

由于引力比离心力大得多,离心力最大不超过重力的 1/288,所以它们合力的方向仍可

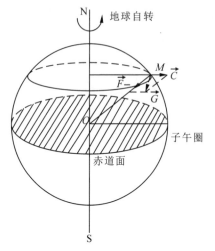

图 18-1 地球表面重力

以看作大致指向地心。因此,引力的变化是引起重力变化的主要原因。

地球周围空间都有重力作用,凡是存在地球重力作用的空间,被称为重力场。原则上可用同一个物体在重力场的不同位置上所受的重力(重量)来衡量重力场的强弱。但因为重力与物体质量大小有关,为了研究重力场本身的变化,所以规定一个单位质量($m=1g$)的物体在空间某一点所受的重力作为重力场强弱的衡量标准,并称之为该点的重力场强度。

当物体受重力作用自由下落时,将产生加速度,这个加速度叫做重力加速度,用 $\vec{g}$ 表示,根据牛顿第二定律,它与作用在质量为 m 的物体上的重力 G 之间的关系为

$$\vec{G} = m \times \vec{g} \tag{18-3}$$

由上式可知,当物体质量 $m=1g$ 时,它所受到的重力(即重力场强度)在数值上和重力加速度相同,于是我们处处用质量为 1g 的物体所受重力加速度的变化来作为衡量重力场强度或重力加速度变化的标准。为了叙述方便,在重力勘探中常用重力二字代表重力场强度或重力加速度。因此,要记住"重力"二字是指质量为 1g 的物体所受的重力加速度或重力。在 CGS 单位制中重力加速度(也就是我们说的重力)单位是 cm/s^2。为了纪念第一个研究重力加速度的意大利科学家伽利略(Galileo),把重力加速度的单位叫做"伽",因重力加速度的变化很小,所以采用千分之一"伽"为单位,叫"毫伽"(记作 mGal)。在有的文献中用万分之一"伽"为单位,记作 g.u.。因此存在下列关系:1 毫伽 $=\frac{1}{1000}$ 伽 $=10$ g.u.。

二、正常重力场和重力异常

重力勘探是通过研究地表重力变化与地下地质因素之间关系来判断地下地质构造、岩石组成等问题的方法,所以讨论重力变化的一般规律与特殊规律以及有关的影响因素是十分必要的。

(一)正常重力场

根据大地测量学可知,地球形状如果用想像的静止海平面延伸到大陆下面而形成的封闭曲面,即所谓大地水准面的形状来描述,则地球是一个以一定角速度绕短轴旋转的椭球体,其赤道半径 a 稍长($a=6378.2$ km),两极半径 b 稍短($b=6356.8$ km)。因此即使不考虑地壳密度的不均匀性,地球表面的重力值也将从赤道到两极逐渐增加,即随纬度变化。由理论推导和实际的重力观测数据可得到表示重力值随纬度变化的公式为

$$g_0 = g_a(1 + \beta\sin^2\varphi + \beta_1\sin^2 2\varphi) \tag{18-4}$$

式中:g_0 为地表任一点用上式计算的重力值,叫做正常重力值;g_a 为赤道处的正常重力值;

β、β_1 为与地球形状及自转角速度有关的常数；φ 为纬度。这个公式叫做国际正常重力公式。

据人造地球卫星测定结果，1971 年第十五届国际大地测量和地球物理学会通过的新的国际正常重力公式为

$$g_0 = 978.031\,8(1 + 0.005\,302\,4\sin^2\varphi - 0.000\,005\,9\sin^2 2\varphi) \tag{18-5}$$

(二)重力异常

通过精密的重力测量可以发现，在地球的重力场中，除了如式(18-5)描述的全球性有规律的变化外，往往还存在许多具有特殊规律的重力变化，即根据式(18-5)计算的重力值往往和同一点的重力观测值不相同，我们把任意一点的重力观测值 g 和该点的正常重力值 g_0 之差(Δg)称为重力异常，即

$$\Delta g = g - g_0 \tag{18-6}$$

因为国际正常重力公式中已考虑了地球的椭球体形状和自转两项因素，所以按式(18-6)算出的重力异常 Δg 已不再包括这两项因素的影响，因而重力异常主要是由于地壳密度分布不均匀而产生的。

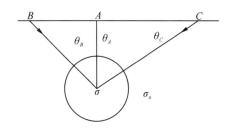

图 18-2　均匀球状矿体引起重力变化示意图

地壳密度分布不均匀如何引起重力变化呢？可先看一个简单例子。假设地下有一个十分均匀球状矿体(图 18-2)密度为 σ，围岩密度为 σ_0，并且 $\sigma > \sigma_0$，这样，在围岩的背景上，矿体比同体积的围岩多出一部分质量，称之为剩余质量，用 M 表示。若矿体体积为 V，则

$$M = V \times (\sigma - \sigma_0) \tag{18-7}$$

由万有引力定律可知，矿体必将在正常重力场的基础上，在自己的上方作用着额外的引力，即在地表产生重力异常。显而易见，决定重力异常大小的不是矿体本身的密度，而是矿体和围岩的密度差(叫剩余密度)，剩余密度愈大，重力异常愈大。另外，距离矿体愈近，重力异常也愈大，图中 A 点重力异常最大。当 $\sigma < \sigma_0$ 时，则出现重力负异常。

当然，地壳的密度分布是极其复杂的，如果各种不同密度的地质体相距较近，其引起的重力异常还会有叠加现象，这些正是我们在重力勘探资料的解释工作中要研究的问题。

总之，存在各种岩石的密度差异，是重力勘探的前提，也是产生重力异常的原因。因此，掌握岩石的密度资料是正确地解释重力异常的重要条件之一。一般来说，沉积岩密度较小，火成岩、变质岩密度较大(表 18-1)。岩石的密度主要与造岩矿物的密度及岩石孔隙率有关。火成岩、变质岩及大多数矿石的密度主要由前一个因素决定，而大多数沉积岩的密度主要取决于它的孔隙率，孔隙率增加，其密度线性地减少。

实际上，同一类岩石由于在自然界中所处的条件不同，密度也不相同。一个地区的岩石密度数据，常由专门的物性测量工作来获得。

表 18-1　常见岩石和矿石的密度

名称	密度/(g·cm^{-3})	名称	密度/(g·cm^{-3})
花岗岩	2.4～2.75	页岩	1.9～2.6
闪长岩	2.7～3.0	砂岩	1.8～2.8
辉绿岩	2.9～3.2	灰岩	2.3～3.0
玄武岩	2.7～3.2	黏土	2.0～2.2
橄榄岩	2.9～3.4	石膏	2.3～2.5
片麻岩	2.4～2.9	岩盐	1.95～2.2
石英岩	2.6～2.9	磁铁矿	4.9～5.7
千枚岩	2.7～2.8	铬铁矿	4.5～5.0
大理岩	2.6～2.9	煤	1.1～1.9

地下岩石仅仅有垂向密度差时不一定产生异常，还需沿水平方向上有密度变化。例如，一组水平岩层，虽然各层密度不同，但并不能引起重力异常，见图 18-3(a)。当灰岩隆起时（灰岩密度较大），在隆起部分重力异常变化的曲线如图 18-3(b)所示。当出现断层时，重力异常变化曲线如图 18-3(c)所示。

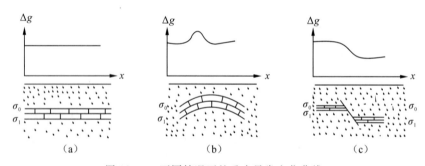

图 18-3　不同情况下的重力异常变化曲线

综上所述，密度差是进行重力勘探的基本条件，还不是充分条件。能否用这种方法，还要看勘探对象所产生的重力异常能否从干扰场中分辨出来。通常恶劣的地形条件，表层密度的不均匀、地下岩层和岩体的密度变化往往严重干扰了勘探对象的有用异常，使我们无法辨认后者。目前随着对重力资料解释理论的不断研究以及运用电子计算机对重力资料进行数据处理，解释效果和分辨能力已经大大地提高了，这种情况下，重力勘探又得到了进一步的发展。

第二节 重力异常的测定和测定结果的整理

一、重力仪

在任意一点测定重力的全值,称为重力的绝对测定,即测定绝对重力值。而目前重力测量广泛采用重力的相对测定,就是测出重力未知点相对于重力已知点的重力变化。测量重力相对变化的仪器叫重力仪。各种重力仪都是基于静力平衡原理制成的。就是利用某种弹性系统的形变产生的弹力与重力相平衡,当重力发生变化时,弹性系统的形变也产生相应的变化,从而测出重力的变化。

我们要求重力仪对微小的重力变化有非常高的灵敏度,例如当要求重力仪对 0.01mGal 的重力变化有反映时,就相当于要求仪器能称重 10^{-8}g 物质的质量。目前国内外普遍采用的石英弹簧重力仪,是由熔融石英制成的静力平衡弹性系统,其原理如图 18-4 所示。图中 OM 是一个可以绕固定水平轴(O_1O_2)在垂直面上自由转动的杠杆,其一端固定一个质量为 M 的重荷,重荷与转动轴之间连接两条弹簧,把杠杆悬挂起来,构成一个特殊的弹簧秤。整个系统可近似地看作有两种力的作用,一种是重荷在

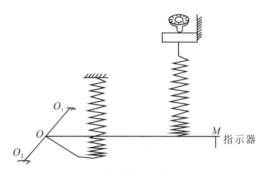

图 18-4 石英弹簧重力仪测试原理

重力作用下对转动轴产生的重力矩,另一种是两根弹簧伸长后对转动轴产生的弹力矩,两者的平衡条件是重力矩和弹力矩相等,即

$$Mg = M_\tau \tag{18-8}$$

式中:M_g 表示重力矩,M_τ 表示弹力矩。

当重力变化使平衡破坏后,杠杆向上或向下偏转,并通过光学系统反映出来。为了测得重力的变化大小,转动弹簧上端的螺旋,改变弹簧的张力,使杠杆恢复到平衡位置。这样,重力的变化就用弹簧加以补偿,读出弹簧螺旋的转动角度,即可测出重力值相对变化。螺旋上有刻度,它的每一格相当的重力变化值叫做仪器的格值。由于重力仪灵敏度很高,所以它也很容易受到其他干扰条件的影响,这些影响主要有:

(1)重力日变。它是由地球与其他星体(主要是太阳和月亮)位置相对改变产生的引力变化造成的。为此,要对仪器进行日变校正。

(2)温度变化。由于杠杆长度受温度影响,灵敏系统各着力点相对位置改变而造成重力仪读数变化。为此,仪器专门设置了温度补偿装置和绝热装置,使弹性系统处于恒温环境之中。另外仪器内部装有温度计,以便进行仪器温度校正。

(3)弹簧永久形变。弹簧在长期重力作用下,产生永久性形变,不能恢复到原来状态,这

个变化引起重力仪读数的改变叫做仪器的零点位移。为此,也要进行仪器零点校正。

其他还有气压的影响。大气压力发生变化,空气密度就发生变化,它对杠杆的浮力就发生变化,从而影响重力测量的结果。为此,把弹性系统全部放在密封的真空容器中。同时也可避免弹性系统与空气摩擦带电产生的静电影响。

目前我国生产的 ZSM-Ⅲ型石英弹簧重力仪,观测精度 $\varepsilon \leqslant \pm 0.03 \text{mGal}$,已被广泛使用。其他如振弦重力仪、超导重力仪、激光重力仪也正在研究和发展。

二、重力观测结果的整理

重力测量在测区内沿测线逐点进行。工作比例尺以及测线间距和测点间距取决于地质任务和重力异常范围的大小。取得各测点的重力值后,还不能立即用来进行地球物理解释,因为仪器在地表观测时,还有许多与地质无关的下列干扰因素必须从资料中消除(图18-5)。

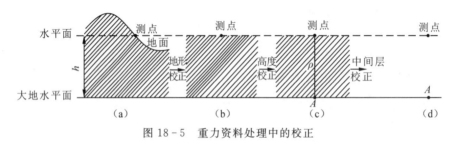

图 18-5 重力资料处理中的校正

(1)地形校正:当测点附近地形起伏时,高出测点水平面的质量多余部分和低于水平面的质量空缺部分都对重力测点的引力产生影响,因此必须进行削平与充填的地形校正。地形校正值是用专门量板和地形图计算得到的,校正后得到图 18-5(b)的情况。

(2)高度校正:测点高程不同则重力值不同,因此要换算到统一的大地水准面上,得到图 18-5(c)的情况。高度校正公式为

$$\Delta g_{高度} = +0.308h \tag{18-9}$$

式中,h 为测点高出大地水准面的距离。上式表明在空间每下降 1m,重力值增加 0.308mGal。

(3)中间层校正:去掉大地水准面以上部分的物质影响,得到图 18-5(d)的情况。我们把大地水准面和测点之间看成厚度为 h 的水平层,物质密度为 σ',则中间层校正公式为

$$\Delta g_{中间} = -0.042\sigma'h \tag{18-10}$$

在重力勘探中,把高度校正和中间层校正结合起来进行,并称它为布格效正,校正公式为

$$\Delta g_{布格} = (0.308 - 0.042\sigma')h \tag{18-11}$$

地形平坦地区不作地形校正,只按上式作布格校正,校正时计算重力异常的公式为

$$\Delta g_{异常} = g + \Delta g_{布格} - g_0 \tag{18-12}$$

式中:g 为重力观测值;$\Delta g_{布格}$ 为布格校正值;g_0 为测区内或邻区已知点上的重力值(一般是国家用多台高精度仪器长期观测的重力值)。

经过上述各种校正后,剩下的重力异常才是由地下密度分布不均的地质因素产生的重

力异常,这种异常称为布格异常。

为了便于研究重力异常,表示出勘探地区地质因素(地质构造、岩石组织等)引起的重力异常全貌,在计算出各点的重力异常值 Δg 后,即可绘制重力异常剖面图、平面等值线图、平面剖面图等成果图,最后利用这些成果图进行定性推断和定量解释。

绘制重力异常平面等值线图的方法和绘制地形图的方法相同,它表示了重力异常在测区的平面分布。例如图 18-6 所示为湖南某含煤向斜布格重力异常平面图。如果要详细了解重力异常沿某条直线的变化情况,则须绘制剖面图,如图 18-7 所示,横坐标表示距离(测点位置),纵坐标表示重力异常值 Δg。图中 Δg 的变化反映了煤系地层基底面是一个明显的密度界面,结合钻孔资料,可圈出煤系地层的分布范围。

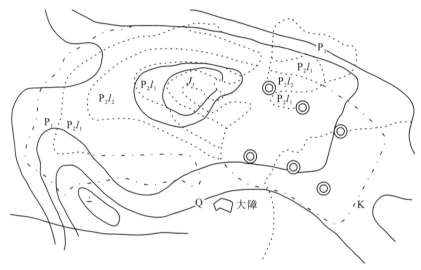

图 18-6 湖南某含煤向斜布格重力异常平面图

(图中 Q、K、P_1、$P_2 l_1$ 和 $P_2 l_2$ 为不同时代地层代号)

得到布格异常图后,一般还要进行区域校正。我们所得到的布格重力异常一般反映了各种地质因素的综合影响,其中区域地质构造造成了区域重力异常,局部地质构造或岩体造成了局部重力异常。由于前者的影响,局部异常不能明显地被反映出来,如图 18-8 所示[图(a)为剖面图,图(b)为平面图]。实测曲线 A+B 反映了区域和局部异常综合影响,曲线 A 是局部异常曲线,曲线 B 则反映了区域重力异常。区域校正就是从布格重力异常图中减去区域地质构造引起的重力异常,剩下就将局部异常突出出来,该异常称为剩余异常,由它构制的图叫做剩余异常图。

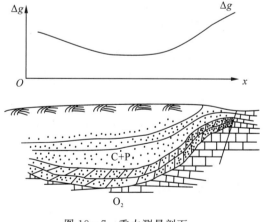

图 18-7 重力测量剖面

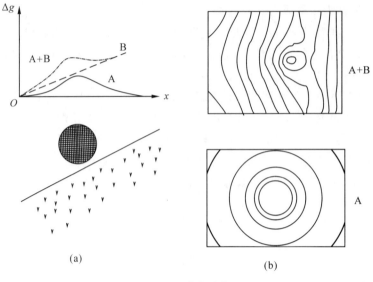

图 18-8 剩余异常图

第三节 重力勘探的资料解释和应用

一、重力勘探的资料解释

重力勘探的解释推断就是阐明产生重力异常的地质原因,它分为定性解释和定量解释两部分。定性解释任务是确定地下地质构造形态和范围大小,定量解释的任务是确定岩体或岩层的界面深度及其产状。

（一）定性解释

重力异常图中各种异常现象反映了地下地质情况,定性解释的主要问题是透过各种复杂的异常现象,正确认识引起异常的地质构造特征。下面我们分析一些常见的地质构造形态的重力异常特征,反过来就可以根据重力异常的特征去推断解释地质构造的特征。

图 18-9(a)是 AB 测线的地下地质剖面图,其上覆沉积岩密度为 σ_1,岩浆岩基底密度为 σ_2,且 $\sigma_2 > \sigma_1$。图 18-9(b)是 Δg 剖面图,其形状大体与密度界面的起伏相似。图 18-9(c) 是异常平面图,Δg 等值线是一系列平行背斜轴的曲线簇。现对比图 18-9 和图 18-10,两者地质剖面基本相同,Δg 剖面图也基本相同,但异常平面图却差别很大。虽然我们没有地质平面图,不知道构造在各个空间的延伸情况。但从异常平面图分析,可知后者是长轴背斜,而前者长轴和短轴之比很小;后者 Δg 平面图表现为一系列的平行直线,而前者则是一系列共轴椭圆。此外,从异常线的疏密情况也可分析出密度界面变化陡缓的情况,界面越陡,异常线越密集;反之,则异常线较稀疏。

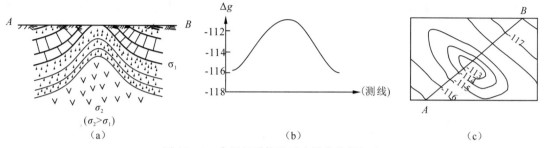

图 18-9 常见地质构造重力异常特征(一)

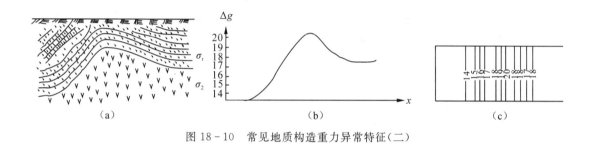

图 18-10 常见地质构造重力异常特征(二)

图 18-11 反映了向斜构造的重力异常曲线特点。

图 18-12 反映了断层构造的重力异常曲线的特点,可见在断裂带上对应着 Δg 的剧烈变化。

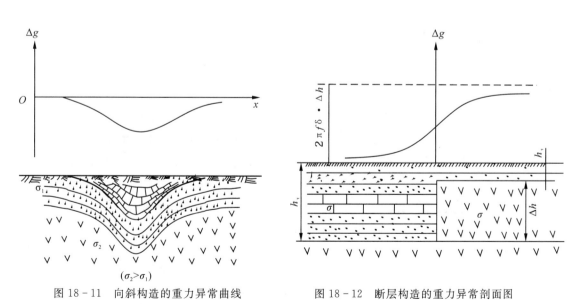

图 18-11 向斜构造的重力异常曲线　　图 18-12 断层构造的重力异常剖面图

当我们研究了重力异常曲线与地质构造的对应关系后,即可由异常曲线特点去推断解释地质构造的特点并大致圈定其范围。对煤田地质勘探来说主要是利用重力勘探方法固定煤盆地的分布范围和构造大致形态,以便进一步利用其他物探方法去研究其深度、产状和详细的构造形态。

(二)定量解释

实际的地质构造形态和岩体形态是复杂的,我们只能选择一些简单的典型的形态来研究其定量解释方法。

(1)球状岩体的定量解释。假设地下有一球形岩体,密度为 σ,周围介质密度为 σ_0,且 $\sigma > \sigma_0$,球体积为 V,经数学推导可得到计算球体中心到地面距离(用 h 表示)的公式为

$$h = 1.3 x_{\frac{1}{2}} \tag{18-13}$$

式中,$x_{\frac{1}{2}}$ 是异常剖面曲线极大点到半幅点之间的 x 坐标差。反过来,我们只要量得 $x_{\frac{1}{2}}$ 的实际大小,就能求出球心的埋藏深度,如图 18-13 所示。

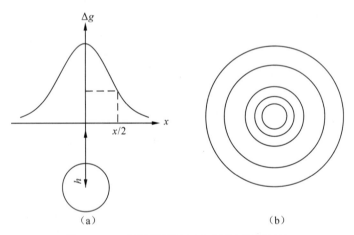

图 18-13 异常剖面图(a)和异常平面图(b)

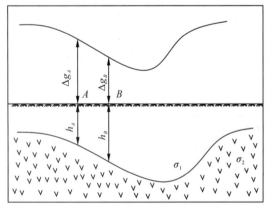

图 18-14 两层介质模型

(2)一个密度分界面的定量解释。假如地下存在两层介质,其密度分别为 σ_1 和 σ_2(如图 18-14 所示),不论其界面起伏如何,总是计算每一个重力点的界面深度,然后把每点的深度值连接起来,就反映了界面的起伏变化。

已知上、下介质的密度差 $\Delta \sigma = \sigma_1 - \sigma_2$,并且已知某一点的界面深度为 h_B(例如 B 点在钻孔附近),则 A 点的界面深度为

$$h_A = \frac{\Delta g_B - \Delta g_A}{2\pi f \cdot \Delta \sigma} + h_B \tag{18-14}$$

式中：Δg_A、Δg_B 分别为 A、B 两点的重力异常值；f 为引力常数。依此类推，可以求出其他各点的界面深度。

必须指出，密度资料的不精确，或者有多个密度界面存在等原因，都可使计算不够精确，尽管如此，利用式(18-9)进行大致估算仍然有一定的实际意义。

二、重力勘探的应用条件和应用范围

（一）应用条件

重力勘探是借助于地下地质构造或地质体在地面引起的重力异常而间接地了解它们的构造形态或地质体形态以及它们的分布范围、深度的勘探手段。显然，勘探对象所引起的重力异常必须大到可测的程度，并且明显大于其他干扰因素所引起的重力异常（有用异常至少大于干扰背景的 3～6 倍，或者能够用某种方法将干扰去掉），重力测量的结果才能有效地应用于解决地质问题。实践证明，进行重力勘探的有利条件可归纳为以下两个方面。

(1)在重力勘探的测区内有反映地质构造形态特点的明显的密度分界面，密度界面两侧岩石必须具有足够的密度差异，这是进行重力勘探的基本前提，其密度差不小于 $0.3g/cm^2$。并且要求同一岩层在勘探范围内有较稳定的密度。岩相的变化是不利的条件，如果勘探对象是岩体，则必须与围岩有足够大的密度差。

(2)岩石的密度分界面不仅反映构造形态，并且具有明显的产状变化和足够大的面积，埋藏深度最大不超过 3000m。

具备了上述条件，一般能得到良好的效果。其他方面，如平坦的地形，也是进行重力勘探的有利条件之一。复杂的地形不仅给野外施工造成困难，而且降低了勘探效果，这是因为地形校正往往不能保证达到必要的精确度。干扰性重力异常的影响小，也是重力勘探的有利条件之一，如局部的砾石堆积、结晶基底的岩石密度变化等，都不利于重力观测结果的推断解释。

（二）重力勘探的应用范围

引起地面重力异常的地质因素很多，从地表到地下数十千米所有的密度不均匀体都会引起重力异常。具体来说，地质构造、岩性变化、岩浆岩侵入体、矿体的赋存以及地壳厚度的变化等，都能引起重力异常，我们就是根据重力异常特点来分析引起异常的各种地质原因，解决某些地质问题的。因此，某一地区只要具备了上述应用重力勘探的有利条件，就可以采用重力方法去研究该区的地质问题。下面介绍一些利用重力方法能够解决的地质问题。

1. 研究结晶基底表面的起伏和内部结构的变化

在地台区结晶基底和沉积岩之间通常是一个密度分界面，并且基岩密度较大，在基底岩石密度均匀的条件下，重力变化可以很好地反映基底表面的起伏，重力高通常反映基底的隆起，重力低则反映基岩的凹陷。

当结晶基底埋藏较浅时,重力场的局部变化特征常与基底内部的成分和构造有关,这是因为基底通常是由经过强烈变质的各种类型的结晶片岩所组成,又有各类酸性、基性、超基性岩的侵入体,同时还存在因构造运动而形成的褶皱和断裂,因此基底内部密度是不均匀的,结构也是复杂的,这些都是引起重力异常的重要因素。在研究结晶基底表面的起伏及沉积岩构造时,这种异常是一种干扰因素。因此,在解释重力资料时就需要与其他物探方法的资料相结合。在许多地区因为与基底内部成分和构造有关的重力异常伴随有磁力异常,且在平面图上呈条带状的延伸,综合应用磁法勘探和重力勘探,可以有效地辨认这种干扰因素。

2. 研究沉积岩的内部构造和岩相变化

不同时代及不同岩相的沉积岩也存在着密度差异,因此在沉积岩系中通常有好几个密度界面,这是我们利用重力勘探研究沉积岩层的区域构造和局部构造的依据。当沉积岩内部有褶皱、尖灭或断裂构造使密度界面随之起伏或错断时,就会引起重力的变化。例如我国华北地区奥陶系灰岩与上覆石炭-二叠系煤系地层之间就是一个很好的密度分界面。四川盆地三叠系灰岩与上覆侏罗系、白垩系陆相砂岩之间的界面也是一个明显的密度分界面。实践证明,重力勘探探明煤田地质构造是很有效的,这类重力异常幅度一般为十分之几毫伽到几毫伽。

沉积岩内部岩相的变化、砾石的局部堆积或岩浆岩侵入体等因素,均可引起重力异常,这时探明沉积岩的局部构造是一种干扰因素,必须引起注意。

3. 研究地壳厚度的变化

地壳与地幔的分界面称为莫霍洛维奇面,是一个明显的密度分界面,界面的起伏变化反映了地壳厚度的变化。这种变化产生的重力异常特点是分布面积和幅度都非常大而变化很缓慢。地壳变薄,重力异常值为正;地壳变厚,则重力异常值为负。

重力勘探在寻找金属、非金属矿产(例如铬铁矿、盐矿等)的赋存方面也得到了应用。此外,利用重力测量资料分析天然地震形势是地震预报工作中很受重视的问题。在军事科学中,发射导弹等远程武器时,为了掌握弹道规律,以便实施有效制导,也必须有充分的重力资料。在宇航技术中重力资料更是不可缺少。大地测量工作则根据重力的分布和变化规律来研究地球形状。在石油勘探中,在研究油田构造和圈定油田范围等问题的过程中,重力勘探方法也得到了广泛的应用。

三、重力勘探在普查和勘探煤田时的应用

利用重力方法普查和勘探煤田,有可能确定煤田边界、含煤沉积厚度以及含煤盆地的深度、起伏情况。

一般情况下,煤系地层与其上、下岩层之间都有显著的密度差别。煤盆地的基底往往由密度较大的岩石组成,而上覆的煤系地层和岩系密度较小。特别是近海型煤田,煤系地层底部往往沉积有密度较大的灰岩层,有利于使用重力方法进行区域性煤田普查以及利用高精度重力仪进行局部构造的详查,但是在煤田普查和勘探工作中,重力勘探只能是综合地质勘

探的手段之一。

煤田地质情况复杂、类型不一,具体问题的解决要因地制宜。下面是应用重力勘探的实例。

(一) 圈定煤田范围和构造形态

陕西省某地区地层出露不好,只有东北角出露自古生代以后的各时代地层,其余为第四系黄土覆盖,沿北东-南西向分布有石炭-二叠系煤系地层(图18-15)。

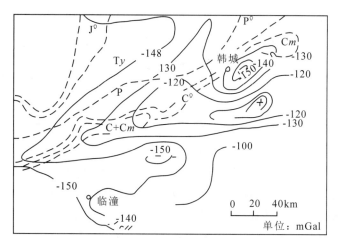

图 18-15 陕西某地区重力异常图
(图中 T_y、P、C+Cm、J 为不同时代地层代号)

为了查明区内第四系下伏构造,在区内进行了重力测量。区内地层有两个密度界面:第一个是第四系黄土和二叠系之间的界面,密度差为 $\pm 1.0 \mathrm{g/cm^3}$;第二个是石炭-二叠系与下伏灰岩或其他古老地层之间的界面,密度差为 $0.13\sim0.38\mathrm{g/cm^3}$。从重力异常等值线图来看,总的异常走向为北东-南西向,推断和煤系地层分布完全一致,韩城附近的 $-150\mathrm{mGal}$ 左右的异常则与已知煤盆地完全吻合。南部也出现局部重力负异常,等值线比较密集。考虑到北部异常平缓,而南部异常梯度较大,故推断南部是一个凹陷,这和地质上推测的渭河地堑位置相当。后来的钻探工作证实了上述的推断解释。

(二) 圈定无煤区边界

根据国外资料,煤田地球物理研究和实践结果表明:对于可剥离深度范围内的煤田,使用高精度重力测量能直接确定煤层的局部无煤区。这是由于煤的密度小于围岩的密度,煤层较厚,且埋藏深度不大。这些为重力测量直接圈定无煤区边界创造了有利条件。这时只需要少量钻孔去证实地球物理解释的成果,同时可用测井方法获得密度资料,以提高地球物理解释的精确度。类似地质条件在我国也存在,有待进一步开展研究。

第十九章　磁法勘探

磁法勘探是以地壳中岩、矿石的磁性差异为基础的。由于这种差异的存在,在地表就形成有一定特点的局部磁场,叠加在地球磁场之上,形成磁异常,通过测定和分析这些磁异常来研究它和地质因素的关系,从而作出关于地下地质构造与矿产分布的有关结论,这就是磁法勘探的实质和主要任务。

磁法勘探在矿产资源的普查与勘探以及解决与寻找矿产有关的一些地质问题方面都有良好的效果,特别是寻找各种类型的磁铁矿,它起着显著的作用,在探测石油、煤田方面也得到运用。

近年来,电子计算机技术的高速发展,使磁测结果的数据处理、成图及异常解释方面正在逐步实现数字化,大大提高了解释速度和效果。同时又发展了模拟各种复杂异常的数学模型,建立了解释的新方法,从而进入了解释复杂异常的新阶段。

在磁法勘探的仪器方面,除了机械式磁力仪外,还研制了建立在现代磁学理论基础上的磁通门磁力仪,建立在原子结构和量子力学等理论基础上的高精度高稳性的核子旋进磁力仪以及光泵磁力仪、超导磁力仪等。这些仪器的运用,大大提高了磁测的精度和效率。它们不仅可用来观测静磁场,并且可用于测定磁场梯度,从而扩大了研究的范围。

第一节　磁法勘探的理论基础

一、磁场和磁场强度

由磁学可以知道,任何一个磁性物体,总是成对出现两个磁极,即南极(S)和北极(N)。不同磁体的磁极之间具有同性相斥、异性相吸的特性,这种磁极间的引力或斥力称为磁力。磁力的大小与磁极的磁性强弱及磁极间的距离等因素有关。

磁极的磁性强弱,我们用"磁荷"来描述。当然,从物理学研究知道,物质内并不存在什么磁荷。物质的磁性是由大量原子的磁性表现出来的,而原子的磁性则是由原子中电子的轨道运动和自旋运动以及一些其他粒子的自旋运动等产生的。尽管如此,"磁荷"这个方便又实用的虚设概念对于我们研究只涉及磁的宏观现象的磁法勘探问题是够用和方便的。磁荷有正负之分,正磁荷聚集在 N 极,负磁荷聚集在 S 极,"磁荷量"是表示磁荷的数量的概念,用 m 表示,磁极的磁荷越多,即 m 越大,磁极的磁性就越强。

磁体之间的相互作用,可用磁的库仑定律来表示,即

$$\vec{F} = K \frac{m_1 \times m_2}{r_2} \tag{19-1}$$

式中:m_1、m_2 分别为两磁极的磁荷量;r 为它们之间的距离;$\vec{F}$ 为其相互之间的作用力;K 为介质的导磁率,当采用 CGSM 单位制时,在真空中 $K=1$,在空气中 $K\approx 1$。

磁力能够"超距"地直接作用在另一个磁极上。我们把有磁力作用的空间叫做磁场,磁极的相互作用就是通过磁体周围产生的磁场进行的。为了衡量磁场的强弱,引入"磁场强度"的概念。磁场中某一点的磁场强度就是在那一点上的单位正磁荷所受的力,如果在那一点上的磁荷量为 m_0,它所受到的磁力为 $\vec{F}$,则该点的磁场强度 $\vec{T}$ 可用下式表示:

$$\vec{T} = \frac{\vec{F}}{m_0} \tag{19-2}$$

磁场强度 $\vec{T}$ 的方向就是该点上正磁荷所受磁力 $\vec{F}$ 的方向。如果单位正磁荷在磁场中某点所受的磁力是一个达因,则该点的磁场强度为 1CGSM 单位,专门的名称为奥斯特,用 O_e 表示。在磁法勘探中所测量的磁场强度的变化是很弱的,这个单位过大,所以采用十万分之一奥斯特为单位,称为伽马,用 γ 表示。

$$1 \text{伽马} = \frac{1}{100\,000} \text{奥斯特} = 10^{-5} \text{奥斯特}$$

或

$$1O_e = 100\,000 \text{伽马} = 10^5 \gamma$$

我们常用磁力线来描绘磁体的磁场特征。磁场强度不仅可用磁力线表示方向,也能用磁力线的疏密程度来表示其大小。图 19-1 为磁棒磁场的磁力线图,磁力线上每一点的切线方向就是该点的磁场方向。

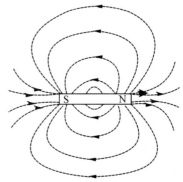

图 19-1　磁棒磁场的磁力线分布示意图

二、地球的磁场

在地球任何地方(地表、地下、空中)都可以发现磁力作用,地球产生的这个磁场叫做地磁场。地磁的两极与地理的两极并不一致,地磁轴与地理轴之间夹角为 $11°44'$。地磁场的磁力线由北极出发进入南极(图 19-2)。

地磁场中任何一点的磁场强度用 $\vec{T}$ 表示,称为总磁场强度。设地磁场中某一点 o 的磁场强度为 $\vec{T}$,以 o 为原点设立直角坐标系,xoy 平面为水平面,x 轴指向地理北,y 轴向东,z 轴垂直向下,如图 19-3 所示。

总磁场强度 $\vec{T}$ 在 z 轴上的投影叫做地磁场垂直分量,用 $\vec{Z}$ 表示,其方向规定向下为正,向上为负,在北半球 $\vec{Z}$ 是正值,在南半球 $\vec{Z}$ 是负值。$\vec{T}$ 在水平面上的投影叫做地磁场水平分量,用 $\vec{H}$ 表示,它的方向总是指向磁北,$\vec{H}$ 的作用线称为该点的磁子午线。$\vec{T}$ 与水平面的夹角(即 $\vec{T}$ 与 $\vec{H}$ 的夹角)叫做地磁倾角,用 I 表示,I 向下为正,向上为负。我国地磁倾角

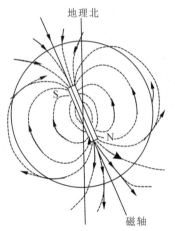

图 19-2 地球磁力线分布示意图

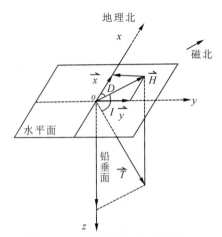

图 19-3 地磁要素相互关系图

I 也总是正的。水平强度矢量 $\vec{H}$ 处在 xoy 水平面内，由于地磁两极与地理两极不重合，故 $\vec{H}$ 与 x 轴不平行，有一个夹角，称为磁偏角，用 D 表示。$\vec{H}$ 相对于 x 轴（地理子午线）偏东，则 D 为正；如果偏西，D 为负。$\vec{H}$ 在 x 轴上的投影叫做北向分量，用 $\vec{x}$ 表示，在 y 轴上的投影叫做东向分量，用 $\vec{y}$ 表示。x 向北为正，向南为负；y 向东为正，向西为负。

上述总磁场强度 $\vec{T}$ 与其分量 $\vec{H}$、$\vec{Z}$ 和磁倾角 I、磁偏角 D 统称为地磁要素。在地磁场的测量中，通常只观测 $\vec{H}$、D、I，然后计算 $\vec{Z}$，因此，一般也称 $\vec{H}$、I、D 为地磁三要素。

实际观测表明，地磁要素是变化的，把各处地磁台站测定的地磁要素值编制成等值线图，叫做地磁图。通常有地磁场垂直分量等值线图，水平分量等值线图及磁偏角等值线图。磁偏角 D 在赤道附近的变化范围在 $+10°\sim-10°$ 之间，在两极数值不定。磁倾角 I 在赤道地区为 $0°$，在两极为 $90°$，即 $\vec{T}$ 在赤道是水平方向，在两极是垂直方向。另外，地磁场在垂直方向也是变化的，随着高度增加，地磁场强度减小。

观测表明，地磁场也随时间而发生变化，通常称为地磁场的变异，它主要表现在同一测点上的地磁要素有周期性的和非周期性的变化。

周期为 1d 的磁场变化称为日变，这与地球自转时各处与太阳的相对位置变化有关，一般白天变化比黑夜大，夏季变化比冬季大。由于日变周期短，变化幅度大，因此要对磁测结果进行日变校正。

地磁场短时间的非周期性变化叫做磁扰，比较强烈的磁扰（可达几十伽马到几百伽马）叫做"磁暴"，目前认为它是由太阳黑子爆发引起的。

此外，还有周期较长的变异，如周期为 1a 的叫做周年变异，对磁测无影响。

在地磁学中，常把地球当作一个理想的均匀磁化球体，它产生的磁场叫做地磁正常场。把其他各种原因（如地质原因等）产生的偏差叫做磁异常。磁异常可分为大陆性异常，区域性异常和局部异常。由于大陆性异常占有巨大的面积，长宽达数千千米，相当于一个洲的面积，所以实际上我们是将理想的磁化球体的磁场和大陆性异常合称为地磁正常场，而把区域性异常和局部异常叫做磁异常。

在实际工作中，主要研究磁场强度的垂直分量值 Z 的变化，称为垂直磁异常，以 ΔZ 表示：

$$\Delta Z = Z - Z_0 \tag{19-3}$$

式中：Z_0 为正常场中的地磁场垂直分量值；Z 为异常区中的实际地磁场垂直分量。目前地面磁测主要是测定 ΔZ，航空磁测是测定地磁场总强度的变化，其相对变化称为总强度的异常，以 ΔT 表示，即

$$\Delta T = T - T_0 \tag{19-4}$$

式中：ΔT_0 为正常场的地磁场总强度值；ΔT 为异常区中实际的地磁场总强度值。

三、岩石的磁性

因为磁力异常是由具有不同磁性的岩、矿石引起的，因此要了解各种地质因素与磁异常的关系，必须研究岩石的磁性及其变化规律。岩石和矿石之所以有磁性，内因是含有铁磁性物质，外因是它们从成岩和成矿时起就处在地磁场中，被地磁场磁化。使原来没有磁性的物体得到磁性就叫做磁化，岩石被磁化的程度叫做磁化强度，用 $\vec{J}$ 表示。磁化强度由两部分组成：一部分是由现代地磁场磁化而具有的磁性，表示其磁性强弱程度的物理量叫做感应磁化强度，用 $\vec{J}_i$ 表示；另一部分是由岩石形成时在各种复杂的地质和地球物理因素作用下获得磁性并一直保留下来的，表示其磁性强弱程度的物理量叫做天然剩余磁化强度，也称剩磁，用 $\vec{J}_r$ 表示。因此有下式：

$$\vec{J} = \vec{J}_i + \vec{J}_r \tag{19-5}$$

$\vec{J}_i$ 的数值大小取决于岩石磁化率以及现代地磁场强度，它的方向一般与地磁场的方向一致。用公式表示为

$$\vec{J}_i = \kappa \vec{T} \tag{19-6}$$

其中，磁化率 κ 表示物质被磁化的能力的大小。

剩余磁化强度 $\vec{J}_r$ 与岩石的形成过程有关，也就是说与岩石的地质历史有关。

由上所述，磁化率 κ 和剩磁 $\vec{J}_r$ 就成了研究岩石磁性的主要内容。磁化率 κ 的大小主要决定于岩石中含铁磁性矿物的多少，铁磁性矿物具有很高的磁化率，如磁铁矿、钛铁矿、磁黄铁矿等。磁化率不很高但大于零的矿物叫做顺磁性矿物，如云母、辉石等。有些矿物在磁场中使磁场强度减弱，这种磁化率为负值的矿物叫做反磁性矿物，如岩盐、石膏、方解石、石英等。

对岩石的剩磁 $\vec{J}_r$ 来说，一般岩浆岩剩磁大，沉积岩则很微小，它们与现代地磁场方向也不相同。$\vec{J}_r$ 一般与古代岩石形成时的地磁场方向一致。所以根据古代剩磁的方向可以推算出该时代地球磁极的位置。由于人们研究古地磁极移动的情况而形成了地球物理学的一个新的分支——古地磁学，即根据岩石天然剩磁的方向来研究地球存在以来各个地质时期的地球磁场的发展变化。这对研究大地构造运动史、古地理气候以及岩石的区域对比和确定岩石的相对年代都有很大的意义。

总的来看，岩石的磁性一般是岩浆岩最强，沉积岩最弱，变质岩则介于两者之间。磁法勘探是基于不同岩石的岩性差异有不同特点的磁异常，通过分析这些磁异常的特点来解决

一些找矿与地质勘探问题的。因此研究和测定岩石的磁性资料已成为磁法勘探野外工作中不可分割的一部分。

第二节 磁异常的测定及其结果的整理

一、磁力仪

磁异常是由磁力仪(即磁秤)测得的。在磁法勘探中主要是研究地磁要素的相对变化值,而不是测量它们的绝对值。磁力仪按所测量的地磁要素,可分为测量地磁场垂直强度增量值 ΔZ 的垂直磁力仪,测量地磁场水平强度增量值 ΔH 的水平磁力仪以及测量地磁场总强度增量值 ΔT 的总强度磁力仪。前两种磁力仪主要应用于地面磁测(目前主要应用垂直磁力仪),后一种磁力仪常用于航空磁测。

磁力仪按仪器的结构特点可分为悬丝式磁力仪和刃口式磁力仪,目前常用的是悬丝式磁力仪。刃口式磁力仪精度高,但效率低。

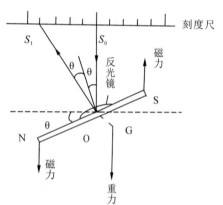

图 19-4 垂直磁秤工作原理示意图

下面以悬丝式垂直磁力仪为例,介绍磁力仪的工作原理。如图 19-4 所示,有一根圆柱形磁棒被一水平金属丝悬挂在仪器内部。磁棒可绕金属丝转动。其工作原理是用磁棒偏转的角度大小来反映垂直分量值 Z 的变化。安装仪器时,使悬丝的支点靠近 N 极一端,因而磁棒的重心稍偏高向 S 极,并且使几何重心 G 位置在旋转轴右下方,使重力对磁棒产生力矩。如当磁力矩的作用使磁棒逆时针方向转动 θ 角时,重力矩和悬丝扭力矩就使磁棒顺时针方向转动,达到动平衡时则有:磁力矩＝重力矩＋扭力矩。

这时有一个 θ 角值与垂直的分量 Z 相对应。Z 值增大,则磁力距相应增加,磁棒发生逆时针方向偏转,θ 角随之增大。但同时由于磁棒向上方移动,使重力矩和扭力矩也相应增大,阻止磁棒继续偏转,因此,磁棒在另一个较大的 θ 角位置上达到新的平衡。由理论证明,当 θ 角很小时($\theta<2°$),它的变化与磁场垂直分量值的变化(ΔZ)呈线性关系。

因为 θ 角变化很小,为此采用光学反射原理。入射光线由刻度尺上 S_0 处垂直向下射到磁棒上方的反光镜上(镜面与磁棒平行),光线反射到刻度尺 S_1 处。如 A、B 两测点读数分别为 S_1 和 S_2,由 S_2 减去 S_1,再乘刻度上每一格所相当的磁场强度数值(即仪器格值 ε),便得到 A、B 两测点的垂直分量差值 ΔZ:

$$\Delta Z = \varepsilon \times (S_2 - S_1) \tag{19-7}$$

磁法勘探是研究磁棒相对变化的,通常选定一个基点,以该基点的磁场强度为基准,求其余测点对该点的磁场相对变化。

除垂直磁力仪之外,还有定向水平磁力仪,能够精确测定不同方向的水平磁异常值。磁通门式磁力仪是利用磁饱和原理制成的。核子旋进式磁力仪是根据氢原子的质子在磁场中的旋进频率与所在磁场的总磁场强度成正比的原理设计制造的,是高精度仪器。光泵磁力仪的原理是由一个光谱灯发出光线,经过一系列光学系统处理之后,使它射入吸收室,并由透镜聚焦在光敏元件上,最后根据透过吸收室的光强的变化来求出地磁场强度,其灵敏度比核子旋进式磁力仪高几十倍到 100 倍。某些金属在极低温情况下,将完全没有电阻,这种现象叫做超导效应,超导体与磁场之间有密切关系,利用这些关系设计的磁力仪就叫做超导磁力仪,灵敏度高达 $10^{-5} \sim 10^{-6} \gamma$,测量范围可由几千奥斯特到真正的零磁场。

二、磁异常观测结果的整理和图示

(一)磁异常的观测

磁法勘探的野外工作和重力勘探类似,由测线、测点组成测网,磁测比例尺的选择和测网的布置主要依据地质任务而定,同时也要考虑到勘探对象的范围大小,然后根据布置的测线逐点地进行磁测。

野外磁测结果需要加以整理,目的是求出各测点相对于基点的磁异常值。假设基点的仪器读数是 S_1,某一测点的读数是 S_2,则该点的磁异常由式(19-7)计算得出。

在弱磁区进行工作或进行精密磁测时,还需要对计算的 ΔZ 进行日变改正、温度改正、零点改正。地磁场的日变对观测结果会产生影响,消除这一影响的改正叫做日变改正。温度使仪器读数受到影响,消除其影响的改正叫做温度改正。仪器内部结构不稳定也会影响仪器读数,相应的改正叫做零点改正。

如果测区较大时,还要进行纬度校正。因为测点与基点不在同一纬度时,地磁正常场值就有差别。

(二)磁异常的图示

为了明显地表示测区内磁异常特征和进一步作地质解释,需要将各测点的磁异常值绘制成图。磁测结果的图件主要有下列几种:

(1)磁异常等值线平面图。与绘制重力异常平面图相似,将测区内各测点磁异常值相等的点连接成圆滑曲线就可以得到磁力异常平面图。图 19-5 为一实例,该图表现了岩浆岩断裂错动后的磁异常平面分布特点。从图中可以了解磁异常的分布范围、走向等特征。

(2)磁异常平面剖面图。把全区测线画在同一平面图上,然后以各测点位置为横坐标,各测点异常值为纵坐标,分别绘出各测线的磁场剖面曲线,就构成平面剖面图。例如图 19-6 所示,从该图可清楚看到磁异常的走向和梯度变化情况。

(3)磁异常剖面图。磁异常剖面图上的曲线能比较完善地表现磁场沿某一方向变化的特征,若同时绘出地质剖面图,就形成了综合剖面图,往往可用于定量计算。

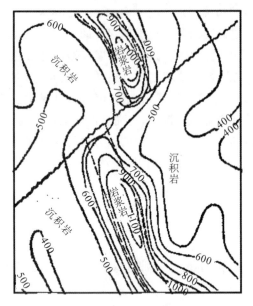 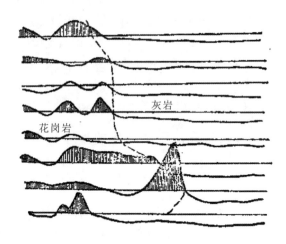

图 19-5 磁异常等值线平面图示例　　　图 19-6 磁异常平面剖面图示例

第三节　磁法勘探的资料解释和应用

一、磁法勘探的正反演问题

磁法勘探的资料解释就是阐明产生磁异常的地质原因,也可以分为定性解释和定量解释两部分。为了对磁测资料进行解释,我们首先应该了解各种类型的地质体所引起的磁异常特点,这就需要由已知的地质特征和它们的磁性资料(其中包括地质体的形状大小,磁化强度 $\vec{J}$ 的大小和方向,地质体的磁力线分布以及地磁场的 T 和 I 等)用数学方法计算出它们的磁异常曲线,从而找出各种磁异常和地质因素的关系,我们称此为磁法勘探的"正演问题"。反过来,根据磁异常的特征推断解释未知的地质特征(包括定性和定量解释)叫做磁法勘探的"反演问题"。

由于磁异常分布特点不仅与地质体的形状、大小和位置有关,还与其下缘深度和磁化强度 $\vec{J}$ 的方向有关,同时被磁化物体又有正负极之分,且两极的作用相反,问题就比较复杂,这是磁测结果的资料解释中独特的地方。为了阐明基本原理,介绍研究问题的方法,我们下面只讨论几种简单情况下的正、反演问题。脉状的岩体(如岩浆侵入体),地层的起伏变化以及断裂构造是我们在煤田地质工作中经常遇到的问题,因此,我们仅仅就这几种形态加以讨论(注意其中 $\vec{J}=\vec{J}_i+\vec{J}_r$,表示了总磁化强度)。

(一)脉状岩体的正反演问题

1. 正演问题

(1)顺层磁化:假设地下岩体向下无限延伸,并且磁化强度 J 方向和岩体的倾斜方向一致,这时岩体的磁化叫做顺层磁化(图 19-7),岩体顶部感应出负磁荷,在岩体的下端相应的为正磁荷,不过由于下缘很深,它对地面的影响已经可以忽略不计。这样,地面上产生的磁异常就可以视为由一个单一负磁极所产生的。为了研究地面磁异常曲线的形状,我们首先注意观察岩体周围的磁力线分布。从磁力线的分布可以知道,岩体的 ΔZ 异常曲线是近似对称的,极大值近似在岩体顶端的正上方,这是因为正上方距岩体最近以及磁力线近于垂直,所以其垂直磁异常也最大。在两旁磁力线的方向渐趋于水平,所以其垂直磁异常也逐渐减小。

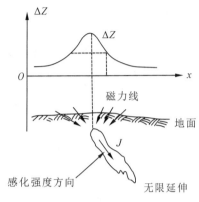

图 19-7 顺层磁化示意图

在计算磁异常理论曲线时,把磁力线朝下的方向定为正,向上定为负,这是因为在北半球地磁场方向向下,因而磁性岩体上的磁力线也多半向下,这样把向下定为正方向比较方便。

如果岩体不是向下无限延伸,即下缘深度不大,则岩体两磁极对地面磁测都有影响,计算在地面上任意一点的磁异常值是两磁极影响的总和。由计算的理论磁异常曲线(图 19-8)可以看到,在距岩体较远的地方出现了负异常值。其原因是这些地方的磁力线方向是向上的,而磁力线向上显然是由底端正磁极影响的结果。曲线的负异常在岩体两边并不对称,这是由于岩体倾斜方向一侧的磁力线在稍近的地方穿出地面,而另一侧则磁力线在更远的地方穿出地面。

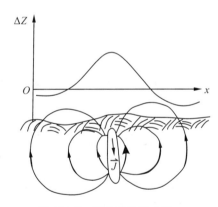

图 19-8 理论磁异常曲线

由图 19-7 与图 19-8 可以看出,两条异常曲线存在着差别,所以从理论上讲,可以根据磁异常曲线来判断岩体的下缘深度。但是应该注意到,岩体两旁出现的负异常通常是不大的,并且实测曲线往往因为干扰存在使负异常显得不十分规则。由于上述原因,在条件好的情况下,根据磁异常可以推断岩体向下延伸情况,但一般情况下,不容易得到可靠的数据。

(2)非顺层磁化:假设地下岩体的延伸方向和磁化强度 J 方向不一致,即出现非顺层磁化(图 19-9)。这种情况下,磁荷不仅分布在岩体的两端,也出现于两侧表面,并且也有正、负两种磁荷。图中岩层倾角小于 J 的倾角,由磁力线的分布特点来分析,其磁异常曲线不对称,在岩体倾斜一侧的曲线下降较慢,这是由正磁荷距地面较远造成的;在相反一侧,曲线下降较快,且出现负异常,这是由正磁荷距地面较近造成的。出现负异常的地方也正是磁力线向上穿出地面的地方。

2. 反演问题

脉状岩体的埋藏深度可以通过对磁异常曲线进行反演计算得到。一般是用经验方法来计算磁性体的埋藏深度的。经验方法很多,而通常较多地应用磁异常曲线的切线法。图 19-10 中有一无限向下延伸的磁性体,其 ΔZ 异常曲线如图中所示。为了求其埋藏深度 h,在 ΔZ 异常曲线的极大值点处作一条与横轴平行的切线,在曲线两侧的拐点处各作一条切线,在曲线两侧的极小值点也分别作与 x 轴平行的切线,这 5 条切线相交,在曲线两侧分别得到交点 a、b、c、d,我们令 a、b 两点之间的水平距离为 x_1,c、d 之间水平距离为 x_2。如果异常曲线是对称的,x_1、x_2 都大约等于所求深度的 2 倍。实际上曲线往往不对称,即有 $x_1 \neq x_2$,我们就取其平均值按下式来计算 h:

$$h = \frac{1}{2}\left[\frac{1}{2}(x_1 + x_2)\right] = \frac{1}{4}(x_1 + x_2)$$

(19-8)

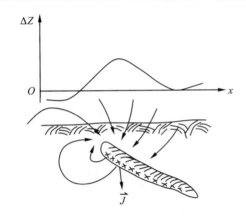

图 19-9 非顺层磁化示意图

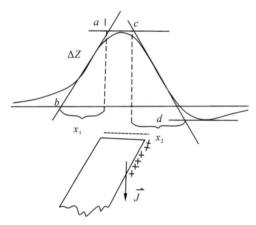

图 19-10 无限向下延伸磁性体的 ΔZ 异常曲线

这里要特别注意,使用切线法计算岩体深度时,应垂直于异常的走向或穿过异常的极值点绘制剖面来取得 ΔZ 异常曲线,然后再按上述方法进行计算。

切线法不仅适用于脉状岩体,还适用于多种形态的地质体。它的适用性如此广泛,是因为无论哪种形状的异常体,总是埋藏愈浅,异常的变化愈急剧,埋藏愈深,则异常变化愈平缓。而不同埋深导致异常曲线的切线陡缓不同,反映在切线交点之间的水平距离也不相等,因此通过参量 x_1 和 x_2 便可估算异常体的埋深。也就是说,从近似的观点来看,切线法求深度可用于不同形状和不同磁化强度方向的磁性体。

通过前面正演问题的讨论,我们还可以得出某些重要的一般性的定性解释结论:根据 ΔZ 异常平面图上的条带状异常可发现岩脉,如果 ΔZ 正异常的两侧没有出现负异常,则表明岩脉下延很深;如果 ΔZ 正异常的两侧都有较明显的负异常,则表明岩脉下端延伸很浅;如果 ΔZ 正异常只有一侧出现负异常,则岩脉向下延伸的深浅不能确定;如果岩脉走向与磁子午线平行,并且 ΔZ 异常曲线是两侧对称的,则岩脉是直立的。

(二) 一个磁性分界面的正反演问题

1. 正演问题

(1) 垂直磁化情况下的背斜(或向斜)构造。图 19-11 是由一个磁性分界面组成的被垂直磁化的背斜构造以及其 ΔZ 的理论异常曲线。磁性界面两侧介质有很大的磁性差别，并且分界面以下的磁性介质向下无限延伸。图中 3 条磁异常曲线表示 ΔZ 值随着界面深度的增加而减弱的情形。从 ΔZ 异常曲线的形状可以看到，背斜的上方出现 ΔZ 极值，并且两侧有不大的负异常。

如果磁性岩隆起上方的主要特征是磁力高值，也就不难想象向斜构造的上方应为磁力低，并且在磁力低的两边有微弱的磁力高。

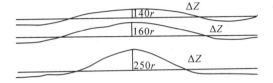
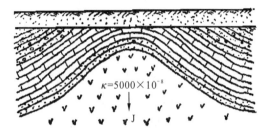

图 19-11 背斜构造垂直磁化 ΔZ 理论异常曲线

(2) 倾斜磁化情况下的背斜(或向斜)构造。图 19-12 为一背斜构造在倾斜磁化情况下的一条 ΔZ 理论异常曲线，磁化强度 $\vec{J}$ 的倾角为 30°。从图中可以看出，在 $\vec{J}$ 下倾方向的背斜左翼出现相当显著的负异常，而正异常则向相反方向发生了明显的偏移。

2. 反演问题

我们可以根据 ΔZ 异常曲线形状来定性判断地下一个磁性分界面的起伏情况，因为异常曲线和分界面的起伏往往大致上是一致的，界面越深，异常的反映越弱。

沉积岩多数无磁性，故在沉积岩地区表现为趋于零值的平稳磁异常。但有一些碎屑

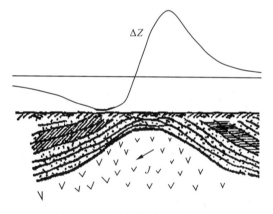

图 19-12 背斜构造倾斜磁化 ΔZ 理论异常曲线

沉积岩夹杂有暗色矿物和少量磁铁矿颗粒，所以能产生微弱的平滑正异常。

对于分界面起伏复杂，而磁化强度 $\vec{J}$ 的倾角又不大时，ΔZ 异常是很复杂的。我们对一个磁性分界面的反演问题，只能定性地加以讨论，其反演计算的叙述已不属于本书的范围了。

(三) 接触带和断层构造的正反演问题

1. 正演问题

磁性岩体和非磁性岩体形成的接触带或磁性岩中的断层是常见的地质构造。

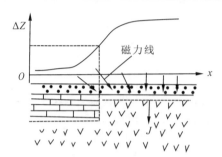

图 19-13 磁性岩浆侵入体和无磁性沉积岩所形成的接触面及其 ΔZ 异常曲线

图 19-13 是磁性岩浆侵入体和无磁性的沉积岩所形成的接触面及其 ΔZ 异常曲线。图中岩浆岩磁化方向是顺层磁化(平行于接触面),顶面呈现负磁性,下端延伸很远。ΔZ 异常曲线的拐点(或半幅点)正对应着接触带的位置。

如果磁化强度 $\vec{J}$ 的方向不平行于接触面时,除了在磁性岩体顶面有感应磁荷外,在接触面上也有感应磁荷。其理论 ΔZ 异常曲线是顶面和接触面上的磁荷影响的叠加。如果接触面上产生的为负磁荷,则异常曲线比较平缓;如果接触面上产生的为正磁荷,则磁异常曲线出现极小值。

断裂构造的磁异常特征与接触带类似,这是由于基底与上覆的沉积岩有明显的磁性差异,当基底发生断裂后,上、下盘的深度不同,因而断裂两侧异常特征也不相同。

这里特别需要指出,断裂带上的岩石经受了强大的外力作用后,往往磁性发生变化,一般为磁性降低而出现负异常。但是在断裂带上又常常有岩浆活动或磁性矿物的集中,这样就出现了线性升高的磁场异常带或磁场梯度变化带,在平面图上形成狭长的正异常带或正负相伴的局部异常带。断裂的两边,因地质构造和岩性都不相同,因此有性质不同的磁场,这些特征为我们认识和圈定断裂带提供了依据。

2. 反演问题

在定性解释磁测资料时,可以从异常平面剖面图上的雁行排列的异常带或正负相伴的异常带以及磁异常平面图上的等值线密集带、狭长延伸的异常带、异常范围的错动线、磁场突然变化的低值异常带等特征来推断接触带或断层的存在。

二、磁法勘探在煤田中的应用

磁法勘探是利用地下岩石的磁性差异来间接了解地下地质体的形态、位置和范围大小等问题的勘探手段,因此首先要了解在什么条件下才能进行磁法勘探。

(一)磁法勘探的应用条件

(1)在进行磁法勘探的地区,我们所探测的地质体与围岩之间以及反映构造形态的磁性分界面两侧介质之间有足够明显的磁性差异,这是进行磁法勘探的首要条件。

(2)所探测的地质体(或地质构造)有足够大的分布范围,并且埋藏深度不能太深,否则不能被磁测所发现。

具备了上述条件,磁法勘探才能取得地质效果。

(二)磁法勘探的应用范围

1. 圈定岩浆岩的边界、确定沉积岩的分布范围

我国许多地区煤田受到岩浆活动的影响,岩浆的侵入造成煤田的破坏。另外煤的变质

程度也与岩浆活动有关。圈定煤田中的岩浆岩边界主要应用磁法勘探。例如我国河北、山西两省一些地区煤质变化就与煤田周围的燕山期岩浆活动有关。

图 19-14 是太行山东麓石炭-二叠系煤田的 ΔZ 异常剖面示意图。由磁测资料圈定了铜冶—薛村之间所分布的石炭-二叠系地层范围，而在其左、右两边和下部几乎被岩浆岩所包围，薛村以东煤田受到破坏。南大峪附近，由 ΔZ 异常发现在 400~500m 深处有岩浆的侵入活动。

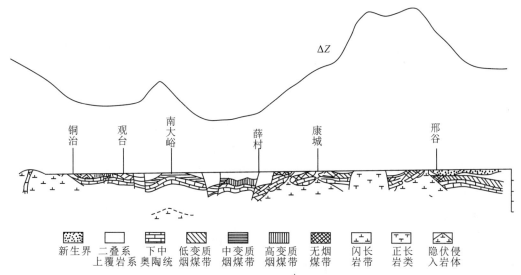

图 19-14 邯邢煤田变质岩带和岩浆岩带分布示意图

由图可见，煤田两端地带煤的变质程度高，成为无烟煤，这是受岩浆侵入的结果；中部地带煤的变质程度降低。但由于下部岩浆侵入，煤的变质程度仍然是中等变质程度的肥煤。

2. 确定断裂构造

用磁法勘探确定断裂，特别是深大断裂有独特的效果。这是由于结晶基岩和沉积地层有明显磁性差别，基底发生断裂后，上、下盘深度不同，因此断裂两边磁异常特征不同，这在前面已讲过了。此外断裂带往往有岩浆侵入，这时可根据脉状岩体的圈定来确定断裂。

例如，我国东部存在郯城-庐江大断裂，断裂的异常表现为一条巨大的线形异常带。如图 19-15 所示，断裂走向北北东，长达 800km 以上。异常反映了各类岩浆沿断裂侵入，断裂两侧磁场性质截然不同，东侧为

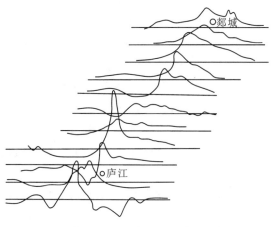

图 19-15 郯城-庐江大断裂磁异常平面剖面图

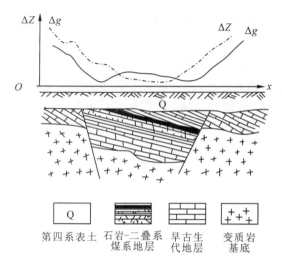

图 19-16 可圈定煤系地层分布的大致范围

宽缓而变化的升高异常区,对应中生代的断块,西侧为平缓的负磁异常区,发育北东东向的凹陷。

另外,区域断裂构造往往是煤田的边界,在查明断裂构造的同时,当煤系地层与基底凹陷有关时,即可圈定煤系地层分布的大致范围(图 19-16)。

3. 确定煤层的燃烧带

煤本身并不具有磁性,但在燃烧过程中原来无磁性的铁质——黄铁矿、褐铁矿、菱铁矿等可能变为具有强磁性的磁铁矿,结果是其上部地面产生了 1000γ 左右的磁异常。因为蔓延较长的煤层燃烧带在计算储量时应予扣除,所以利用磁法勘探确定煤的燃烧带是很有意义的。此外,在圈定煤田边界以及对燃烧带采取灭火措施或进行煤层地下气化时,都必须了解燃烧带的位置。

4. 研究结晶基底的起伏

我国某些地区结晶基底的磁性变化比较均匀,而覆盖层磁性又比较弱(如煤系地层),在这种情况下磁异常的变化与基底的起伏基本一致。

如果结晶底面不是单一的磁性分界面,则与磁异常不能构成简单关系,如图 19-17 所示。在这种情况下,可以利用结晶基底内部的孤立的磁性体,分别计算其顶面深度(用切线法)。这样我们也就实际上得到了基岩表面的埋藏深度。

5. 磁法勘探在其他方面的应用

利用磁法勘探在岩浆岩发育地区进行地质填图有很好的效果。各种岩浆岩也存在磁性差异,基性—超基性的岩浆岩磁性最强;基性喷出岩不仅磁性较强,且往往正负异常交替出现;中

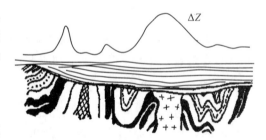

图 19-17 结晶底面起伏形态与磁异常曲线对应示意图

性岩浆岩磁性强,往往表现为孤立的局部异常;中性喷出岩磁性强,异常曲线起伏跳动大;酸性岩浆岩磁性弱,曲线异常平缓。这些特点为采用磁法勘探提供了基础。

磁法勘探资料也可以用来研究区域地质构造,划分大地构造单元。

磁法勘探还更多地用在各种金属矿床勘探方面,如铁矿、磁黄铁矿、铅锌矿及各种稀有金属矿床等,同时在天然地震预报方面也起着越来越重要的作用。

第二十章 放射性探测

根据岩石中天然放射性元素含量及种类的差异以及在人工放射源激发下岩石核辐射特征的不同,用以寻找矿产资源及解决包括水文、工程、环境在内的某些地质问题的地球物理方法,称为核地球物理勘探,简称核物探。放射性探测则是核物探中利用岩石天然放射性的一类分支方法。

放射性元素的衰变不受其自身化学状态、温度、压力和电磁场等的影响,因此放射性探测的成果比较直观,容易解释。与其他物探方法相比,放射性探测还有成本低、效率高、方法简便、不受环境干扰等突出的特点,因此在地质工作中已得到广泛应用。

第一节 放射性探测的基本知识

一、放射性核素及其衰变规律

众所周知,化学元素的原子是由带正电的原子核和绕核旋转的壳层电子组成,而原子核又由质子和中子组成,质子带正电、中子不带电。以电子所带的电荷为单位量,则质子为一个单位的正电荷。通常用字母 Z 表示原子核的质子数,称为原子序数;字母 N 表示中子数;字母 A 表示核内质子和中子的总数,称为质量数。具有确定质子数的一类原子称为元素。而具有确定质子数、中子数和核能态的原子则称为核素,以符号 $^A_Z X$ 表示它们的原子核,其中 X 是原子所属化学元素的符号。例如,氢元素有三种核素:氕($^1_1 H$)、氘($^2_1 H$)、氚($^3_1 H$)。这些质子数相同而中子数不同的核素,在元素周期表中占有同一位置,因此它们都是氢元素的同位素。

某些核素的原子核不稳定,能自发地放出射线而变成另一种核素的原子核,这种现象称为放射性衰变。具有不稳定原子核的核素称为放射性核素。

放射性衰变有 3 种类型。一种是从原子核内放出 α 射线,称为 α 衰变。α 射线是高速的氦核($^4_2 He$)流,某一放射性核素的原子核经 α 衰变后,将转换为原子序数减少 2、质量数减少 4 的新核素的原子核。另一种是从原子核内放出 β 射线或俘获一个轨道电子,称为 β 衰变,其中常见的是 - β 衰变。β 射线是高速运动的电子流。经 β 衰变产生的新核素,其原子序数比原核素增加 1,但质量数不变。还有一种是从原子核内放出 γ 射线,称为 γ 衰变。γ 射线是一种波长极短的电磁辐射。当核素发生 α 衰变或 β 衰变时,所形成的新核素的原子核往往处于高能量的激发能级,它们就会以发射 γ 光子的形式释放一定能量,跃迁到能量较低的激发能级或能量最低的基级。由于 γ 衰变只是能量状态的变化，因此跃迁后原子核的质量数和原子序数都保持不变。放射性衰变所产生的新核素也常常具有放射性，因而可以继续衰变，直至最后形成某一稳定的核素为止。

以 N_0 和 N 表示某放射性核素在时间 $t=0$ 和 t 时的原子核数，则其衰变规律可表示为

$$N = N_0 e^{-\lambda t} \tag{20-1}$$

式中，λ 称为衰变常数（单位为 s^{-1}），表示该核素中每个原子核单位时间内衰变的概率。λ 越大，衰变越快。负号表示原子核数 N 随时间的延长而减少。

通常还用一种称为半衰期的量来表示核素衰变的快慢。半衰期 $T_{1/2}$ 是指处于特定能态的某种放射性核素的原子核减少一半所需要的时间（单位为 s）。由式（20-1）可导出半衰期与衰变常数的关系如下：

$$T_{1/2} = 0.693\,15/\lambda \tag{20-2}$$

一般来说，对于一定量的放射性核素，当其残留的原子核数为起始原子核数的千分之一时，就可以认为全部衰减完了，这个时间应是该核素半衰期的 10 倍。

二、射线与物质的相互作用

（一）α 射线、β 射线与物质的相互作用

α 粒子可与原子中的壳层电子发生作用，使之获得能量，从原子中逸出，成为自由电子，而原子则变成带电的离子，这种效应称为电离。如果壳层电子获得的能量不足以克服原子对它的束缚，它就只能跃迁到较高的能级，使原子处于激发态，这种效应称为激发。

β 粒子的质量很小，它与原子的壳层电子或原子核作用时，容易改变自身的运动方向，但变向前后的总动能不变，这种现象称为弹性散射。当 β 粒子快速掠过原子核附近时，由于受核库仑力的阻滞而突然减速，使其一部分动能转变为电磁辐射，称为韧致辐射。β 粒子也能使物质电离和激发，但与 α 粒子相比，它在物质中通过单位距离所生成的离子数大约是 α 粒子的 1/100。但其穿透能力却比 α 粒子强 100 倍左右。

（二）γ 射线与物质的相互作用

天然放射性核素放出的 γ 光子的能量范围大致为 $(0.0n \sim n)\,\text{MeV}$，它与物质作用时，主要产生 3 种效应。

(1) 光电效应：低能量（$<0.5\,\text{MeV}$）的 γ 光子与物质作用时，可将其能量全部转移给原子中的一个壳层电子而自身被吸收，该电子耗去一部分能量克服原子的束缚而逸出，成为光电子，另一部分能量则成为光电子的动能，这种作用称为光电效应[图 20-1(a)]。

(2) 康普顿效应：能量较高（$0.5 \sim 1.02\,\text{MeV}$）的 γ 光子可以直接与原子中的壳层电子（有时也与自由电子）发生弹性碰撞。碰撞后光子损失能量，从而改变运动方向；电子获得能量从原子中飞出。这种现象称为康普顿效应（或康普顿散射）。从原子中逸出的电子称为反冲电子，改变了运动方向的 γ 光子称为散射光子，见图 20-1(b)。

(3) 电子对效应：能量大于 $1.02\,\text{MeV}$ 的 γ 光子经过物质的原子核（特别是重原子核）附

近时,有可能在核库仑场作用下被吸收而失去全部能量,转化成一个正电子和一个负电子。这种作用称为电子对效应[图 20-1(c)]。

天然放射性核素产生的 γ 射线在岩石中的作用以康普顿效应为主。γ 射线通过物质时,也能产生电离作用。但在单位距离上所生成的离子对大约只有 β 射线的 1/100,而其穿透能力却胜于 β 射线的 100 倍。在岩石和覆盖层中,γ 射线一般能透过 0.5～1m,β 射线能透过几厘米,而 α 射线只能穿透 30μm。

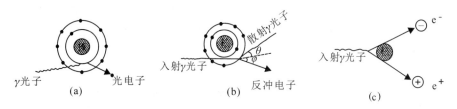

图 20-1　γ 射线与物质的相互作用

三、核辐射测量常用的量及单位

（一）放射性活度

处于特定能态的一定量放射性核素,在单位时间内产生自发核衰变或跃迁的次数,称为放射性活度（A）,即 $A = dN/dt$。

在 SI 制中,活度的单位为 Bq（贝可[勒尔]）,1Bq 是指一定量的核素每秒产生一次核衰变,即 $1Bq = 1s^{-1}$。

（二）质量分数、质量浓度和放射性活度浓度

固体物质中放射性核素的含量常用质量分数 w_B 表示。w_B 是放射性核素 B 的质量与混合物质量之比,在 SI 制中,单位为 %、10^{-6}、10^{-9}。

液体或气体中放射性核素的含量大都以质量浓度 ρ_B 表示,ρ_B 是放射性核素 B 的质量与混合物体积之比,在 SI 制单位中,单位为 kg/m^3、g/m^3、mg/m^3 等（仅适用于气体样品）。CGS 制中单位为 g/L、mg/L、g/L,两种单位可共用。

但液体和气体中放射性核素氡的含量是用放射性活度浓度表示的。放射性活度浓度指样品中氡的放射性活度 A 与该样品体积之比,在 SI 制中其单位为 Bq/L。

（三）照射量和照射量率

照射量是度量射线所产生的电离效应的物理量。在标准状态下 X 射线或 γ 射线使质量为 dm 的干燥空气释放出来的全部电子（正、负电子）被空气完全阻止时,在空气中产生的同一种符号离子的总电荷的绝对值 dQ 与空气质量 dm 之比,称为照射量 X,即 $X = dQ/dm$。其 SI 单位为 C/kg（库/千克）。照射量率 $\dot{X}$ 是指单位时间的照射量,即 $\dot{X} = dx/dt$,其 SI 单位为

A/kg(安/千克)。由于照射量率与射线强度(单位时间内垂直入射到物质单位截面的射线能量)有近于正比的关系,故它也可以作为衡量射线强度的单位。

四、放射性核素在自然界中的分布

自然界中的岩、矿石均不同程度地具有一定的放射性,它们几乎全部是铀、钍、镧及钾的同位素^{40}K及其衰变产物引起。表20-1所示为岩石中各类放射性核素的平均含量及钍铀(含量)比(钍铀比是一个重要参数,研究其分布有助于解决诸如划分岩体、指示找矿方向等问题)。从表中可以看出,对岩浆岩而言,放射性核素的含量以酸性岩最高,并随岩石酸性的减弱而逐渐降低。对同一类型的岩浆岩而言,年代愈新,放射性核素含量愈高。在花岗岩体内部,不同期次、不同相以及不同岩脉中放射性核素含量都有差异。

表20-1　岩石中各类放射性核素的平均质量分数(w_B/%)及钍铀比

岩石种类	放射性核素						
	$^{238}_{92}$U (铀)	$^{232}_{90}$Th (钍)	$^{226}_{88}$Ra (镭)	$^{222}_{86}$Rn (氡)	$^{210}_{84}$Po (钋)	$^{40}_{19}$K (钾)	Th/U (钍铀比)
酸性岩(花岗岩、流纹岩)	$3.5×10^{-4}$	$1.8×10^{-3}$	$1.2×10^{-10}$	$7.6×10^{-16}$	$2.6×10^{-14}$	3.34	5.15
中性岩(闪长岩、安山岩)	$1.8×10^{-4}$	$7.0×10^{-4}$	$6.0×10^{-11}$	$3.9×10^{-16}$	$1.3×10^{-14}$	2.31	3.9
基性岩(玄武岩、苏长岩、辉绿岩)	$5.0×10^{-5}$	$3.0×10^{-4}$	$2.7×10^{-11}$	$1.7×10^{-16}$	$5.9×10^{-15}$	$8.3×10^{-1}$	3.75
超基性岩(纯橄榄岩、橄榄岩、灰岩)	$3.2×10$	$5.0×10^{-7}$	$1.0×10^{-11}$	$6.5×10^{-18}$	$2.2×10^{-15}$	$3.0×10^{-2}$	1.67
沉积岩(页岩、片岩)	$3.2×10^{-4}$	$1.1×10^{-3}$	$1.0×10^{-10}$	$6.5×10^{-16}$	$2.4×10^{-14}$	2.28	3.4

沉积岩中放射性核素的含量取决于岩石中的泥质含量。这是因为泥质颗粒吸附放射性核素的能力很强,而且泥质颗粒细,沉积时间长,有充分的时间让铀从溶液中析出。此外,泥质沉积物中较多的钾矿物也导致放射性核素含量的增高。所以,尽管总的来说沉积岩比岩浆岩的放射性核素含量低,但在页岩、泥质砂岩和黏土中放射性核素含量还是很高的。一般情况下,黏土、淤泥、泥质页岩、泥质板岩、泥质砂岩、火山岩、海绿石砂和钾盐等的放射性核素含量高;砂、砂岩和带有泥质颗粒的碳酸盐类岩次之;白云岩、灰岩、某些砂和砂岩再次之;石膏、硬石膏和岩盐最低。

变质岩中放射性核素的含量与它们在原岩中的含量及变质过程有关。由于铀、钍等核素在变质过程中容易分散,故变质岩一般比原岩的放射性核素含量低。

天然水中放射性核素含量很少,通常只含铀、镭和氡,很少含钍和钾(表20-2)。岩石中的氡易溶于水,流经岩石破碎带的水可以溶解大量氡气,造成水中镭含量正常而氡浓度增大的状况,这将有助于圈定岩石破碎带。

表 20-2 各种水中氡、镭和铀的含量

水体类型		放射性核素		
		Rn(氡)/Bq·L^{-1}	Ra(镭)/g·L^{-1}	U(铀)/g·L^{-1}
地表水	海洋	0	(1~2)×10^{-13}	(6~20)×10^{-7}
	河湖	0	10^{-12}	8×10^{-6}
地下水	沉积岩	22.2~55.5	(2~3)×10^{-12}	(2~50)×10^{-7}
	酸性岩浆岩	370	(2~4)×10^{-12}	(4~7)×10^{-6}
	铀矿床	1850~370	(6~8)×10^{-12}	(8~600)×10^{-6}

第二节 放射性测量方法及其应用

核物探可分为两大类：一类是天然放射性方法，主要有 γ 测量法、α 测量法等；另一类是人工放射性方法，主要有 X 射线荧光法、中子法、光核反应法等。在水文、工程及环境物探中，目前使用的主要是天然放射性方法。

一、γ 测量法

γ 测量法是利用仪器测量地表岩石或覆盖层中放射性核素发出的 γ 射线，根据射线强度（或能量）的变化，发现 γ 异常或 γ 射线强度（或能量）的增高地段，借以寻找矿产资源、查明地质构造或解决水文、工程及环境地质问题等。

γ 测量法分为 γ 总量测量和 γ 能谱测量。γ 总量测量简称 γ 测量，它探测的是地表 γ 射线的总强度，其中包括铀、钍、钾的 γ 辐射，但无法区分它们。γ 能谱测量记录的是特征谱段的 γ 射线，可区分出铀、钍、钾的 γ 辐射，故能解决较多的地质问题。下面我们只介绍 γ 总量测量方法。

（一）仪器及工作方法

γ 测量使用的仪器是闪烁辐射仪，它的主要部分是闪烁计数器，如图 20-2 所示。工作时，γ 射线进入闪烁体，使它的原子受到激发，被激发的原子恢复到正常能态时，就会放出光子，出现闪烁现象。光子通过光导体到达光电倍增管的光阴极，由于光电效应而使光阴极发出光电子，经各联极的作用，光电子成倍增长，最后形成电子束，在阳极上输出一个负电压脉冲。入射的 γ 线越强，闪烁体的闪光次数就越频繁，单位时间内输出的脉冲数就越多；入射 γ 射线能量越高，闪光的亮度就越大，脉冲幅度也越大。因此，仪器既可以探测 γ 射线的强度，又可以探测 γ 射线的能量。

表 20-3 给出了地面 γ 测量常用的比例尺及点、线距，可供水文、工程及环境物探野外工作时参考。

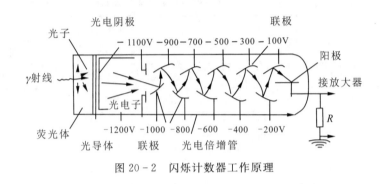

图 20-2 闪烁计数器工作原理

表 20-3 不同比例尺的地面 γ 测量的点、线距

工作任务	比例尺	线距/m	标图点距/m	记录点距/m
概查	1∶50 000	500	250	100~200
普查	1∶25 000	250	150	20~50
	1∶10 000	100	50	10~20
详查	1∶5000	50	25~50	5~10
	1∶2000	20	10~20	2~5
	1∶1000	10	5	1~2

野外工作之初应对测区进行踏勘，主要是测定各种岩石露头的 γ 射线强度，了解大范围内放射性强度特征，为确定有利地质条件提供依据。γ 测量的路线应穿过地层及主要构造的走向，在发现有利地层和构造以及某些异常时，可沿走向或其他方向追溯。在取得踏勘 γ 测量资料的基础上，可结合水文地质、构造地质等资料，布置大比例尺 γ 详查工作。测线的布置应垂直或大致垂直于岩层或构造的走向。有条件时应辅以孔中 γ 测量、γ + β 测量等。

应当指出，寻找蓄水构造时，由于岩石破碎带、断层破碎带、裂隙密集带及不同岩性接触带的范围可能较小，异常呈窄条带状分布，常需加密测点。遇见岩性或计数率变化时，也要适当加密测点，并予追溯。

每天工作前后，都要检查仪器的灵敏度、稳定性是否符合要求。还要定期测定 γ 射线的本底强度（即宇宙射线和仪器探测器中微量放射性物质引起的 γ 射线强度的总和）。岩石中正常含量的放射性核素所产生的 γ 射线强度，称为正常底数。各种岩石有不同的正常底数，可以按统计方法求取，作为正常场值。

通常将高于围岩正常底数 2~3 倍的 γ 强度值定为异常。但在蓄水构造附近，一般地面 γ 测量值只比底数高 10%~80%，因此，γ 测量用于找水的最低异常值应是正常底数的 1.1 倍。

实际工作中，考虑一个异常不仅要有一定的数值，还要有一定的规模。对寻找基岩地下水而言，受一定构造或岩性控制的异常带更有实际意义。

(二) 应用及实例

(1) 云南某变电所新建工程选址工作中,为查明地质情况,采用了电测深及 γ 测量。图 20-3 是其中一条剖面上的 γ 强度曲线和电测深 ρ_s 断面图。由图可见,低阻带正好与低值 γ 异常位置对应,结合本区地质情况,推断有一条北东向断裂从该处通过。

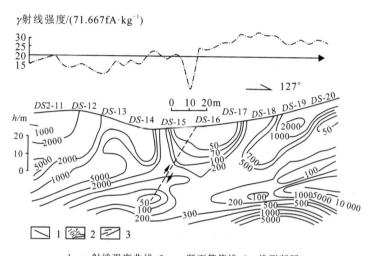

1—γ 射线强度曲线;2—ρ_s 断面等值线;3—推测断层。

图 20-3　2-2′剖面 γ 射线强度曲线 ρ_s 断面图

(2) 岩层的断裂带、构造带中,裂隙众多、岩石破碎、通道发育,是地下水赋存或迁移的场所。地下水将岩石中的铀、镭、氡等元素溶解,使之迁移和析出,在地面上可形成放射性元素富集的异常;在不同岩性的接触带中,不同岩性放射性元素含量的差异,也会引起 γ 强度的变化。因此,通过地面 γ 测量可以发现与地下水有关的蓄水构造,从而间接地找到地下水。

在某些情况下,例如浮土表层的放射性元素受雨水冲刷、淋滤而沿着断裂径流被运走,地面 γ 测量可出现负异常。图 20-4 为广西都安清水地区 γ 测量结果,该区地层为茅口组灰岩、栖霞组灰岩,岩溶漏斗发育,在漏斗暗河上出现 γ 强度低于背景值的负异常。

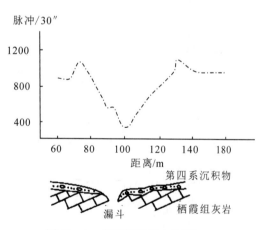

图 20-4　广西都安清水地区 γ 测量的一条剖面

二、α 测量法

α 测量法是指通过测量氡及其衰变子体产生的 α 粒子的数量来寻找铀矿、地下水和解决工程地质及其他地质问题的一类放射性方法。这类方法的种类很多,我们只对水文、工程及环境地质工作中用得较多的 α 径迹测量和 α 卡法作概略介绍。

(一) α 径迹测量

具有一定动能的质子、α 粒子、重离子、宇宙射线等重带电粒子以及裂变碎片射入绝缘固体物质中时,在它们经过的路径上会造成物质的辐射损伤,留下微弱的痕迹(仅数纳米),称为潜迹,潜迹只有在电子显微镜下才能察觉。如果把这种受到辐射损伤的材料浸泡到强酸或强碱溶液中,则受伤的部分能较快地发生化学反应而溶解到溶液中去,使潜迹扩大成一个小坑,称为蚀坑,这种化学处理过程称为蚀刻。随着蚀刻时间的增长,蚀坑不断扩大。当其直径达到微米量级时,便可在光学显微镜下观察到这些经过化学腐蚀的潜迹,它们就是粒子射入物质中形成的径迹。能产生径迹的绝缘固体材料称为固体径迹探测器。α 径迹测量就是利用固体径迹探测器探测 α 粒子径迹的核物探方法。

α 径迹测量时,首先将探测器置于探杯内,杯底朝天埋在小坑中,岩石中的放射性核素氡通过扩散、对流、抽吸以及地下水渗滤等复杂作用,沿裂隙、破碎带逸出地表,并进入探杯,就在探测器(常用醋酸纤维和硝酸纤维薄膜)上留下了氡及其各代衰变子体发射的 α 粒子所形成的潜迹。经 20d 后取出杯中的探测器,用 NaOH 或 KOH 溶液进行蚀刻,再用光学显微镜观察、辨认和计算蚀刻后显现的径迹的密度,即 $1mm^2$ 的径迹数目(用符号 j/mm^2 表示)。

在工作地区取得大量 α 径迹数据后,可利用统计方法确定该地区的径迹底数,并据此划分出正常场、偏高场、高场和异常场。径迹密度大于底数加一倍均方差者为偏高场,底数加二倍均方差者为高场,底数加三倍均方差者为异常场。

无锡某地区出露的地层为上志留统砂岩和石英砂岩,岩层走向 NW290°,倾向北,倾角 50°。区内裂隙发育,有两组密集带,以 NW290°一组方向明显。为寻找地下水,布置了南北向的 α 径迹测量剖面。如图 20-5 所示,α 径迹曲线上出现双峰异常。推测主峰位于构造上盘,是含水裂隙密集带的反映,次峰主要是构造裂隙的反映,因此将井位定

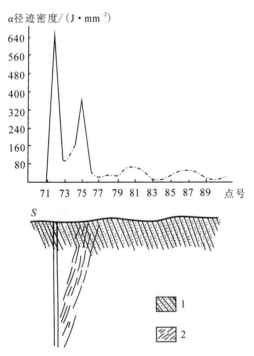

1—上志留统茅山组石英砂岩;2—构造裂隙。

图 20-5 某 2 号井地质剖面与 α 径迹测量剖面

于α径迹的主峰位置。井深打到130.3m，涌水量为30.7m³/h，抽水降深50.8m，静止水位5.9m。

图20-6是青海省加依岗Ⅱ号断层上所作的α径迹测量剖面。断层两侧分别为前震旦系尕让群（AnZ）的片麻岩、片岩、混合岩以及古近系—新近系的砾岩、砂砾岩、砂质泥岩。Ⅱ号断层为古近纪以后的新构造。从图中可以看出，α径迹异常在新构造上是十分明显的。

（二）α卡法

α卡法是一种短期积累测氡方法。α卡是用对氡的衰变子体（$^{218}_{84}Po$和$^{214}_{84}Po$等）具有强吸附力的材料（聚酯镀铝薄膜或自身带静电的过氯乙烯细纤维）制成的卡片，将其放在倒置的杯子里，埋在地下聚集土壤中氡子体的沉淀物，数小时后取出卡片，在现场用α辐射仪测量卡片上沉淀物放出的α射线的强度，便能发现微弱的放射性异常。

由于α卡法的生产周期比α径迹测量短，故已获得广泛的应用。某山在燕山期花岗岩与古元古代变质岩的接触带中有温泉发育，水温约40℃。图20-7为40线静电α卡测量与其他放射性测量成果的对比。由于该地浮土覆盖较薄，所以γ测量、α径迹测量和静电α卡法都能清晰显示出花岗岩与变质岩的接触带。与前两种方法相比，静电α卡法在反映地质岩性变化的基础上，还能清楚地显示地下构造的存在。图中ZK301孔正是布置在与电法推测一致的主要断裂带上。

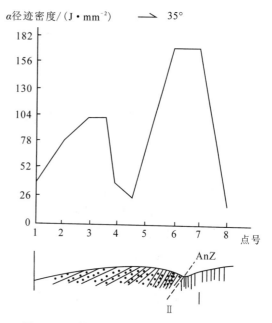

图20-6 某矿Ⅱ号断层的α径迹测量剖面

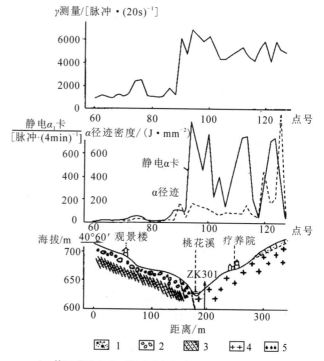

1—第四系浮土；2—第四系冰碛砾石层；3—古元古代铺岭组浅变质岩；4—燕山期花岗岩；5—破碎带。

图20-7 某山温泉40线综合剖面图

第二十一章 地温测量

地球内部蕴藏着巨大的热能,这些热能通过火山爆发和地热泉的形式向地表散发。人们在古代就开始将地热能应用于生活和医疗之中,但是却长期忽视了对地热现象的科学研究。20世纪60年代以来,随着世界各国对能源的需求和新全球构造学的兴起,地热学作为地球物理学的一个重要分支才建立和发展起来。

地温测量是地热学的一个应用分支,它是以地球内部介质的热物理性质为基础,观测和研究地球内部各种热源形成的地热场随时间和空间的分布规律,从而解决有关地质问题的一种地球物理方法。

第一节 有关传热的基本知识

一、温度与热量

温度是热力学中特有的一个物理量,它表示物体的冷热程度。为了定量地进行温度的测量,必须确定温标,即温度的数值表示方法。

波义耳定律指出,一定质量的气体,在一定温度下,其压强 p 和体积 V 的乘积为一常量。对于不同的温度,这个常量值不同。各种气体都近似地遵守波义耳定律,而且压强越小,与这个定律的符合程度越高。

为了表示气体的共性,我们引入理想气体的概念。所谓理想气体,是指在各种压强下都严格遵守波义耳定律的气体,它是各种实际气体在压强趋于零时的极限情况。由于对于一定质量的气体,p、V 乘积只决定于温度,就可以定义一个温标,叫理想气体温标,使得对于理想气体来说,这一乘积和由这一温标所指示的温度值 T 成正比。

为了给出任意温度的确定数值,只要规定某一标准温度的数值就可以了。这个标准温度就是水、冰和水汽共存而达到平衡时的温度,称为水的三相点热力学温度。其数值为

$$T = 273.16 \text{K} \tag{21-1}$$

式中,K[开(尔文)]表示理想气体温标的温度单位,K 是水的三相点热力学温度的 1/273.16。理想气体温标是一种热力学温标,此外还有一种常用的温标,称为摄氏温标。用 t 表示以摄氏温标计量的温度,则它与理想气体温标 T 的关系为

$$t = T - 273.15 \tag{21-2}$$

摄氏温标的单位为℃(摄氏度)。273.15K 为水的冰点,即 0℃。

热量是能量的一种形式。根据热力学第一定律,若系统由状态 1 变到状态 2 时,内能的增量为 $U=U_2-U_1$,在这个过程中系统对外界所做的功为 A,系统所吸收的热量为 Q,则它们的相互关系为

$$Q = \Delta U + A \tag{21-3}$$

系统从外界吸收热量时,Q 为正,放出热量时,Q 为负。系统对外界做功,A 为正;外界对系统做功,A 为负。

在 SI 制中,热量和能量的单位相同,都是 J(焦耳)。单位时间内流过单位面积的热量,称为热流密度,以 q 表示,则

$$q = \frac{Q}{St} \tag{21-4}$$

式中:t 为沿某段长度上热传递的时间;S 为横截面积。热流密度的单位为 W/m^2(瓦/米^2),它是以温度降低方向为正向的一个矢量,在地热学研究中常简称为"热流"。

二、岩石的热物理性质

为了研究地球的热状态,了解地球内部的热能在深部岩石中的传递规律,以及地球上部或地壳个别地段的温度分布特征,测定和研究岩石的热物理性质是十分必要的。描述岩石热物理性质的参数主要有热导率、比热容和热扩散率等。

(一)热导率 k

热导率是表示岩石导热能力的物理量。即沿热传导方向,单位长度上温度降低 1K 时通过的热流密度。其表达式为

$$k = \frac{q}{\mathrm{d}T/\mathrm{d}l} \tag{21-5}$$

式中:T 为温度;l 为长度;$\mathrm{d}T/\mathrm{d}l$ 为温度梯度。热导率的单位为 $W/(m·K)$。某些物质和主要造岩矿物的热导率如表 21-1 所示。

表 21-1 某些物质和主要造岩矿物的热导率

物质及矿物名称	热导率/[W·(m·K^{-1})]
空气	0.024 3(0℃),0.025 7(20℃),压力为 1.013×10^{5}Pa
水	0.599(20℃),0.634(40℃),0.683(100℃)
长石、白云母、绢云母、沸石类	2.30
黑云母、绿泥石、绿帘石	2.51
磁铁矿、方解石、黄玉	3.56
角闪石、辉石、橄榄石	4.91
白云母、菱镁矿	5.44
石英	7.12

由表 21-1 可见，各种矿物的热导率都有一个确定的值，但由造岩矿物组成的岩石其热导率却无定值，而有一个较大的变化范围(图 21-1)。松散的物质如干砂、干黏土和土壤的热导率最低；湿砂、湿黏土、垆坶土及某些热导率低的岩石具有相近的热导率；沉积岩中，页岩、泥岩的热导率最低，砂岩、砾岩的热导率变化范围大，石英岩、岩盐和石膏的热导率最大；岩浆岩、变质岩及火山岩的热导率介于 2.1～4.2W/(m·K) 之间。

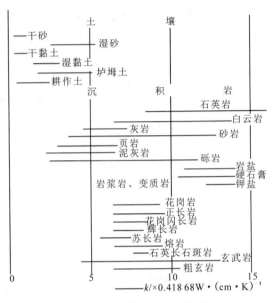

图 21-1 各类岩石的热导率
(引自 Kappelmever & Hacnel, 1974)

影响岩石热导率的因素包括岩石的成分、结构、温度、湿度及压力等，在致密的岩石中，造岩矿物的性质对岩石的热导率起主要控制作用，热导率高的矿物含量越高，岩石的热导率也越高；岩石的热导率一般随孔隙度的增加而降低，随湿度的增加而增加；此外，岩石的热导率还具有各向异性的特点，热流方向平行于层理、片理等结构面时，热导率较高，垂直于这些结构面时，热导率较低；温度和压力对地壳上部岩石的热导率影响极小，一般都可忽略不计，但在研究地壳深部热状态时却很重要。

(二) 比热容 C

比热容是表征岩石储热能力的物理量，即加热单位质量的物质，使其温度上升 1K 时所需的热量。可表示为

$$C = \frac{dQ}{mdT} \tag{21-6}$$

式中: m 为物质的质量; dQ/dT 称为热容, 是物质吸收的微小热量 dQ 与其上升温度 dT 之比。比热容的单位为 $J/(kg·K)$。

大部分岩石和矿物的比热容变化范围都不大，介于 586～2093J/(kg·K) 之间。由于水的比热容较大[15℃时为 4186.8J/(kg·K)]，因此，随着岩石湿度的增加，其比热容也有所增大。沉积岩如黏土、页岩、灰岩等，在自然条件下都含有一定水分，其比热容稍大于结晶岩。前者为 786～1005J/(kg·K)，后者为 628～837J/(kg·K)。

(三) 热扩散率 a

它表征岩石在加热或冷却时，各部分温度趋于一致的能力。可表示为

$$a = \frac{k}{C\rho} \tag{21-7}$$

式中：k 为热导率；C 为比热容；ρ 为密度。热扩散率的单位为 m^2/s。

岩石的热扩散率主要与其热导率和密度有关，比热容因数值变化不大，对热扩散率的影响较小。

岩石的热扩散率随湿度的增高而增大，随温度的增高略有减小。对层状岩石来说，热扩散率还具有各向异性的特点，即顺着岩石层理方向比垂直层理方向热扩散率要高。表 21-2 为几种主要岩石和物质的热扩散率值，仅供参考。

表 21-2　几种主要岩石和物质的热扩散率

名称	热扩散率/($10^7 m^2 \cdot s^{-1}$)	名称	热扩散率/($10^7 m^2 \cdot s^{-1}$)
干砂	11～13	沼泽土	1～2
湿砂	9	页岩、板岩	8～16
垆姆土	8	雪	5
砂岩	11～23	水	1.4
花岗岩	14～21	岩盐	11～34

三、热交换方式

自然界中的热交换是以热传导、热对流和热辐射 3 种方式实现的，下面分别作简单介绍。

（一）热传导

地球上层的岩石在常温下是一种电介质或半导体，它们的传热主要是由晶格原子的热振动引起。内地核可能由高温下熔化的铁组成，其传热是通过自由电子的热运动进行。

大地热流密度（简称大地热流或热流）q 反映地球内部热能经热传导方式传输至地表散失的情况。其表达式为

$$q = -k \frac{dT}{dz} \tag{21-8}$$

式中：k 为岩石的热导率；dT/dz 表示沿铅垂方向向地球中心单位距离增加的温度值，称地温梯度，单位为 K/m；负号表示热量流向温度减小的方向，即由地球内部流向地表。

（二）热对流

依靠流体的运动，将热量从一处传递到另一处，称为热对流。热对流是固体表面与其紧邻的流体间的换热方式，可将它分为两类：一类是受迫对流，其流体运动是由外力产生的压力差引起；另一类是自然对流，其流体运动是由流体自身温度不均造成的密度差引起。

热对流的热流密度 q 可以用牛顿冷却定律确定，即

$$q = h(T_s - T_g) \tag{21-9}$$

式中：T_s 为固体界面温度；T_g 为气体或液体界面温度；比例系数 h 称为传热系数，其单位为 $W/(m^2 \cdot K)$。

热对流在局部地区，如现代火山区及年轻造山带内的高温地热区起着很大作用。

（三）热辐射

一切物体，只要其温度高于绝对零度，就会从表面经常地向外界发出电磁辐射。物体温度愈高，放出的辐射能就愈多。能为物体吸收，并在吸收后又重新变为热能的射线，其辐射热的光谱大部分位于红外波段，小部分位于可见光波段范围，这些射线称为热射线，传播过程称为热辐射。

对一般物体而言，其热辐射的热流密度 q 可表示为

$$q = \sigma T^4 \tag{21-10}$$

式中，σ 称为物体的热辐射系数，单位为 $W/(m^2 \cdot K^4)$。

应当指出，热辐射不同于热传导和热对流，它是一种不接触的传热方式。在密实固体内和液体中不会有热辐射的传播，因此，地球内部一般不产生热辐射。

第二节　地温测量

一、地球的热场

（一）概述

地球的热场（也叫地热场、地温场）表示地球内部各层中温度的分布状况，是地球内部空间各点在某一瞬间温度值的总和。地热场 T 可表示为

$$T = f(x, y, z, t) \tag{21-11}$$

式中：x、y、z 为空间坐标；t 为时间。上式反映的是非稳定热场。若 $\partial T/\partial t = 0$，则上式变为

$$T = f(x, y, z) \tag{21-12}$$

此时的热场为稳定热场。

连接地热场中温度相同的各点，可组成许多等温面，等温面总体反映着某一时刻地球热场的分布特征（图 21-2）。

大地热流密度是表征地球热场的一个重要物理量。根据式（21-8），当岩石热导率恒定时，大地热流与地温梯度 dT/dz 成正比，因此，地温梯度对于研究地球内部的温度分布及圈定地热异常都具有重要意义。事实上，地热场强度 E 是按下式定义的：

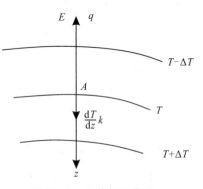

图 21-2　地热场示意图

$$E = -\frac{dT}{dz} \qquad (21-13)$$

可见研究地温梯度就是研究地热场强度。

地热场的分布及其时空变化是受地球内部热源控制的。地球内部的热源主要来自地球内部,具有足够丰度、生热量大且半衰期与地球年龄相当的放射性核素(如$^{238}_{92}U$、$^{235}_{92}U$、$^{232}_{90}U$、$^{232}_{90}Th$ 和 $^{40}_{19}K$ 等)衰变时所释放的巨大热量。此外,太阳辐射、潮汐摩擦、物质重力分异以及地球转动等释放的热量,也对地热场产生影响。

(二)地球内部的热状态

大量地温观测资料表明,越向地壳深处,地温越高,且地温按一定的规律随深度的增大而递增。

地壳上部的温度分布不仅取决于太阳的辐射热,而且还取决于地球内部的热源。根据地壳表层 7km 深度以内,主要是 3km 深度以内的地温观测资料,地壳中地温划分的状态大致可以分布为 3 个带,即变温带、常温带和增温带(图 21-3)。

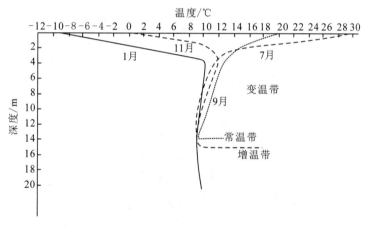

图 21-3 地壳表层的热状态(以河北怀来某地为例)

(1)变温带:主要是受地球外部热源即太阳辐射影响的地带。地温分布具有明显的日变化、年变化、多年变化,甚至世纪变化。据此,变温带又可分为日变温带、年变温带、多年变温带等。日变温带一般深度为 1~2m,年变温带深度达 15~20m。在多年冻土分布地区,冻土可厚达 700~800m,因此有人认为多年变温带厚度可达 1000m。变温带温度的变化幅度按一定规律随深度增大而递减。

(2)常温带:是地壳某一深度内,地球内部的热能与上层变温带的影响达到相对平衡,地温不再发生变化的地带。这一带的厚度很小,其埋藏深度就是年变温带的影响深度。常温的温度各地不一,主要与地区纬度、地理位置、气候条件以及岩性、植被等因素有关,一般略高于当地年平均气温 1~2℃。

(3)增温带:是主要受地球内部热能所控制的地带。随深度的增加,温度增高,但到达一定的深度后,温度增加速度减慢。

(三) 地热异常

在地温测量中,我们以地壳热流或地温梯度的平均值作为正常场值。目前一般认为,大地热流平均值为 $62.8 \times 10^{-3} \text{W/m}^2$,平均地温梯度为 0.02K/m。所谓地热异常,就是实测热流值或实测地温梯度值高于它们的正常值的部分。

已有的热流数据和大量测温资料表明,从全球来看,区域地热异常分布面积相对较小,主要分布在大洋中脊、大陆裂谷、岛弧及年轻造山带即现代岩石圈板块边界,而板块内部热流值及地温梯度值接近于正常值,且呈大面积分布。然而,在区域地热正常区内,由于地壳表层的地质构造、岩性、地下水运动及古气候条件等的影响,或局部热源的存在,地壳表层的正常温度分布遭到破坏,常常形成局部地热异常区。

地下热水(汽)是强大的载热流体,它是将地下热能从深部传递到地表的重要媒介。大气降水渗入地壳内部经深循环加热后,在有利的地质构造条件下,由于静水压力作用而沿一定通道上涌至地表,可携带出巨大的热量。如果地下水沿缓倾斜或近水平产状的地层、构造通道运动,一般都能与围岩达到温度平衡,而不能形成地热异常或仅有微弱的地热异常显示;如果地下水沿产状较陡的地层或近于直立的断裂带上涌,在多数情况下,因其具有很高的速度且来不及与围岩达到完全的热平衡,在热水上涌的主要通道附近常常形成局部的地热异常区。从图 21-4 所示的近代火山地热区的等温剖面图可见,所有等温线在地下热水排泄区都向上凸起,伸向地表,显示明显的地热异常。

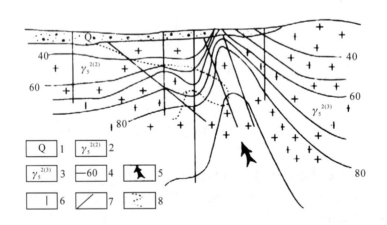

1—第四系砂、黏土互层;2—细粒黑云母花岗岩;3—中粗粒黑云母花岗岩;
4—等温线(℃);5—地下热水流;6—钻孔;7—断层;8—地层界线。

图 21-4 地热异常示意图

二、地温测量方法

在大面积地热调查中,可以用红外扫描方法来圈定地热异常的范围。但区域或局部地热调查通常都要在钻孔或浅孔中进行。现主要对后者的仪器和工作方法作简单介绍。

（一）地温测量仪器

钻孔测温使用的仪器有最高水银温度计、电阻温度计和半导体热敏电阻温度计等。电阻温度计的原理线路和外貌如图 21-5 所示。它是一个直流平衡电桥，电阻 R_1 和 R_3 用温度系数较大的材料（如铜丝）制成，称为灵敏臂；R_2 和 R_4 用温度系数很小的合金（如康铜）做成，它们的电阻值可看成常数，称为固定臂。灵敏臂装在紫铜管内，开有缺口，以保证紫铜管与泥浆接触良好。固定臂绕在密封的胶木架上。若灵敏臂使用热敏电阻，则成为半导体灵敏电阻温度计。

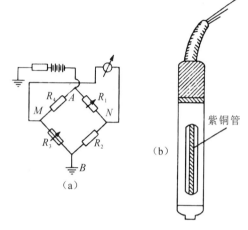

图 21-5 电阻温度计
(a)原理线路；(b)仪器外观

当在某一温度 T_0(18～20℃)时，使仪器满足 $R_1=R_2=R_3=R_4=R_0$，则电桥处于平衡状态。这时向 A、B 通电，则 M、N 间的输出电位差为零。

当温度由 T_0 变为 T 时，固定臂因其电阻温度系数很小，可以认为仍满足 $R_2=R_4=R_0$，但灵敏臂的电阻则变为

$$R_1=R_3=R_0[1+a(T-T_0)] \tag{21-14}$$

式中，a 为灵敏臂的电阻温度系数，表示温度升高 1℃ 时电阻的相对增量。

此时，电桥平衡被破坏，在 M、N 间产生了电位差 ΔU_{MN}，它是温度的函数，可表示为

$$T=T_0+K\frac{\Delta U_{MN}}{I} \tag{21-15}$$

式中：T_0 为电桥平衡时的温度（仪器的零点温度）；$K=2/(aR_0)$，为仪器系数；I 为供电电流。

若事先用校验方法求出仪器的 T_0 和 K 值，并在测量中保证供电电流不变，则 M、N 间的电位差就反映了温度的变化。根据不同深度两点间的温度差值，即可求得地温梯度。岩石的热导率值大多是用仪器对岩芯标本测量后取得的。常用的仪器是稳定平板热导仪，也可以在现场用导热探棒直接测量热导率值，还可以采用一种两用探头在钻孔内同时测量地温梯度和热导率值。

（二）地温测量的工作方法

地温测量在地热调查中具有十分重要的意义，由于地热异常区的热量可以通过传导而不断地向地表扩散，测量地下一定深度的温度和天然热流量，便可以圈定热异常区，并大致推断地下水的分布范围。

地温测量可在由一定间隔的点、线组成的测网上进行。测线方向一般应垂直于地热异

常的长轴或储热、导热构造的走向。测网密度应根据地热异常形态、规模等确定,如控制地下热水的构造不清,热异常形态复杂,则测网密度应加大;若覆盖层较厚,地热异常不明显,则测网密度可适当放稀,而扩大测量面积。

地温测量的深度应根据储热构造的埋深、温度及当地的水文地质、气候条件而定。在埋深较小的高温地热区,由于地表地热异常明显,可采用浅部测温。浅部测温包括地表温度调查和浅孔地温调查两类。

地表温度调查是测量土壤的温度和温度梯度,为减少气温变化的影响,一般在深 2~30m 的浅孔中用温度计进行测量。由于近地表热异常的延伸范围一般较小,故点距应小于 50m,大多在 10~30m 之间。

浅孔地温测量的孔深一般在 50~200m 之间,钻孔间距取决于地热异常的范围。其优点在于不受气候变化的影响,但钻进费用较土壤温度测量高。

在覆盖层较厚的地热区,地表没有地热异常显示或显示微弱的情况下,多采用钻孔测温方法。由于钻孔中的原始岩体温度已受到钻探、井液或空气循环等技术活动的破坏,因此,为使测得的地温梯度尽量接近于原始地温梯度,一般要求在终孔后相当一段时间(一般为数天至半月),待孔中气温和井壁岩层温度达到稳定平衡以后,再进行地温梯度测量。测量时,将半导体热敏电阻温度计通过电缆放入钻孔中,逐点测量地温的垂向变化。

(三)地温测量资料的整理和图示

地温测量取得的数据是极其重要的第一性资料。为了获得有关地热异常空间分布及其规模的正确结论,必须对所收集的与地热场有关的原始资料和原始测温数据进行全面分析,分类评价。

在综合资料之前,需要了解钻孔温度是否已经恢复平衡。长期静止的废井、基井、生产井,水位变化不大的水文观测孔,以及终孔后稳定 3~5d 以上的钻孔测温数据可作为基础数据。钻进过程中的井底温度、关井测静压时的井温以及矿井平巷浅孔(通常要超过 5m)的温度可作为同类数据的对比和参考数据。径流影响强烈的自流井和干井内的温度曲线不能作为地温资料处理。如果目的在于确定热流密度,则应选择当地最深、又无地下水运动影响的钻孔温度资料。

根据全区内各钻孔的温度曲线,可以分别求得钻孔内各岩层的地温梯度及全区各岩层的平均地温梯度,然后按照式(21-8),利用岩芯标本测得的岩石热导率 K,求得钻孔各岩层的热流密度,并进而求得全区各岩层的平均热流密度值。

地温测量的成果图件主要有以下 3 种。

(1)钻孔地温剖面图:该图是根据钻孔内不同深度上的温度值绘制而成。通常将此曲线附在钻孔水文地质柱状图上,以便与钻孔的水位、流量及地层结构等进行对比分析。图 21-6 为丰溪地热田 12 号孔的地温剖面图。由图可见,158m 处为 F_2 断裂破碎带中心,此处见到了热液蚀变现象。此处含水性好且水温增至 84℃。

(2)等温线断面图:它是研究地热变化的重要图件,图中除了应将各钻孔的地温数据标在图上,并勾绘等温线外,还应将地层岩性、断裂、裂隙、热岩溶蚀以及钻孔的涌水、漏水、水位等资料表示在图上,以便进行分析对比。图 21-4 就是一幅等温线断面图。

(3)等温线平面图:这种图通常是以地形地质图为底图,根据各测点同一深度的地温数据绘制而成。它对于了解地热异常区的平面形态,寻找和圈定高温中心具有重要意义。图 21-7 为广东邓屋地热田不同深度的等温线平面图。由图可见,各深度等温线的形态基本相似,在中、南、北部都有一个地热中心。其外围等温线大致呈长轴近东西向的葫芦形。

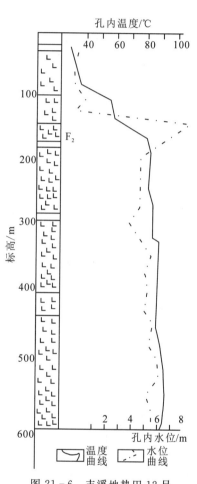

图 21-6 丰溪地热田 12 号钻孔地温剖面

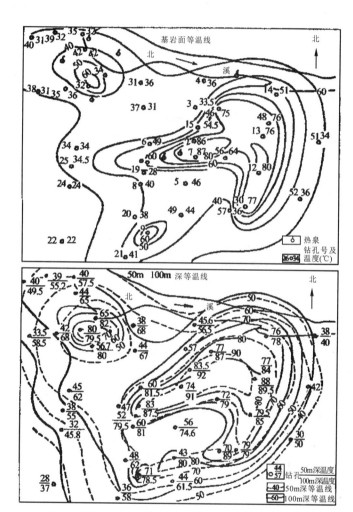

图 21-7 邓屋地热田等温线平面图

(据广东省地质局,1981)

第二十二章 地球物理测井

地球物理测井是在钻井进行的各种地球物理方法的总称。其特点是工作时将激发源或探测器放入井中,或同时将二者放入井中,以缩短它们与探测对象的距离,增大所获得的异常强度。此外,还可避免或减小地形起伏、覆盖层物性不均匀等因素对观测结果的干扰。工程、水文及环境地质工作中常用的地球物理测井方法有电测井、核测井、声波测井等。

第一节 电测井

电测井是以研究岩石导电性、介电性和电化学活动性为基础的一类测井方法。工程、水文及环境地质中常用的方法有自然电位测井和视电阻率测井。

一、自然电位测井

在井孔及其周围,岩层自身的电化学活动性会产生自然电场。利用自然电场的变化来研究钻孔地质情况的电测井方法,就是自然电位测井。

自然电位测井的原理线路如图 22-1 所示。将测量电极 M 放入井中,另一个测量电极 N 固定在井口附近,然后提升 M,并在地面上用仪器记录 M 极电位相对于 N 极电位(恒定值)的差值,逐点测定就可以得到一条自然电位随深度变化的曲线。

（一）井中自然电位的成因及曲线特征

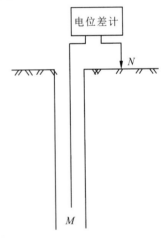

图 22-1 自然电位测井原理图

在自然电场法中,我们已经知道,自然电场的成因主要有岩石与溶液的氧化还原作用、岩石颗粒对离子的选择吸附作用及不同浓度溶液间的扩散作用等。下面我们只讨论与水文测井最密切的扩散电动势和扩散-吸附电动势的形成机理。

为了说明这一过程,现以夹在厚层泥岩中渗透性好的砂岩为例。假定砂岩中地层水和泥浆滤液均为氯化钠溶液,但二者的矿化度不同。砂岩地层中水的矿化度 C_2 大于泥浆滤液的矿化度 C_0。这时溶解于溶液中的离子(Cl^- 和 Na^+)将由矿化度大的溶液向矿化度小的溶液中扩散。这种扩散有两种途径:一种是离子的扩散直接产生于地层水与泥浆滤液的接触面处,即离子从砂岩地层直接向井内泥浆扩散;另一种是通过围岩(泥岩)向泥浆中扩散。

砂岩孔隙中的地层水与井内泥浆之间相当于不同矿化度的氯化钠溶液呈直接接触。这时溶液中 Cl^- 和 Na^+ 将从高矿化度的岩层一方向井内直接扩散。由于 Cl^- 的迁移率大,故低矿化度的井内泥浆将出现负电位,而砂岩地层则出现正电位,从而形成扩散电位差。溶液双方的电荷积累持续进行,直至达到动态平衡为止,这时两种溶液间建立的稳定电动势称为扩散电动势,以 E_d 表示。

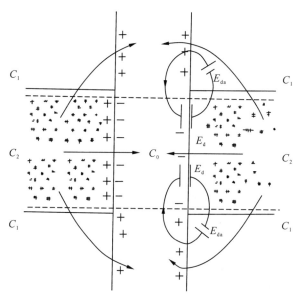

C_1—泥岩中水的矿化度;C_2—砂岩中水的矿化度;
C_0—泥浆矿化度;E_d—扩散电动势;E_{da}—扩散-吸附电动势。

图 22-2 扩散电动势和扩散-吸附电动势形成机理

当地层水通过泥岩向低矿化度的泥浆扩散时,由于泥质颗粒表面对负离子的选择吸附作用,原来移动较快的 Cl^- 迁移率大大降低,而原来移动较慢的 Na^+ 迁移率却相对提高了,所以低矿化度的泥浆中积累了正电荷,而在高矿化度地层水的砂岩一方则积累负电荷。我们把在吸附作用下扩散产生的电动势称为扩散-吸附电动势,以 E_{da} 表示(图 22-2)。

渗透性砂岩中地层水矿化度 C_2 大于泥浆的矿化度 C_0 时,自然电场的电流线如图 22-3(a)所示,它们是近于圆形的闭合曲线,电流密度在岩层分界面与井壁交界处最大。泥岩(或黏土)具有稳定的自然电位值,所以将该电位值作为自然电位曲线的零线,渗透性砂岩在自然电位曲线上反映为负异常。电位在电流流动方向上降低,但在电流密度最大的地方(岩层分界面处),自然电位变化率也最大。反之,当地层水矿化度 C_2 小于泥浆矿化度 C_0 时,砂岩在自然电位曲线上反映为负异常,如图 22-3(b)所示。

图 22-4 是不同厚度岩层的自然电位曲线。由图可见,当岩层厚度超过 4 倍井径时,根据曲线的半极值点可划分岩层的界面。

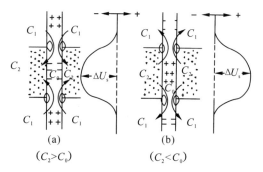

(a)   (b)
($C_2>C_0$)   ($C_2<C_0$)

C_1—泥岩中水的矿化度;C_2—砂岩中水的矿化度;
C_0—泥浆矿化度。

图 22-3 地层水与泥浆矿化度不同时的自然电位曲线

(二)自然电位测井的应用及实例

在水文测井中自然电位曲线主要用于:①求地下水矿化度;②确定岩层的泥质含量;③区分岩性、划分渗透层,确定咸、淡水界面。

图 22-5 为某地利用自然电位曲线划分咸、淡水层的实例。在该钻孔的咸水层,地层水的矿化度高于泥浆矿化度,故自然电位曲线上咸水层表现为负异常;相反,在淡水层上,由于地层水的矿化度低于泥浆的矿化度,故在自然电位曲线上表现为正异常。

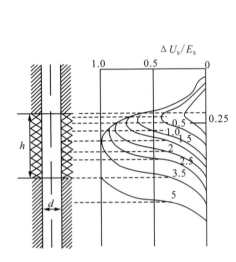

图 22-4 不同厚度岩层的自然电位曲线
(曲线上的参数为 h/d, h 为地层厚度, d 为井径)

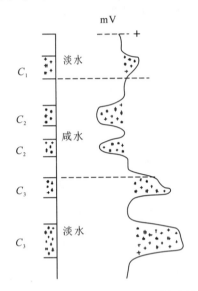

C_1—浅层淡水层; C_2—咸水层; C_3—深层淡水层。

图 22-5 利用自然电位曲线划分咸、淡水分界面

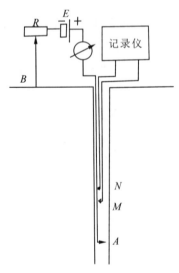

图 22-6 视电阻率测井

二、视电阻率测井

视电阻率测井是通过测量被钻孔穿过的岩层的视电阻率来研究某些钻孔地质问题的电测井方法。

(一)视电阻率公式

与地面电阻率法一样,视电阻率测井也是以研究岩石电阻率的差异为基础。其测量原理如图 22-6 所示,电源 E、电流表(mA)、可变电阻 R 以及供电电极 A、B 组成供电回路;测量电极 M、N 与记录仪器(mV)连接,组成测量回路;A、M、N 组成一个电极系。设地下半空间充满均匀各向同性介质,其电阻率为 ρ,供电电极 A 流出的电流为 I,则测量电极 M、N 之间的电位差为

$$\Delta U_{MN} = U_M - U_N = \frac{I\rho}{4\pi} \cdot \frac{MN}{AM \cdot AN} \quad (22-1)$$

式中,常数取为"4π",是因为井中测量时测点周围全为同一种介质,即同种介质充满"全空间"。B 极置于地表无穷远处,故它在 M、N 的电位差可忽略不计,于是井中电场相当于一

个点电流源的电场。由上式不难导出求介质电阻率的公式为

$$\rho = 4\pi \frac{AM \cdot AN}{MN} \cdot \frac{\Delta U_{MN}}{I} = K \frac{\Delta U_{MN}}{I} \quad (22-2)$$

式中，$4\pi \dfrac{AM \cdot AN}{MN}$ 是一个仅与电极系中各电极间距离有关的量，称为电极系系数。

实际工作中，介质"均匀各向同性"的条件很难满足，所以利用式(22-2)计算的电阻率并非某一种岩石的电阻率，而是电场作用范围内各种岩(矿)石电阻率的综合影响值，即视电阻率 ρ_s。

$$\rho_s = 4\pi \frac{AM \cdot AN}{MN} \cdot \frac{\Delta U_{MN}}{I} = K \frac{\Delta U_{MN}}{I} \quad (22-3)$$

图 22-7 为非均匀介质的例子。实测 ρ_s 除与电极系类型、围岩电阻率 ρ_1 和 ρ_2、岩层电阻率 ρ_2 有关外，还与岩层厚度 h、井径 d、泥浆电阻率 ρ_c、泥浆渗透带宽度 D 及其电阻率 ρ_Δ 等因素有关。

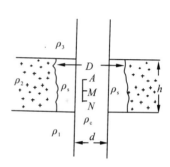

图 22-7 视电阻率测井中介质不均匀的情况

（二）电极系

视电阻率测井常用的电极系一般均由 3 个电极组成。其中，2 个电极连接在同一供电或测量回路中，称为成对电极；另一个与地面电极同一回路，称为不成对电极。根据成对电极和不成对电极的相互关系，可将电极系分为梯度电极系和电位电极系两类。

（1）梯度电极系。特点是成对电极之间的距离远小于中间电极到不成对电极的距离。若成对电极位于上部，称为顶部梯度电极系；反之，若成对电极位于下部，则称为底部梯度电极系（图 22-8）。根据式(22-3)，梯度电极系的视电阻率公式可表示为

$$\rho_s = 4\pi \cdot AM \cdot AN \cdot \frac{\Delta U_{MN}/MN}{I}$$

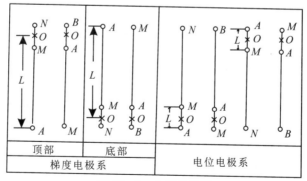

图 22-8 电极系类型

在理想情况下，$MN \to 0$，$AM = AN = AO = L$，L 称为梯度电极系的电极距（O 为成对电极的中点）。由于 $\Delta U_{MN}/MN = E$，于是

$$\rho_s = 4\pi L^2 \frac{E}{I} \qquad (22-4)$$

式中，E 为 O 点（记录点）的电场强度。由式(22-4)可以看出，用梯度电极系测得的 ρ_s 值与记录点 O 的电位梯度（或电场强度）成正比，这就是称它为梯度电极系的原因。应当指出，只要保持供电电流不变，互换供电电极和测量电极，利用梯度电极系测得的视电阻率值不变。

(2) 电位电极系。特点是成对电极之间的距离远大于中间电极至不成对电极的距离。在理想情况下，$MN \to \infty$，由于 $AN \underset{=}{\wedge} MN$，$U_N \to 0$，故由式(22-3)可得到电位电极系的视电阻率表达式：

$$\rho_s = 4\pi L \frac{U_M}{I} \qquad (22-5)$$

式中：L 为电位电极系的电极距（$L = AM$），U_M 为 M 点的电位。

由式(22-5)可以看出，用电位电极系测得的 ρ_s 值与 M 点的电位成正比，这就是称它为电位电极系的原因。电位电极系的记录点 O 选在中间电极至不成对电极的中点。同样应当指出，只要保持供电电流不变，互换供电电极和测量电极，利用电位电极系测得的 ρ_s 值不变。且无论成对电极位于上部或下部，测得的 ρ_s 值和 ρ_s 曲线形态都不变，故电位电极系没有顶部电极系和底部电极系之分。

电极系的表示法是：按电极由上至下的顺序，从左至右写出代表各电极的字母，并在字母之间写出相邻电极间的距离（单位为 m）。例如，$A0.95M0.1N$ 表示电极距为 $0.1m$ 的底部梯度电极系，而 $N2M0.2A$ 则表示电极距为 $0.2m$ 的电位电极系。

(三) 视电阻率测井曲线

视电阻率测井曲线与地面视电阻率曲线的分析方法类似，不再赘述。下面我们仅对视电阻率测井曲线的特征作概略介绍。

1. 电位电极系 ρ_s 理论曲线的特点

由图 22-9(a) 可以看出：

(1) 当上、下围岩的电阻率相同时，岩层 ρ_s 曲线形状是对称的。

(2) 岩层厚度足够大（$h \gg L$，如 $h = 5L$）时，对应于岩层中部的 ρ_s 曲线趋于岩层的真电阻率曲线（以虚线表示）；随着厚度减小，接近的程度降低；岩层界面上的 ρ_s 曲线为一条长度等于电极距的平直线，其中点对应于岩层界面。

(3) 岩层厚度大于电极距 $h > L$，如 $h = 2L$ 时，在高阻层上 ρ_s 曲线为高值（凸起），在低阻层上 ρ_s 曲线为低值（凹下）。

(4) 岩层较薄（$h \leqslant L$）时，对应于高阻层的 ρ_s 曲线反而出现低值（凹下），而对应于低阻层的 ρ_s 曲线反而出现高值（凸起），可见电位电极系 ρ_s 曲线不宜用来划分薄层。

2. 梯度电极系 ρ_s 理论曲线的特点

顶部梯度电极系和底部梯度电极系的 ρ_s 理论曲线特征是类似的（将图 22-9 中顶部梯度电极系的各条 ρ_s 曲线倒过来，就是底部梯度电极系 ρ_s 曲线）。以顶部梯度电极系为例，由

图 22-9(b)可见:

(1)曲线呈不对称分布,在界面上 ρ_s 值发生跃变。在高阻层上,ρ_s 曲线在顶界面出现极大值,底界面出现极小值,而低阻层上情况则相反。这是利用梯度电极系 ρ_s 曲线划分岩层界面的重要依据。

(2)无论 h/L 值多大,梯度电极系 ρ_s 曲线对高阻层总是凸起,对低阻层总是凹下。

(3)岩层很厚(如 $h=5L$)时,位于岩层中部的 ρ_s 值趋于岩层的真电阻率值。

(4)岩层较薄($h\leqslant L$)时,在成对电极一方,且与界面距离为 L 处,ρ_s 曲线出现一假极值。这是高阻层对电流屏蔽的结果,并不表示岩层电阻率的增大。

以上讨论的是理想情况下的 ρ_s 曲线,实际工作中,电极系总是浸泡在钻孔的泥浆中,岩层也不可能是单一的,因此必须考虑钻孔和邻层对 ρ_s 曲线的影响。

泥浆是电极系周围的第一层介质,钻孔对测井曲线的影响,实质上就是泥浆的影响。由于泥浆的电阻率较低,其作用是使 ρ_s 曲线更圆滑,突变点变

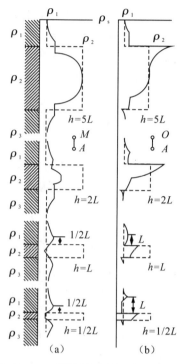

图 22-9 不同厚度岩层上的视电阻率测井曲线($\rho_1=\rho_3$,$\rho_2>\rho_1$)

(a)电位极系;(b)顶部梯度电极系

得不明显,ρ_s 值也有所降低(图 22-10),因此在解释时要用一定的方法进行校正。

当岩层比较薄时,电极系探测范围内几个岩层对测量结果均有影响。图 22-11 是在两个相近的高阻薄岩层上测得的梯度电极系 ρ_s 曲线。图 22-11(a)是底部梯度电极系,当电

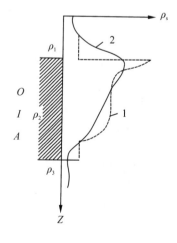

1—理论 ρ_s 曲线;2—实测 ρ_s 曲线。

图 22-10 实测曲线与理论曲线的对比

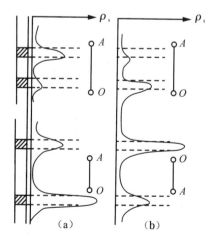

图 22-11 邻层对视电阻率测井曲线的影响

(a)底部梯度电极系;(b)顶部梯度电极系

极距 L 大于薄层和夹层的总厚度时,下部岩层 ρ_s 值因受上部高阻层的屏蔽而显著下降。当 L 小于两高阻薄层间夹层的厚度时,下部岩层的 ρ_s 值则因受上部高阻层的排斥而显著增高。图 22-11(b)是顶部梯度电极系 ρ_s 曲线受邻层影响的情况,这时受影响的岩层是上层,可按照与图 22-11(a)相同的思路进行分析。

由此可见,用普通视电阻率测井划分薄层是不利的,最好配合其他类型的视电阻率测井(如微电极系视阻测井),方能取得较好的效果。

(四)视电阻率测井的应用及实例

视电阻率测井与其他测井相配合,可用于划分钻孔地质剖面,确定地层的深度和厚度,进行地层对比,研究测区的地质构造等。

(1)图 22-12 为某地水文地质钻孔测井曲线图。由图可见,含水砂岩均以高阻层出现于围岩之中。但是曲线上半部分由于地层水矿化度很高,是咸水,因此视电阻率曲线反映不明显(电位曲线)甚至没有反映(电位梯度曲线)。而自然电位曲线对含咸水的砂层却有较明显的反映。

(2)图 22-13 是利用视电阻率曲线进行地层对比的例子。将同一测线上相邻各钻孔的 ρ_s 测井曲线依次按一定比例尺的距离排列起来,然后依据各条曲线上相似的特征,划出各个相应的地层并连接起来,就获得了该测线上的地质剖面图,从中也可以了解地层构造形态。

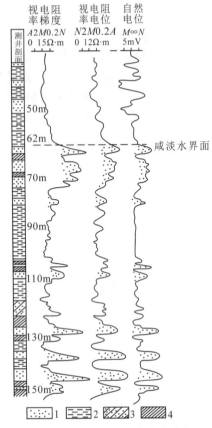

1—砂岩;2—黏土;3—黏质砂土;4—砂质黏土。

图 22-12 利用视电阻率测井和自然电位测井曲线划分井孔地层剖面

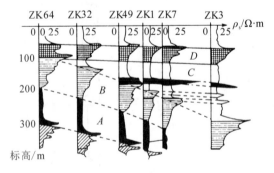

图 22-13 根据相邻各井的视电阻率测井曲线进行地层对比

第二节 核测井

核测井是在井中测量岩石和孔隙流体的核物理性质(如物质的天然放射性、人工核反应等)的一类物探方法。与其他测井方法相比,它们具有以下两个重要特点:一是由于放射性核素的衰变不受温度、压力、电磁场及自身化学性质的影响,因此可以更直接、更本质地研究岩石的物理性质;二是放射性测井使用的 γ 射线及中子流等具有较强的穿透能力,因此它们在裸眼井或套管井、充满淡水的井或充满高矿化泥浆的井中都能进行测量。工程、水文及环境地质工作中常用的核测井方法有自然 γ 测井、γ-γ 测井和中子测井等。

一、自然 γ 测井

自然 γ 测井是沿井身研究岩层天然放射性的方法。其测量原理如图 22-14 所示,井下装置中装有 γ 探测器,它将接收到的 γ 射线转变成电脉冲,经电子线路放大、整形后,通过电缆传送回地面。地面仪器中设有计数率测量线路,将电脉冲变换为与脉冲计数率成正比的直流电压,最后作出 γ 测井曲线(J_γ 曲线)。

沿钻井剖面测得的 J_γ 曲线反映了井内各岩层天然放射性物质含量的变化。对于沉积岩而言,J_γ 曲线上 γ 射线的强弱(以脉冲/分表示,在仪器标准化情况下以 fA/kg 为单位)直接反映了岩石中泥质含量的多少。图 22-15 是几种常见岩层的 J_γ 曲线,曲线的变化是井中各岩层放射性物质含量差异的反映,据此可以划分岩层。

J_γ 曲线的幅度还与岩层的厚度有关,因此,根据 J_γ 曲线确定岩层放射性物质含量时必须进行厚度校正。当 $h>3d$ (d 为井径)时,岩层界线由 J_γ 曲线上 1/2 极值点确定;$h<3d$ 时,由 4/5 极值点确定。

在水文、工程及环境地质工作中,利用 J_γ 曲线可以划分岩层、判断岩石的性质、进行地层对比、确定岩石中泥质含量及渗透性等。由于 J_γ 曲线不受泥浆和地层水矿化度的影响,且通常情况下泥岩比较稳定,在 J_γ 曲线上的反映容易辨认,可以作为标准层。因此根据 γ 测井资料容易进行井间地层对比。

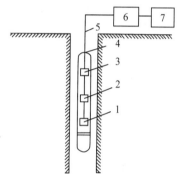

1—γ 探测器;2—电子线路;3—高压电源;4—井下装置外壳;5—电缆;6—地面测量仪器;7—地面记录仪器。

图 22-14 自然 γ 测井测量装置示意图

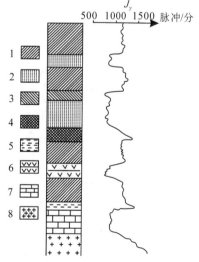

1—泥岩;2—砂岩;3—方解石;4—海相泥岩;5—斑脱岩;6—岩盐;7—灰岩;8—花岗岩。

图 22-15 几种常见岩层的 J_γ 曲线

二、γ-γ 测井

γ-γ 测井是在钻孔中用 γ 射线照射岩层，然后用 γ 探测器记录被岩层中的电子所散射的 γ 射线。由于 γ 射线的强度与岩石密度有关，故 γ-γ 测井又称为密度测井。组成造岩矿物的元素大多是原子序数较小的轻元素，它们与中等能量（0.25～2.5MeV）的 γ 射线作用主要是发生康普顿散射。散射概率取决于物质中电子的密度，而电子密度又与岩石密度成正比。当用 γ 源照射岩壁时，被照射岩石的密度愈大，康普顿散射的概率也愈大，表明原子壳层吸收 γ 射线多，因而散射的 γ 射线弱。反之，岩石密度愈小，散射的 γ 射线愈强。因此在 γ-γ（$J_{\gamma\gamma}$）测井曲线上，对应于低值部分的是密度大的岩层，而对应于高值部分的是密度小的岩层。

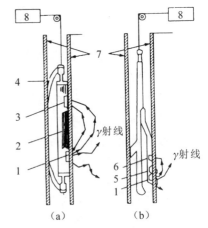

1—γ 源；2—铅屏；3—探测器；4—弹簧片；
5—短源距探测器；6—长源距探测器；
7—泥饼；8—地面记录仪。

图 22-16　γ-γ 测井装置示意图

图 22-16 为 γ-γ 测井装置示意图。井下装置包括伽马源、探测器及电子线路。伽马源一般采用 γ 射线能量为 0.66MeV 的 $^{137}_{35}C_s$ 源，或能量为 1.33MeV 或 1.17MeV 的 $^{60}_{27}C_o$。为防止 γ 射线直接进入探测器，在源与探测器之间用铅屏隔开，见图 22-16(a)。

γ-γ 测井的有效探测半径不过十余厘米。在井径扩大处，井液的影响增大，由于井液（及泥饼）的密度比岩石的密度小得多，相当于探测范围内介质的平均密度减小，因而使 $J_{\gamma\gamma}$ 曲线的幅度显著增大。为消除井壁不平整对 $J_{\gamma\gamma}$ 曲线的影响，井下装置可采用图 22-16(b)所示的井眼补偿密度测井仪。该仪器由两个源距（γ 源与探测器间的距离）不同的普通测井仪组成。长源距比短源距的探测范围大，因此二者受泥饼的影响不同。地面仪器中的计数器可以自动地将两种探测器的计数率进行补偿校正，最后得到消除了泥饼影响的测井曲线。

在水文、工程及环境地质工作中，γ-γ 测井主要用于确定岩层的孔隙度，划分岩层、含水层等。图 22-17 是利用 $J_{\gamma\gamma}$ 曲线确定含水层的一个实

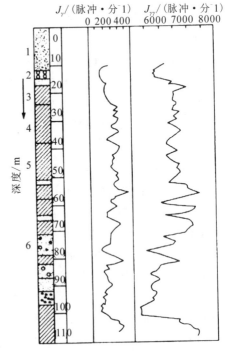

1—砂层；2—砂砾层；3—黏土；4—含贝壳黏土砂层；5—黏土砂层；6—含黏土砾石层。

图 22-17　利用 $j_{\gamma\gamma}$ 曲线划分含水层

例。该区的主要含水层是砾石层,但在电阻率测井曲线上没有出现异常。在 J_γ 曲线和 $J_{\gamma\gamma}$ 曲线上砾石层均显示为低值异常,且在 $J_{\gamma\gamma}$ 曲线上更明显。

三、中子测井

利用中子和物质作用产生的各种效应来研究钻井剖面中岩石性质的一组测井方法称为中子测井。中子测井的测量装置和 γ-γ 测井相似,所不同的只是将 γ 源改为中子源。根据探测器所记录的物理量的不同,中子测井可以分为中子-伽马测井和中子-中子测井两大类。

中子是一种半衰期很短(仅约 11.7min)的粒子,在自然界几乎不存在。中子测井所用的能量为 3~7MeV 的快中子是由中子源[一般用钋-铍(Po+Be)中子源]产生。沿井身将快中子射进岩层,使之直接与岩石中的原子核碰撞,发生弹性散射。经过多次碰撞,快中子能量不断损失,速度逐渐减慢,最后变成能量为 0.02eV 的热中子。热中子的运动类似于分子的热扩散,它们在原子核附近停留时间较长,容易被核俘获吸收。原子核俘获热中子后处于激发态。当它回到基态时,就以发射次生 γ 射线的形式释放出多余的能量。利用 γ 探测器测量次生 γ 射线的强度,就是中子-伽马测井。而利用中子探测器测量热中子的密度,就是中子-中子测井。

在中子测井中,中子源产生快中子和快中子与岩石中原子核碰撞形成热中子的过程都是连续不断的。当达到动态平衡时,在中子源周围就好像包围着一个球状的"中子云","中子云"的分布状态与探测器周围岩石的性质有关。当岩石中含有大量氢元素时,快中子的速度迅速减小,成为热中子,且热中子集中分布在中子源附近的空间,中子云的半径较小[图 22-18(b)]。反之,当岩石中的氢含量较低时,中子云的半径扩大,热中子分布比较分散[图 22-18(a)]。

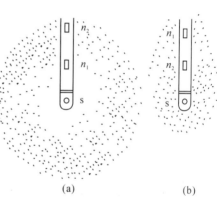

s—中子源;n_1、n_2—中子探测器。

图 22-18 不同介质中"中子云"的分布示意图

(a)含氢量低的介质;(b)含氢量高的介质

根据热中子分布的这种规律,当用短源距进行中子-中子测井时,热中子密度与岩石含氢量成正比;而用长源距测量时,二者成反比。当源距为某一中间数值(约 40cm)时,热中子密度与岩石含氢量无关,这个源距称为零源距。热中子的密度大,容易发生俘获作用,从而产生较强的次生 γ 射线。因此,在中子-伽马测井中,如果介质中没有强吸收元素(如氯、硼等)的影响,由 γ 探测器记录到的次生 γ 射线强度基本上决定于介质的含氢量。与中子-中子测井一样,当采用长源距测量时,含氢量高的岩层,次生 γ 射线强度低,而含氢量低的岩层,次生 γ 射线强度高。采用短源距测量则出现相反情况。

当地层水矿化度较高(如咸水层)时,其中含有较多的强吸收元素氯。氯元素每俘获一个热中子可以放出几个能量较高(7MeV 以上)的 γ 光子,因此次生 γ 射线的强度会明显增大,这时中子-伽马($J_{n\gamma}$)曲线主要反映岩石的含氯量。

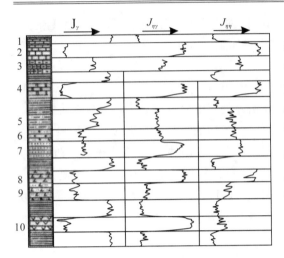

1—泥岩；2—灰岩；3—含泥灰岩；4—白云岩；5—页岩；
6—砂砾岩；7—砂岩；8—硬石膏；9—石膏；10—岩盐。

图 22-19　几种常见岩层的中子测井曲线

中子测井曲线可用于划分岩性、查明含水层。为增大探测深度，通常采用长源距（60～70cm）进行测量。在此条件下，几种常见岩石的中子测井曲线如图 22-19 所示。由图可见：①泥岩（黏土）由于总孔隙度大（40%），含有泥质颗粒吸附的大量吸着水，加之泥岩井段的井径往往扩大，所以含氢量多，$J_{n\gamma}$（中子-中子）曲线和 $J_{\eta\gamma}$ 曲线均为最低值。②致密的砂岩、灰岩、白云岩和硬石膏等，含氢量极少，故两种曲线均显示高值。③石膏层含有大量结晶水，故两种曲线都显示为较低值。④孔隙性砂岩、裂隙灰岩的中子测井曲线一般为中等数值。但当其中充满低矿化度水（淡水）时，两种曲线均为低值；反之，当其中充满高矿化度水（咸水）时，由于氯元素的影响，$J_{\eta\gamma}$ 曲线显示高值，而 $J_{\eta\eta}$ 曲线显示低值。⑤岩盐层上，也表现为 $J_{\eta\gamma}$ 值高、$J_{\eta\eta}$ 值低。

当岩石孔隙中完全充满水时，含氢量的多少可以直接反映孔隙度的大小。若岩层中不含氯、硼等强吸收元素时，还可以利用 $J_{\eta\gamma}$ 曲线求岩层的孔隙度。

第三节　声波测井

声波测井是利用声波在岩石中传播的各种规律来研究钻井剖面的一类物探方法。由于声波测井仪所发射的声波频率一般都大于音频，故人们又称之为超声测井。声波测井仅能在裸眼井中进行，并且井中必须灌注泥浆。声波测井的方法主要有声速测井、声幅测井和声波电视测井 3 种。工程地质勘察中应用最多的是声速测井。

一、声速测井

（一）声速测井的原理

用于声速测井的仪器目前有单发射双接收式（"一发二收"式）和井眼补偿式（"二发四收"式）两种。

1. 单发射双接收声速测井仪的测量原理

如图 22-20 所示，声波测井仪的井中探测部分由超声波发射器 T 和接收器 R_1、R_2 组成。T 与地面上的脉冲信号源相连，R_1 和 R_2 则与电子线路构成的记录装置相连。由 T 发射的声脉冲经泥浆传到井壁，由于声波在泥浆中的速度 $v_{泥}$ 小于在井壁岩层中的速度 $v_{岩}$，故当声波射线按临界角射至井壁时,即沿井壁滑行且产生通过泥浆传到接收器的折射波。只要声波发射器与接收器之间的距离超过折射波的盲区范围,就能由记录装置将初至折射波的旅行时录出。令声波到达 R_1 和 R_2 两个接收器的旅行时分别为 t_1 和 t_2,则有

$$t_1 = \frac{AB}{v_{泥}} + \frac{BC}{v_{岩}} + \frac{CD}{v_{泥}} \quad (22-6)$$

$$t_2 = \frac{AB}{v_{泥}} + \frac{BE}{v_{岩}} + \frac{EF}{v_{泥}} \quad (22-7)$$

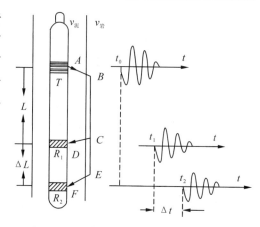

图 22-20 单发射双接收声速测井原理

因为 R_1 与 R_2 之间的距离 ΔL 一般约 0.5m,在此范围内的井径可以认为是不变的;于是 $CD=EF$, $\Delta L=DF=BE-BC$,可得:

$$\Delta t = t_2 - t_1 = \frac{BE - BC}{v_{岩}} = \frac{\Delta L}{v_{岩}} \quad (22-8)$$

式中: Δt 为到达两个接收器的初至折射波的时间差(图 22-20); ΔL 为一个常量。由此可知,在 Δt 时间内滑行波通过的井壁岩层厚度等于两个接收器之间的距离。实际上,这种测量方法记录的是时差 Δt,记录点为 R_1 与 R_2 之间的中点,所得的测井曲线为连续的时差曲线,如图 22-21 所示。曲线上的 Δt 越小,所对应岩层的声速 $v_{岩}$ 就越大。规定 ΔL 以 m 为单位, Δt 以 μs 为单位,由式(22-8)可得

$$v_{岩} = \frac{\Delta L}{\Delta t} \times 10^6 \quad (22-9)$$

2. 井眼补偿式声速测井仪的测量原理

式(22-8)是在井径不变的条件下导出的。若井径大小不规则或下井设备在井中倾斜,则 $CD \neq EF$,即使 $v_{岩}$ 保持不变, Δt 曲线上与这种情况对应的部分也会呈现异常。对发射器位于接收器之上的仪器而言,如图 22-22(a)所示,当记录点在井径扩大地段的下边界附近时将出现 Δt 的负异常(Δt 增大)。

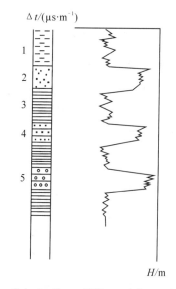

1—黏土;2—砂;3—泥岩;4—砂岩;5—砾岩。

图 22-21 声速测井的声波时差曲线

若发射器位于接收器之下,如图 22-22(b)所示,则井径变化对 Δt 曲线的影响与上述情况恰好相反。井眼补偿式声速测井仪可以消除井径变化、泥饼厚度变化、下井设备倾斜等给时差曲线带来的误差。其井中探测部分如图 22-23 所示,由 2 个超声波发射 T、T' 及 4 个接收器 R_1、R_2、R_3、R_4 组成。从 R_1 到 R_3 和从 R_2 到 R_4 的距离相等。工作时,上发射器 T 和下发射器 T' 交替发出声波脉冲, T 发送的由 R_2 和 R_4 接收, T' 发送的由 R_1 和 R_3 接收。在最后的记录中取两组时差的平均值,即可消除井径和泥饼厚度变化的影响。

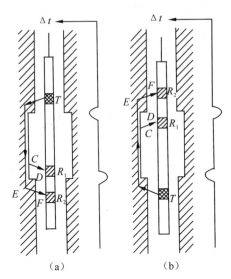
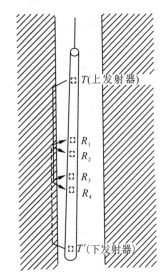

图 22-22 井径变化对时差曲线的影响

图 22-23 井眼补偿式声速测井仪原理

(二) 声速测井的应用

1. 确定岩层的孔隙度

岩层的波速主要受密度所控制,密度越大,声波速度越大,声速测井曲线上的时差就越小,对成分相同的岩石,密度又是孔隙度的函数,因此可以根据声速测井的资料求出岩石的孔隙度。1956 年威利(Wyllie)等人提出的岩石的孔隙度与波速之间的关系式,其形式为

$$\frac{1}{v}=\frac{1-\varphi}{v_m}+\frac{\varphi}{v_L} \tag{22-10}$$

式中:φ 为孔隙度;v、v_m 和 v_L 分别为岩石、岩石骨架和岩石孔隙中流体充填物的波速。

令 $\Delta t=\frac{1}{v}$,$\Delta t_L=\frac{1}{v_L}$,$\Delta t_m=\frac{1}{v_m}$,代入式(22-10)可得

$$\varphi=\frac{\Delta t-\Delta t_m}{\Delta t_L-\Delta t_m} \tag{22-11}$$

当岩石骨架成分和孔隙中流体的性质已知时,Δt_L 和 Δt_m 为常量,则式(22-11)为线性方程。

再令 $a=\Delta t_L-\Delta t_m$,可将式(22-11)改写为

$$\Delta t=a\varphi+b \tag{22-12}$$

根据此式即可应用声速测井时差曲线确定岩层孔隙度。式中的系数 a 和 b 决定于岩石的成分、颗粒大小、胶结程度以及孔隙中液体的性质。因此,实际应用时,首先应根据实验室内对该区岩芯分析所得的 φ 和对应的 Δt 值,绘制如图 22-24 所示的 $\varphi-\Delta t$ 关系曲线,然后利用此曲线和现场实测时差曲线的 Δt 值,求出岩层的孔隙度 φ。

2. 划分岩性、进行地层对比

不同的岩层具有不同的声波传播速度,所以声速测井曲线可用于划分岩性并进行地层对比。根据式(22-8),时差 Δt 与对应的岩层波速之间呈反比关系。因此,根据图 22-21 的时差曲线,结合地质资料,不难划分与低值异常对应的是速度较高的砂岩和砾岩;而与高值异常对应的是速度较低的泥岩和黏土。

应当指出,影响波速的因素较多,所以对时差曲线作解释时必须结合地质情况进行分析。例如,在碳酸盐岩钻井剖面中,当白云岩或灰岩具有裂隙时,声波时差将明显增大,若认为是地层岩性变化引起的,就会出现差错。

声速测井的优点是不受井眼大小和井内泥浆矿化度的影响。因此,当其他测井方法难以获得良好的标准层时,利用声波时差曲线进行地层对比往往可以成功。

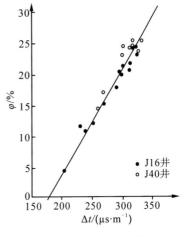

图 22-24　$\varphi - \Delta t$ 关系曲线

二、声幅测井

声幅测井是测量声波振幅,并根据其衰减特性来研究岩石结构及孔隙中液体性质关系的测井方法。声幅测井所记录的是初至折射波的波峰幅度,以 mV 为单位。由于在裂隙、破碎带和孔隙地层中声波衰减强烈,因此可以根据声幅曲线的低值异常来确定含水裂隙带、破碎带,或解决某些工程地质问题。图 22-25 为井中灰岩剖面段的声幅测井曲线,其中低值异常明显地反映出灰岩中的裂隙破碎带。

图 22-25　灰岩裂隙的声幅测井曲线

三、超声电视测井

(一)超声电视测井的原理

超声电视测井是一种能够直接观察井壁情况的声波测井方法。它的基本原理与雷达类似。雷达利用电磁波的反射以发现目标。超声电视测井,概括地说,是向井壁发射窄束超声脉冲,然后接收从井壁反射回来的声波,将它的强度(振幅)转换成示波器的辉光亮度,在屏幕上显示出图像,借以观察井壁的变化情况。所以超声电视测井实质上是反射法声波测井。反射信号的强弱与井壁反射面的反射系数成正比。声波垂直射向界面时的反射系数 K_R 满足

$$K_R = \frac{A_R}{A_I} = \frac{\rho_2 v_2 - \rho_1 v_1}{\rho_2 v_2 + \rho_1 v_1} \tag{22-13}$$

用于超声电视测井时,式中 ρ_1 和 ρ_2 分别为泥浆和岩层的密度,v_1 和 v_2 分别为泥浆和岩层的波速。在研究钻井剖面时,由于井壁岩层的岩性、结构、构造以及光滑程度等不同,声阻

抗(ρv)将发生变化,使反射系数也随之改变,导致反射信号强弱发生变化。因此根据仪器接收到的信号强弱(即图像上的明暗程度),可以划分岩层并确定井壁地层是否存在裂隙、洞穴等情况。

与一般光学成像的井壁照相和井中电视相比,超声电视测井的最大优点是它可以在泥浆或浑水井中进行工作,对钻井的条件具有较好的适应能力。

(二)超声电视测井仪的工作原理

图 22-26 是超声电视测井仪的井中探测部分。下端是一个图片状换能器,它具有发射和接收双重作用。在测量过程中,换能器由小马达带动不停地绕仪器轴旋转,并向井壁发射脉冲声波。在发射间歇时间,则由它接收由井壁反射回来的反射波。于是井中仪器移动时,随着深度的变化,换能器向井壁作螺旋状的连续声波扫描。和换能器一样旋转的还有一个地磁仪和由传动系统带动的深度电位器。地磁仪的作用是给出磁北信号。当它和换能器每旋转一周到达磁北的瞬间,就产生一个定向用的指北脉冲,以便控制照相记录的方位。深度电位器则用来产生与深度成正比的信号。转换成电信号的反射波信号、磁北信号和深度信号同时被传送到地面仪器,它们分别控制示波器的辉度、垂直和横向扫描。每当出现一个磁北信号,示波器显示出一条振幅调辉扫描线。井中仪器连续提升即可得到反映整个井身面貌的展开图,并由同步照相机摄成图像记录。当井壁岩性相同且表面平滑时,反射波信号具有均匀幅度,所以示波器辉度扫描轨迹的强度均匀。相反,对于不连续的井段,由于岩性不同,相应的轨迹强度也就不一样了。例如,存在裂隙、破碎或洞穴时,反射信号被削弱,

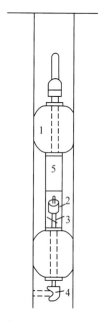

1—扶正器;2—马达;3—地磁仪;
4—换能器;5—电子线路。

图 22-26 超声电视测井仪的井中探测部分

轨迹的强度也随之减弱,因此在屏幕上就会呈现相应的纹理图像。井中仪器还装有扶正器,使仪器保持沿井轴测量,以避免仪器倾斜给测量带来的影响。

(三)超声电视测井在工程地质中的应用

1. 划分岩性、确定岩层产状

由式(22-13)可知:当井壁表面平滑时,反射信号的强弱取决于泥浆与地层之间声阻抗的差值。在高速岩层(如灰岩)表面,反射系数大,故反射信号增强,超声图像上反映为浅色或白色的亮区;相反,在低速岩层(如泥岩、页岩、煤层)表面,反射系数较小,以致反射信号减弱,图像上反映为灰色或黑色的暗区(图 22-27)。当井壁岩层倾斜时,在不同岩性的倾斜分界面处,由于两种岩层具有不同的声阻抗,所以电视记录的平面展开图像上,将出现一个与界面(P)倾角有关的类似正弦曲线的不同辉度分界线(图 22-28)。根据正弦曲线的极小值方位,可以确定岩层的倾向(图中箭头所示)。再根据极大值与极小值的距离 h 和井径 d,便

可计算出岩层的倾角 θ：

$$\theta = \arctan^{-1} \frac{h}{g} \quad (22-14)$$

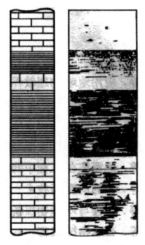

图 22-27 不同岩性上的超声图像

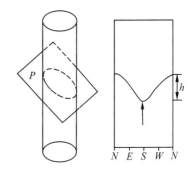

图 22-28 反映倾斜层面的正弦曲线

2. 查明井壁裂隙、洞穴或套管的裂缝等

当井壁不光滑时（如存在裂隙、洞穴等），由于声波入射方向偏离了井壁法线方向，大部分被散射到别处，只有很少一部分或几乎没有被反射回来，因此这些地方的超声图像反映为灰暗或黑暗区。图 22-29 为利用超声电视测井探测裂隙及溶洞的实例。从图中可明显看出裂隙和溶洞的暗区，根据极小值的方位还可以确定出裂隙面的倾斜方向。

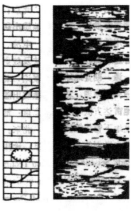

图 22-29 显示裂隙及洞穴的超声图像

主要参考文献

长春地质学院水文物探编写组. 水文地质、工程地质物探教程[M]. 北京:地质出版社,1980.

常紫娟,魏伟,符力耘,等."宽频带、宽方位和高密度"陆上三维地震观测系统聚焦分辨率分析[J]. 地球物理学报,2020,63(10):3868-3885.

陈斌,汪耀,胡祥云,等. 大湾区珠江口海上高密度电法探测[J]. 地球科学,2020,45(12):4550-4562.

陈仲侯,王兴泰,杜世汉. 工程与环境物探教程[M]. 北京:地质出版社,1993.

储绍良. 矿井物探应用[M]. 北京:煤炭工业出版社,1994.

崔若飞. 地震资料矿井构造解释方法及其应用[M]. 北京:煤炭工业出版社,1997.

底青云,朱日祥,薛国强,等. 我国深地资源电磁探测新技术研究进展[J]. 地球物理学报,2019,62(6):2128-2138.

冯旭亮,袁炳强,李玉宏,等. 渭河盆地基底三维变密度重力反演[J]. 石油地球物理勘探,2019,54(2):461-471.

傅良魁. 电法勘探教程[M]. 北京:地质出版社,1983.

甘利灯,张昕,王峣钧,等. 从勘探领域变化看地震储层预测技术现状和发展趋势[J]. 石油地球物理勘探,2018,53(1):214-225.

龚明平,张军华,王延光,等. 分方位地震勘探研究现状及进展[J]. 石油地球物理勘探,2018,53(3):642-658.

顾功叙. 地球物理勘探基础[M]. 北京:地质出版社,1990.

何继善. 广域电磁测深法研究[J]. 中南大学学报:自然科学版,2010,41(3):1065-1072.

何樵登,熊维纲. 应用地球物理教程[M]. 北京:地质出版社,1991.

蒋邦远. 实用近区磁源瞬变电磁法勘探[M]. 北京:地质出版社,1998.

雷宛,肖宏跃,邓一谦. 工程与环境物探教程[M]. 北京:地质出版社,2006.

李才明. 应用地球物理重磁勘探教程[Z]. 成都:成都理工大学,2004.

李大心. 探地雷达方法与应用[M]. 北京:地质出版社,1994.

李冬,杜文凤,许献磊. 矿井地质雷达超前探测方法及应用研究[J]. 煤炭科学技术,2018,46(7):223-228.

李金铭. 电法勘探方法发展概况[J]. 物探与化探,1996,20(4):250-258.

李振春.地震偏移成像技术研究现状与发展趋势[J].石油地球物理勘探,2014,49(1):1-21.

李志聃.煤田电法勘探[M].徐州:中国矿业大学出版社,1990.

李志武.电法勘探仪器的发展[J].国外地质勘探技术,1994(3):1-5.

李株丹,孙伯颜,农睿,等.基于高密度电阻率法的农田土壤表面干缩裂隙成像[J].农业工程学报,2022,38(4):105-112.

李自红,刘保金,袁洪克,等.临汾盆地地壳精细结构和构造:地震反射剖面结果[J].地球物理学报,2014,57(5):1487-1497.

刘江平,王莹莹,刘震,等.近地表反射和折射法的进展及应用[J].地球物理学报,2015,58(9):3286-3305.

刘盛东,张平松.地球物理勘探(讲义)[Z].淮南:安徽理工大学,2003.

刘树才,岳建华,刘志新.煤矿水文物探技术与应用[M].徐州:中国矿业大学出版社,2005.

刘天放,李志聃.矿井地球物理勘探[M].北京:煤炭工业出版社,1993.

刘庭发,聂艳侠,胡黎明,等.基于高密度电阻率法的水分迁移模型试验研究[J].岩土工程学报,2016,38(4):761-768.

刘文峰,张振勇.探地雷达在岩溶地基探测中的应用[J].物探与化探,2014,38(3):624-628.

刘振武,撒利明,董世泰,等.地震数据采集核心装备现状及发展方向[J].石油地球物理勘探,2013,48(4):663-676.

吕郊.地震勘探仪器原理[M].东营:中国石油大学出版社,1997.

钱绍湖.地震勘探[M].2版.武汉:中国地质大学出版社,1993.

秦晶晶,刘保金,许汉刚,等.地震折射和反射方法研究郯庐断裂带宿迁段的浅部构造特征[J].地球物理学报,2020,63(2):505-516.

孙家斌,李兰斌.地震地质综合解释教程[M].武汉:中国地质大学出版社,2002.

唐新功,张锐锋,万伟,等.三维高精度重力方法在深部潜山勘探中的应用[J].地震地质,2017,39(4):712-720.

田钢,刘菁华,曾绍发.环境地球物理教程[M].北京:地质出版社,2005.

王俊茹.工程与环境地震勘探技术[M].北京:地质出版社,2002.

王庆海,徐明才.抗干扰高分辨率浅层地震勘探[M].北京:地质出版社,1991.

王晓阳,张晓斌,赵晓红,等.四川盆地复杂地表地震采集关键技术及其应用效果[J].天然气工业,2021,41(7):15-23.

王兴泰.工程与环境物探新方法新技术[M].北京:地质出版社,1996.

王秀明.应用地球物理方法原理[M].北京:石油工业出版社,2000.

王振东.浅层地震勘探应用技术[M].北京:地质出版社,1994.

席振铢,龙霞,周胜,等.基于等值反磁通原理的浅层瞬变电磁法[J].地球物理学报,2016,59(9):3428-3435.

谢里夫,吉尔达特. 勘探地震学(上、下)[M]. 初英,等译. 北京:石油工业出版社,1999.

熊章强,方根显. 浅层地震勘探[M]. 北京:地质出版社,2002.

薛国强,陈卫营,周楠楠,等.接地源瞬变电磁短偏移深部探测技术[J].地球物理学报,2013,56(1):255-261.

闫亚景,闫永帅,赵贵章,等.基于高密度电法的天然边坡水分运移规律研究[J].岩土力学,2019,40(7):2807-2814.

阎述,陈明生. 高分辨地电阻率法探测地下洞体[M]. 北京:地质出版社,1996.

岳建华,刘树才. 矿井直流电法勘探[M]. 徐州:中国矿业大学出版社,2000.

张慕刚,骆飞,汪长辉,等."两宽一高"地震采集技术工业化应用的进展[J].天然气工业,2017,37(11):1-8.

中国矿业学院物探教研室. 中国煤田地球物理勘探[M]. 北京:煤炭工业出版社,1981.